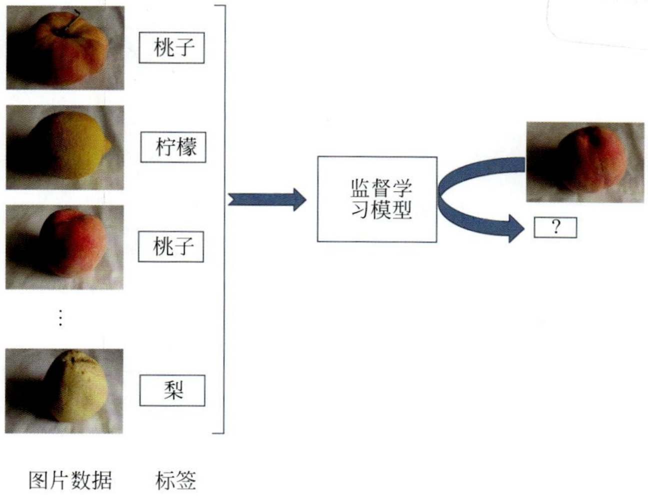

图 1-1　监督学习示例

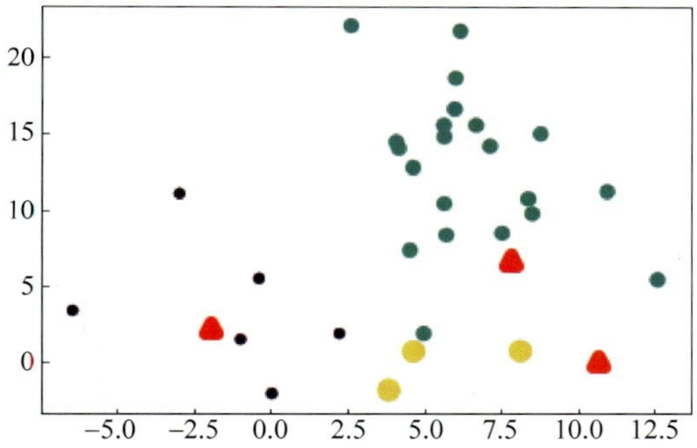

图 2-1　k-means 算法举例第 1 次迭代

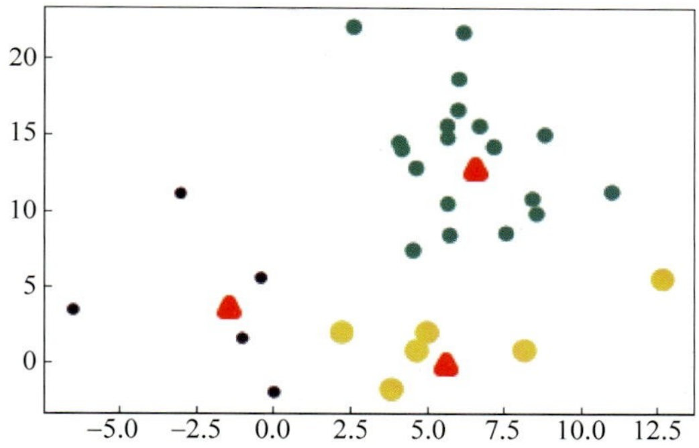

图 2-2　k-means 算法举例第 2 次迭代

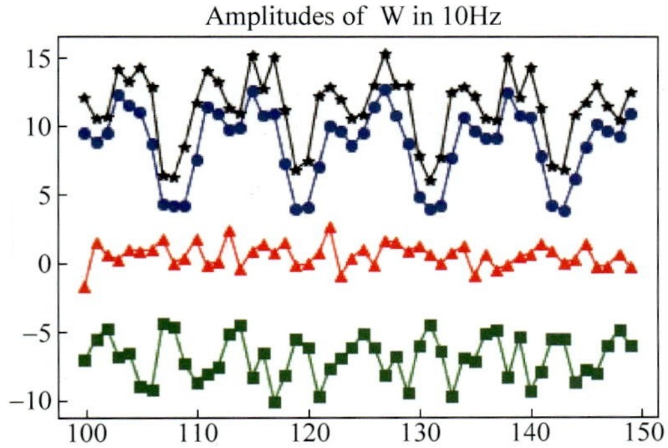

图 2-4　W 同学屏幕朝内手持手机走路时测试的加速度分量及幅度值

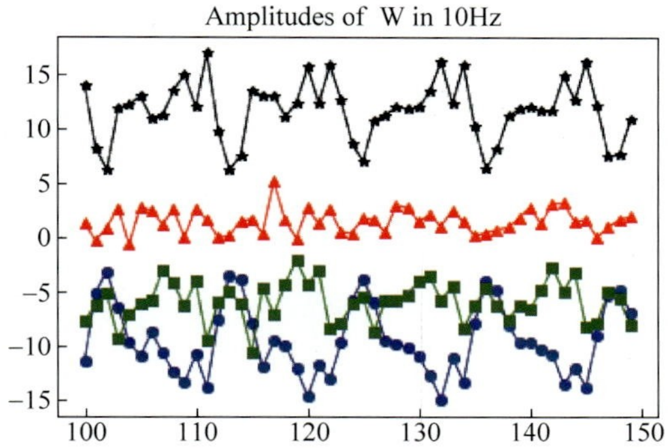

图 2-5　W 同学屏幕朝外手持手机走路时测试的加速度分量及幅度值

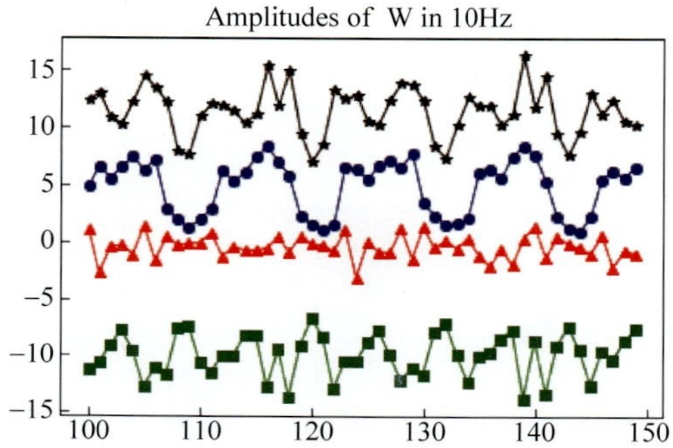

图 2-6　W 同学朝下手持手机走路时测试的加速度分量及幅度值

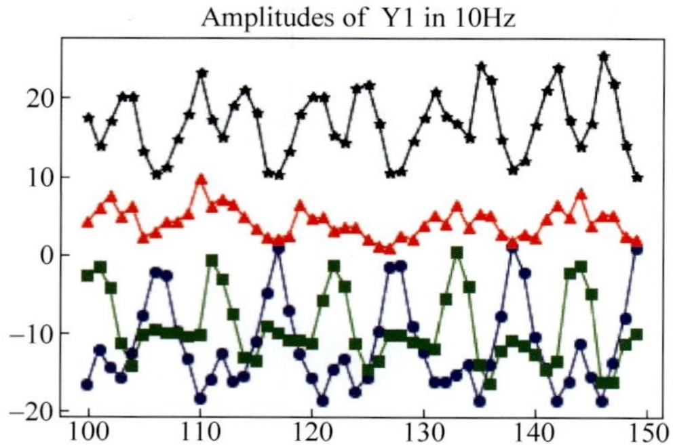

图 2-7　Y1 同学屏幕朝内手持手机走路时测试的加速度分量及幅度值

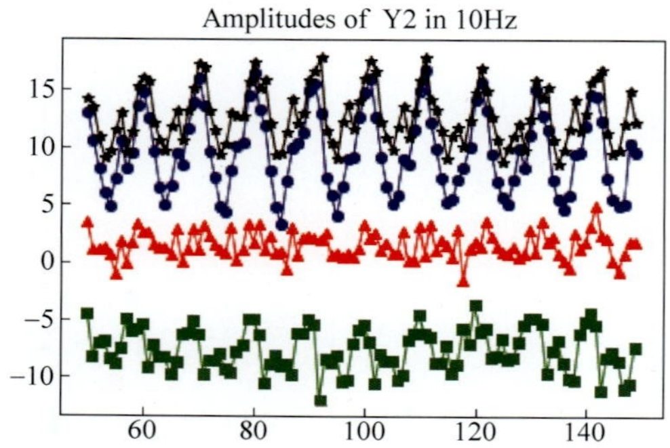

图 2-8　Y2 同学屏幕朝内手持手机走路时测试的加速度分量及幅度值

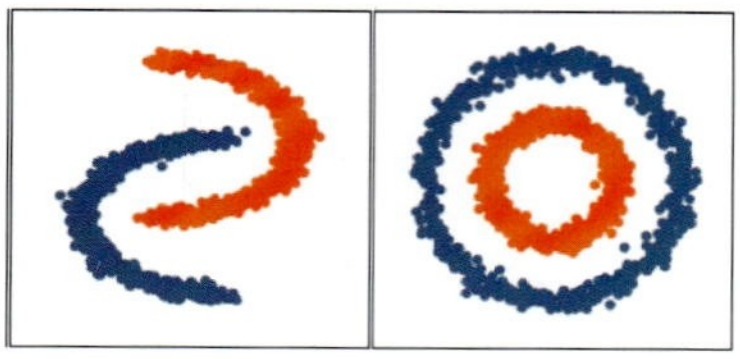

图 2-15　非凸簇示例

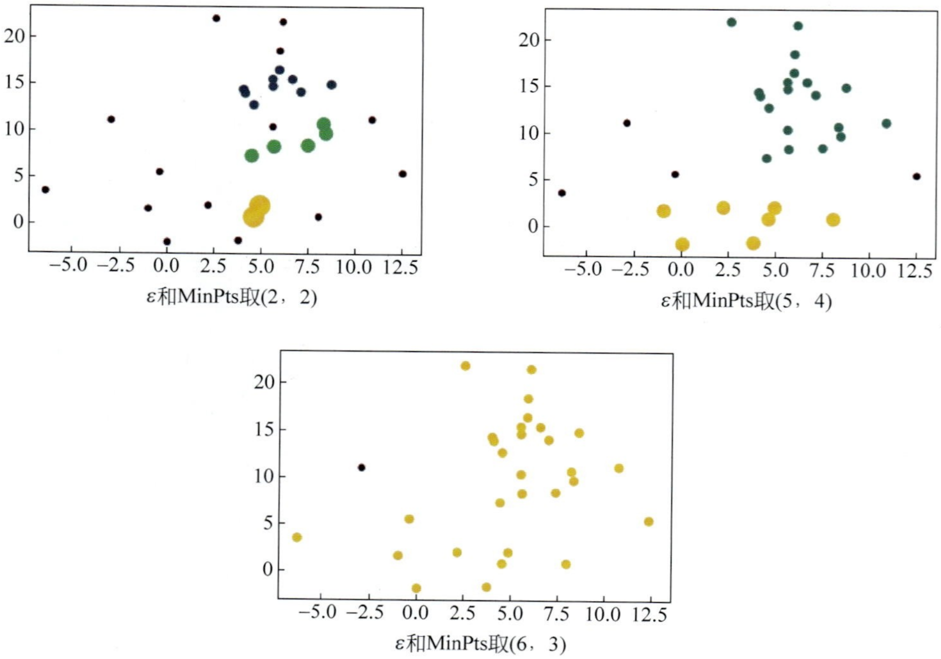

图 2-17　DBSCAN 算法示例取不同参数值时的对比图

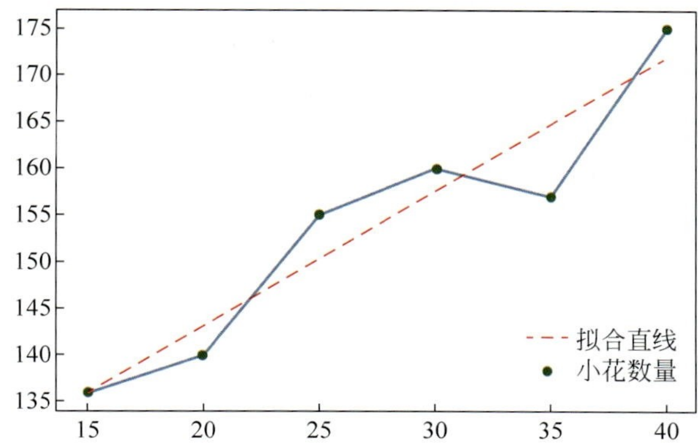

图 3-2　线性回归示例

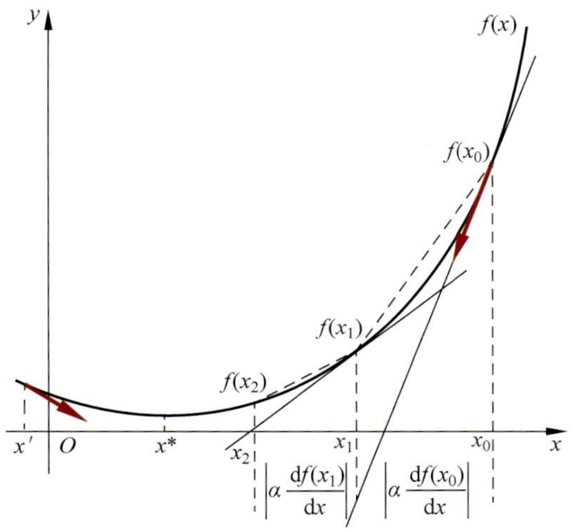

图 3-4　梯度下降法示意

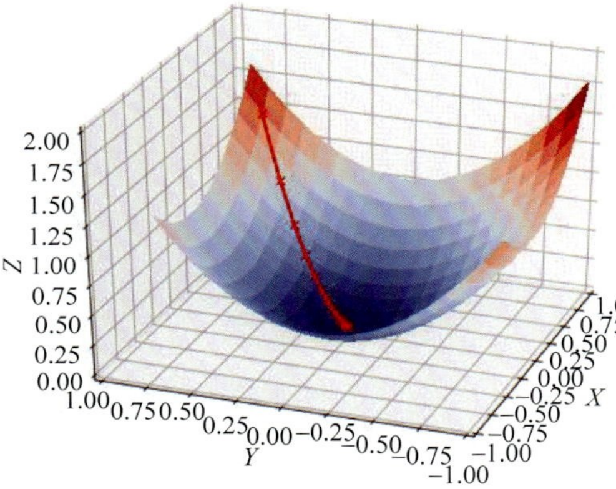

图 3-5　二元变量函数沿梯度下降的迭代过程示意图

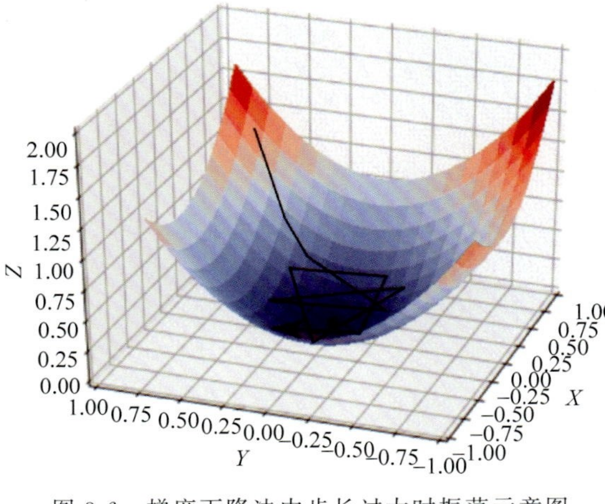

图 3-6　梯度下降法中步长过大时振荡示意图

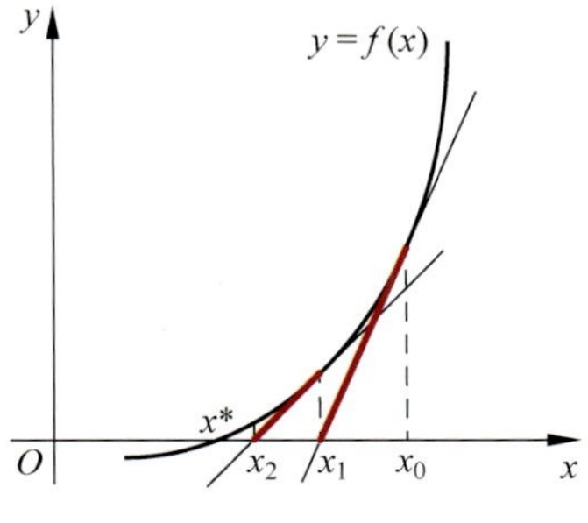

图 3-9　牛顿法示意

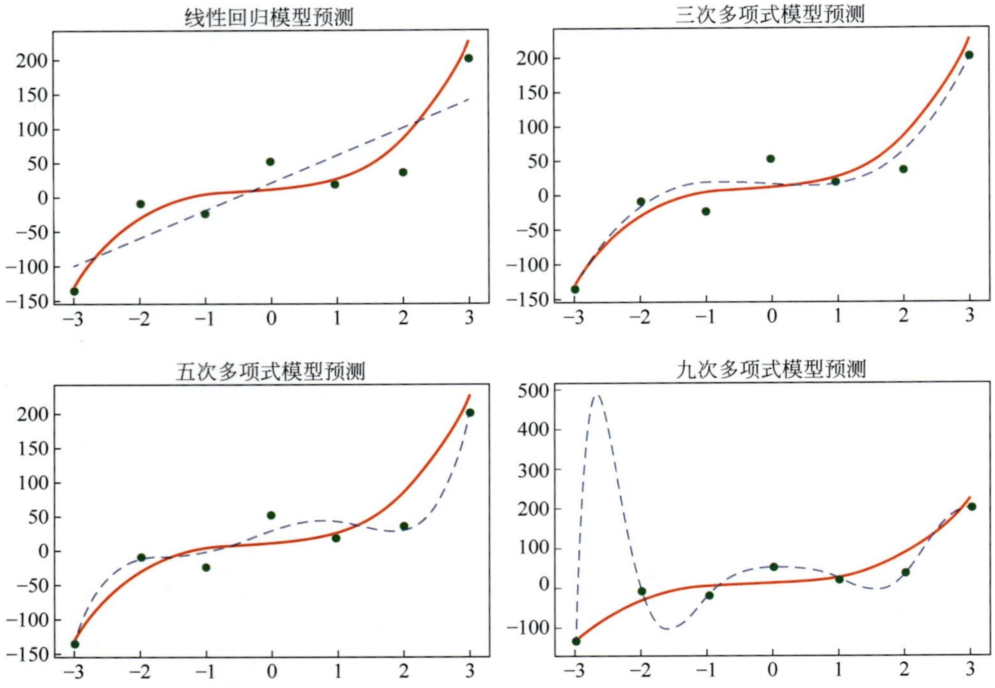

图 3-10　不同次多项式拟合效果示意

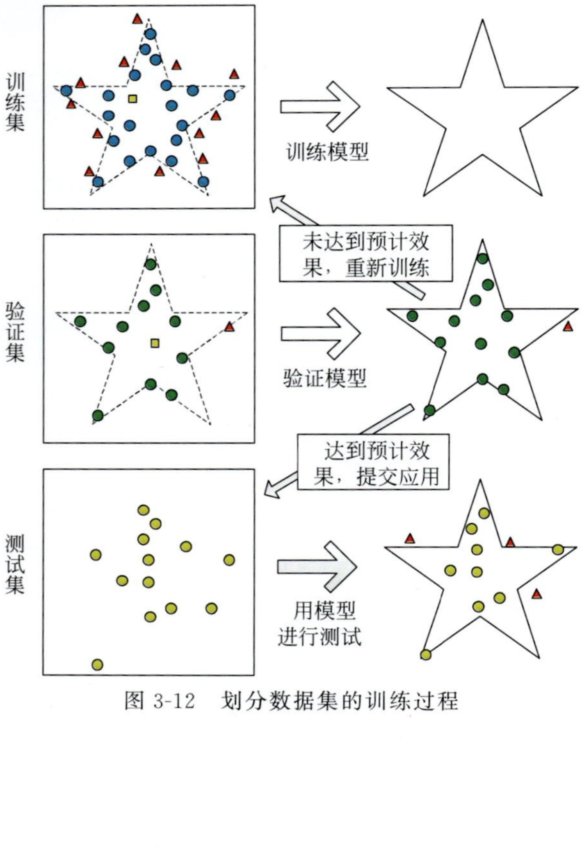

图 3-12　划分数据集的训练过程

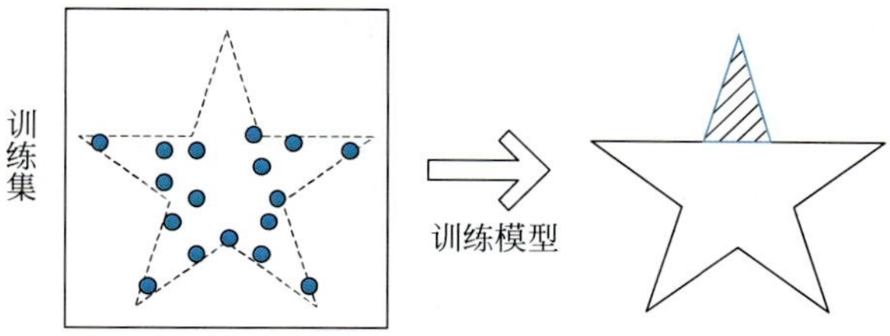

图 3-13　不充分或分布不平衡的样本集训练效果

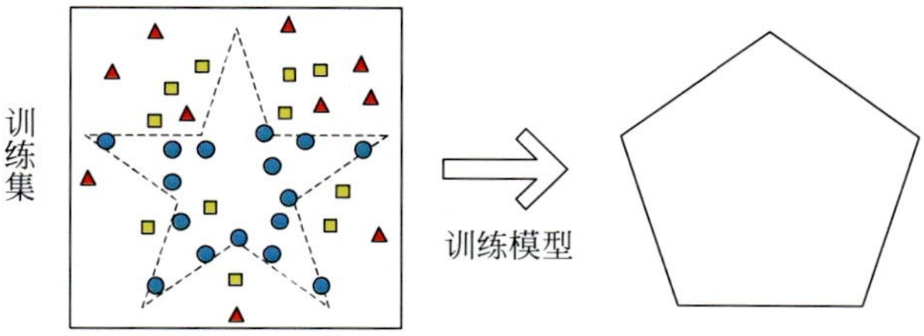

图 3-14　噪声过多的样本集训练效果

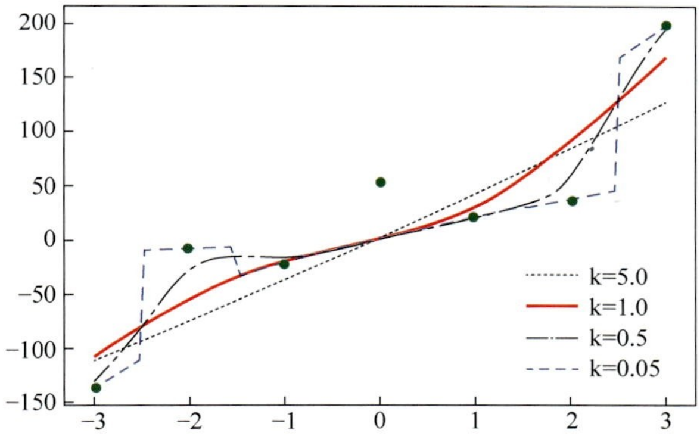

图 3-15　不同核函数参数时的局部加权线性回归预测曲线

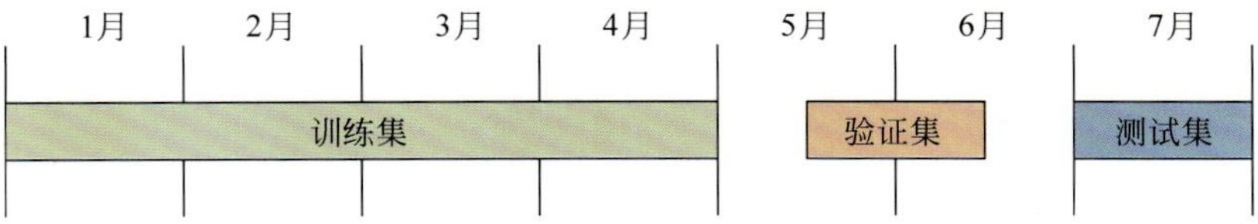

图 4-6　初步划分数据集

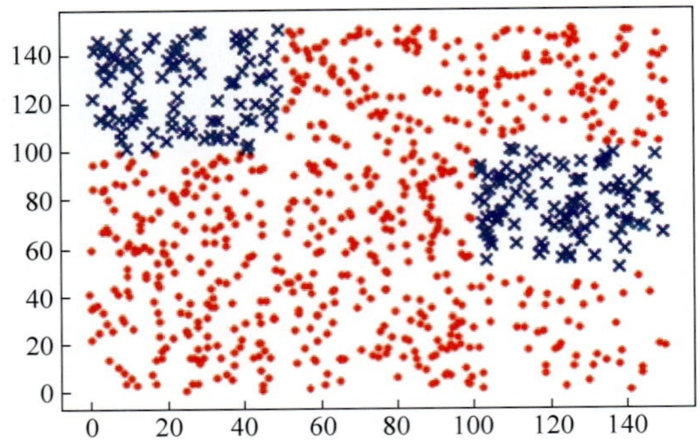

图 4-7　二维平面上的示例样本

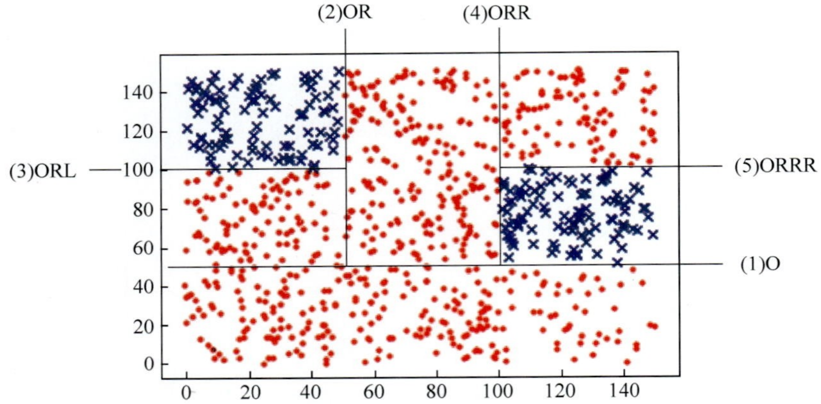

图 4-9　样本分裂过程示意

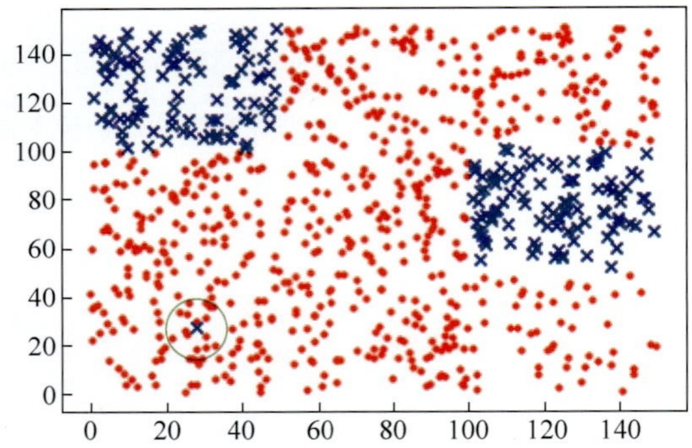

图 4-10　混入噪声的示例样本

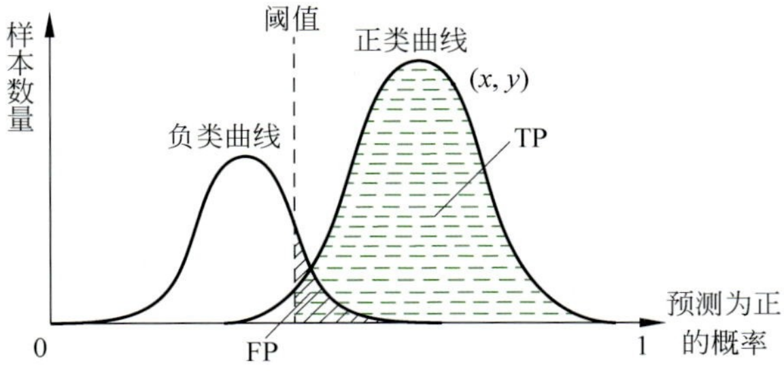

图 4-14　二分类模型对样本进行预测的概率分布示意图

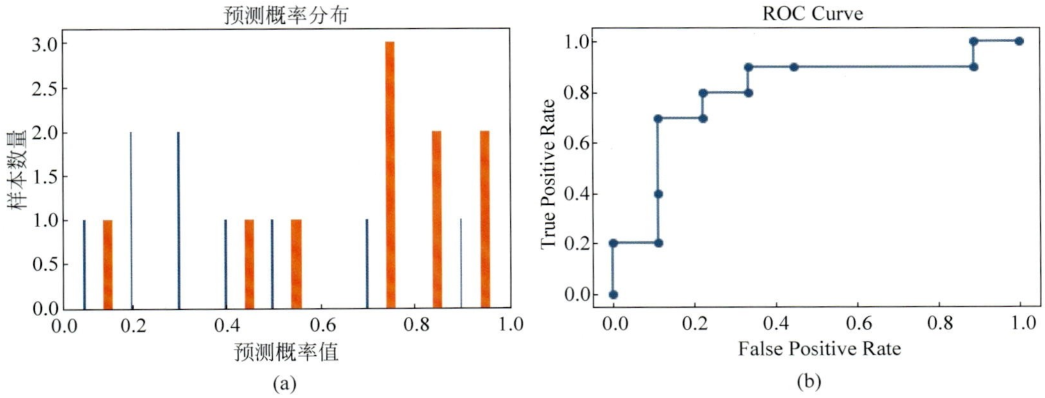

图 4-16　预测概率分布和 ROC 曲线示例

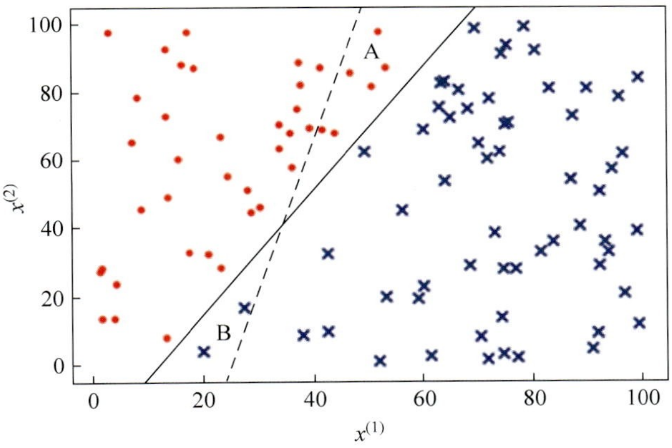

图 4-17　逻辑回归示意

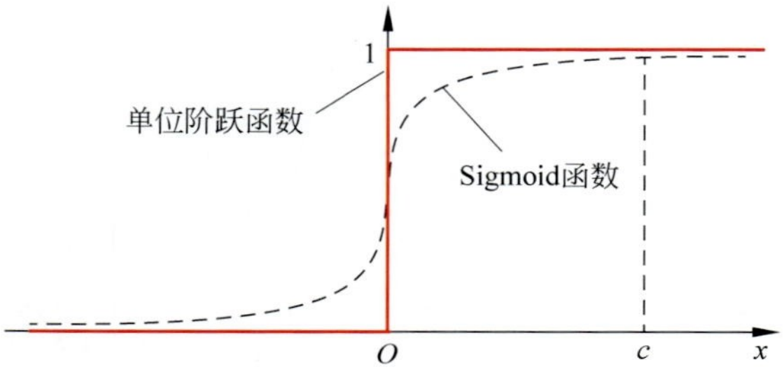

图 4-18　单位阶跃函数和 Sigmoid 函数示意

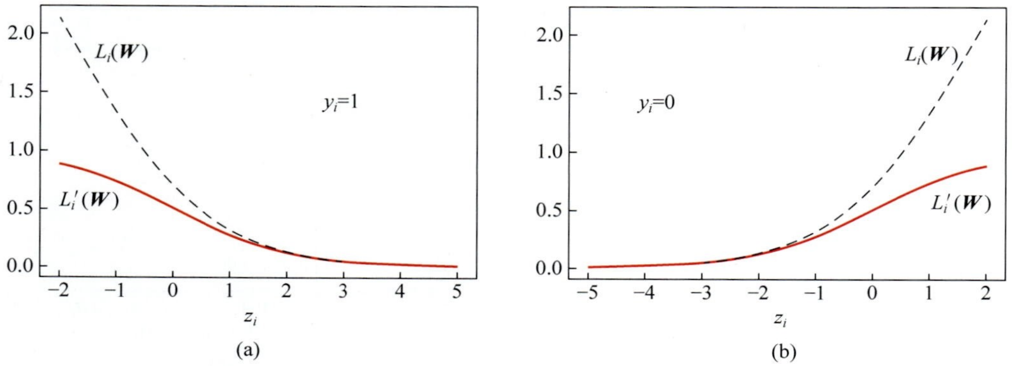

图 4-19　逻辑回归损失函数示意

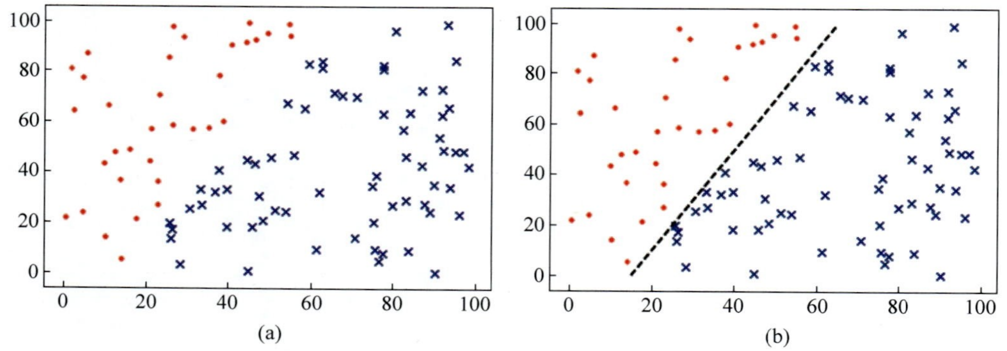

图 4-20　平面上二分类线性逻辑回归示例效果

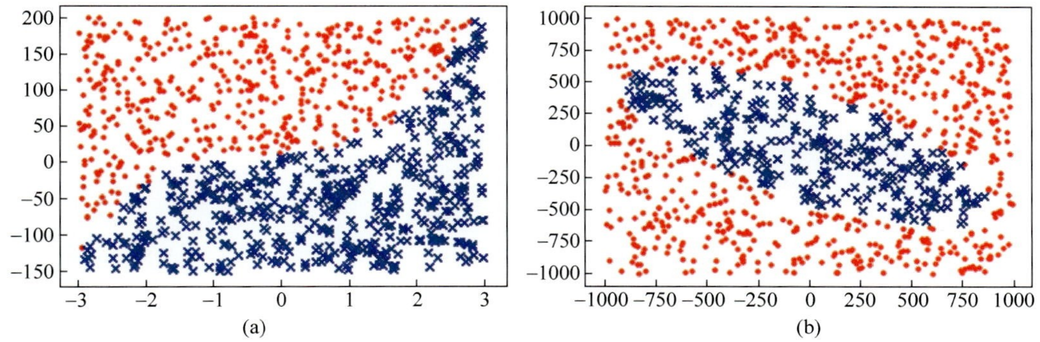

图 4-21　非线性逻辑回归示例

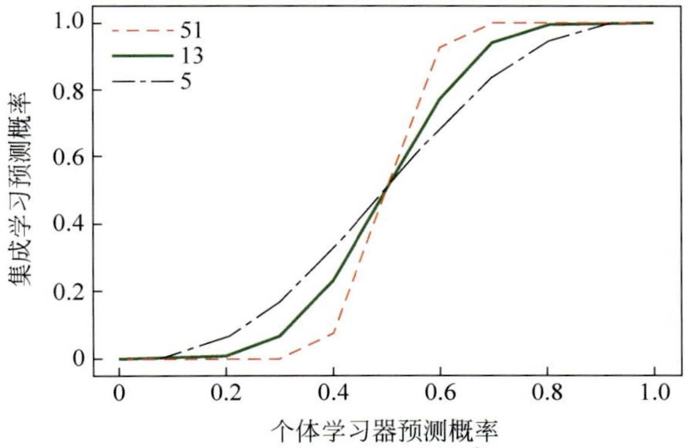

图 4-23　个体学习与集成学习输出的关系

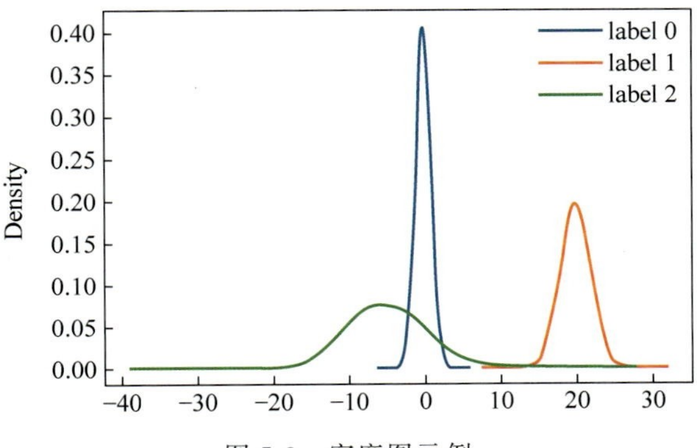

图 5-3　密度图示例

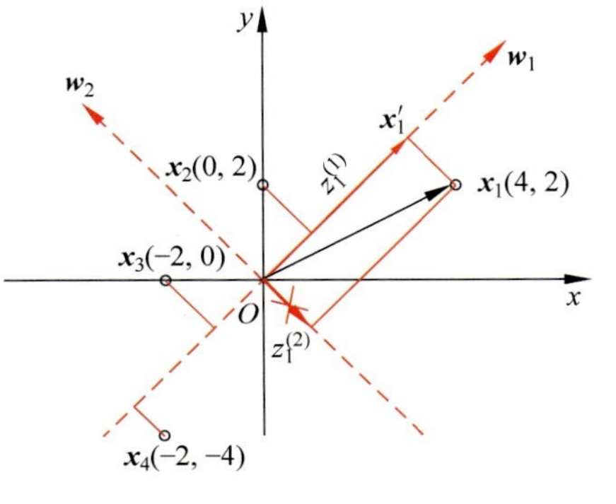

图 5-4　二维平面上的主成分分析示例

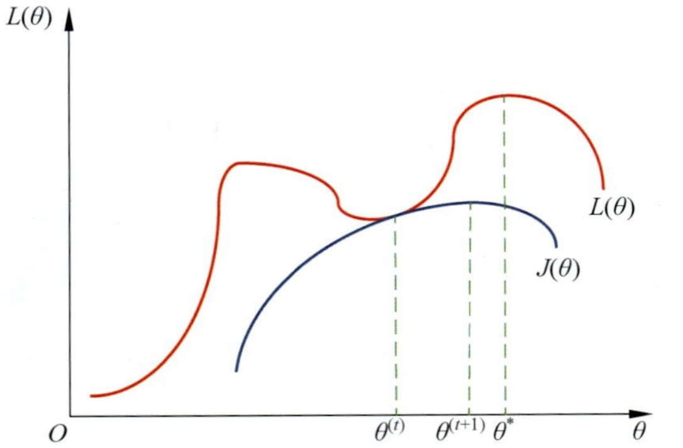

图 6-4　EM 算法通过 E 步和 M 步逼近最大值示意

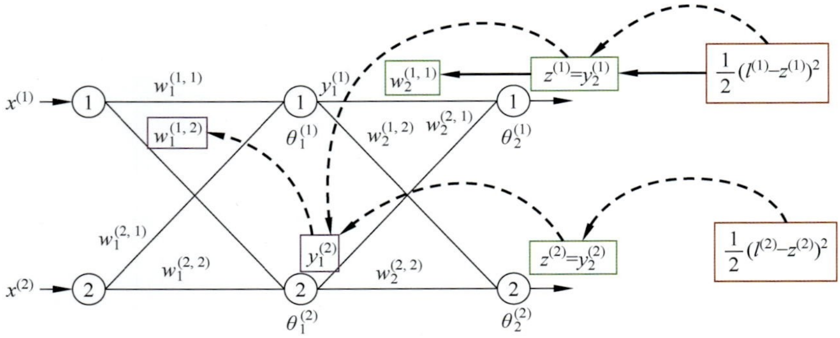

图 7-8　BP 算法中求导路径示例

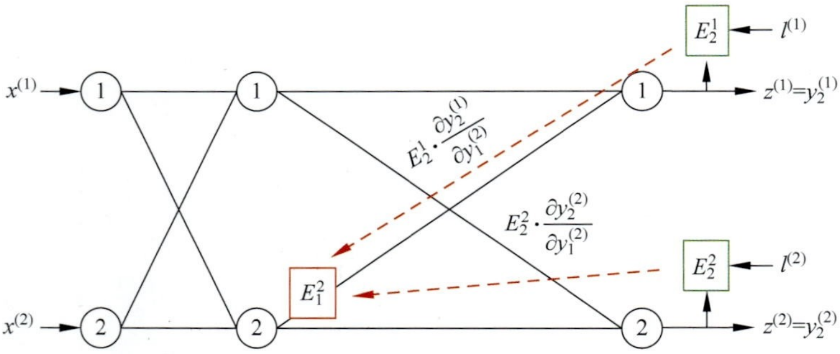

图 7-9　BP 算法中校对误差反向传播示例

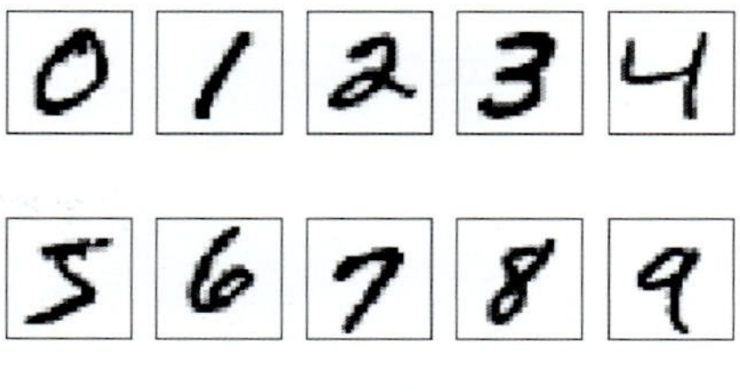
图 7-10　MNIST 图片示例

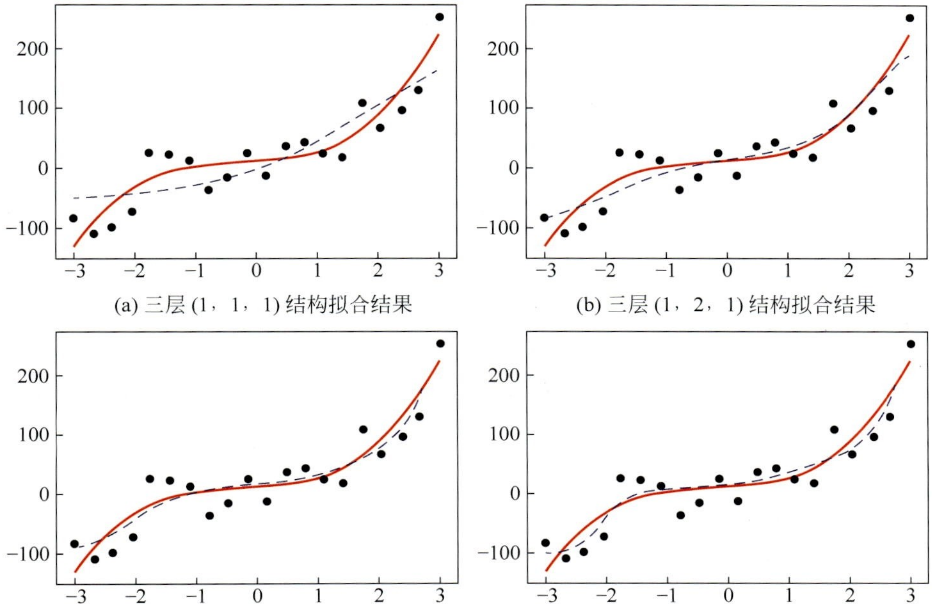

(a) 三层 (1，1，1) 结构拟合结果

(b) 三层 (1，2，1) 结构拟合结果

(c) 四层 (1，5，5，1) 结构拟合结果

(d) 五层 (1，10，15，10，1) 结构拟合结果

图 7-11　不同网络结构拟合结果

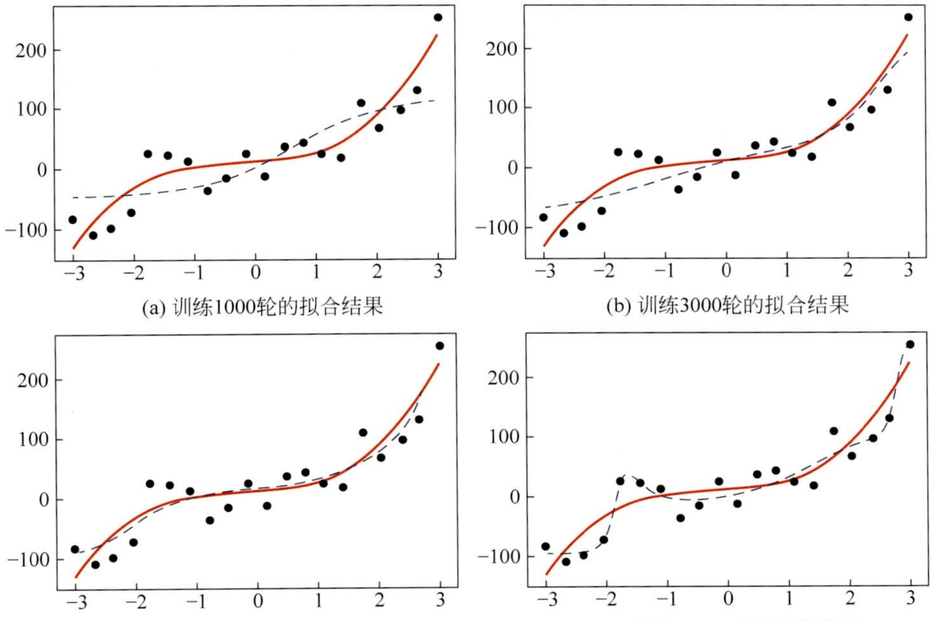

(a) 训练1000轮的拟合结果

(b) 训练3000轮的拟合结果

(c) 训练5000轮的拟合结果

(d) 训练10 000轮的拟合结果

图 7-12　不同训练轮数拟合结果

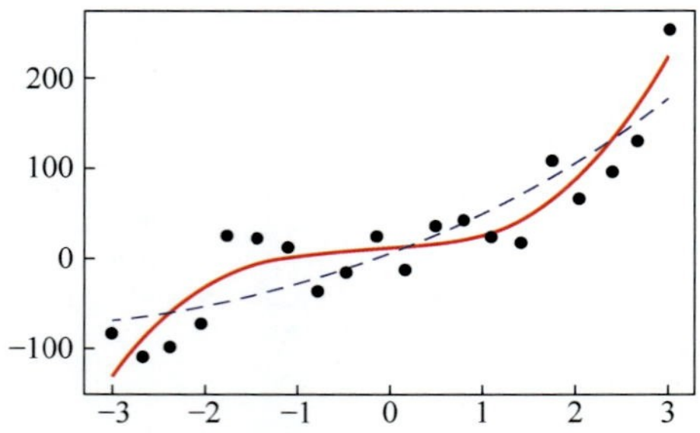

(a) 训练样本归一化处理

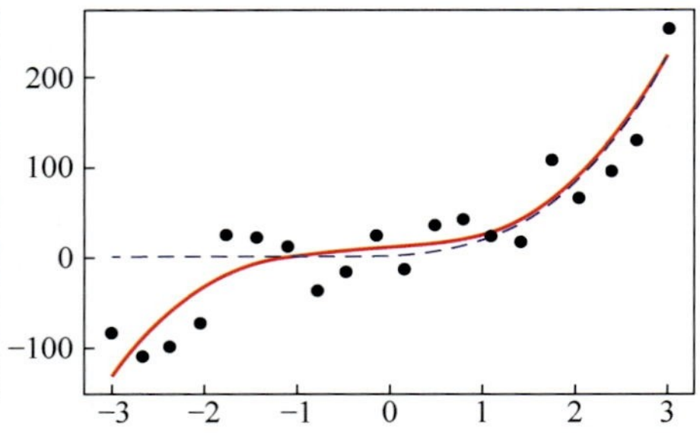

(b) 训练样本不归一化处理

图 7-13　采用 softplus 激活函数的拟合结果

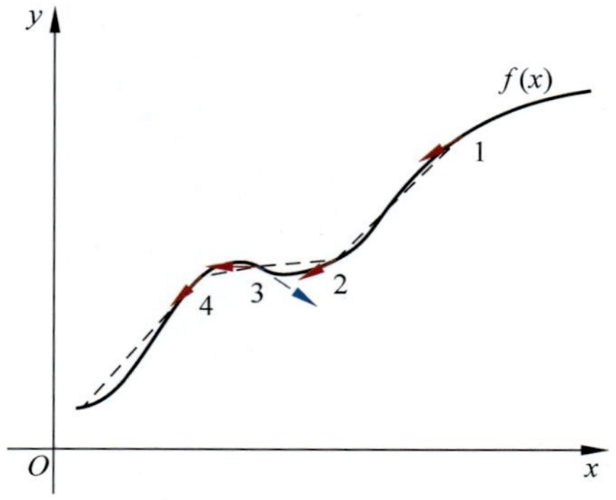

图 7-14　加入动量的梯度下降过程示意图

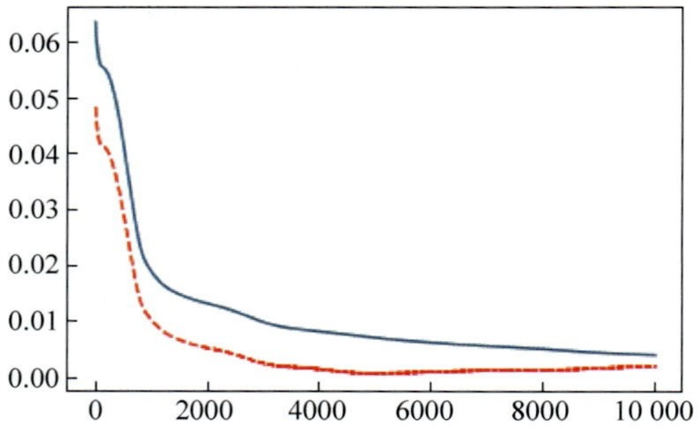

图 7-15　训练误差与测试误差随训练轮数的变化

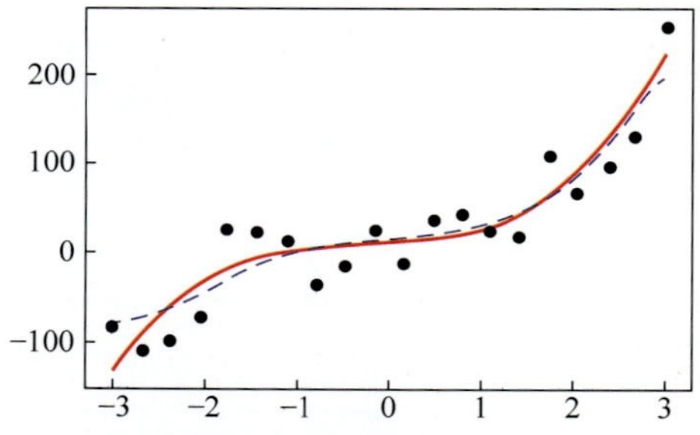

(a) 第三层节点增加L2正则化的拟合结果

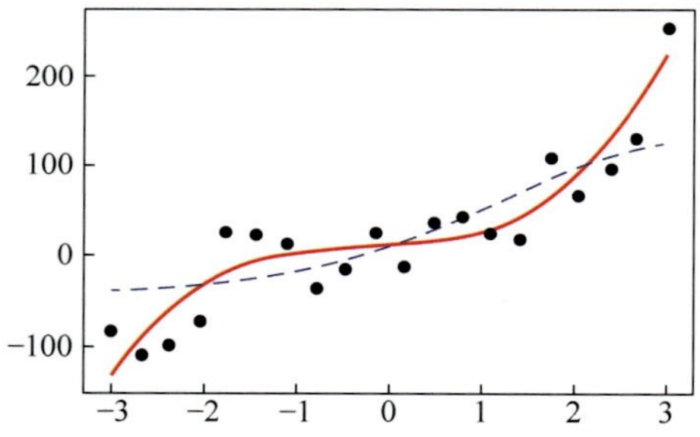

(b) 所有隐层节点增加L2正则化的拟合结果

图 7-16　不同正则化拟合结果

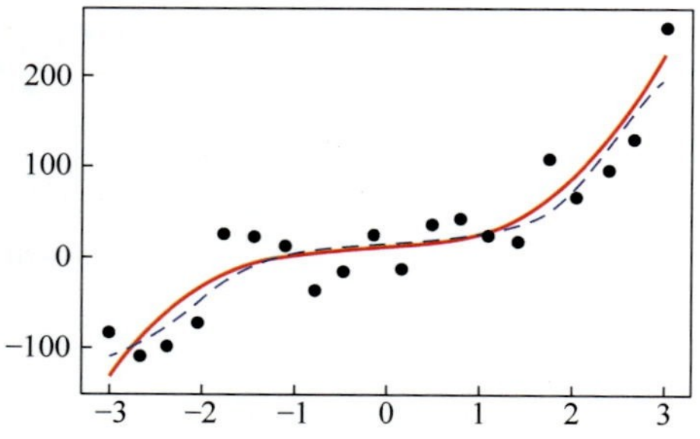

图 7-17　采用早停法后的拟合结果

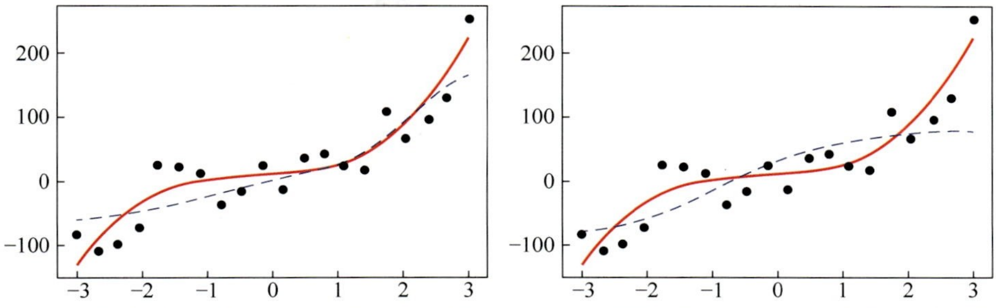

(a) 第二层后增加Dropout(0.1)层的拟合结果　(b) 第三层后增加Dropout(0.5)层的拟合结果

图 7-18　增加 Dropout 层后的拟合结果

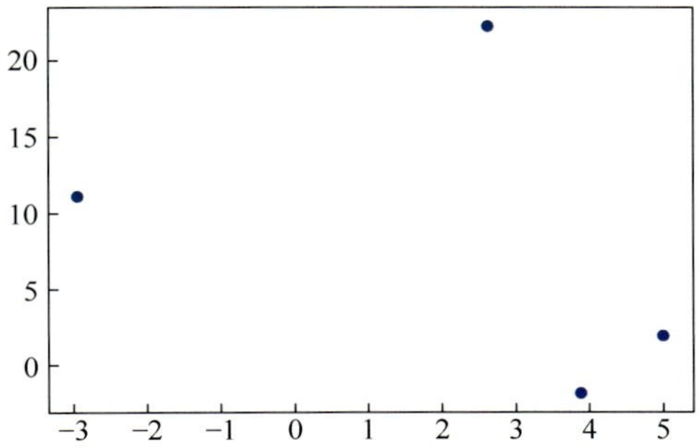

图 7-19　竞争学习示例样本分布

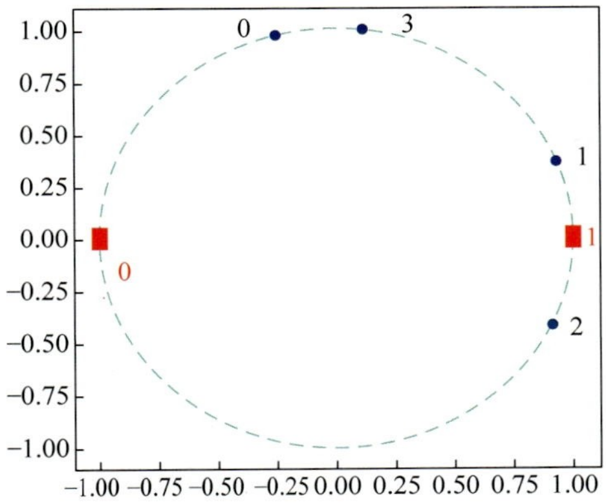

图 7-20　竞争学习示例样本归一化后的分布

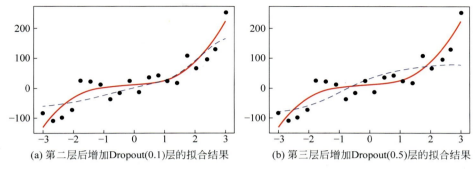

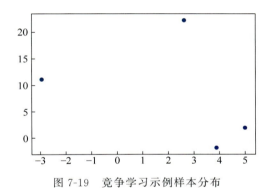

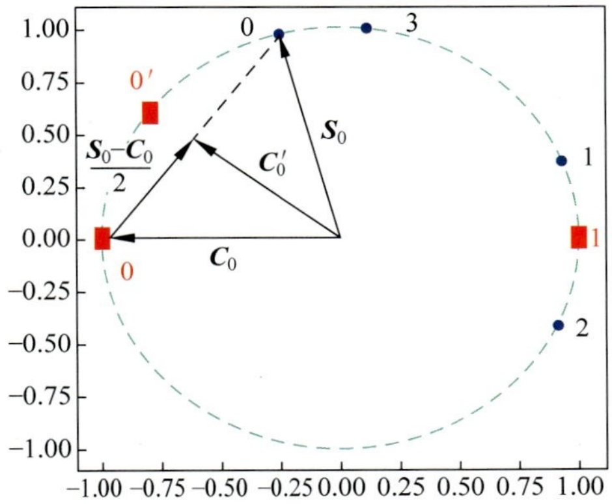

图 7-21　竞争学习示例样本点 0 的学习示意

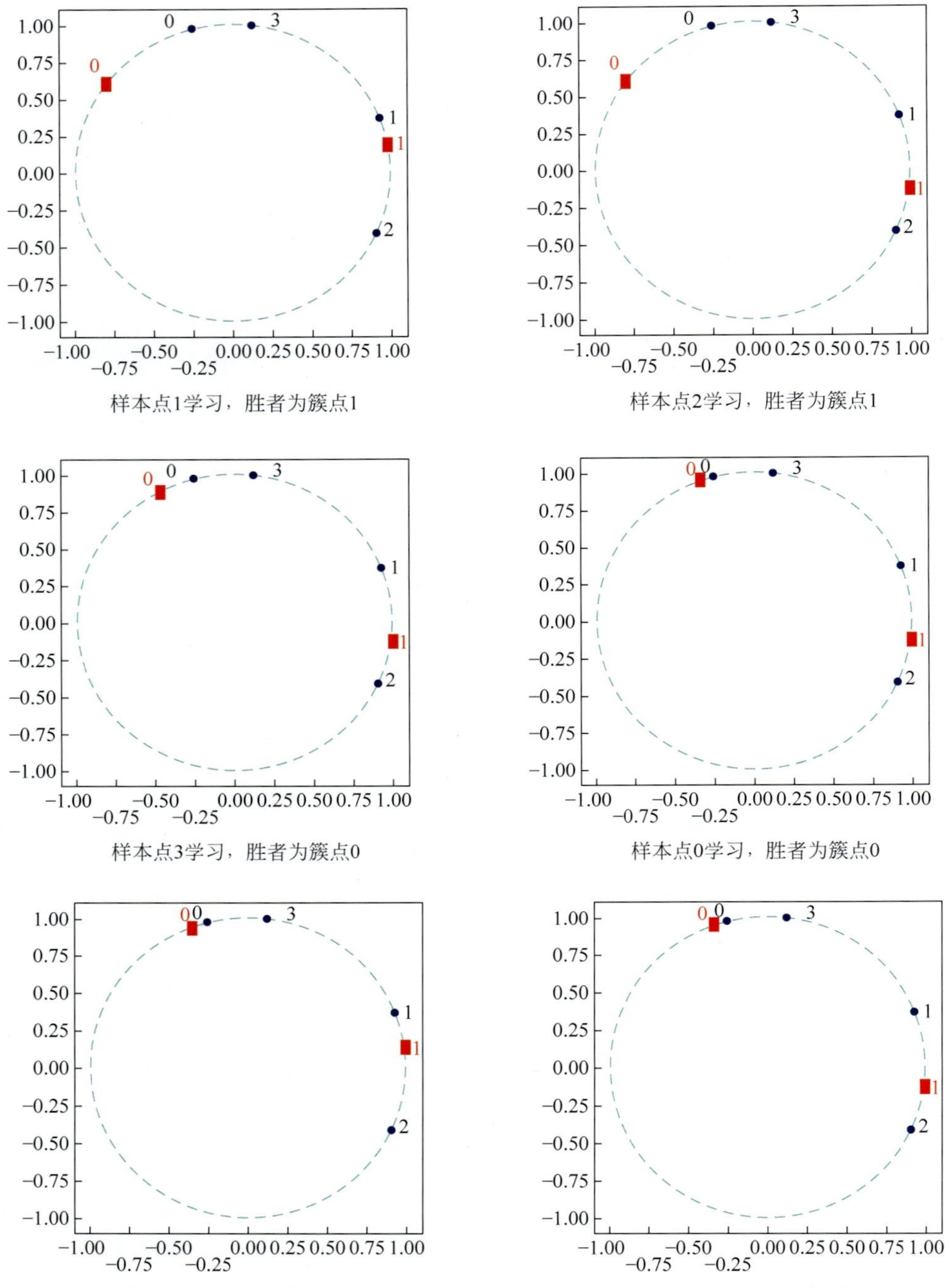

样本点1学习，胜者为簇点1　　样本点2学习，胜者为簇点1

样本点3学习，胜者为簇点0　　样本点0学习，胜者为簇点0

样本点1学习，胜者为簇点1　　样本点2学习，胜者为簇点1

图 7-22　竞争学习示例对各样本点进行学习的过程

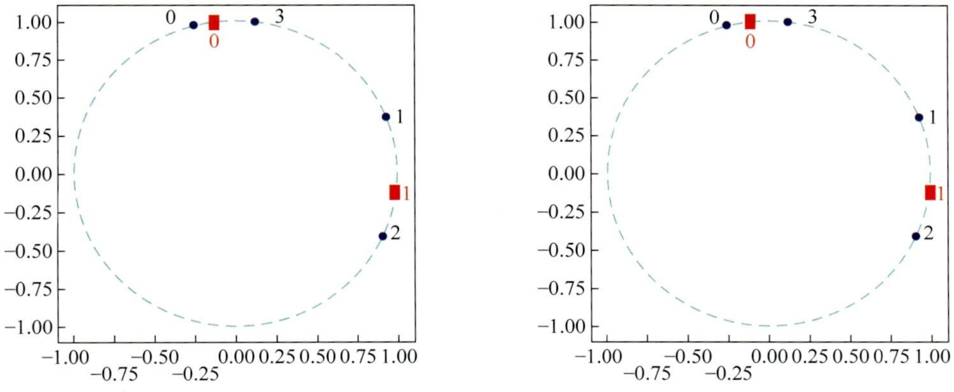

样本点3学习，胜者为簇点0　　样本点0学习，胜者为簇点0

图 7-22 （续）

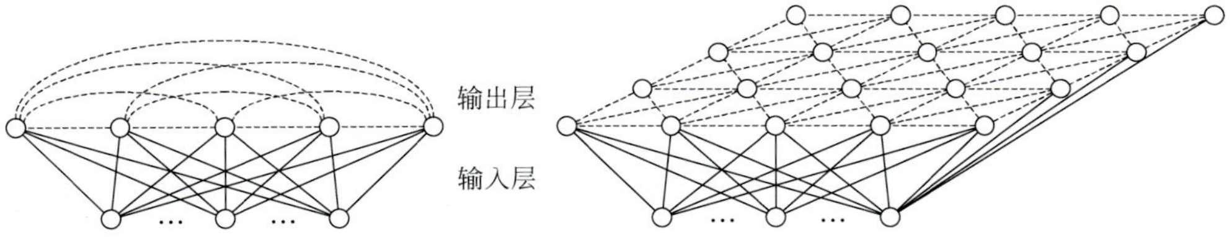

(a) 一维线阵　　(b) 二维平面阵

图 7-23 SOM 网络的典型结构

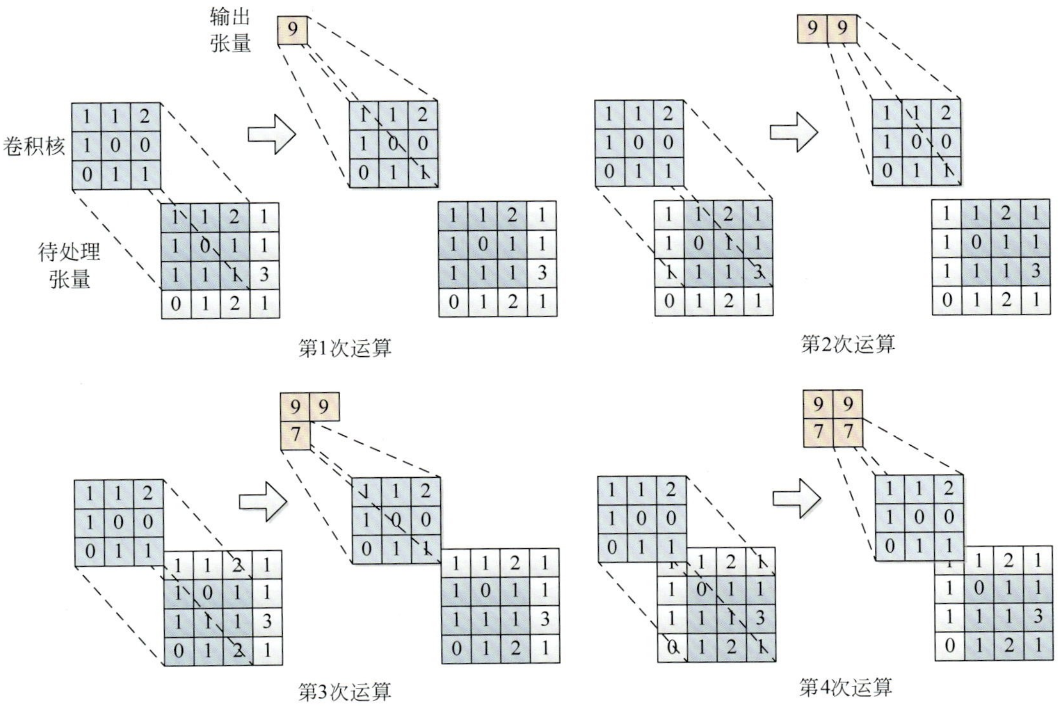

图 8-1 卷积运算示例

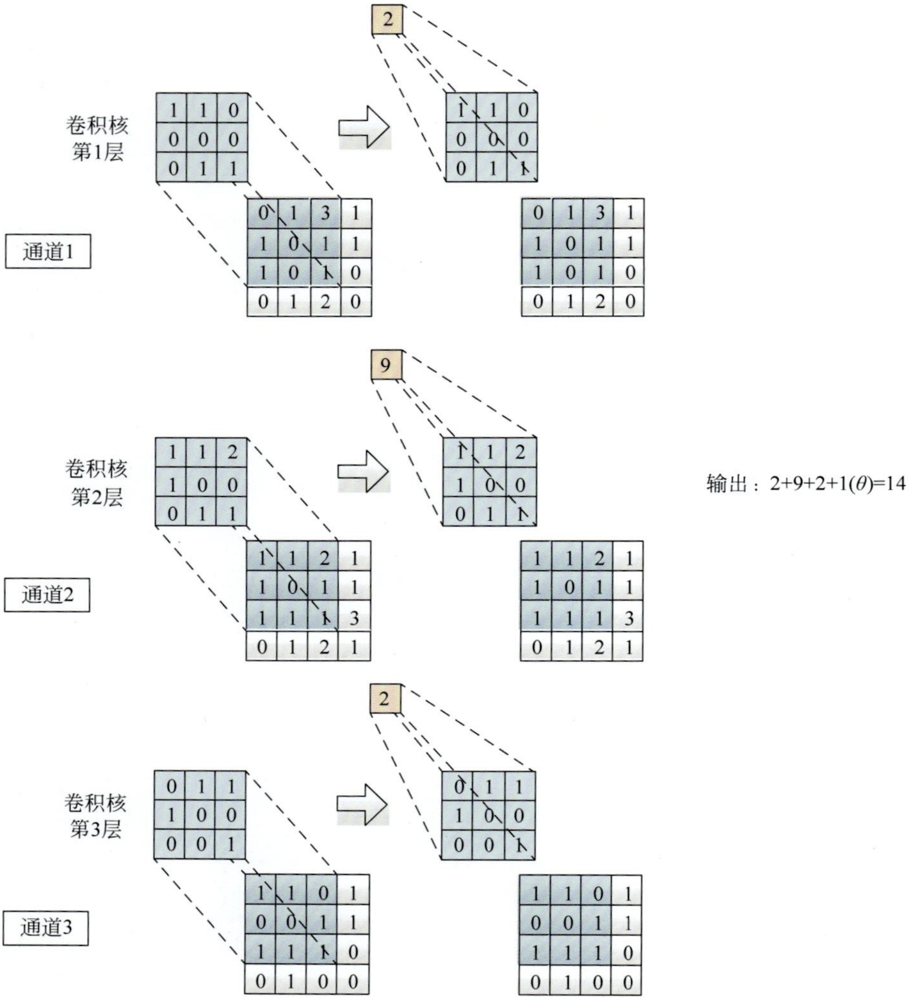

图 8-2　多通道卷积运算示例

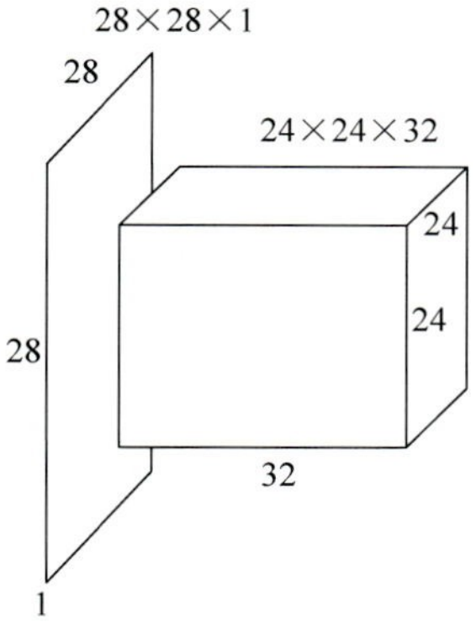

图 8-3　卷积层图示

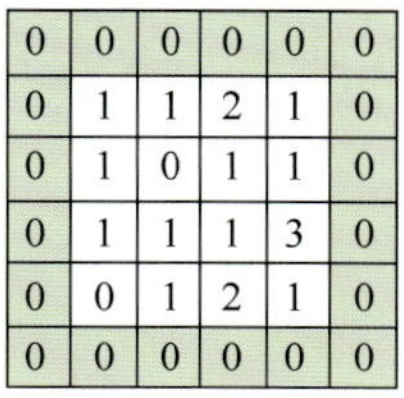

图 8-4　边缘填充示例

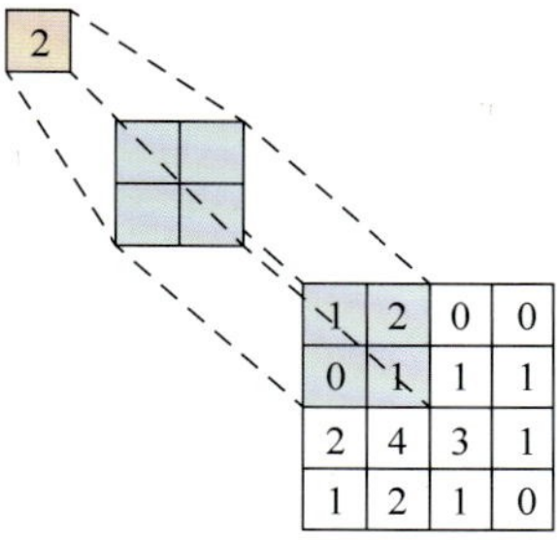

图 8-5　最大池化操作示例

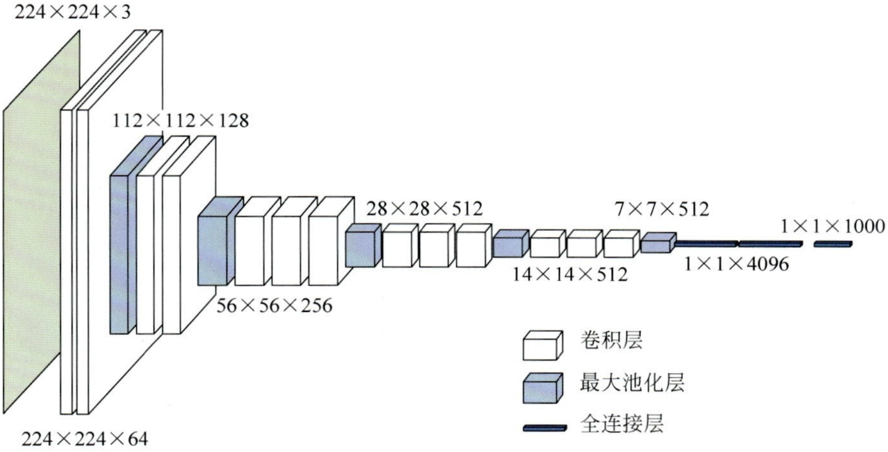

图 8-6　VGG-16 模型的网络结构

图 8-7　实验用的小狗图片

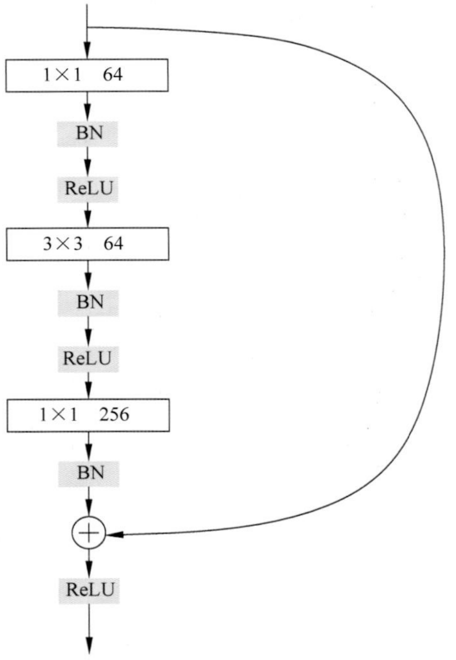

图 8-8 残差单元示例

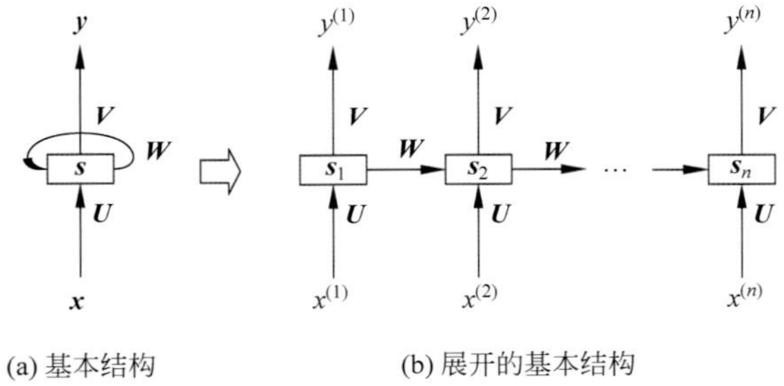

图 8-9 循环神经网络基本单元示意

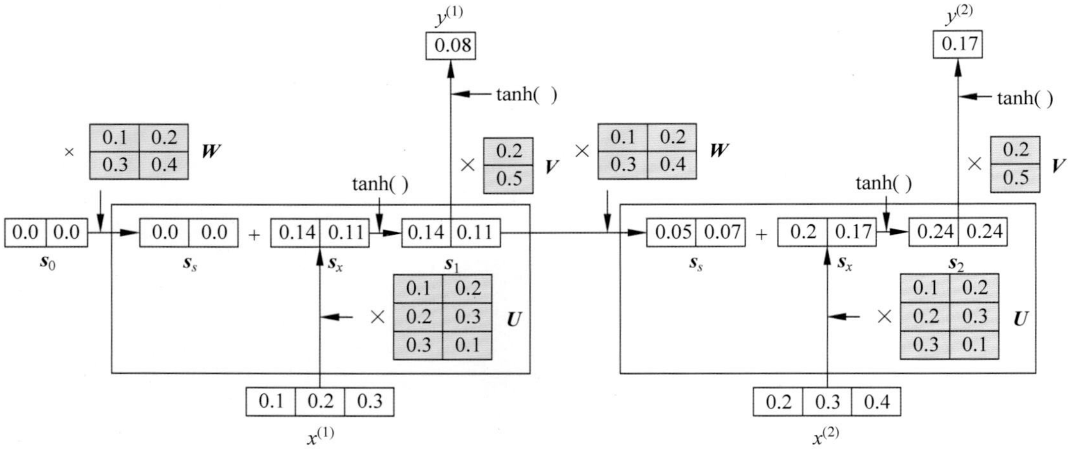

图 8-10 循环神经网络前向传播示意

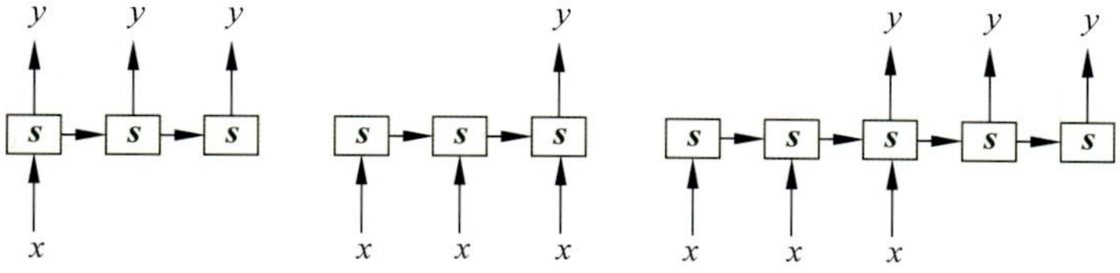

(a) 单输入多输出　　(b) 多输入单输出　　(c) 多输入多输出

图 8-11　循环神经网络常用结构示意

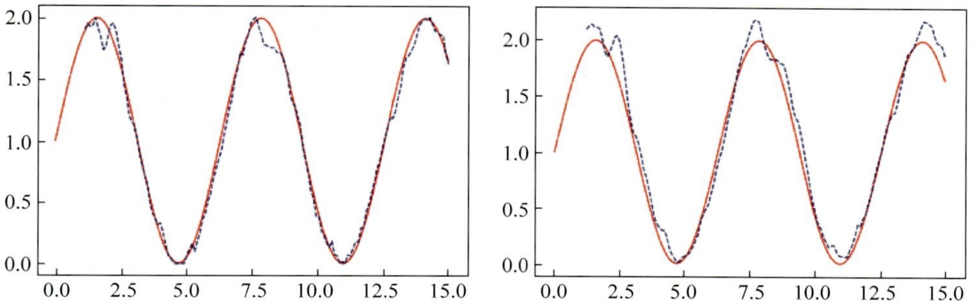

(a) 预测序列后第1个值　　(b) 预测序列后第2个值

图 8-12　循环神经网络序列回归预测效果

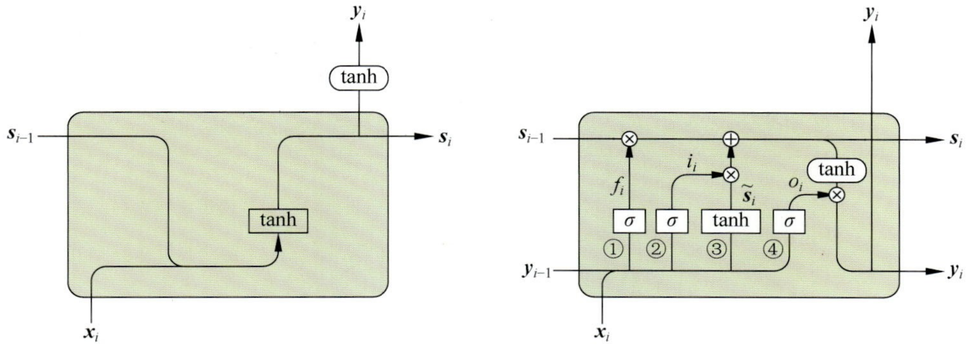

(a) RNN基本单元示意　　(b) LSTM单元示意

图 8-13　循环神经网络基本与单元长短时记忆网络单元对比

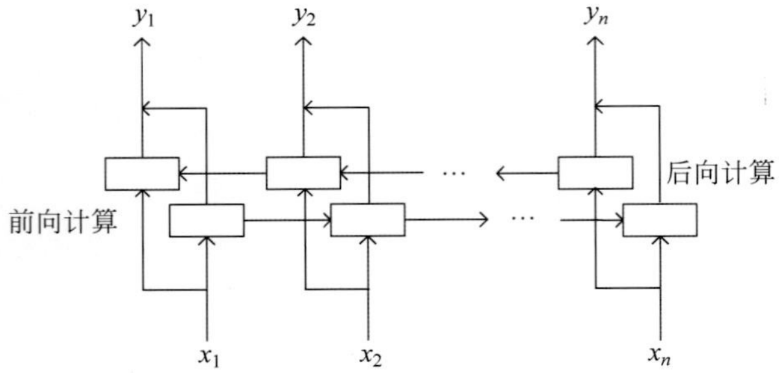

图 8-14　双向循环神经网络

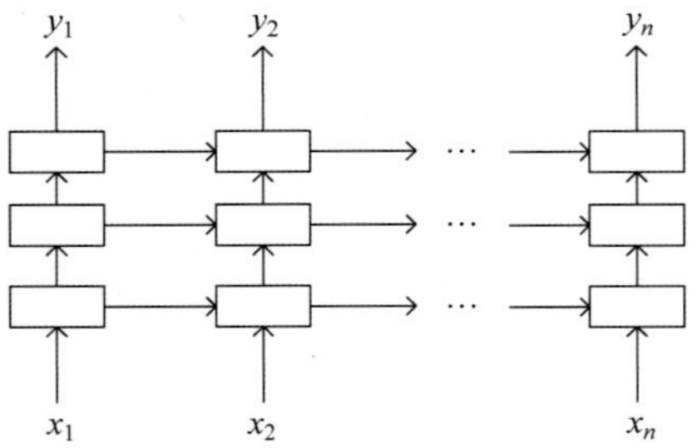

图 8-15　深度循环神经网络

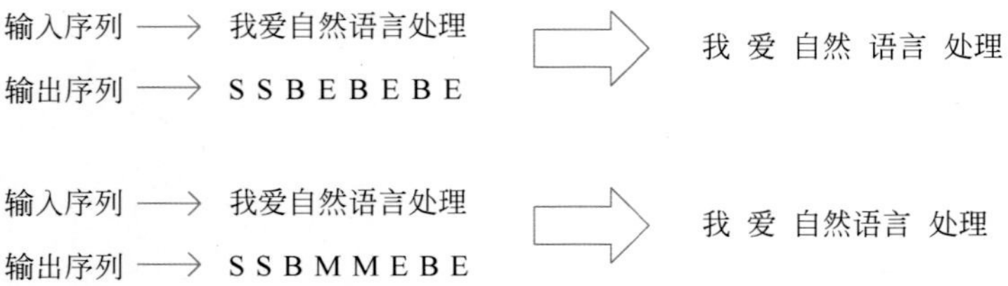

图 8-16　标注法中文分词示例

大数据与人工智能技术丛书

机器学习

(Python+sklearn+TensorFlow 2.0)

微课视频版

◎ 王衡军 著

清華大学出版社
北京

内容简介

本书讨论了机器学习的基本问题和基本算法。从方便学习的目的出发，本书主要以聚类任务、回归任务、分类任务、标注任务、概率模型、神经网络模型、深度学习模型等七个主题对相关内容进行组织。

本书在讨论具体算法时，采用以示例入手、逐步推进的方式，并尽量给出详尽的推导。本书没有采用伪代码的方式来介绍算法流程，而是用文字说明加(或)示例程序的方式。本书的示例代码基于Python 3程序设计语言实现，并按需使用了Scikit-Learn(sklearn)机器学习和TensorFlow 2.0深度学习等模块。本书不要求读者具有深厚的数学基础，但应理解导数、矩阵、概率等基本概念。读者还应具备基本的编程能力，能够探索运行本书的配套示例程序。

本书理论推导与证明详细、深入，结构清晰，详细地讲述主要算法的原理与细节，让读者不仅知其然，还知其所以然，真正理解算法、学会使用算法。对于计算机、人工智能及相关专业的本科生和研究生，这是一本适合入门与系统学习的教材；对于从事人工智能和机器学习产品研发的工程技术人员，本书也具有很强的参考价值。

图书在版编目(CIP)数据

机器学习：Python+sklearn+TensorFlow 2.0：微课视频版/王衡军著. —北京：清华大学出版社，2020.7 (2024.3重印)
(大数据与人工智能技术丛书)
ISBN 978-7-302-55928-3

Ⅰ. ①机… Ⅱ. ①王… Ⅲ. ①机器学习 Ⅳ. ①TP181

中国版本图书馆CIP数据核字(2020)第116379号

策划编辑：魏江江
责任编辑：王冰飞
封面设计：刘　键
责任校对：李建庄
责任印制：宋　林

出版发行：清华大学出版社
网　　址：https://www.tup.com.cn，https://www.wqxuetang.com
地　　址：北京清华大学学研大厦A座　　**邮　　编**：100084
社 总 机：010-83470000　　**邮　　购**：010-62786544
投稿与读者服务：010-62776969，c-service@tup.tsinghua.edu.cn
质量反馈：010-62772015，zhiliang@tup.tsinghua.edu.cn
课件下载：https://www.tup.com.cn，010-83470236
印 装 者：小森印刷霸州有限公司
经　　销：全国新华书店
开　　本：185mm×260mm　　**印　张**：15.75　　**彩　插**：10　　**字　　数**：411千字
版　　次：2020年9月第1版　　**印　　次**：2024年3月第9次印刷
印　　数：15001～17000
定　　价：69.90元

产品编号：088121-02

前 言

本书讨论了机器学习的基本问题和基本算法。从方便学习的目的出发，本书主要以聚类任务、回归任务、分类任务、标注任务、概率模型、神经网络模型、深度学习模型七个主题对相关内容进行组织。前四个主题以机器学习的四个主要任务为核心，讨论相关算法及基础知识。概率类模型和神经网络类模型可以完成聚类、回归、分类和标注等多类任务，但它们各有自成体系的基础知识，因此各设一个主题进行集中讨论，更方便读者理解。深度学习模型属于神经网络模型，是机器学习领域的后起之秀，对机器学习的兴起起到了至关重要的推动作用，单独设一个主题来讨论。此外，还单独设立一个主题对机器学习在工程应用中的特征工程、降维和超参数调优等问题进行讨论。

本书面向的读者是初学者，在讨论具体算法时，采用以示例入手、逐步推进的方式，并尽量给出详尽的推导。本书没有采用伪代码的方式来介绍算法流程，而是用文字说明加示例程序的方式。通过文字说明，读者可以从总体上理解算法运行过程。通过运行示例程序，读者可以精准地把握算法运行的细节、理解数据的变化过程。本书的示例代码基于 Python 3 语言实现，并按需使用了 Scikit-Learn(sklearn)机器学习和 TensorFlow 2.0 深度学习等模块。

本书不要求读者具有深厚的数学基础，但应理解导数、矩阵、概率等基本概念。读者还应具备基本的编程能力，能够探索运行本书的配套示例程序。

由于时间有限，书中如有错误，望读者和专家不吝赐教。

作 者

2020 年 8 月

目录

源码资源下载

第 1 章

绪 论

1.1 机器学习是什么

2016 年 3 月，阿尔法围棋程序（AlphaGo）挑战世界围棋冠军李世石，以 4 比 1 的总比分取得了胜利。此事震惊世界，2016 年因此被称为人工智能（Artificial Intelligence，AI）新元年。随后，该程序在网络上连胜多位中、日、韩围棋高手，更于 2017 年 5 月打败世界围棋排名第一的柯洁。

实际上在棋类游戏中，人类与计算机对抗屡屡失败，比如国际象棋冠军卡斯帕罗夫早在 1997 年就被名为"深蓝"的计算机打败。为什么这次会引发这么大的轰动呢？除了围棋更为复杂的原因外，更重要的是 AlphaGo 已经具备了自我学习和自我进化能力。战胜李世石的第一代 AlphaGo，学习了几百万盘人类的棋局，而它的升级版更是完全摆脱了人类的思维，仅仅从零开始自我学习了三天，就横扫了整个围棋界。

机器的这种学习能力，作为人工智能的核心要素，将会对人类社会的生产、生活、军事等活动产生难以估量的影响。

那么，什么是机器学习（Machine Learning，ML）呢？

人类的学习中，最基础的是记忆，即机械的复述，但更重要的是"举一反三"的能力。当用图片、文字、视频等教人们认识动物时，人们不仅记住了动物的知识，还学会了对真实的动物进行分析、辨认和判别，这是一种学习知识并应用知识的能力。获得这种能力，并用来解决实际问题，正是机器学习的目标。

这种能力对人类来说并不难，人类的学习能力比现在所有机器学习算法的能力都要强得多。但计算机具有数据存储和处理方面的优势，一旦它具有了这种学习能力，就可以高效地替代人类完成类似工作。比如,从海量的监视视频中找到某个通缉犯。

要使机器具备这种能力,主要通过符号学习(Symbol Learning)和统计学习(Statistical Learning)两种方法。符号学习以知识推理为主要工具,在早期推动了机器学习的发展。随着计算能力的大幅度提升,统计学习占据了更多舞台,作出了更多的贡献。现在,人们提到的机器学习,更多的是指统计学习。从统计学习的角度来说,机器学习算法是从现有数据中分析出规律,并利用规律来对未知数据进行预测的算法。机器学习已经发展成为一门多领域交叉的学科,涉及概率论、统计学、微积分、矩阵论、最优化等知识。

机器学习诞生的标志是1959年IBM公司的科学家亚瑟·塞缪尔(Arthur Samuel)编写的一个跳棋程序。该程序可以根据每盘的胜负结果来计算每个棋盘位置的重要性,从而提升计算机下棋的水平。在随后的几十年里,机器学习的发展起起落落,直至近年来异常火热,在学术界得到特别重视。在产业界更是得到广泛应用,涉及欺诈检测、客户定位、产品推荐、实时工业监控、自动驾驶、人脸识别、情感分析和医疗诊断等领域,相关从业人员报酬不菲。

机器学习和近年来人们常提到的人工智能、模式识别、数据挖掘以及深度学习、神经网络等概念都存在着或多或少的关系。

传统神经网络(Neural Networks,NN)是实现机器学习中分类、聚类、回归等模型的重要方法。后来,人们发现改进后的多层次的神经网络可以用来自动提取特征,从而有效克服人工提取特征的障碍,由此逐渐发展为机器学习的一个分支,即深度学习(Deep Learning,DL)。近年来,正是深度学习取得了重大突破,从而推动机器学习,乃至人工智能都得到了蓬勃发展。

相比机器学习,人工智能具有更加广泛的含义,它包括知识表示、智能推理等基础领域和机器人、自然语言处理、计算机视觉等应用领域,而机器学习是人工智能的重要实现技术。同样的,机器学习也是模式识别(Pattern Recognition)、数据挖掘(Data Mining)等领域的重要支撑技术。

1.2 机器学习算法

机器学习算法以数据为对象,它通过提取数据特征,发现数据中的知识并抽象出数据模型,作出对数据的预测。作为机器学习算法的对象,数据包括存在于计算机及网络上的各种数字、文字、图像、音频、视频等,以及它们的组合。用来作为抽象模型发现知识的数据称为训练数据,需要作出预测的数据称为测试数据。

机器学习算法能够有效的前提是符合同类数据(包括训练数据和测试数据等)具有相同的统计规律性这一基本假设。这里的同类数据是指这些数据具有某种相同的性质,例如文本、视频、音频等大类数据。大类数据还可以进行细分,例如文本数据又可以分为通用文本、法律文本、军事文本等数据。由于同类数据具有统计规律性,所以可以用概率统计方法来加以处理。一般来说分类的粒度越细,数据的统计规律性越强,机器学习算法的有效性越强。

机器学习算法一般要先从训练数据中学习一个模型，再用于后续的预测，因此，也将机器学习算法不加区别地称为机器学习模型，或者简称模型。

1.2.1 机器学习算法分类

可以从不同的角度给机器学习算法(或者机器学习模型)进行分类。

1. 按学习的过程分类

从学习的过程来看，机器学习算法可以分为监督学习(Supervised Learning)、无监督学习(Unsupervised Learning)和半监督学习(Semi-supervised Learning)等类别。

1）监督学习

监督学习的学习对象是有标签训练数据，有标签数据是指已经给出明确标记的数据。监督学习利用有标签的训练数据来学习模型，目标是用该模型给未标记的测试数据打上标签。例如，为了让一个监督学习模型能够正确区分水果的图片，先要准备一批已经标记好正确标签的水果图片供模型学习，然后才能用训练好的模型去为新的图片打标签，如图 1-1 所示。监督学习也称为监督训练或有教师学习。

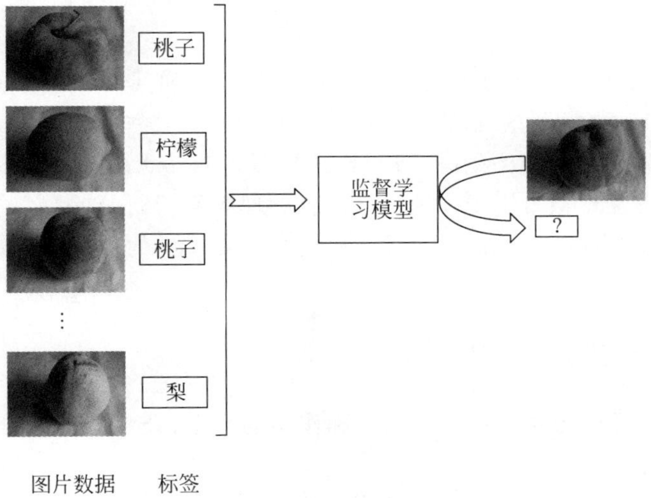

图 1-1 监督学习示例(见彩插)

2）无监督学习

与监督学习不同，无监督学习的训练数据没有标签，它自动从训练数据中学习知识，建立模型。无监督学习也称为无指导学习。在大多数工程应用中，事先标记大量的训练数据是一件代价较大的工作，因此，无监督学习在机器学习中具有重要作用。

3）半监督学习

半监督学习是监督学习和无监督学习相结合的一种学习方法，它利用少量已标记样本来帮助对大量未标记样本进行标记。

2. 按完成的任务分类

从完成的任务看,机器学习算法可以分为聚类、分类、回归和标注等模型。

1) 聚类

聚类(Clustering)模型用于将训练数据按照某种关系划分为多个簇,将关系相近的训练数据分在同一个簇中。聚类属于无监督学习,它的训练数据没有标签,但经预测后的测试数据会被标记上标签,该标签是它所属簇的簇号。

2) 分类

分类(Classification)是机器学习应用中最为广泛的任务,它用于将某个事物判定为属于预先设定的多个类别中的某一个。分类属于监督学习,数据的标签是预设的类别号。分类模型分为二分类和多分类。如果要预测明天是否下雨,则是一个二分类问题,如果要预测是阴、晴还是雨,则是一个三(多)分类问题。

3) 回归

回归(Regression)模型预测的不是属于哪一类,而是什么值,可以看作是将分类模型的类别数无限增加,即标签值不再只是几个离散的值了,而是连续的值。例如预测明天的气温是多少度,因为一整天的温度是一组连续的值,所以这是一个回归模型要解决的问题。回归也属于监督学习。

4) 标注

标注(Tagging)模型用于处理有前后关联关系的序列问题。在预测时,它的输入是一个观测序列,该观测序列的元素一般具有前后的关联关系。它的输出是一个标签序列,也就是说,标注模型的输出是一个向量,该向量的每个元素是一个标签,标签的值是有限的离散值。标注模型常用于处理自然语言处理方面的问题,因为一个文本句子中的词出现的位置是有关联的。可以认为标注模型是分类模型的一个推广,它也属于监督学习范畴。

1.2.2 机器学习算法的术语

为方便描述机器学习算法中不同位置和作用的数据,统一有关数据的术语及其表示如下。

1. 数据集、训练集、验证集和测试集

数据集(Data Set)是机器学习过程中的所有数据的集合。数据集分为训练数据和测试数据。测试数据集合即为测试集(Test Set),是需要应用模型进行预测的那部分数据,是机器学习所有工作的最终服务对象。为了防止训练出来的模型只对训练数据有效,一般将训练数据又分为训练集(Training Set)和验证集(Validation Set),训练集用来训练模型,而验证集一般只用来验证模型的有效性,不参与模型训练。它们的关系如图 1-2 所示。

在监督模型中,训练集和验证集都是事先标记好的有标签数据,测试集是无标签的数据。在无监督模型中,训练集、验证集和测试集都是未标记的数据。

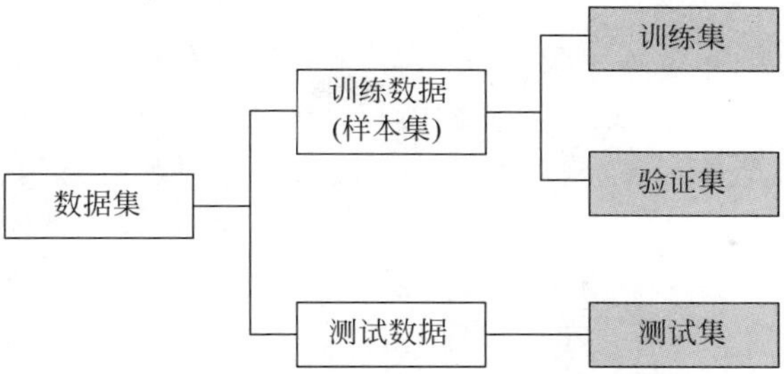

图 1-2 数据集、训练集、验证集和测试集关系示意

2. 实例、属性、特征、特征值和特征向量

实例(Instance)是一个完整的训练或测试数据，例如一张图片、一段文本、一条音频等。实例一般由多个属性(Attribute)表示。例如一张 8×8 的图片，有 64 个属性，如果是黑白两色的，每个属性的取值为二维的，可设为 0 或 1。再如一段长为 20 个汉字的句子，则有 20 个属性，当采用 GB 2312 编码时，每个属性有 6763 个可能取值。因为实例有多个属性，因此用多维的向量来表示它，并用粗体的小写字母来标记，如 $\boldsymbol{x}_i$，下标 i 表示实例的序号。本书中，向量、矩阵和集合一般用粗体来表示。

传统机器学习算法一般不直接对实例的属性进行处理，而是对从属性中提炼出来的特征进行处理，例如，从图片里提取出的水果长度与宽度之比的特征(Feature)，从日期里提取出周几的特征等。在传统机器学习算法的应用里，提取特征是非常关键的环节，不同的特征对预测效果有很大的影响。特征所取的具体值称为特征值(Feature Value)。具体应用到机器学习算法中时，实例通常不是由属性向量来表示，而由多个特征值组成的特征向量(Feature Vector)来表示。用特征向量来表示实例时，也用 $\boldsymbol{x}_i$ 表示。用带括号的上标来区分实例的不同特征，如 $x_i^{(j)}$ 表示第 i 个实例的第 j 维特征。因此，有 m 个特征的第 i 个实例可表示为 $\boldsymbol{x}_i=(x_i^{(1)},x_i^{(2)},\cdots,x_i^{(m)})$。

如果特征取实数值，那么 m 维的特征向量可以张成一个 m 维的实数向量空间 $\boldsymbol{R}^m$，称为特征空间，用双线字体记为$\mathbb{X}$。

3. 标签和样本

数据不仅包括实例，还包括标签(Label)。在分类、聚类和标注模型中，标签是离散编号值，在回归模型中，标签是连续值。对训练数据来说，标签是指导训练的结论，对测试集来说，标签是要预测的目标。

在分类、聚类和回归任务中，标签值一般是一维的标量，一般用 y_i 表示。在标注任务中，标签值是一个序列，可看成是向量，一般用粗体 $\boldsymbol{y}_i$ 表示。测试集中的数据只包括实例，标签是需要预测的，在分类、聚类和回归任务中用 $\hat{y}_i$ 来表示待预测的标签值，在标注任务中用粗体$\hat{\boldsymbol{y}}_i$ 来表示待预测的标签序列。

样本(Sample)是一份可用来训练的完整数据。在监督学习中，样本由实例及其标签组成，用 $\boldsymbol{s}_i=(\boldsymbol{x}_i,y_i)$或 $\boldsymbol{s}_i=(\boldsymbol{x}_i,\boldsymbol{y}_i)$表示第 i 个样本，而实例 $\boldsymbol{x}_i$ 也称为未标记的样本。

在无监督学习中，样本没有标签，可直接用实例表示，即 $\boldsymbol{s}_i=\boldsymbol{x}_i$。

本书用大写的加粗字母 $\boldsymbol{S}=\{\boldsymbol{s}_i\}$ 表示样本集。所有样本的集合即为训练数据（如图 1-2 所示），并根据不同用途划分为训练集和验证集。

习惯上也将测试数据称为测试样本。测试样本是待预测的、没有标记的无标签样本。

为方便读者查阅，本书所使用的有关默认符号如表 1-1 所示。如无特别说明，这些符号具有表中列出的含义。

表 1-1 本书默认使用的符号

标　记	含　义	说　明
$\boldsymbol{x}_i$	第 i 个实例，向量	粗体，斜体
y_i	分类、聚类和回归模型中，第 i 个实例的标签，标量	斜体
$\boldsymbol{y}_i$	标注模型中，第 i 个实例的标签，向量	粗体，斜体
$\hat{y}_i$	分类、聚类和回归模型中，第 i 个实例待预测的标签，标量	斜体
$\hat{\boldsymbol{y}}_i$	标注模型中，第 i 个实例待预测的标签，向量	粗体，斜体
$\boldsymbol{s}_i$	第 i 个样本，向量	粗体，斜体
$\boldsymbol{S}$	样本集合	粗体，斜体
$x_m^{(n)}$	第 m 个实例的第 n 维特征值，标量	斜体
$\mathbb{X}$	特征空间	双线字体

1.3 本书的学习之路

机器学习领域的工作，大致可以分为三类：算法、工程和数据。做数据主要是指人工标注数据。近年来，机器学习在很多应用上取得了巨大的成功，业内共同认可一个事实：就现阶段而言，数据远比算法重要，正所谓“有多少人工，就有多少智能”。虽然人工标注数据非常重要，但该类型工作几乎没有门槛，是较为简单的重复劳动，从业者收获也不多，因此，下面主要来看看算法和工程两类工作的特点。

做算法又分为学术研究和应用研究两个层次。做算法的学术研究，跟其他领域的学术研究一样，需要站到“巨人”的肩膀上，即先要熟悉本领域最新的研究进展，然后更进一步，做出一些创新，包括提出一个新算法，或者改进一个已有的算法，或者提出一个新的应用方法等，为机器学习领域的发展作出贡献。学术研究难度较大，主要集中在知名高校和一些能力较强的大公司。在从事机器学习算法的学术研究时，无论是哪一种创新，不可避免地要用实践来验证创新的有效性。因此，从事机器学习算法的学术研究者，不仅仅需要具备扎实的理论基础，还需要具备较强的算法实现能力，为高效开展相关实践奠定基础。而做算法的应用研究，主要是验证已有的学术研究成果，并寻找应用到当前的业务工作的途径。已有的学术研究成果主要体现为各种学术论文，重点是最新发表的论文。从事算法的应用研究，同样需要较强的算法理解和实践能力，才能验证学术研究成果的正确性和实用性，找到应用方法。

做工程，虽然不需要像做算法那样追求创新，但也要对算法有深入的理解，并在算法实践方面特别熟练。从事机器学习工程应用的人，需要熟悉各类开发框架和工具，熟悉各类算法的应用范围和优缺点。在面对实际问题时，要能够选择一些合适的框架和算法，通过编写代码来训练业务数据，通过实践确定最优工作模型。虽然一般使用现成的技术框架，但并不是说做工程就可以完全不了解算法本身。如果不了解算法，则无法理解各类参数的含义，不能充分发挥现有工具的作用，一旦现成算法不适用时，就会无所适从。

从上面的介绍可以看出，如果想在机器学习领域进行算法研究和工程应用，就必须理解经典算法的原理，打下扎实的理论基础，同时还要具备较强的算法实践能力。这既是初学者的学习目标，也正是作者编写本书的目的。

本书将分别讨论完成聚类、分类、回归和标注等任务的典型算法及实现代码、相关框架和模块，以及一些应用示例。

机器学习的内容十分丰富，而本书篇幅有限。在内容取舍上，加强了目前流行算法的分量，减少了应用较少的算法。在具体内容安排上，首先强调基础，突出对经典算法的剖析。同时，也介绍它们在 sklearn 或 TensorFlow 2.0 下的实现，使读者对领域现状有较全面的了解。书中还提供了一些算法的实践应用示例，使读者可以了解算法应用的过程，拓展应用思维。

本书的主要内容章节安排如图 1-3 所示。第 2～4 章和第 6 章(部分)分别从机器学习的聚类、回归、分类和标注任务的角度讨论了相关算法。概率模型是机器学习中非常重

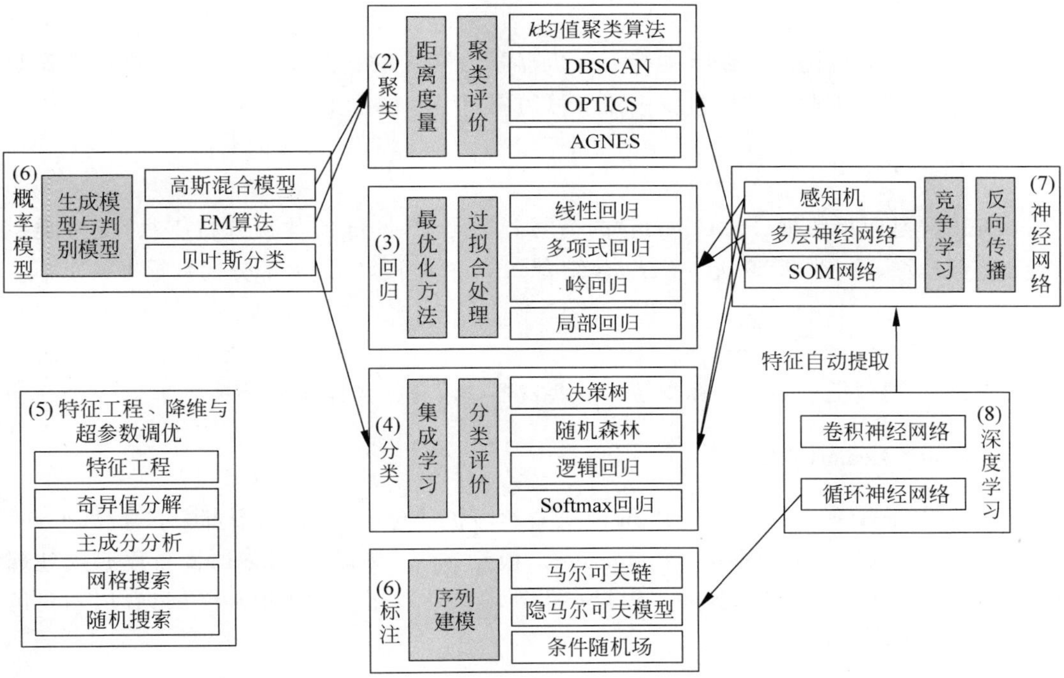

图 1-3 章节内容关系

要的一类模型,它可以用来完成聚类、分类和标注等多类任务。概率模型是以概率统计知识为基础的,为了方便读者理解,将概率模型的内容集中在第 6 章讨论。神经网络模型也可以完成多类任务。各类神经网络的基础结构相似,因此,一并放在第 7 章讨论。第 8 章讨论了深度学习,深度学习仍然属于神经网络范畴,但它主要是用来解决特征自动提取问题,因此单独设一章进行讨论。第 5 章讨论了机器学习应用的一些问题,它们是应用好机器学习算法的重要知识。

距离度量、最优化、过拟合处理、评价方法等机器学习基本问题分散在各章逐步引入。

相信读者在掌握了本书讨论的知识后,通过进一步自学来掌握更多前沿知识不是一件十分困难的事情。

机器学习是一门实践性很强的学科,建议读者重视实践在学习中的作用。通过实践来加深理解、丰富经验是学习机器学习的有效途径。现在有很多与机器学习相关的竞赛,它们为初学者提供了非常好的实践方式。

1.4 编程环境及工具包

本书的示例代码采用 Python 3 语言,深度学习框架采用 TensorFlow 2.0。

Python 已经成为事实上的机器学习标准语言。Python 语法简洁,只要有其他程序设计语言基础,可以较轻松地掌握它的语法。本书涉及以下的几种 Python 扩展包。

1. Numpy

Numpy 扩展包提供了数组支持。在机器学习算法的实践中,样本集一般都看作数组进行操作处理,因此该扩展包在机器学习的应用中有很重要的作用。

2. Pandas

Pandas 是面板数据(Panel Data)的简写。它是 Python 的数据分析工具,支持类似 SQL 的数据增、删、改、查功能。Pandas 结合 Numpy,可以完成大部分的数据准备工作。

3. Scipy

Scipy 扩展包提供矩阵计算支持。有些机器学习算法涉及矩阵计算。

4. Scikit-Learn(sklearn)[①]

Scikit-Learn 是一个基于 Python 的机器学习扩展包,它包含六个部分:分类、回归、聚类、数据降维(Dimensionality Reduction)、模型选择(Model Selection)和数据预处理(Preprocessing)。它在学术界和工程界都得到了广泛应用。在学习相关知识时,不仅可

① http://scikit-learn.org/stable/

以参考它提供的丰富资源，还可利用它提供的各种工具来快速完成操作，同时它还提供了算法实现的源代码供学习。

5. Matplotlib

Matplotlib 扩展包主要用于绘图和绘表，是数据可视化工具。

6. SymPy

SymPy 扩展包主要用于符号计算，例如公式推导等，涉及的领域包括代数运算、多项式、微积分、方程式求解、离散数学、矩阵、几何、物理学、统计学、画图、打印等。

深度学习的框架主要有 TensorFlow、Theano、Keras、Caffe、Torch、MXNet 等。TensorFlow 得到了最广泛的应用和支持，但它的 1.x 版本采用数据流图的思维模式，对初学者不太友好。TensorFlow 2.0 在这方面做了很大改进，具有入门快、好调试的优点，适合深度学习的初学者。

Jupyter Notebook（此前被称为 IPython Notebook）是一个交互式笔记本，支持运行 40 多种编程语言。它是一个 Web 应用程序，可将代码、文本说明、数学方程、图表等集合在一个文档里，表达能力非常强，便于交流。现在很多资料都采用 Jupyter 格式，成为同行交流的重要工具。本书中，一些小的示例使用该工具来完成。

有关 Python、TensorFlow 和 Jupyter Notebook 等工具的安装和使用等知识，更新较快，且网上资源很丰富，本书就不占用篇幅来介绍了，将在附属资源中适时推荐好的资料供参考。

为了突出算法本身，本书的示例尽量采用最简单的实现方式，减少读者在学习编程语言和工具方面的代价。

第 2 章

聚　类

人们在面对大量未知事物时，往往会采取分而治之的策略，即先将事物按照相似性分成多个组，然后按组对事物进行处理。机器学习里的聚类(Clustering)就是用来完成对事物进行分组的任务。Cluster 常翻译为簇或簇类，聚类算法是对代表事物的实例的集合进行分簇(组)的算法。聚类属于无监督学习。在无监督学习中，训练样本没有标签，等同于实例，因此，在本章不对样本和实例进行特别区分。

本章先讨论较容易理解的 k 均值聚类算法，并通过一个有趣的示例向读者展示其应用方法，然后介绍聚类算法的任务、评价和分类等知识，随后讨论较为复杂的 DBSCAN、OPTICS 和 AGNES 等算法。

本章开始逐步引入机器学习的基础理论知识，如空间中点的常用距离度量方法等。

与概率和神经网络有关的模型将在有关章节统一讨论，因此，本章不涉及与概率和神经网络有关的聚类算法。

视频

2.1　k 均值聚类算法及应用示例

本节先讨论 k 均值聚类算法的原理、实现代码、相关框架和模块，最后介绍如何用该算法来实现一个通过识别步态特征来认证手机机主身份的应用。

2.1.1　算法及实现

k 均值聚类算法(k-means Clustering Algorithm)[1]是一种迭代求解算法。

聚类算法是对样本集按相似性进行分簇，因此，聚类算法能够运行的前提是要有样本集，以及能对样本之间的相似性进行比较的方法。样本的相似性差异也称为样本距离，相似性比较称为距离度量。k 均值聚类算法（以下统称 k-means 算法）一般采用常见的欧氏距离（Euclidean Distance）作为样本距离度量准则。设样本特征维数为 n，第 i 个样本表示为 $\boldsymbol{x}_i=(x_i^{(1)},x_i^{(2)},\cdots,x_i^{(n)})$。样本点 $\boldsymbol{x}_i$ 和 $\boldsymbol{x}_j$ 的欧氏距离定义为

$$L_2(\boldsymbol{x}_i,\boldsymbol{x}_j)=\sqrt[2]{\sum_{l=1}^{n}(x_i^{(l)}-x_j^{(l)})^2} \tag{2-1}$$

当 $n=2$ 时，欧氏距离即为二维平面上点的距离计算公式。

设样本总数为 m，样本集为 $\boldsymbol{S}=\{\boldsymbol{x}_1,\boldsymbol{x}_2,\cdots,\boldsymbol{x}_m\}$。$k$ 均值聚类算法对样本集分簇的个数是事先指定的，即 k。设分簇集合表示为 $\boldsymbol{C}=\{\boldsymbol{C}_1,\boldsymbol{C}_2,\cdots,\boldsymbol{C}_k\}$，其中每个簇都是样本的集合。

k-means 算法的基本思想是让簇内的样本点更"紧密"一些，也就是说，让每个样本点到本簇中心的距离更近一些。常采用该距离的平方之和作为"紧密"程度的度量标准，因此，使每个样本点到本簇中心的距离的平方和尽量小是 k-means 算法的优化目标。每个样本点到本簇中心的距离的平方和也称为误差平方和（Sum of Squared Error，SSE）。从机器学习算法的实施过程来说，这类优化目标一般统称为损失函数（Loss Function）或代价函数（Cost Function）。

当采用欧氏距离，并以误差平方和 SSE 作为损失函数时，簇中心按如下方法计算：

对于第 i 个簇 $\boldsymbol{C}_i$，簇中心 $\boldsymbol{u}_i=(u_i^{(1)},u_i^{(2)},\cdots,u_i^{(n)})$ 为簇 $\boldsymbol{C}_i$ 内所有点的均值，簇中心 $\boldsymbol{u}_i$ 第 j 个特征为

$$u_i^{(j)}=\frac{1}{|\boldsymbol{C}_i|}\sum_{x\in \boldsymbol{C}_i}x^{(j)} \tag{2-2}$$

其中，$|\boldsymbol{C}_i|$ 表示簇 $\boldsymbol{C}_i$ 中样本的总数。

SSE 的计算方法为

$$\text{SSE}=\sum_{i=1}^{m}[\text{dist}(\boldsymbol{x}_i,\boldsymbol{u}_{c_{(i)}})]^2 \tag{2-3}$$

其中，dist(·)是距离计算函数，常用欧氏距离 L_2，$\boldsymbol{u}_{c_{(i)}}$ 表示样本 $\boldsymbol{x}_i$ 所在簇的中心。

k-means 算法基本流程如算法 2-1 所示。

算法 2-1　k-means 算法流程

步　数	操　作
1	随机产生 k 个初始簇中心（或者随机选择 k 个点作为初始簇中心）
2	对每一点，计算它与所有簇中心的距离，将其分配到最近的簇
3	如果没有点发生分配结果改变，则结束，否则继续下一步
4	计算新的簇中心
5	跳到第 2 步

k-means 算法以计算簇中心并重新分簇为一个周期进行迭代，直到簇稳定为止。下面来看一个对二维平面上的点进行聚类例子。在本书附属资源的文件 kmeansSamples. txt 中存放了 30 个点的坐标。输出查看各点坐标见代码 2-1。

代码 2-1　kmeansSamples.txt 文件中的点坐标

```
1.  >>> import numpy as np
2.  >>> samples = np.loadtxt("kmeansSamples.txt")
3.  >>> print(samples)
4.  [[ 8.76474369  14.97536963]
5.   [ 4.54577845   7.39433243]
6.   [ 5.66184177  10.45327224]
7.   [ 6.02005553  18.60759073]
8.   [12.56729723   5.50656992]
9.   [ 4.18694228  14.02615036]
10.  [ 5.72670608   8.37561397]
11.  [ 4.09989928  14.44273323]
12.  ...
```

在第 1 次迭代中，先随机产生 3 个簇中心：[[−1.93964824　2.33260803] [7.79822795　6.72621783] [10.64183154　0.20088133]]，然后进行分簇如图 2-1 所示，图中三角形表示簇中心所在位置，三种不同大小的圆点表示不同的三个簇。

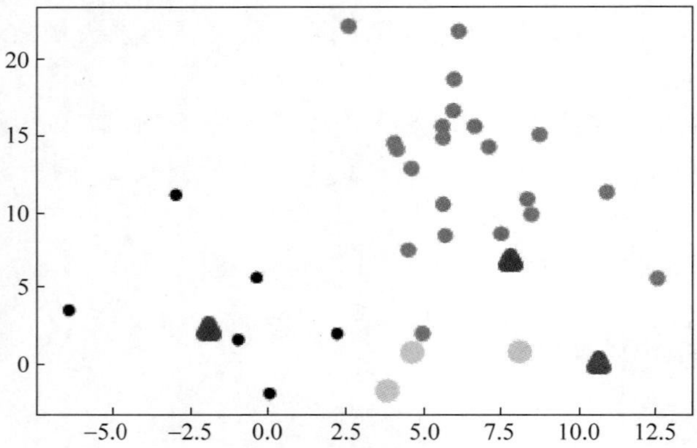

图 2-1　k-means 算法举例第 1 次迭代（见彩插）

在第 2 次迭代中，计算得到簇中心：[[−1.37291143　3.62583718] [6.49809152　12.82443961] [5.55255572　−0.06114142]]，然后分簇如图 2-2 所示。可以看到，经过

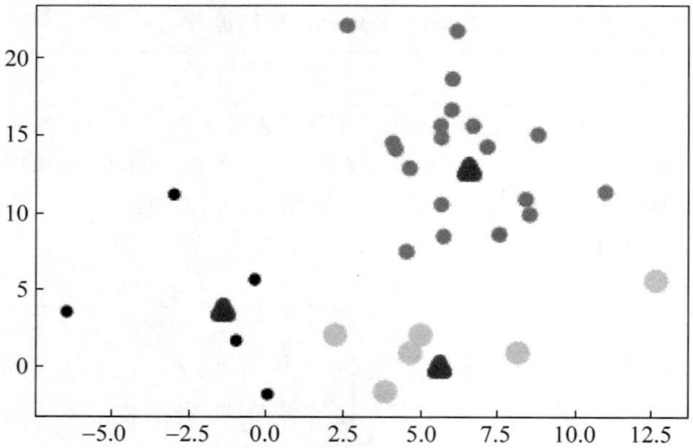

图 2-2　k-means 算法举例第 2 次迭代（见彩插）

一次迭代之后，分簇更为合理。

实现上述算法的代码见代码 2-2。

代码 2-2　k-means 算法示例代码（KMeans.py）

```
1.  import numpy as np
2.  import matplotlib.pyplot as plt
3.
4.  def L2(vecXi, vecXj):
5.      '''
6.      计算欧氏距离
7.      para vecXi: 点坐标,向量
8.      para vecXj: 点坐标,向量
9.      retrurn:两点之间的欧氏距离
10.     '''
11.     return np.sqrt(np.sum(np.power(vecXi - vecXj, 2)))
12.
13. def kMeans(S, k, distMeas = L2):
14.     '''
15.     k均值聚类
16.     para S: 样本集,多维数组
17.     para k: 簇个数
18.     para distMeas: 距离度量函数,默认为欧氏距离计算函数
19.     return sampleTag: 一维数组,存储样本对应的簇标记
20.     return clusterCents: 一维数组,各簇中心
21.     retrun SSE: 误差平方和
22.     '''
23.     m = np.shape(S)[0]            #样本总数
24.     sampleTag = np.zeros(m)
25.
26.     #随机产生k个初始簇中心
27.     n = np.shape(S)[1]            #样本向量的特征数
28.     clusterCents = np.mat(np.zeros((k,n)))
29.     for j in range(n):
30.         minJ = min(S[:,j])
31.         rangeJ = float(max(S[:,j]) - minJ)
32.         clusterCents[:,j] = np.mat(minJ + rangeJ * np.random.rand(k,1))
33.
34.     sampleTagChanged = True
35.     SSE = 0.0
36.     while sampleTagChanged:       #如果没有点发生分配结果改变,则结束
37.         sampleTagChanged = False
38.         SSE = 0.0
39.
40.         #计算每个样本点到各簇中心的距离
41.         for i in range(m):
42.             minD = np.inf
43.             minIndex = -1
44.             for j in range(k):
```

```
45.                 d = distMeas(clusterCents[j,:],S[i,:])
46.                 if d < minD:
47.                     minD = d
48.                     minIndex = j
49.             if sampleTag[i] != minIndex:
50.                 sampleTagChanged = True
51.             sampleTag[i] = minIndex
52.             SSE += minD ** 2
53.         #print(clusterCents)
54.         #plt.scatter(S[:,0],S[:,1],c = sampleTag,linewidths = np.power(sampleTag + 0.5, 2))
55.         #plt.show()
56.         print(SSE)
57. 
58.         #重新计算簇中心
59.         for i in range(k):
60.             ClustI = S[np.nonzero(sampleTag[:] == i)[0]]
61.             clusterCents[i,:] = np.mean(ClustI, axis = 0)
62.     return clusterCents, sampleTag, SSE
63. 
64. if __name__ == '__main__':
65.     samples = np.loadtxt("kmeansSamples.txt")
66.     clusterCents, sampleTag, SSE = kMeans(samples, 3)
67.     plt.scatter(samples[:, 0], samples[:, 1], c = sampleTag, linewidths = np.power
    (sampleTag + 0.5, 2))
68.     plt.show()
69.     print(clusterCents)
70.     print(SSE)
```

第 4 行为欧氏距离计算函数。经过 4 个周期的迭代,簇结构不再发生变化,算法结束,最后周期产生的簇为最终聚类结果。每个迭代得到的 SSE 值分别约为:1674,641,595,587。可见随着簇结构的优化,损失函数值一直保持下降。

在 sklearn 的 cluster 包中提供了两种实现 k-means 算法的方法,分别是 KMeans 类和 k_means 函数,在 scikit-learn 官方网站上可直接阅读源代码[①]。KMeans 类及方法原型见代码 2-3。

代码 2-3 sklearn 中的 KMeans 类及方法

```
class sklearn.cluster.KMeans(n_clusters = 8, init = 'k-means++', n_init = 10, max_iter =
300, tol = 0.0001, precompute_distances = 'auto', verbose = 0, random_state = None, copy_
x = True, n_jobs = None, algorithm = 'auto')

fit(self, X[, y, sample_weight])
fit_predict(self, X[, y, sample_weight])
fit_transform(self, X[, y, sample_weight])
```

① https://scikit-learn.org/stable/modules/generated/sklearn.cluster.KMeans.html

```
get_params(self[, deep])
predict(self, X[, sample_weight])
score(self, X[, y, sample_weight])
set_params(self, \*\*params)
transform(self, X)
```

相关输入参数和返回值，在网站上有详细介绍，建议直接看原版文档，这里仅介绍几个重要参数，其他内容不再赘述。

- init 参数提供了三种产生簇中心的方法："*k*-means++"指定产生较大间距的簇中心(2.1.4 节)；"random"指定随机产生簇中心；由用户通过一个 ndarray 数组指定初始簇中心。
- n_init 参数指定了算法运行次数，它在不指定初始簇中心时，通过多次运行算法，最终选择最好的结果作为输出。
- max_iter 参数指定了一次运行中的最大迭代次数。在大规模数据集中，算法往往要耗费大量的时间，可通过指定迭代次数来折中耗时和效果。
- tol 参数指定了算法收敛的阈值。在大规模数据集中，算法往往难以完全收敛，即达到连续两次相同的分簇需要耗费很长时间，可通过指定阈值来折中耗时和最优目标。
- algorithm 参数指定了是否采用 elkan *k*-means 算法来简化距离计算。该算法比经典的 *k*-means 算法在迭代速度方面有很大的提高。但该算法不适用于稀疏的样本数据。值"full"指定采用经典 *k*-means 算法。值"elkan"指定采用 elkan *k*-means 算法。值"auto"自动选择，在稠密数据时采用 elkan *k*-means 算法，在稀疏数据时采用经典 *k*-means 算法。

fit()方法用来完成分簇，具体应用见 2.1.2 节示例。

2.1.2 在手机机主身份识别中的应用示例

视频

k 均值聚类算法虽然简单，但是得到了广泛的应用，在本节介绍它的一个有趣应用，相关源代码均随书提供，供读者参考。

目前，手机上采用的身份认证方式多为密码口令、指纹识别、人脸识别以及手势识别等。这些方式在识别时需要用户的主动配合，多次验证操作会降低用户的使用体验。而且，它们属于一次性的认证方式，不能对用户身份进行持续的实时识别监控。

有没有什么办法来克服这些缺点呢？每个人的运动特点是不一样的，是否可以用来进行持续的身份识别呢？要回答这些问题，先要解决采用什么特征以及这种特征能否区分不同个体这两个问题。

智能手机一般都安装了加速度传感器，它可以将测点的加速度信号转换为相应的电信号，经处理得到数字信号。加速度传感器可以测量 x、y、z 三轴的加速度分量，如图 2-3 所示。

在携带手机时，手机的朝向会经常变化，导致加速度传感器在 x、y、z 三个轴测量的加速度投影值差异很大。但是，无论三轴投影如何变化，加速度幅度值 A 是不变的：

$$A=\sqrt{x^2+y^2+z^2} \tag{2-4}$$

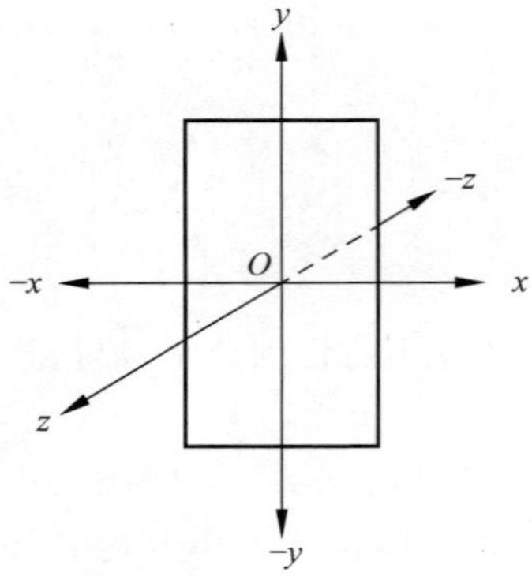

图 2-3　手机加速度传感器的三个测量轴

使用加速度幅度值作为特征，可以消除 x、y、z 三个方向上加速度分量的变化差异，避免因手机方向、角度差异对身份识别造成影响。

基于安卓手机，通过编程提取出加速度传感器的数据进行分析（代码文件：MobileChart3.py）。图 2-4～图 2-6 分别为同一人（W 同学）以不同姿势手持手机时，加速度传感器以 10Hz 频率采样得到的三轴投影值和计算得到的幅度值，其中圆形点（蓝色）为 x 轴投影值，方形点（绿色）为 y 轴投影值，三角形点（红色）为 z 轴投影值，星形点（黑色）为计算得到的幅度值。

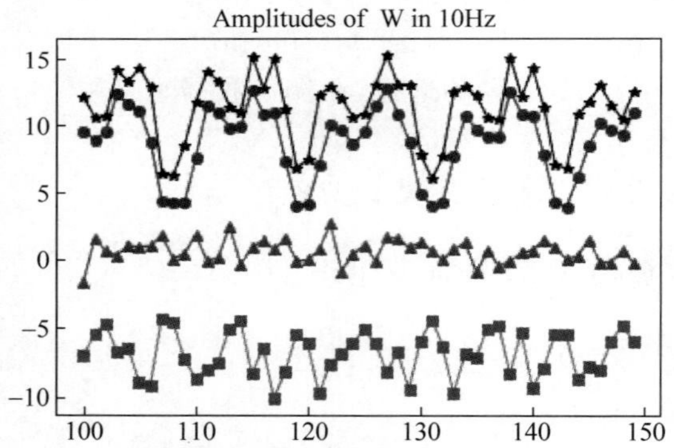

图 2-4　W 同学屏幕朝内手持手机走路时测试的加速度分量及幅度值（见彩插）

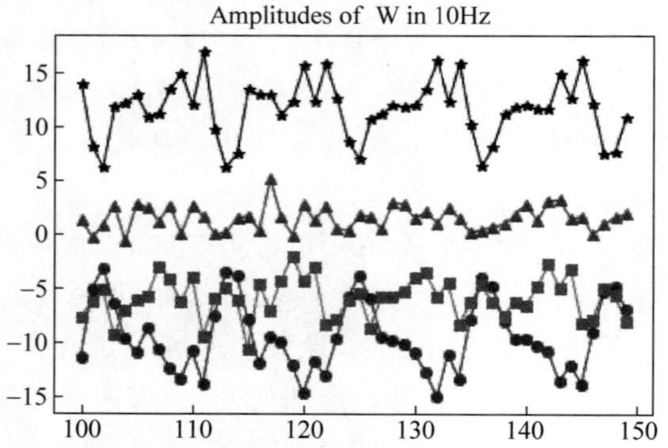

图 2-5　W 同学屏幕朝外手持手机走路时测试的加速度分量及幅度值（见彩插）

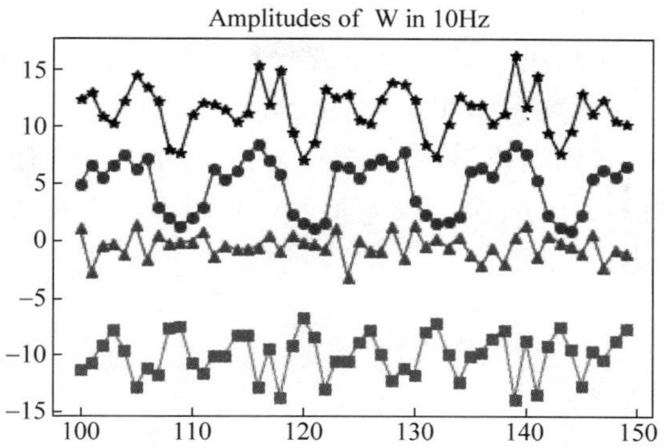

图 2-6 W 同学朝下手持手机走路时测试的加速度分量及幅度值(见彩插)

通过观察,可以发现尽管三个方向的分量值变化比较大,但幅度值变化有相似性。

图 2-7、图 2-8 为另两同学(Y1 同学和 Y2 同学)屏幕朝内手持手机走路时测试的加速度分量及幅度值。通过与图 2-6 对比,可见不同的人的加速度幅度值变化规律有一定的差异性。

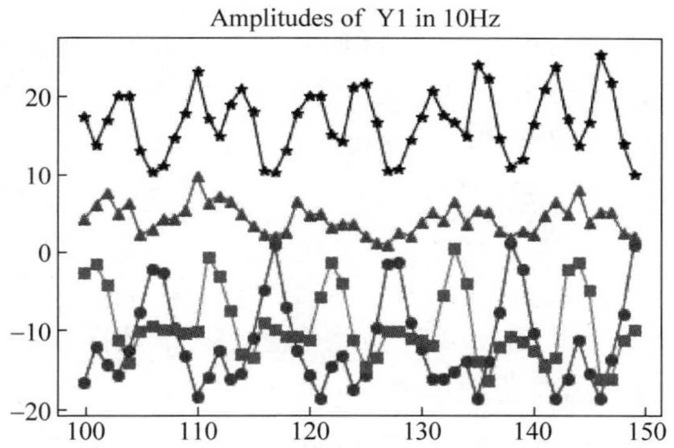

图 2-7 Y1 同学屏幕朝内手持手机走路时测试的加速度分量及幅度值(见彩插)

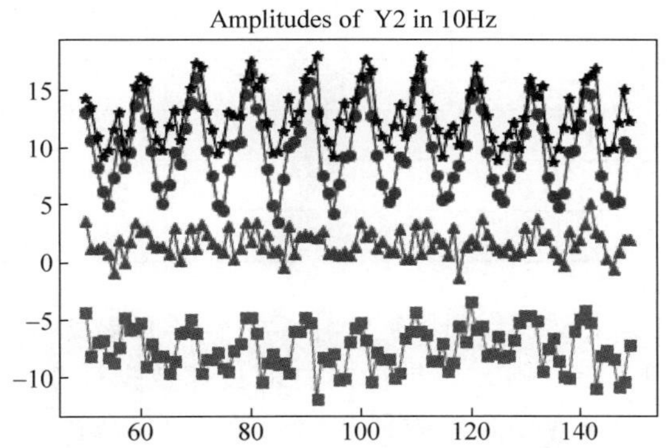

图 2-8 Y2 同学屏幕朝内手持手机走路时测试的加速度分量及幅度值(见彩插)

受以上直观观察的启发,考虑采用 k-means 算法来量化分析不同人的加速度幅度值的变化规律(代码文件：MobileChart7.py)。

从以上各图可以看出,加速度幅度值的变化呈现周期性,这是因为人走路每步的姿态的相似性所致,所以,先把数据以步为周期分割开来研究。划分周期序列的方法是设定一定长度的滑窗,将滑窗依次移动,当滑窗中心点为滑窗内所有数据点的最小值时,则将该点确定为下一周期的起始点,如图 2-9 所示。经过多次重复实验,发现将滑窗的长度设置为 7、9、11 较为合适。

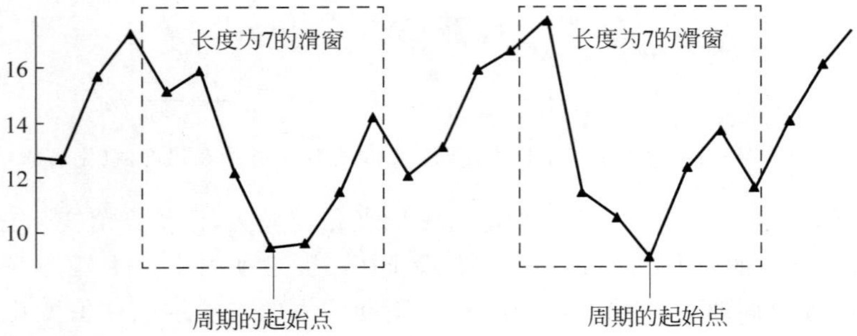

图 2-9　滑窗划分周期序列

经过滑窗处理后,当采样频率为 10Hz 时,走路的每步周期长度有 10～12 个数据采样值,即每步数据用一个长度为 10、11 或 12 的向量表示,称为步态向量。将长度为 10、11、12 的三类步态向量分开,每类用 k-means 算法进行聚类分析,可发现同一人的步态向量确实在多维空间中聚集在一起,而不同人的步态向量在空间中聚集的簇之间会有一定的间距。

实验采集到三位同学长度为 11 的步态向量样本,Y1 同学 51 步数据,Y2 同学 60 步数据,W 同学 43 步数据。用 k-means 算法将上述 154 个数据点在 11 维空间中分成 3 个簇,各簇中包含各同学的步态向量数如表 2-1 所示。

表 2-1　三位同学 154 步步态向量在空间中分成三个簇的情况

簇　号	同　学			
	Y1	Y2	W	簇内总点数
0	1	3	40	44
1	44	2	0	46
2	6	55	3	64
总步数	51	60	43	154

可见 Y1 同学的数据主要划分到了簇 1 中,Y2 同学的数据主要划分到了簇 2 中,W 同学的数据主要划分到了簇 0 中。如果在实验前去掉数据采集前段和结尾段由于操作手机等原因而出现的一些非正常运动数据,分簇的精度可以进一步提高。

三个簇中心两两之间的欧氏距离分别为：18.5,11.6,7.7。所有簇成员与簇中心的欧氏距离的平均值和方差分别是(3.78,6.81),(5.47,2.34),(4.79,1.48)。

调用 sklearn.cluster.KMeans 类进行聚类分析的代码见代码 2-4。

代码 2-4 用 sklearn. cluster. KMeans 类进行聚类分析(MobileChart7. py)

```
1. Member11 = M[:, 0] == 11
2. Cycle11 = M[Member11, 2:13]
3. cls11 = KMeans(3, random_state = 0).fit(Cycle11)
4. labels11 = np.concatenate(([M[Member11, 1]], [np.transpose(cls11.labels_)]), axis = 0)
5. cluscent11 = cls11.cluster_centers_
6.
7. #计算各中心点之间的距离
8. d1 = (((cluscent11[0] - cluscent11[1]) ** 2).sum()) ** 0.5
9. d2 = (((cluscent11[1] - cluscent11[2]) ** 2).sum()) ** 0.5
10. d3 = (((cluscent11[2] - cluscent11[0]) ** 2).sum()) ** 0.5
11. print("\n 每步周期为 11 的数据分析结果：")
12. print("三个簇中心之间的距离是：" + str(d1) + "," + str(d2) + "," + str(d3))
```

M 是一个二维的 np. array 型数组，存放所有步态向量数据。第 1、2 行代码是从所有步态向量中取出周期长度为 11 的步态向量。第 3 行代码是调用 KMeans 函数的 fit() 方法进行分簇，该函数的大部分参数都采用了默认值。第 4 行中，labels11 中得到的是具体的分簇情况。第 5 行得到三个簇中心。第 7～12 行是计算三个簇中心之间的欧氏距离。

经过 k-means 算法的分析确认了个人步态向量在多维空间中的分簇特点。可以利用这一特点，运用聚类的思想来解决前面提出的问题，实现持续的无干扰的手机机主身份识别。该方案分为两个阶段：学习和识别。在学习阶段，让用户手持手机运动一段时间，软件自动学习到该用户步态向量在多维空间中分簇的簇中心和半径阈值。在识别阶段，软件实时读取手机加速度传感器的值，转化为步态向量后，将其在空间中的分布与学习到的分布情况进行对比，当发现有较大差异时，发出报警信息。

1. 学习过程

利用加速度幅度值的周期统计规律来识别机主身份，先要找到机主步态向量在多维空间中聚集的区域，即簇中心及边界范围。下面以走路时的学习方法为例进行说明，跑步、上楼梯等动作的学习方法类似。

(1) 通过手机加速度传感器采集一段时间内三轴测量数据，并计算加速度的幅值。

(2) 幅度值序列划分为周期序列，每一周期序列对应于一个步态向量，对应着多维空间中的一个点。

(3) 将不同长度的步态向量分类。走路时的速度会有变化，因此可能会划分出不同长度的步态向量。下面的操作对不同长度的步态向量分别进行。

(4) 剔除孤立点。孤立点是指与正常走路差异较大的步态向量。孤立点可能是因操作手机屏幕、转向等非正常动作采集的数据。剔除孤立点的方法是：①在多维空间中，计算每类数据点的中心点，方法是将该空间中所有点取均值；②计算每个点与中心点的欧氏距离及它们的均值；③将距离大于均值 M 倍的点剔除。M 的作用是确定远离均值的点，当 M 过大时，会漏删孤立点，过小时，会误删正常点。大量实验结果显示，取值位于范围 1.2～1.5 内较好。④重复上述过程多次，直至距离小于均值的点数与总点数之比位于区间 $(0.5-K, 0.5+K)$ 内。经过实验，作为比较两种点数的参数 K 取值位于范围 0.05～0.15 内比较合适。

(5) 确定簇心和边界范围。将剩余所有点的中心点作为簇心 C，将离中心点最大距离作为边界半径 r。

2. 识别过程

在指定时间间隔内，实时采集测试者持机行走过程中加速度传感器三轴测量数据，计算后给出测试者是否为机主的判断。

(1) 计算加速度的幅值，并划分为步态向量。

(2) 计算每个步态向量对应的点与同维度簇心 C_i 的欧氏距离 d_i，r_i 为该簇心对应的边界半径。如果 $d_i \leqslant r_i$ 则判断该序列正常，否则判断异常。

(3) 计算正常点的数量占总数量的比值 k，设识别阈值为 S，如果 $k>S$ 则判断为机主身份，否则判断为非机主身份。因个人运动差异较大，当识别阈值 S 设置较高时，可以减少被冒充的概率，但却要增加不识别机主的概率，当设置较低时，可以增加识别机主的概率，却要增加被冒充的风险，因此，需要在存伪和弃真之间进行折中。经过实验，S 取值在 0.6～0.8 较为合适。

以上方案基于安卓系统实现后，在手机上进行测试，取得了较好的效果。更详细内容可参考随书提供的资源。

视频

2.1.3 进一步讨论

本小节讨论一下有关 k-means 算法的几个问题。

1. 簇中心的确定

在采用欧氏距离，以 SSE 为损失函数时，式(2-2)给出了簇中心的计算方法，依据是什么呢？

式(2-3)给出了 SSE 的计算方法。实际上，也可以分簇计算 SSE，然后将所有簇的 SSE 相加得到总 SSE。此时，要使 SSE 最小，只需要使每个簇的 SSE 最小。因此，计算簇中心就是要求得使簇内 SSE 最小的那个点。设某簇 $\boldsymbol{C}$ 内第 i 个样本点为 $\boldsymbol{x}_i$，簇中心为 $\boldsymbol{u}$，则它的 SSE 为

$$\mathrm{SSE}_C = \sum_i \sum_j (x_i^{(j)} - u^{(j)})^2 \tag{2-5}$$

为使式(2-5)取得最小值，对簇中心 $\boldsymbol{u}$ 的某特征项 $u^{(j')}$ 求导：

$$\begin{aligned}\frac{\partial \mathrm{SSE}_C}{\partial u^{(j')}} &= \frac{\partial}{\partial u^{(j')}} \sum_i \sum_j (x_i^{(j)} - u^{(j)})^2 \\ &= \sum_i \sum_j \frac{\partial}{\partial u^{(j')}} (x_i^{(j)} - u^{(j)})^2 = (-2) \sum_i (x_i^{(j')} - u^{(j')})\end{aligned} \tag{2-6}$$

令式(2-6)等于 0，可得式(2-2)。

2. 算法复杂度

设样本总数为 m，分簇数为 k。一次迭代过程中，以样本与簇中心的距离计算为基本运算，需要 $m\times k$ 次。如果迭代次数为 t，则算法的时间复杂度是 $O(mkt)$。

算法运行不需要增长额外辅助空间，以样本和簇中心存储空间为基本空间，空间复杂度是 $O(m+k)$。

在算法运行时 m,k,t 的值是确定的，因此算法的时间复杂度和空间复杂度都可认为是线性的 $O(N)$。

3. 局部最优与全局最优

从前述讨论可知，在条件（样本集、分簇数等）明确以后，k-means 算法的任务就成了使 SSE 最小的优化计算。最优化计算是机器学习中极为重要的基础，各类算法大都可归结为最优化问题。机器学习中最优化问题的求解将在第 3.2 节集中讨论。

在最优化问题中，常常会出现局部最优解，如图 2-10 所示。局部最优解是在小范围内的最优解。全局最优解是在问题域内的最优解。

在 k-means 算法中，如果初始点选取的不好，就会陷入局部最优解，而无法得到全局最优解。如果多次运行代码 2-2，可以发现每次的分簇结果和 SSE 值未必相同。这是因为不同的初始簇中心使得算法可能收敛到不同的局部极小值。

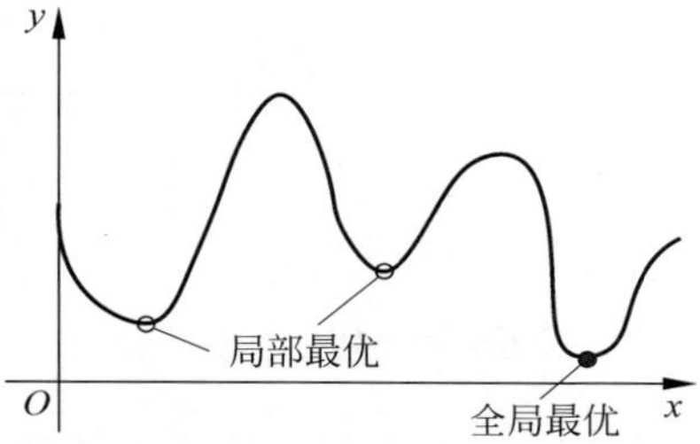

图 2-10 全局最优解和局部最优解

收敛到全局最小值是最理想的结果，为了尽力达到这个最优的目标，往往要对 k-means 算法采取多种补救措施，如使初始簇中心尽量间隔开、多次运行取最优值等。前文介绍的 sklearn.cluster 包中的 KMeans 函数，它通过设置不同的参数（如 init 和 n_init 参数）提供了尽量取得全局最优值的常规方法。

还可以在算法运行完毕后，对簇结构进行调整来尽量降低 SSE 值，基本思路是尝试拆分 SSE 值最大的簇，合并两个小簇。拆分的方法是对 SSE 值最大的簇再次运行将 k 值设为 2 的 k-means 算法，得到两个小簇。合并的方法，可以将间距最小的两个簇合并，也可以合并两个使得 SSE 值增加最小的簇。

以上寻找全局最优值的方法没有改变 k-means 算法本身。人们还研究了许多改进算法，试图得到全局最优值，将在下一小节讨论。

4. k 值的确定

k-means 算法需要事先指定簇数量 k 值。在很多应用场合，该值是明确的，如上一小节给出的应用示例中，在观察步态向量在空间中的分布时，只需要验证三个实验者的步态向量是否聚集在三个紧密的簇中即可。

但在很多时候，该值并不能事先确定，使得该算法的应用受到一定限制。可以对不

同的 k 值逐次运行算法，取“最好结果”。要注意的是，这个“最好结果”并非是 SSE 等算法指标，而是要根据具体应用来确定。这是因为，当 k 值增大时，一般来说，每个簇内的平均样本数会减少，使得各簇更加紧密，SSE 值将会减少。当 k 值增长到与样本数量相同时，SSE 值将减少为 0，但此时并没有什么意义。

不考虑应用场景，就算法本身的一些评价指标而言，人们提出了一些通过“拐点”确定 k 值的方法。如图 2-11 所示，横坐标是 k 值，纵坐标为 SSE 值。SSE 值在 k 小于 4 时下降显著，而在大于 4 时下降缓慢。因此认为在分簇数为 4 时，簇结构已经相对稳定，于是确定 k 值为 4。

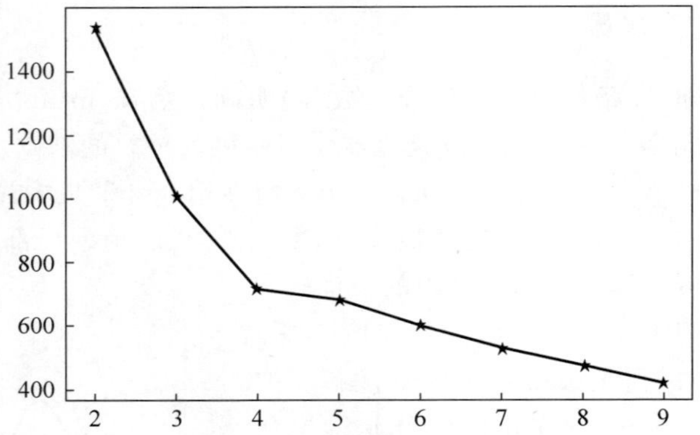

图 2-11　通过拐点确定 k 值

5. 特征归一化

k-means 算法对样本不同特征的分布范围非常敏感。例如，在样本的特征数量为 2 时，第 0 个特征的变化范围是 [0,1]，第 1 个特征的变化范围是[0,1000]，如果两个特征发生相同比例的变化，那么在计算欧氏距离时，显然第 1 个特征带来的影响要远远大于第 0 个特征带来的影响。举例说明，如果以厘米(cm)为单位来测量人的身高，以克(g)为单位测量人的体重，每个人被表示为一个两维向量。已知小明(160,60 000)，小王(160,59 000)，小李(170,60 000)。根据常识可以知道小明和小王体型相似，但是如果根据欧氏距离来判断，小明和小王的距离要远远大于小明和小李之间的距离，即小明和小李体型相似。这是因为不同特征的度量标准之间存在差异而导致判断出错。

为了使不同变化范围的特征能起到相同的影响力，可以对特征进行归一化(Standardize)的预处理，使之变化范围保持一致。常用的归一化处理方法是将取值范围内的值线性缩放到[0,1]或[−1,1]。对第 j 个特征 $x^{(j)}$ 来说，如果它的最大值和最小值分别是 $\max x^{(j)}$ 和 $\min x^{(j)}$，则对于某值 $x_i^{(j)}$ 来说，其[0,1]归一化结果为

$$\text{Standard}(x_i^{(j)}) = \frac{x_i^{(j)} - \min x^{(j)}}{\max x^{(j)} - \min x^{(j)}} \tag{2-7}$$

实现式(2-7)的代码并不复杂，但推荐直接调用 sklearn. preprocessing. MinMaxScaler 类来实现，示例代码及运行结果见代码 2-5。

代码 2-5　特征归一化示例（Standardize.ipynb）

```
 1. >>> from sklearn.preprocessing import MinMaxScaler
 2. >>> import numpy as np
 3. >>>    #对数据进行归一化
 4. >>> X = np.array([[ 0., 1000.],
 5.                  [ 0.5, 1500.],
 6.                  [ 1., 2000.]])
 7. >>> min_max_scaler = MinMaxScaler()
 8. >>> X_minmax = min_max_scaler.fit_transform(X)
 9. >>> X_minmax
10. array([[0. , 0. ],
11.        [0.5, 0.5],
12.        [1. , 1. ]])
13. >>>    #将相同的缩放应用到其他数据中
14. >>> X_test = np.array([[ 0.8, 1800.]])
15. >>> X_test_minmax = min_max_scaler.transform(X_test)
16. >>> X_test_minmax
17. array([[0.8, 0.8]])
18. >>>    #缩放因子
19. >>> min_max_scaler.scale_
20. array([1.   , 0.001])
21. >>>    #对冲值
22. >>> min_max_scaler.min_
23. array([ 0., -1.])
```

ipynb 文件是 Jupyter Notebook 环境下运行的 Python 代码文件。

2.1.4　改进算法

由前面讨论可知，k-means 算法存在对初始簇中心敏感等问题。有不少改进算法试图解决这些问题。

视频

1. 二分 k-means 算法

二分 k-means（Bisecting k-means）算法[3]试图克服 k-means 算法收敛于局部最优值的缺陷。它的基本思想是"分裂"，首先将所有点看成一个簇，然后将该簇一分为二，之后选择其中一个簇继续分裂。选择哪一个簇进行分裂，取决于对其进行的分裂是否可以最大限度降低 SSE 值。如此分裂下去，直到达到指定的簇数目 k 为止，如算法 2-2 所示。

算法 2-2　二分 k-means 算法流程

步数	操作
1	将所有样本点放在一个簇内
2	当簇数目小于 k 时，对每一个簇
2.1	计算 SSE 值
2.2	进行簇数目为 2 的 k-means 试分簇，并对分裂后的两个簇分别计算 SSE 值
2.3	计算减少的 SSE 值，并记录减少最多的 SSE 值
3	对记录到减少最多 SSE 值的簇进行分裂，跳到第 2 步

在第 2 步,因为要对每一个簇进行分裂后的 SSE 减少值进行计算,需要花费较多时间,因此,也可选择 SSE 值最大的簇或者样本点数目最大的簇直接进行分裂。

因为二分 k-means 算法的基本分裂仍然是采用 k-means 算法,所以并不能完全避免局部最优的陷阱。

二分 k-means 算法要进行 $k-1$ 次分裂,第 i 次分裂要对 i 个簇进行分裂后 SSE 减少值进行计算,其时间、空间复杂度仍然是线性的。

2. *k*-means++算法

与二分 k-means 算法一样,k-means++算法[4]的目标也是使算法尽量收敛于全局最优点,但 k-means++算法是从选择合适的初始簇中心的角度来解决 k-means 算法对初始簇中心敏感的问题。

在算法 2-1 的第 1 步,k-means++算法采用如算法 2-3 所示步骤选择初始簇中心。

算法 2-3 *k*-means++算法选择初始簇中心流程

步 数	操 作
1	从样本集 $\boldsymbol{S}$ 中随机选择 1 个样本点加入簇中心集合 U 中
2	对任一样本点 x,计算它到 U 的距离 $D(x)$
3	将 $D(x)$转化为对应样本点 x 的概率 $p(x)$
4	按所有样本点的概率 $p(x)$,选择一个样本点加入簇中心集合 U
5	重复 2～4 步直至簇中心集合元素个数达到 k

样本点 x 到簇中心集合 U 的距离 $D(x)$是该点到 U 中元素 u_j 的距离的最小值,即

$$D(x) = \text{mindist}(x, u_j) \tag{2-8}$$

将 $D(x)$转化为概率 $p(x)$的方法:

$$p(x) = \frac{D(x)^2}{\sum\limits_{x' \in S} D(x')^2} \tag{2-9}$$

按概率 $p(x)$选择样本点的方法可采用多种方法,如轮盘法:按概率大小依次让样本点占据区间[0,1]中的一段,然后随机产生一个位于[0,1]中的数,依据该数落在哪一段,选择对应的样本点加入簇中心集合 U。

可见距离簇中心集合 U 越远的点,被加入到 U 的概率越大,因此该算法的实质是使初始簇中心尽量分散。

该方法是 sklearn. cluster. KMeans 类的初始化参数 init 的一个选项,可以通过设定它来初始化 k-means 算法的初始簇心。

k-means++算法是依次一个一个选择簇中心,在数据量大时,会存在性能方面的问题,k-means||算法较好地解决了 k-means++算法扩展受限的问题,该算法可以查看参考文献[5]。

3. *k*-medoids 算法

k-medoids 算法[6]与 k-means 算法不同之处在于簇中心的计算方法不同,在算法 2-1 的

第 4 步时，它不像 k-means 算法那样采用计算均值的方法来得到簇中心[式(2-2)]，而是在簇中选择一个样本点作为簇中心，选择的标准是使簇内各样本点到簇中心的距离和最短。记大小为 m 的簇 $\boldsymbol{C}$ 内样本点为 $\boldsymbol{x}_j$，簇中心为 $\boldsymbol{u}$，则

$$\boldsymbol{u} = \arg\min_{\boldsymbol{x}} \sum_{j=0}^{m-1} \operatorname{dist}(\boldsymbol{x}, \boldsymbol{x}_j) \tag{2-10}$$

式中，arg 是自变量 argument 的缩写，$\arg\min\limits_{\boldsymbol{x}}$ 表示使得后面式子取得最小值时 $\boldsymbol{x}$ 的取值。

以一个例子来说明两种方法的不同之处，如某簇中各点的分布如图 2-12 所示。从图中可以看出，$\boldsymbol{x}_4$ 点是噪声点。它可能是非正常情况下产生的，一般应尽量排除它的干扰。如手机机主身份识别应用示例中，在点击手机按钮开始采集数据的几秒内，采集到的步向量并不代表人正常走路的姿态，在向量空间中会远离簇中心。

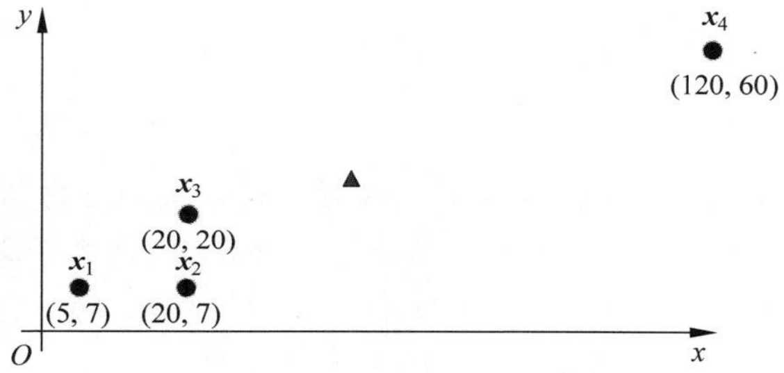

图 2-12　k-medoids 算法与 k-means 算法簇中心计算方法示例

k-means 算法采用计算得到的簇中心如图 2-12 中三角形所示。在噪声点的影响下，簇中心向噪声点进行了偏移。

k-medoids 算法计算每一点到所有点的距离之和，选择取最小值时的点作为簇中心，在示例中得到簇中心为 $\boldsymbol{x}_3$ 点。显然采用 $\boldsymbol{x}_3$ 点作为簇中心，可以减少噪声点的干扰。

当簇内有 n 个节点时，k-medoids 算法在选择簇中心时，要进行 $\sum\limits_{i=1}^{n-1} i = \dfrac{n(n-1)}{2}$ 次距离计算，因此，该算法的时间复杂度是高于线性的。

4. Mini Batch k-means 算法

在 k-means 算法中，需要计算所有样本点到所有簇中心的距离。当样本量大、样本特征多时，k-means 算法耗时量会非常大。

Mini Batch k-means 算法[7]通过略微牺牲优化质量来取得显著减少计算时间的效果。它的基本思想是用随机抽取的代表样本来进行优化计算，而不是在全部样本上进行计算。具体来讲，先从样本集中随机抽取出小部分训练样本，依据当前簇中心进行簇分配，然后再在簇内进行新簇中心计算，重复以上过程直到簇中心稳定或者达到指定迭代次数，最后依据最终簇中心将所有样本点进行分配。

sklearn. cluster 包中提供了该算法的类实现，见代码 2-6。

代码 2-6 sklearn 中的 MiniBatchKMeans 类

```
1. class sklearn.cluster.MiniBatchKMeans(n_clusters = 8, init = 'k - means++', max_iter =
   100, batch_size = 100, verbose = 0, compute_labels = True, random_state = None, tol = 0.0,
   max_no_improvement = 10, init_size = None, n_init = 3, reassignment_ratio = 0.01)
```

MiniBatchKMeans 类的参数大部分与 KMeans 类的参数相同，不同的重要参数有：

batch_size 指定采样集的大小，默认是 100，可根据数据集数量或者噪声点情况增加。实际效果需要反复实验。

2.2 聚类算法基础

通过对 k-means 算法的讨论初步介绍了聚类算法，本节进一步介绍聚类的基础知识。

2.2.1 聚类任务

从 k-means 算法的计算结果可以看到聚类是将样本集划分为若干个子集，每个子集称为“簇”，同簇内的样本具有某些相同的特点。具体来讲，聚类任务分为分簇过程和分配过程，如图 2-13 所示。

设样本集 $\boldsymbol{S}=\{\boldsymbol{x}_1,\boldsymbol{x}_2,\cdots,\boldsymbol{x}_m\}$ 包含 m 个未标记样本，样本 $\boldsymbol{x}_i=(x_i^{(1)},x_i^{(2)},\cdots,x_i^{(n)})$ 是一个 n 维特征向量。

当确定样本间的距离度量函数 dist(·)后，聚类在分簇阶段的任务是建立簇结构，即要将 $\boldsymbol{S}$ 划分为 k(k 可以事先指定，也可以由算法自动确定)个不相交的簇 $\boldsymbol{C}_1,\boldsymbol{C}_2,\cdots,\boldsymbol{C}_k$，$\boldsymbol{C}_l\cap\boldsymbol{C}_{l'}=\phi$ 且 $\bigcup_{l=1}^{k}\boldsymbol{C}_l=\boldsymbol{S}$，其中 $1\leqslant l,l'\leqslant k$，$l\neq l'$。记簇 $\boldsymbol{C}_l$ 的标签为 y_l，簇标签共有 k 个，且互不相同。

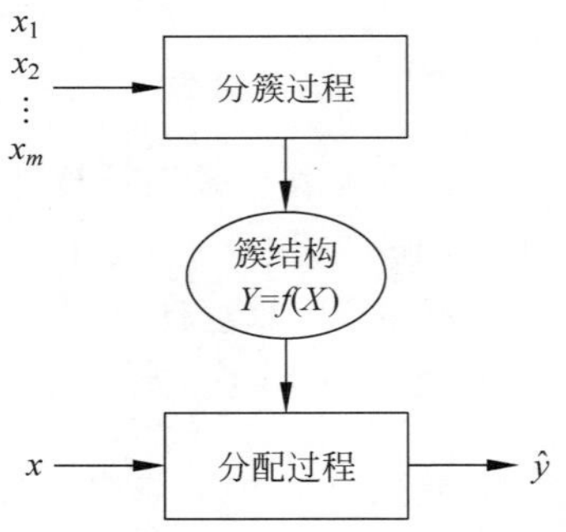

图 2-13 聚类任务的模型

从样本的角度来看，分簇过程是给每个样本分配一个簇标签的过程，该过程的结果是生成一个从样本特征向量到簇标签的映射，可以用函数 $Y=f(X)$来表示，X 是定义域，它是所有样本特征向量的集合，Y 是值域，它是所有簇标签的集合。该函数称为决策函数(Decision Function)。

记测试样本为 $\boldsymbol{x}=(x^{(1)},x^{(2)},\cdots,x^{(n)})$。聚类在分配阶段的任务是根据簇结构将测试样本 $\boldsymbol{x}$ 分配到一个合适的簇(簇标签为 $\hat{y}$)中，或者是根据决策函数给予测试样本 $\boldsymbol{x}$ 一个簇标签 $\hat{y}$。

聚类可用来发现数据内在的分布结构，如手机机主身份识别应用示例中，聚类用于验证三个同学的步态向量在空间中的聚集情况。

聚类也可以对数据进行预处理，一般作为其他机器学习任务的前驱任务。

2.2.2　样本点常用距离度量

从 k-means 算法的讨论中可知，特征空间中两个点距离的度量方法对于机器学习算法有着十分重要的意义。

设特征空间 $\mathbb{X}$ 是 n 维实数向量空间 $\boldsymbol{R}^n$，点 $\boldsymbol{x}_i,\boldsymbol{x}_j\in\mathbb{X}$，$\boldsymbol{x}_i=\{x_i^{(1)},x_i^{(2)},\cdots,x_i^{(n)}\}$，$\boldsymbol{x}_j=\{x_j^{(1)},x_j^{(2)},\cdots,x_j^{(n)}\}$。

1. L_p 距离

L_p 距离又称闵可夫斯基距离(Minkowski Distance)，由俄裔德国数学家闵可夫斯基最先表述。

点 $\boldsymbol{x}_i,\boldsymbol{x}_j$ 的 L_p 距离定义为

$$L_p(\boldsymbol{x}_i,\boldsymbol{x}_j)=\left(\sum_{l=1}^{n}\left|x_i^{(l)}-x_j^{(l)}\right|^p\right)^{\frac{1}{p}} \tag{2-11}$$

其中 $p\geqslant 1$。当 $p=2$ 时，即为欧氏距离[式(2-1)]。

当 $p=1$ 时，称为曼哈顿距离(Manhattan Distance)：

$$L_1(\boldsymbol{x}_i,\boldsymbol{x}_j)=\sum_{l=1}^{n}\left|x_i^{(l)}-x_j^{(l)}\right| \tag{2-12}$$

当 $p=\infty$ 时，它是所有分量距离中的最大值，即

$$L_\infty(\boldsymbol{x}_i,\boldsymbol{x}_j)=\max_l\left|x_i^{(l)}-x_j^{(l)}\right| \tag{2-13}$$

图 2-14 示例了二维空间中不同 L_p 距离，表示的是 a、b 两点间的不同 L_p 距离。

图中 a、b 两点间的 L_1 距离(曼哈顿距离)为 $|aO|+|Ob|=3$，相当于从点 a 拐直角经点 O 到点 b 的路径长度，也可表述为线段 ab 在两个轴上的投影长度之和。曼哈顿距离来源于城市街区路径的度量，当从一个地方到另一个地方时，显然不能穿越建筑走直线距离，而只能沿街道拐角行走。因此，曼哈顿距离也叫城市街区距离(City Block Distance)。

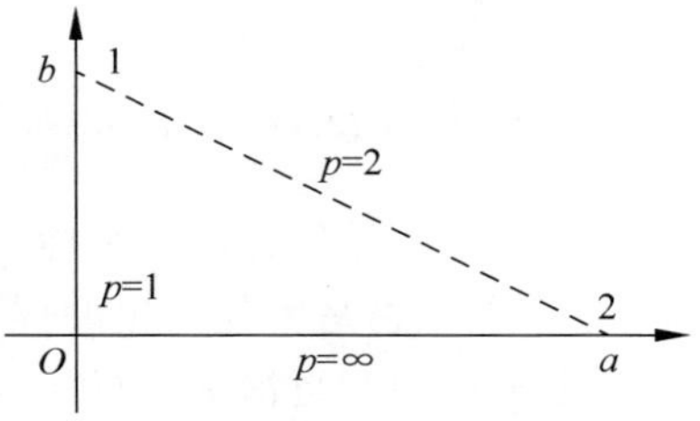

图 2-14　二维空间中的 L_p 距离示例

显然，a、b 两点间的 L_2 距离为 $\sqrt{5}$，L_∞ 距离为 2。L_∞ 距离也称切比雪夫距离(Chebyshev Distance)，得名于俄罗斯数学家切比雪夫。

某点到零点的 L_p 距离称为该点的 L_p 范数。

2. VDM 距离

L_p 距离可以度量有序特征，包括数值和可以转化为数值进行度量的非数值，如小学、初中、高中和大学等特征值可转化为 0,1,2,3 等。对于难以转化为数值直接进行度量的非数值，如单车、马车、汽车等，可采用 VDM(Value Difference Metric)来进行距离度量。

用 $m_{j,a}$ 表示第 j 维特征取值为 a 的样本数，用 $m_{j,a,k}$ 表示在第 k 个簇中第 j 维特征取值为 a 的样本数，则在第 j 维特征上两个取值 b 和 c 之间的 VDM 距离为

$$\mathrm{VDM}_p(b,c)=\sum_k\left|\frac{m_{j,b,k}}{m_{j,b}}-\frac{m_{j,c,k}}{m_{j,c}}\right|^p \tag{2-14}$$

其中 $p\geqslant 1$。VDM 距离刻画的是特征取值在各簇的分布差异。

3. 混合加权距离

当样本特征既有有序特征,又有无序特征时,可将 L_p 距离和 VDM 距离混合使用。同时还可以根据各特征的重要性进行加权。

假设 $x^{(1)},x^{(2)},\cdots,x^{(r)}$ 为有序特征,$x^{(r+1)},x^{(r+2)},\cdots,x^{(m)}$ 为无序特征,$w^{(1)}$,$w^{(2)},\cdots,w^{(m)}$ 为各特征权值,通常满足 $\sum\limits_j w^{(j)}=1$,混合加权距离为

$$\mathrm{dist}(\boldsymbol{x}_i,\boldsymbol{x}_j)=\left(\sum_{l=1}^{r}w^{(l)}\cdot|x_i^{(l)}-x_j^{(l)}|^p+\sum_{l=r+1}^{m}w^{(l)}\cdot\mathrm{VDM}_p(x_i^{(l)},x_j^{(l)})\right)^{\frac{1}{p}} \tag{2-15}$$

权值 $w^{(j)}$ 一般靠经验或实验确定。

4. 余弦相似度

余弦相似度刻画的是两个向量之间的夹角,它适合于与向量方向相关的距离度量。点 $\boldsymbol{x}_i,\boldsymbol{x}_j$ 的余弦相似度为

$$\cos\theta=\frac{\boldsymbol{x}_i\cdot\boldsymbol{x}_j}{\|\boldsymbol{x}_i\|\,\|\boldsymbol{x}_j\|}=\frac{\sum\limits_{l=1}^{n}x_i^{(l)}x_j^{(l)}}{\sqrt{\sum\limits_{l=1}^{n}(x_i^{(l)})^2}\sqrt{\sum\limits_{l=1}^{n}(x_j^{(l)})^2}} \tag{2-16}$$

2.2.3 聚类算法评价指标

聚类算法的评价有两类指标:外部指标和内部指标。外部指标是根据参照物给出的指标,这个参照物是预先给出的样本分组,也就是说外部指标是拿分簇算法运行的结果去跟预先确定的分组情况进行比较,目标是衡量分簇结果与预先分组情况的差异。而内部指标只关注分簇后的内部结构,目标是衡量簇内结构是否紧密、簇间距离是否拉开等。

1. 外部指标

设样本集为 $\boldsymbol{S}=\{\boldsymbol{x}_1,\boldsymbol{x}_2,\cdots,\boldsymbol{x}_m\}$,预先分组为 $\boldsymbol{C}^*=\{\boldsymbol{C}_1^*,\boldsymbol{C}_2^*,\cdots,\boldsymbol{C}_{k'}^*\}$,对每一个样本 $\boldsymbol{x}_i$,已经给出了所属组的标记 y_i。若某聚类算法给出的分簇为 $\boldsymbol{C}=\{\boldsymbol{C}_1,\boldsymbol{C}_2,\cdots,\boldsymbol{C}_k\}$,即聚类算法也给样本 x_i 作了标记,记为 $\hat{y}_i$。定义:

$$\begin{aligned}
a&=|\mathrm{SS}|,\mathrm{SS}=\{(\boldsymbol{x}_i,\boldsymbol{x}_j)\mid y_i=y_j,\hat{y}_i=\hat{y}_j,i<j\}\\
b&=|\mathrm{SD}|,\mathrm{SD}=\{(\boldsymbol{x}_i,\boldsymbol{x}_j)\mid y_i=y_j,\hat{y}_i\neq\hat{y}_j,i<j\}\\
c&=|\mathrm{DS}|,\mathrm{DS}=\{(\boldsymbol{x}_i,\boldsymbol{x}_j)\mid y_i\neq y_j,\hat{y}_i=\hat{y}_j,i<j\}\\
d&=|\mathrm{DD}|,\mathrm{DD}=\{(\boldsymbol{x}_i,\boldsymbol{x}_j)\mid y_i\neq y_j,\hat{y}_i\neq\hat{y}_j,i<j\}
\end{aligned} \tag{2-17}$$

其中，$|\cdot|$表示集合中元素的个数。就一对样本 $\boldsymbol{x}_i$，$\boldsymbol{x}_j$ 来说，如果 $y_i=y_j$，说明它们属于同一预先分组；如果 $\hat{y}_i=\hat{y}_j$，说明它们属于同一算法分簇。

因此，a 表示来自同一预先分组且在同一算法分簇中的样本对个数，即被算法正确分簇的同组样本对个数；b 表示来自同一预先分组但不在同一算法分簇中的样本对个数，即被算法错误分簇的同组样本对个数；c 表示来自不同预先分组但在同一算法分簇中的样本对个数，即被算法错误分簇的同簇样本对个数；d 表示既来自不同预先分组又不在同一算法分簇中的样本对个数，即被算法正确分簇的不同组样本对个数。

由于每一个样本对能且只能出现上面一种情况，所以 $a+b+c+d=\frac{m(m-1)}{2}$。

基于以上定义，可得以下外部指标：

(1) Jaccard 系数(Jaccard Coefficient,JC)。

$$\mathrm{JC}=\frac{a}{a+b+c} \tag{2-18}$$

该系数的分母是出现在同一组或簇中的样本对数量，无论它们是出现在预先分组中还是出现在算法分簇中。该指数取值于 0～1，该指数越大，说明正确分簇的样本对数所占的比例越大，也就是说算法分簇与预先分组越接近。

(2) FM 指数(Fowlkes and Mallows Index, FMI)。

$$\mathrm{FMI}=\frac{a}{\sqrt{(a+b)(a+c)}} \tag{2-19}$$

其中，$a+b$ 是出现在同一预先分组中样本对数，$a+c$ 是出现在同一算法分簇中的样本对数。该指数取值于 0～1，值越大，算法分簇与预先分组越接近，值越小，算法分簇与预先分组越不相关。

sklearn 的 metrics 包提供了常用的机器学习算法评价函数，可直接调用。代码 2-7 示例了如何用 FMI 来评价分簇算法。

代码 2-7 FMI 应用(metrics. ipynb)

```
>>> from sklearn import metrics
>>> labels_true = [0,0,1,1,2,2]
>>> labels_pred = [0,0,0,1,1,1]
>>> metrics.fowlkes_mallows_score(labels_true, labels_pred)
0.4714045207910317
>>> labels_pred = [0,0,1,1,2,2]
>>> metrics.fowlkes_mallows_score(labels_true, labels_pred)
1.0
>>> labels_pred = [9,8,7,6,5,4]
>>> metrics.fowlkes_mallows_score(labels_true, labels_pred)
0.0
```

labels_true 是真实的分组标签，labels_pred 是分簇算法给出的标签，上面的示例给出了部分、全部和零样本的算法分簇与真实分组相同时的 FMI 值。

外部指标要求知道所有预先分组情况，这在实际情况中很少见，所以，应用更多的是内部指标。

2. 内部指标

若某聚类算法给出的分簇为$\boldsymbol{C}=\{\boldsymbol{C}_1,\boldsymbol{C}_2,\cdots,\boldsymbol{C}_k\}$,定义:

(1) 样本$\boldsymbol{x}_m$与同簇$\boldsymbol{C}_i$其他样本的平均距离:

$$a(\boldsymbol{x}_m)=\frac{\sum\limits_{1\leqslant n\leqslant|\boldsymbol{C}_i|}\text{dist}(\boldsymbol{x}_m,\boldsymbol{x}_n)}{|\boldsymbol{C}_i|-1},\quad \boldsymbol{x}_m,\boldsymbol{x}_n\in\boldsymbol{C}_i \tag{2-20}$$

该距离也称为$\boldsymbol{x}_m$的簇内平均不相似度(Average Dissimilarity)[8]。

(2) 样本$\boldsymbol{x}_m$与不同簇$\boldsymbol{C}_j$内样本的平均距离:

$$d(\boldsymbol{x}_m,\boldsymbol{C}_j)=\frac{\sum\limits_{1\leqslant n\leqslant|\boldsymbol{C}_j|}\text{dist}(\boldsymbol{x}_m,\boldsymbol{x}_n)}{|\boldsymbol{C}_j|},\quad \boldsymbol{x}_m\notin\boldsymbol{C}_j,x_n\in\boldsymbol{C}_j \tag{2-21}$$

该距离也称为$\boldsymbol{x}_m$与簇$\boldsymbol{C}_j$的平均不相似度。

(3) 样本$\boldsymbol{x}_m$与簇的最小平均距离:

$$b(\boldsymbol{x}_m)=\min_{\boldsymbol{C}_j}d(\boldsymbol{x}_m,\boldsymbol{C}_j),\quad \boldsymbol{x}_m\in\boldsymbol{C}_i,\boldsymbol{C}_j\neq\boldsymbol{C}_i \tag{2-22}$$

该距离是取$\boldsymbol{x}_m$与所有其他不同簇的平均距离中的最小值。

(4) 簇内样本平均距离:

$$\begin{aligned}\text{avg}(\boldsymbol{C}_i)&=\frac{\sum\limits_{1\leqslant m<n\leqslant|\boldsymbol{C}_i|}\text{dist}(\boldsymbol{x}_m,\boldsymbol{x}_n)}{\binom{|\boldsymbol{C}_i|}{2}}\\&=\frac{2}{|\boldsymbol{C}_i|(|\boldsymbol{C}_i|-1)}\sum_{1\leqslant m<n\leqslant|\boldsymbol{C}_i|}\text{dist}(\boldsymbol{x}_m,\boldsymbol{x}_n)\end{aligned} \tag{2-23}$$

(5) 簇内样本最大距离:

$$\text{diam}(\boldsymbol{C}_i)=\max_{1\leqslant m<n\leqslant|\boldsymbol{C}_i|}\text{dist}(\boldsymbol{x}_m,\boldsymbol{x}_n) \tag{2-24}$$

(6) 簇最小距离:

$$d_{\min}(\boldsymbol{C}_i,\boldsymbol{C}_j)=\min_{\substack{\boldsymbol{x}_m\in\boldsymbol{C}_i\\\boldsymbol{x}_n\in\boldsymbol{C}_j}}\text{dist}(\boldsymbol{x}_m,\boldsymbol{x}_n) \tag{2-25}$$

(7) 簇中心距离:

$$d_{\text{cen}}(\boldsymbol{C}_i,\boldsymbol{C}_j)=\text{dist}(\boldsymbol{u}_i,\boldsymbol{u}_j) \tag{2-26}$$

其中,$\boldsymbol{u}_i$和$\boldsymbol{u}_j$是$\boldsymbol{C}_i$和$\boldsymbol{C}_j$的中心。

基于上述距离,可定义以下聚类算法的内部评价指标。

(1) 轮廓系数(Silhouette Coefficient,SC)。

单一样本$\boldsymbol{x}_m$的轮廓系数为

$$s(\boldsymbol{x}_m)=\frac{b(\boldsymbol{x}_m)-a(\boldsymbol{x}_m)}{\max\{a(\boldsymbol{x}_m),b(\boldsymbol{x}_m)\}} \tag{2-27}$$

一般使用的轮廓系数是对所有样本的轮廓系数取均值。SC 值高表示簇内密集、簇间疏散。

该指标在 sklearn.metrics 包中有实现，可直接调用。在手机机主身份识别的应用中，在用 k-means 聚类分析之后，加一行代码来计算 SC 指数值，见代码 2-8。

代码 2-8 SC 指数值计算（MobileChart7.py）

```
1. Member11 = M[:, 0] == 11
2. Cycle11 = M[Member11, 2:13]
3. cls11 = KMeans(3, random_state = 0).fit(Cycle11)
4. labels11 = np.concatenate(([M[Member11, 1]], [np.transpose(cls11.labels_)]), axis = 0)
5. cluscent11 = cls11.cluster_centers_
6. print("SC:" + str(sklearn.metrics.silhouette_score(Cycle11, cls11.labels_, metric =
   'euclidean')))
7. print("DB:" + str(sklearn.metrics.davies_bouldin_score(Cycle11, cls11.labels_)))
```

第 6 行代码通过调用 sklearn.metrics.silhouette_score()函数，计算得到 SC 值为 0.32803406508234373。

（2）DB 指数（Davies-Bouldin Index，DBI）。

$$R_{ij}=\frac{\operatorname{avg}(\boldsymbol{C}_i)+\operatorname{avg}(\boldsymbol{C}_j)}{d_{\text{cen}}(\boldsymbol{C}_i,\boldsymbol{C}_j)} \tag{2-28}$$

$$\text{DBI}=\frac{1}{k}\sum_{i=1}^{k}\max_{j\neq i}R_{ij} \tag{2-29}$$

R_{ij} 的分子是两个簇内样本平均距离之和，分母是两簇的中心距离，因此该指数越小说明簇内样本点更紧密、簇的间隔越远。

该指标在 sklearn.metrics 包中也有实现。上面代码 2-8 中的第 7 行通过调用 sklearn.metrics.davies_bouldin_score()函数，计算得到 DB 值为 1.0350322176884639。

（3）Dunn 指数（Dunn Index，DI）。

$$\text{DI}=\min_{1\leqslant i\leqslant k}\left\{\min_{j\neq i}\left(\frac{d_{\min}(\boldsymbol{C}_i,\boldsymbol{C}_j)}{\max\limits_{1\leqslant l\leqslant k}\operatorname{diam}(\boldsymbol{C}_l)}\right)\right\} \tag{2-30}$$

由 $d_{\min}(\boldsymbol{C}_i,\boldsymbol{C}_j)$和 $\operatorname{diam}(\boldsymbol{C}_i)$的定义可知该指数刻画的是簇间距离和簇内样本间最大距离的比例，因此该指数越大，说明簇分的越开。

2.2.4 聚类算法分类

前面分析了 k-means 算法的分簇思路，人们从不同的角度提出了更多的聚类算法，它们各有不同的应用场合和优势。

1. 划分聚类

k-means 算法即典型的划分聚类方法（Partitioning Method）。划分聚类是基于距离的，它的基本思想是使簇内的点距离尽量近、簇间的点距离尽量远。由于损失函数的非凸性（见 3.2.4 节），除了采用穷举法，算法难以保证每次都得到全局最优解。而在数据量很大时，采用穷举法不现实，因此，此类算法大都采用贪心策略，即在每一轮迭代中寻求当前最优解，并基于此轮最优解进行下一轮迭代，如此通过多轮迭代来提高求解质量。

2. 密度聚类

密度聚类是基于密度(Density)进行分簇。这里的密度是指某样本点给定邻域内的其他样本点的数量。密度聚类的思想是当邻域的密度达到指定阈值时，就将邻域内的样本点合并到本簇内，如果本簇内所有样本点的邻域密度都达不到指定阈值，则本簇划分完毕，进行下一个簇的划分。密度聚类对图 2-15 所示的非凸簇很有效，像 k-means 等基于距离划分聚类的方法则难以正确划分此类簇。密码聚类还可以用来对离群点进行检测。

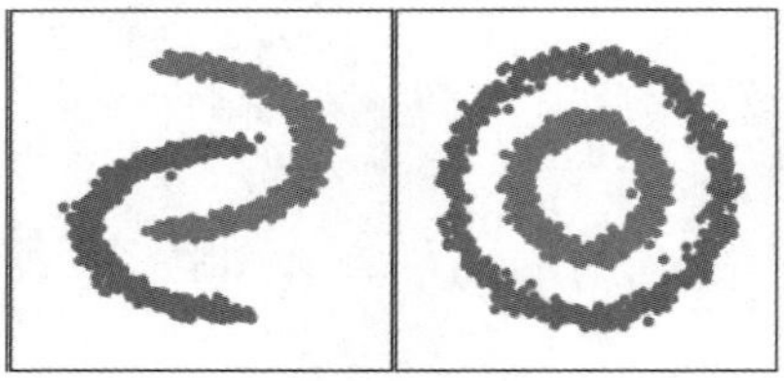

图 2-15 非凸簇示例①(见彩插)

3. 层次聚类

层次(Hierarchical)聚类方法强调的是聚类执行的过程，分为自底向上的凝聚方法和自顶向下的分裂方法两种。凝聚方法是先将每一个样本点当成一个簇，然后根据距离和密度等度量准则进行逐步合并。分裂方法是先将所有样本点放在一个簇内，然后再逐步分解，如二分 k-means 算法。

4. 网格聚类

网格(Grid)聚类方法强调的是分批统一处理以提高效率，具体的做法是将特征空间 $\mathbb{X}$ 划分为若干个网格，网格内的所有样本点看成一个单元进行处理。网格聚类方法要与划分聚类或密度聚类方法结合使用。网格聚类方法处理的单元只与网格数量有关，与样本数量无关，因此在数据量大时，可以极大提高效率。

5. 模型聚类

模型(Model)聚类假定每个簇符合一个分布模型，通过找到这个分布模型，就可以对样本点进行分簇。模型聚类主要包括基于统计和基于神经网络两大类方法，前者以高斯混合模型(Gaussian Mixture Models，GMM)(见 6.4 节)为代表，后者以自组织映射网络(Self Organizing Map，SOM)(见 7.3 节)为代表。

视频

2.3 DBSCAN 及其派生算法

DBSCAN(Density-Based Spatial Clustering of Applications with Noise)[9]算法是经典的密度聚类算法。

① 图片来自：https://scikit-learn.org/stable/auto_examples/cluster/plot_cluster_comparison.html

2.3.1 相关概念及算法流程

先给出密度相关的概念和定义。

1. ε-邻域(Eps-neighborhood)

设 ε 为距离值。对样本点 $\boldsymbol{x}_i \in \boldsymbol{S}$,记 $N_\varepsilon(\boldsymbol{x}_i)$为样本集 $\boldsymbol{S}$ 中所有与 $\boldsymbol{x}_i$ 距离不大于 ε 的样本,称为 $\boldsymbol{x}_i$ 的 ε-邻域。即 $N_\varepsilon(\boldsymbol{x}_i)=\{\boldsymbol{x}_j \mid \text{dist}(\boldsymbol{x}_j,\boldsymbol{x}_i)\leqslant\varepsilon\}$。

ε 是 DBSCAN 算法需要指定的两个参数之一。

2. 核心点(Core Point)和边界点(Border Points)

DBSCAN 算法还需要指定另一个阈值参数 MinPts,MinPts$\in N$,用来区分核心点和边界点。核心点是 ε-邻域中样本点数量不小于 MinPts 的点,即如果 $\boldsymbol{x}_i$ 是核心点,则 $|N_\varepsilon(\boldsymbol{x}_i)|\geqslant$MinPts。相反,则称为边界点。直观来看,核心点是处于簇内部的点,边界点是处于簇边界的点。

3. 直接密度可达(Directly Density-reachable)

若 $\boldsymbol{x}_j$ 位于 $\boldsymbol{x}_i$ 的邻域内,且 $\boldsymbol{x}_i$ 是核心点,则称 $\boldsymbol{x}_j$ 可由 $\boldsymbol{x}_i$ 直接密度可达。显然,核心点之间的直接密度可达是对称的,而边界点和核心点之间的直接密度可达不是对称的。

4. 密度可达(Density-reachable)

密度可达是由直接密度可达多次传递得到。称 $\boldsymbol{x}_j$ 可由 $\boldsymbol{x}_i$ 密度可达,如果存在一个样本点序列 $\boldsymbol{p}_1,\boldsymbol{p}_2,\cdots,\boldsymbol{p}_n,\boldsymbol{p}_1=\boldsymbol{x}_i,\boldsymbol{p}_n=\boldsymbol{x}_j$,且 $\boldsymbol{p}_{i+1}$ 由 $\boldsymbol{p}_i$ 直接密度可达。核心点之间的密度可达也是对称的。

5. 密度相连(Density-connected)

对点 $\boldsymbol{x}_i$ 和 $\boldsymbol{x}_j$,若存在点 $\boldsymbol{o}$,使得 $\boldsymbol{x}_i$ 和 $\boldsymbol{x}_j$ 均可由 $\boldsymbol{o}$ 密度可达,则称 $\boldsymbol{x}_i$ 和 $\boldsymbol{x}_j$ 密度相连,如图 2-16 所示。

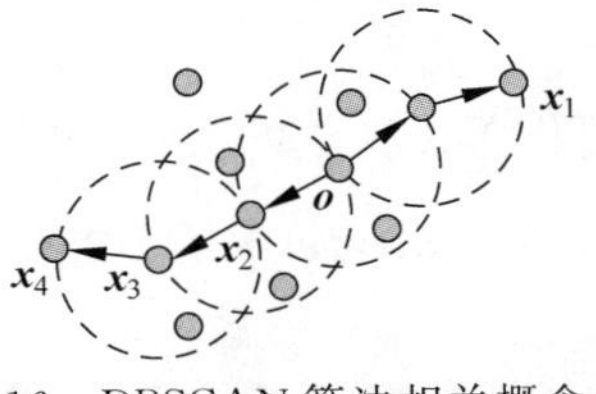

图 2-16 DBSCAN 算法相关概念示例

图 2-16 中,$\boldsymbol{o}$ 为核心点,$\boldsymbol{x}_2$ 由 $\boldsymbol{o}$ 直接密度可达,$\boldsymbol{x}_1$ 和 $\boldsymbol{x}_4$ 由 $\boldsymbol{o}$ 密度可达,$\boldsymbol{x}_1$ 和 $\boldsymbol{x}_4$ 密度相连。

基于以上定义,可得 DBSCAN 中的“簇”:所有密度相连的样本点集合。也就是说,在给定邻域参数 ε 和 MinPts 时,簇 $\boldsymbol{C}$ 是样本集 $\boldsymbol{S}$ 的非空子集,它满足以下两个条件:

(1) $\forall \boldsymbol{x}_i, \boldsymbol{x}_j$：如果 $\boldsymbol{x}_i \in \boldsymbol{C}$，且 $\boldsymbol{x}_j$ 可由 $\boldsymbol{x}_i$ 密度可达，则 $\boldsymbol{x}_j \in \boldsymbol{C}$。

(2) $\forall \boldsymbol{x}_i, \boldsymbol{x}_j \in \boldsymbol{C}$：$\boldsymbol{x}_i$ 和 $\boldsymbol{x}_j$ 密度相连。

簇 $\boldsymbol{C}$ 至少包含一个核心点，因此，簇内样本点个数不小于 MinPts。按照以上定义，根据参数 ε 和 MinPts 的大小，可能会出现某些样本点不属于任何一个簇，称为噪声点(Noise)。

由以上定义，可得如下两个结论：①如果 $\boldsymbol{x}_i$ 是一个核心点，那么所有与 $\boldsymbol{x}_i$ 密度可达的点组成一个簇；②如果 $\boldsymbol{x}_i$ 是簇 $\boldsymbol{C}$ 的一个核心点，那么所有与 $\boldsymbol{x}_i$ 密度可达的点的集合等于簇 $\boldsymbol{C}$。

对②进行简要说明：假设 $\boldsymbol{x}_i$ 和 $\boldsymbol{x}_j$ 都是簇 $\boldsymbol{C}$ 内的核心点，因为它们密度相连，因此存在某点 $\boldsymbol{x}'$，使得 $\boldsymbol{x}_i$ 和 $\boldsymbol{x}_j$ 分别由 $\boldsymbol{x}'$ 密度可达，又因为核心点之间的密度可达是对称的，所以 $\boldsymbol{x}_i$ 和 $\boldsymbol{x}_j$ 是双向密度可达的，由此可知簇 $\boldsymbol{C}$ 内所有核心点相互之间都是密度可达的，因此，簇 $\boldsymbol{C}$ 内任一点都可由任一核心点密度可达。

可见簇内任一核心点可代表该簇，由该点可生成整个簇，因此 DBSCAN 算法分簇的过程就是重复查找核心点并扩展成簇，直至没有核心点为止，具体流程如算法 2-4 所示。

算法 2-4　DBSCAN 算法流程

步　数	操　作
1	初始化当前簇号为 0，初始化样本集内所有样本点的标签为 noise，初始化种子集合 seeds 为空集合
2	从样本集中依序取一个标签为 noise 的点 $\boldsymbol{x}_i$，如果没有这样的点，则算法结束
3	检查 $\boldsymbol{x}_i$ 是否核心点，如果不是则转第 2 步
4	将 $\boldsymbol{x}_i$ 邻域内的所有标签为 noise 的点标记上当前簇号，并加入集合 seeds(不包括 $\boldsymbol{x}_i$)
5	如果集合 seeds 为空，将当前簇号加 1，并转第 2 步，否则从集合 seeds 中取一个点 p
6	如果点 p 为非核心点，则从集合 seeds 中删除，并转第 5 步
7	将点 p 的邻域内的所有标签为 noise 的点标记上当前簇号，并入 seeds 集合，转第 5 步

第 2、3 步是找到一个核心点，第 4～7 步是以该核心点为基础查找所有密度可达的点，从而生成一个簇。算法执行完后，每个样本点都被标记了簇号或者是噪声点标签 noise。

从算法流程可以看出，DBSCAN 算法的基本操作是验证查找邻域内的点。每个点都要进行一次这样的操作，可认为这样的操作要对所有的点都进行，因此，它的时间复杂度是 $O(m \times m)$，其中 m 是样本数量。如果采用一些改进的数据结构，可以使查找邻域的时间复杂度降低，使得总的时间复杂度减少到 $O(m \times \log m)$，但会增加空间复杂度。

在 sklearn 的 cluster 包中提供了该算法的实现，见代码 2-9。

代码 2-9　sklearn 中的 DBSCAN 类

```
class sklearn.cluster.DBSCAN(eps = 0.5, min_samples = 5, metric = 'euclidean', metric_
params = None, algorithm = 'auto', leaf_size = 30, p = None, n_jobs = None)

fit(self, X[, y, sample_weight])
fit_predict(self, X[, y, sample_weight])
get_params(self[, deep])
set_params(self, \*\* params)
```

其中，eps 和 min_samples 即为 ε 和 MinPts 两个核心参数。metric 为距离度量方法，默认为欧氏距离。algorithm 为计算距离和查找邻近点的算法。fit()函数用来完成分簇。其应用方法可参考 sklearn 的 Demo[①]。代码 2-10 示例了用 DBSCAN 算法对本书附属资源的文件 kmeansSamples. txt 中 30 个点的聚类。

代码 2-10　DBSCAN 算法应用示例(DBSCAN. ipynb)

```
1. >>> from sklearn.cluster import DBSCAN
2. >>> import numpy as np
3. >>> samples = np.loadtxt("kmeansSamples.txt")
4. >>> clustering = DBSCAN(eps = 5, min_samples = 5).fit(samples)
5. >>> clustering.labels_
6. array([ 0,  0,  0,  0, -1,  0,  0,  0,  1,  1,  1,  1,  0,  0,  0,  0, -1,
7.          1,  1,  0,  0,  1,  0,  0,  0,  0,  0,  1, -1,  0], dtype = int64)
8. >>> clustering
9. DBSCAN(algorithm = 'auto', eps = 5, leaf_size = 30, metric = 'euclidean',
10.      min_samples = 5, n_jobs = 1, p = None)
11. >>> import matplotlib.pyplot as plt
12. >>> plt.scatter(samples[:,0],samples[:,1],c = clustering.labels_ + 1.5,linewidths =
    np.power(clustering.labels_ + 1.5, 2))
13. >>> plt.show()
14.
```

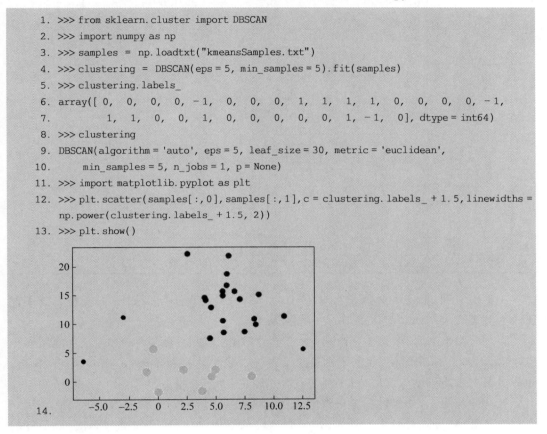

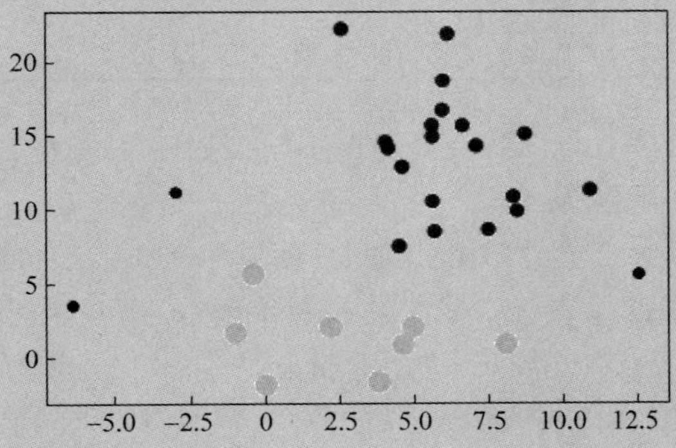

第 6 行是各样本点的标签值，-1 表示噪声标签。

2.3.2　邻域参数 ε 和 MinPts 的确定

DBSCAN 算法善于发现任意形状的稠密分布数据集，但它的结果对邻域参数 ε 和 MinPts 敏感。不像 *k*-means 算法只需要调整一个参数，DBSCAN 算法需要对两个参数进行联合调参，复杂度要高得多。

对代码 2-10 中的第 4 行中的两个参数赋予不同的值进行分簇，可得到如表 2-2 所示的样本标签序列。可见，不同参数值对聚类结果的影响是很大的。

---

① https://scikit-learn.org/stable/auto_examples/cluster/plot_dbscan.html#sphx-glr-auto-examples-cluster-plot-dbscan-py

表 2-2 不同参数值的 DBSCAN 聚类结果示例

eps	min_samples	clustering. labels_
1	1	0,1,2,3,4,5,6,5,7,8,9,10,11,12,13,14,15,16,17,18,14,19,20,21,11,22,23,24,25,26
2	1	0,1,2,3,4,0,1,0,5,6,7,8,1,0,0,0,9,6,10,11,0,12,13,0,1,1,14,15,16,0
2	2	0,1,−1,−1,−1,0,1,0,−1,2,−1,−1,1,0,0,0,−1,2,−1,−1,0,−1,−1,0,1,1,−1,−1,−1,0
2	3	0,1,−1,−1,−1,0,1,0,−1,−1,−1,−1,1,0,0,0,−1,−1,−1,−1,0,−1,−1,0,1,1,−1,−1,−1,0
3	2	0,0,0,0,−1,0,0,0,1,1,−1,−1,0,0,0,0,−1,1,1,−1,0,−1,0,0,0,0,−1,−1,−1,0
4	2	0,0,0,0,−1,0,0,0,1,1,1,1,0,0,0,0,−1,1,1,0,0,−1,0,0,0,0,0,1,−1,0
4	3	0,0,0,0,−1,0,0,0,1,1,1,1,0,0,0,0,−1,1,1,0,0,−1,0,0,0,0,0,1,−1,0
5	2	0,0,0,0,−1,0,0,0,1,1,1,1,0,0,0,0,−1,1,1,0,0,1,0,0,0,0,0,1,−1,0
5	4	0,0,0,0,−1,0,0,0,1,1,1,1,0,0,0,0,−1,1,1,0,0,1,0,0,0,0,0,1,−1,0
5	6	0,0,0,0,−1,0,0,0,1,1,1,1,0,0,0,0,−1,1,1,0,0,1,0,0,0,0,0,1,−1,0
5	7	0,0,0,0,−1,0,0,0,1,1,1,1,0,0,0,0,−1,1,1,0,0,1,0,0,0,0,0,1,−1,0
5	8	0,0,0,0,−1,0,0,0,−1,−1,−1,−1,0,0,0,0,−1,−1,−1,0,0,−1,0,0,0,0,0,−1,−1,0
6	3	0,0,0,0,0,0,0,0,0,0,0,0,0,0,0,0,−1,0,0,0,0,0,0,0,0,0,0,0,0,0
6	5	0,0,0,0,0,0,0,0,0,0,0,0,0,0,0,0,−1,0,0,0,0,0,0,0,0,0,0,0,0,0

按参数 ε 和 MinPts 分别取(2,2)、(5,4)、(6,3)时的聚类结果如图 2-17 所示。不同大小的圆点代表不同的簇。最小的点代表噪声点。

在固定参数 ε 时,参数 MinPts 过大会导致核心点过少,使得一些小簇被放弃,噪声点增多,而参数 MinPts 过小会导致某些噪声进入簇中。在固定参数 MinPts 时,参数 ε 过大也会将噪声点纳入簇中,过小会使核心点减少,噪声点增多。

在实际应用中,如果能确定聚类的具体评价指标,如簇数、轮廓系数、DB 指数和噪声点数限制等,则可以对参数 ε 和 MinPts 的合理取值依次运行 DBSCAN 算法,取最好的评价结果。如果数据量特别大,则可以将参数空间划分为若干网格,每个网格取一个代表值进行聚类。关于网格调参,sklearn 也提供了支持,有关内容将在后续章节(5.3.1 节)中讨论。

DBSCAN 原论文[9]给出了一个依据 MinPts 值确定 ε 的参考方法,其目的是使得 DBSCAN 算法能够聚类到"最小"的簇。

设 k_dist 为某点 $\boldsymbol{p}$ 到离它第 k 近的那个邻居点的距离,1_dist 是点 $\boldsymbol{p}$ 到最近点的距离。点 $\boldsymbol{p}$ 的 k-邻域至少包含 $k+1$ 个点。如果该邻域内有一些点与 $\boldsymbol{p}$ 的距离正好相等,则该邻域包含的点数要大于 $k+1$。

直观地想象,如果点 $\boldsymbol{p}$ 处在聚集比较密的区域,那么当 k 值发生变化时,k_dist 不会发生大的变化,如果点处于稀疏的区域,那么 k_dist 的变化就会很大。对指定的 k,可以计算每个点 $\boldsymbol{p}$ 的 k_dist,将它们按大小排序并作图,然后依据图中的"拐点"来确定 ε,即

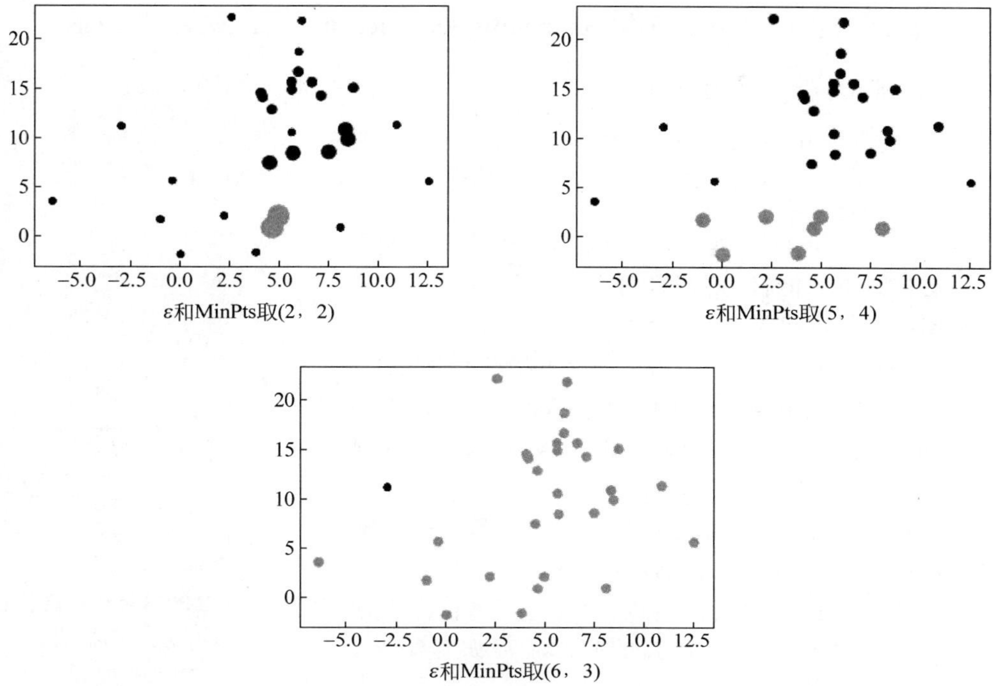

图 2-17　DBSCAN 算法示例取不同参数值时的对比图(见彩插)

将 ε 设为拐点的 k_dist 值，MinPts 设为 k。该方法类似于 k-means 算法中确定 k 值的经验方法(见图 2-11)。k_dist 值小于等于拐点 k_dist 值的点都是聚集比较密的点，属于核心点，相反的点是间隔比较远的点，是噪声点。

对于 MinPts 值，也就是 k 值，经验建议将调整初值设为样本的特征数加 1。

2.3.3　OPTICS 算法

视频

OPTICS 算法[10]可看作是 DBSCAN 算法的派生算法，它通过引入可达距离，巧妙又直观地解决了 ε 参数的确定问题。

先给出两个定义。

1. 点 $\boldsymbol{x}_i$ 的核心距离(core-distance of an object $\boldsymbol{x}_i$)

对指定的距离参数 ε 和自然数参数 MinPts，记 MinPts_distance($\boldsymbol{x}_i$)为点 $\boldsymbol{x}_i$ 到它的第 MinPts 近邻居节点的距离，则点 $\boldsymbol{x}_i$ 的核心距离为

$$\text{core\_distance}_{\varepsilon,\text{MinPts}}(\boldsymbol{x}_i)=\begin{cases}\text{UNDEFINED}, & |N_{\varepsilon}(\boldsymbol{x}_i)|<\text{MinPts}\\ \text{MinPts\_distance}(\boldsymbol{x}_i), & \text{其他}\end{cases} \tag{2-31}$$

只有核心点才有核心距离，且核心距离是使该点成为核心点的最小距离，core_distance$_{\varepsilon,\text{MinPts}}(\boldsymbol{x}_i)\leqslant\varepsilon$。

2. 点 $\boldsymbol{x}_j$ 到点 $\boldsymbol{x}_i$ 的可达距离（reachability-distance object $\boldsymbol{x}_j$ w. r. t. object $\boldsymbol{x}_i$）

点 $\boldsymbol{x}_j$ 到点 $\boldsymbol{x}_i$ 的可达距离为

$$\text{reachability\_distance}_{\varepsilon,\text{MinPts}}(\boldsymbol{x}_j,\boldsymbol{x}_i) = \begin{cases} \text{UNDEFINED}, & |N_\varepsilon(\boldsymbol{x}_i)| < \text{MinPts} \\ \max(\text{core\_distance}_{\varepsilon,\text{MinPts}}(\boldsymbol{x}_i),\ \ \text{distance}(\boldsymbol{x}_i,\boldsymbol{x}_j)), & \text{其他} \end{cases} \tag{2-32}$$

只有核心点才能被可达，且可达距离是该核心点的核心距离或者两点间距离的最大值。

核心距离和可达距离示例见图 2-18，该示例图中，MinPts 为 4，点 $\boldsymbol{x}_i$ 的核心距离用 $c(\boldsymbol{x}_i)$ 表示，点 $\boldsymbol{x}_1$ 和 $\boldsymbol{x}_2$ 到点 $\boldsymbol{x}_i$ 的可达距离分别用 $r(\boldsymbol{x}_1)$ 和 $r(\boldsymbol{x}_2)$ 表示。该示例中，$r(\boldsymbol{x}_1)=c(\boldsymbol{x}_i)$。

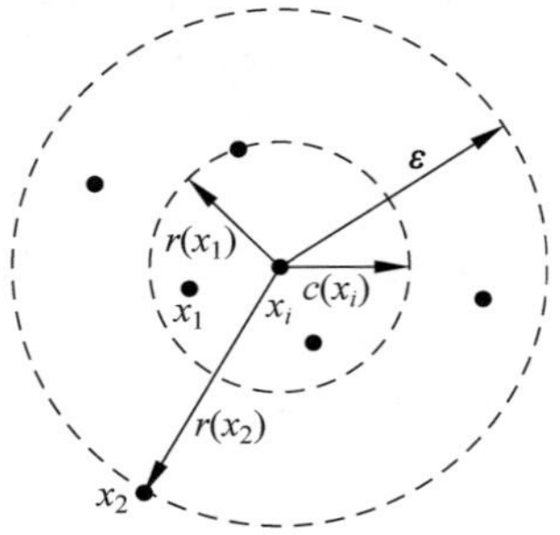

图 2-18 OPTICS 算法的核心距离和可达距离示例

OPTICS 算法的基本思想是将每个点离最近聚集密集区的可达距离都计算出来，然后据此进行分簇。

OPTICS 算法是如何将点到点的可达距离转化成点到最近聚集密集区的可达距离的呢？流程如算法 2-5 所示。

算法 2-5 OPTICS 算法计算点到最近聚集区可达距离流程

步　数	操　　作
1	设置邻域半径 ε，核心点最小邻域点数 MinPts，初始化样本集内所有样本点的可达距离为极大值 inf，创建两个队列：有序队列和结果队列
2	从样本集中选取一个核心点 $\boldsymbol{x}_i$，放入结果队列，如果没有这样的点，则算法结束
3	找到 $\boldsymbol{x}_i$ 的所有直接密度可达点，如果不在结果队列中，则计算其与 $\boldsymbol{x}_i$ 的可达距离，放入有序队列，将有序队列按可达距离值从小到大排序
4	如果有序队列为空，则跳至第 2 步，否则，从有序队列中取出第 1 个点 $\boldsymbol{P}$ 放入结果队列，并对点 $\boldsymbol{P}$：
4.1	如果点 $\boldsymbol{P}$ 为非核心点，跳至第 4 步，否则取出该点的所有直接密度可达点
4.2	如果点 $\boldsymbol{P}$ 的直接密度可达点已经在结果队列中，跳至第 4 步
4.3	如果点 $\boldsymbol{P}$ 的直接密度可达点不在有序队列中，则计算与点 $\boldsymbol{P}$ 的可达距离，加入有序队列，并对有序队列按可达距离值从小到大排序，跳至第 4 步
4.4	如果点 $\boldsymbol{P}$ 的直接密度可达点已在有序队列中，则计算与点 $\boldsymbol{P}$ 的可达距离，如果新的可达距离小于原可达距离，则更新该点的可达距离，并重新排序，跳至第 4 步

邻域半径 ε 常取为特别大的值，这样可以将所有的点都包含在计算范围内。OPTICS 算法的运行过程与 DBSCAN 算法相似，不同之处在于可达距离的计算。有序队列中的每个点都要对每次的核心点更新最小可达距离，因此，最终的可达距离是与最近核心点之间的距离，所以，最终的可达距离可以看作是该点与最近聚集密集区的可达距离。

算法 2-5 运行完后，每个样本点都会有一个可达距离，如果为 inf，则表示为噪声点

(算法选取的第 1 个核心点除外)。可达距离值示例如图 2-19 所示。可以看到,可达距离形成两个凹陷,分别对应两个簇。如果以图中的虚线距离为标准来划分,则虚线以上的点为噪声点(每个簇的第 1 个点除外),它们离聚集区过远,而虚线以下的点聚集在两个区域,分别对应两个簇。

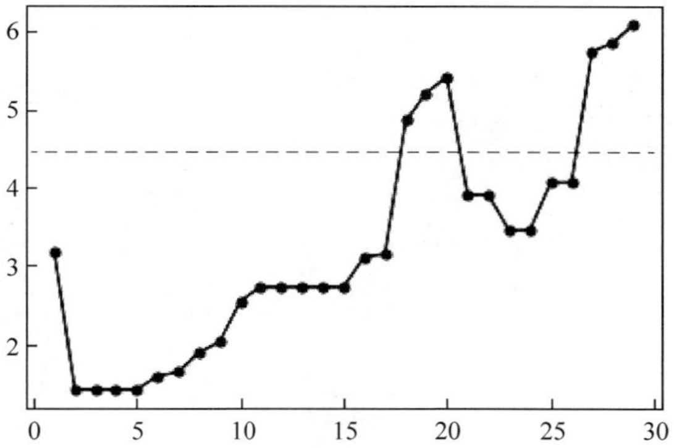

图 2-19　OPTICS 算法计算的可达距离示例

sklearn 增加了对 OPTICS 算法的支持,同样位于 cluster 包中,见代码 2-11。

代码 2-11　sklearn 中的 OPTICS 类

```
1. class sklearn.cluster.OPTICS(min_samples = 5, max_eps = inf, metric = 'minkowski', p = 2,
   metric_params = None, cluster_method = 'xi', eps = None, xi = 0.05, predecessor_
   correction = True, min_cluster_size = None, algorithm = 'auto', leaf_size = 30, n_jobs =
   None)
2.
3. fit(self, X[, y])
4. fit_predict(self, X[, y])
5. get_params(self[, deep])
6. set_params(self, \*\*params)
```

其中,max_eps 参数即为邻域半径 ε,min_samples 参数为核心点最小邻域点数 MinPts,eps 参数即为分簇的距离标准(图 2-19 中的虚线代表的距离)。

同样对文件 kmeansSamples.txt 中 30 个点用 OPTICS 算法进行聚类分析,见代码 2-12。

代码 2-12　OPTICS 算法应用示例(OPTICS.ipynb)

```
1. >>> from sklearn.cluster import OPTICS, cluster_optics_dbscan
2. >>> import matplotlib.pyplot as plt
3. >>> import numpy as np
4. >>> samples = np.loadtxt("kmeansSamples.txt")
5. >>> clust = OPTICS(max_eps = np.inf, min_samples = 5, cluster_method = 'dbscan', eps = 4.5)
6. >>> clust.fit(samples)
7. >>> clust.ordering_
8. array([ 0, 13, 14, 15, 20, 29,  7,  5, 23,  3,  2,  6, 12, 22, 24, 25,  1,
```

```
9.          26, 19, 21, 17,  8,  9, 10, 18, 11, 27, 28,  4, 16])
10. >>> reachability = clust.reachability_[clust.ordering_]
11. >>> Reachability
12. array([        inf, 3.17458968, 1.42768959, 1.42768959, 1.42768959,
13.         1.42768959, 1.59655377, 1.65018931, 1.89652558, 2.03045666,
14.         2.54510242, 2.72758242, 2.72758242, 2.72758242, 2.72758242,
15.         2.72758242, 3.11074555, 3.14659536, 4.86176447, 5.2144061 ,
16.         5.42638897, 3.90666353, 3.90666353, 3.45290884, 3.45290884,
17.         4.06306139, 4.06306139, 5.75576757, 5.86039336, 6.09507337])
18. >>> labels = clust.labels_[clust.ordering_]
19. >>> labels
20. array([ 0,  0,  0,  0,  0,  0,  0,  0,  0,  0,  0,  0,  0,  0,  0,  0,  0,
21.          0, -1, -1,  1,  1,  1,  1,  1, 1, 1, -1, -1, -1])
22. >>> plt.plot(list(range(1,31)),reachability,marker='.',markeredgewidth=3,linestyle='-')
23. >>> plt.show()
```

24.

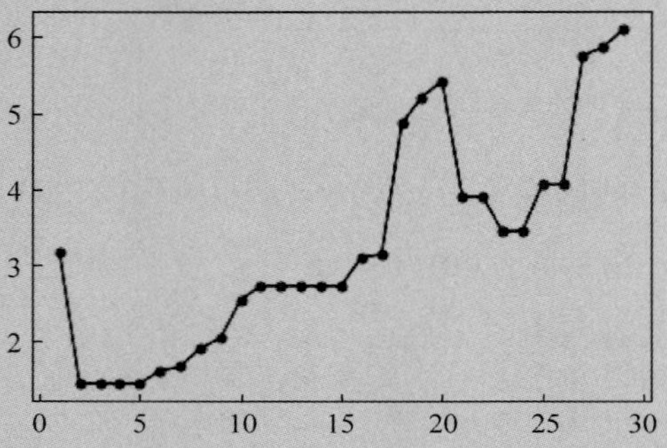


```
25. >>> clust.labels_
26. array([ 0, 0, 0, 0, -1, 0, 0, 0, 1, 1, 1, 1, 0, 0, 0, 0, -1, 1, 1, -1, 0, -1, 0, 0, 0,
    0, 0, 1, -1, 0])
27. >>> plt.scatter(samples[:,0],samples[:,1],c=clust.labels_+1.5,linewidths=np.
    power(clust.labels_+1.5, 2))
28. plt.show()
```

29.

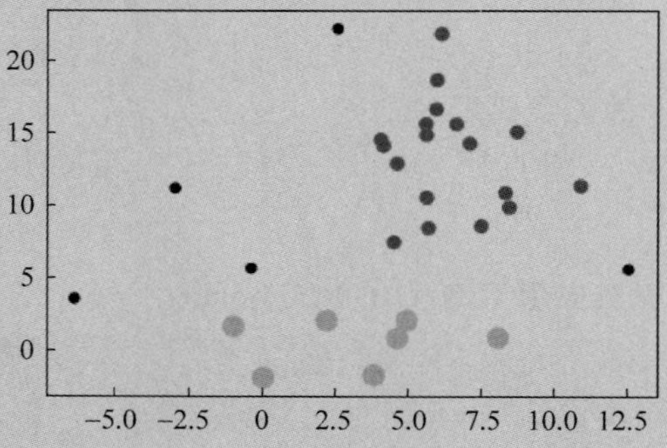

第 5 行配置了初始参数,读者可以设置其他值来看聚类的效果。第 7 行输出的是按先后次序排列的结果队列。第 10 行输出的是结果队列中各点的可达距离。第 18 行输出的是按可达距离进行分簇的结果,可见分为 0、1 两个簇,-1 表示噪声点。第 25 行输出的是按原始顺序排列的各点的簇号。最后是用图显示的最终分簇结果。

2.4 AGNES 算法

AGNES(AGglomerative NESting)算法[6]属于层次聚类算法,它先将每个样本点看成一个簇,然后根据簇与簇之间的距离度量将最近的两个簇合并,一直重复合并到预设的聚类簇数为止。

2.4.1 簇之间的距离度量

人们提出了很多簇之间的距离度量方法,下面介绍几种常见的方法。

设有两个簇 $\boldsymbol{C}_i$ 和簇 $\boldsymbol{C}_j$,用 $\mathrm{DIST}(\boldsymbol{C}_i,\boldsymbol{C}_j)$表示簇之间的距离,用 $\mathrm{dist}(\boldsymbol{x}_i,\boldsymbol{x}_j)$表示点之间的距离:

1. 簇最小距离

$$\mathrm{DIST}_{\min}(\boldsymbol{C}_i,\boldsymbol{C}_j)=\min_{\substack{\boldsymbol{x}_k\in\boldsymbol{C}_i\\ \boldsymbol{x}_l\in\boldsymbol{C}_j}}\mathrm{dist}(\boldsymbol{x}_k,\boldsymbol{x}_l) \tag{2-33}$$

簇最小距离是两个簇成员之间的最小距离。

2. 簇最大距离

$$\mathrm{DIST}_{\max}(\boldsymbol{C}_i,\boldsymbol{C}_j)=\max_{\substack{\boldsymbol{x}_k\in\boldsymbol{C}_i\\ \boldsymbol{x}_l\in\boldsymbol{C}_j}}\mathrm{dist}(\boldsymbol{x}_k,\boldsymbol{x}_l) \tag{2-34}$$

与簇最小距离相反,簇最大距离是两个簇成员之间的最大距离。

3. 簇平均距离

$$\mathrm{DIST}_{\mathrm{avg}}(\boldsymbol{C}_i,\boldsymbol{C}_j)=\frac{1}{|\boldsymbol{C}_i||\boldsymbol{C}_j|}\sum_{\substack{\boldsymbol{x}_k\in\boldsymbol{C}_i\\ \boldsymbol{x}_l\in\boldsymbol{C}_j}}\mathrm{dist}(\boldsymbol{x}_k,\boldsymbol{x}_l) \tag{2-35}$$

簇平均距离是两个簇成员之间距离的平均值。

4. 簇中心距离

$$\mathrm{DIST}_{\mathrm{centroid}}(\boldsymbol{C}_i,\boldsymbol{C}_j)=\mathrm{dist}(\boldsymbol{u}_i,\boldsymbol{u}_j) \tag{2-36}$$

$\boldsymbol{u}_i$ 表示簇 $\boldsymbol{C}_i$ 的中心。

式(2-33)簇最小距离和式(2-36)簇中心距离的含义与式(2-25)和式(2-26)相同,为了方便读者对比,重新统一表述。

其他还有加权平均(Weighted Average)距离、Gower 距离、Flexible Strategy 距离等[6]。

2.4.2 算法流程

AGNES 算法过程较易理解,如算法 2-6 所示。

算法 2-6　AGNES 算法流程

步　数	操　作
1	设置终止簇数 k,簇距离度量函数 DIST(・)
2	将每个点都设置成一个单独的簇
3	如果簇数等于 k,则结束
4	计算任意两个簇的距离
5	合并距离值最小的两个簇,跳至第 3 步

sklearn 对 AGNES 算法提供了支持,位于 cluster 包中,类原型和方法见代码 2-13。

代码 2-13　sklearn 中的 AGNES 算法

```
1. class sklearn.cluster.AgglomerativeClustering(n_clusters = 2, affinity = 'euclidean',
   memory = None, connectivity = None, compute_full_tree = 'auto', linkage = 'ward', pooling_
   func = 'deprecated', distance_threshold = None)
2.
3. fit(self, X[, y])
4. fit_predict(self, X[, y])
5. get_params(self[, deep])
6. set_params(self, \*\*params)
```

n_clusters 是指定的终止簇数。linkage 是簇距离度量方法,支持 ward、complete、average 和 single 四种方法。complete、average 和 single 分别对应簇最大距离、簇平均距离和簇最小距离。ward 方法与其他方法不一样,它是在算法 2-6 的第 4 步和第 5 步,合并使得偏差(簇中心与点的差值)平方和增加最小的两个簇。它先要对所有簇进行两两试合并,并计算偏差平方和的增加值,只取增加最小的两个簇进行合并。linkage 设不同值对算法的影响可参考 sklearn 官方网站①的分析。

sklearn 还支持另一种凝聚层次聚类 Birch 算法,该算法速度快,对内存要求低,在进行大规模数据聚类时应用较多,可参考相关文章[11]和网站。

2.5 练习题

1. 计算点(1,2,3)和点(3,4,8)的 L_1、L_2、L_∞ 距离。

2. 平面上有以下五个点:(1,2)、(2,4)、(1,−1)、(2,5)、(0,−3),用 k-means 算法对其进行簇数为 2 的聚类,初始簇中心为(0,0)、(5,5),给出经过 1 轮迭代和 2 轮迭代后的簇中心坐标。

3. scikit-learn 工具包提供了 7 个实验用的数据集(原文为:toy datasets),它们经常用来演示各算法的使用方法。基于其中的鸢尾花数据集 Iris plants dataset 进行

① https://scikit-learn.org/stable/modules/clustering.html#hierarchical-clustering

k-means 算法自主实验。实验后可对照官网提供的实验代码[①]。

4. 从网上学习利用经纬度计算实际距离的方法。从网络下载中国各地市的经纬度数据，利用 k-means 算法对各城市进行分簇实验。分别用经纬度直接计算欧氏距离和实际距离两类方法作为距离度量方法进行实验。

5. 试编写程序，利用本章提供的 k-means 算法代码或者 sklearn. cluster. KMeans 算法函数实现二分 k-means 算法，对随书资源中的 kmeansSamples. txt 文件中的点进行分簇，并与 k-means 算法的效果进行比较。

6. 在 k-means 算法中，当采用曼哈顿距离作为距离度量方法、以距离和作为损失函数时，称为 k-median 算法。

(1) 簇中心如何计算？

(2) 修改本章提供的 k-means 算法代码实现该算法。

7. 依据式(2-30)实现 Dunn 指数的计算函数，并计算手机机主身份识别示例中的 k-means 聚类分析结果的 Dunn 指数。

8. 应用 DBSCAN 算法分析手机机主身份识别应用中的数据聚类情况，分析噪声点的产生原因。

9. 应用 AGNES 算法对随书资源中的 kmeansSamples. txt 文件中的点进行聚类。

---

① https://scikit-learn.org/stable/auto_examples/cluster/plot_cluster_iris.html#sphx-glr-auto-examples-cluster-plot-cluster-iris-py

第 3 章

回 归

与分簇、分类和标注任务不同，回归(Regression)任务预测的不是有限的离散的标签值，而是无限的连续值。回归任务的目标是通过对训练样本的学习，得到从样本特征集到连续值之间的映射。如天气预测任务中，预测天气是冷还是热是分类问题，而预测精确的温度值则是回归问题。

本章从较容易理解的线性回归入手，分别讨论了线性回归、多项式回归、岭回归和局部回归等算法。

本章引入了最优化计算、过拟合处理、向量相关性度量等机器学习基础知识。

某些神经网络也可完成回归任务，有关神经网络的算法将在后文有关章节中统一讨论。

视频

3.1 回归任务、评价与线性回归模型

3.1.1 回归任务

设样本集 $\boldsymbol{S}=\{\boldsymbol{s}_1,\boldsymbol{s}_2,\cdots,\boldsymbol{s}_m\}$包含 m 个样本，样本 $\boldsymbol{s}_i=(\boldsymbol{x}_i,y_i)$包括一个实例 $\boldsymbol{x}_i$ 和一个实数标签值 y_i，实例由 n 维特征向量表示，即 $\boldsymbol{x}_i=(x_i^{(1)},x_i^{(2)},\cdots,x_i^{(n)})$。回归任务可分为学习过程和预测过程，如图 3-1 所示。

在学习过程，基于损失函数最小的思想，学习得到一个模型，该模型是从实例特征向量到实数的映射，用决策函数 $Y=f(X)$来表示，X 是定义域，它是所有实例特征向量的集合，Y 是值域 R。

记测试样本为 $\boldsymbol{x}=(x^{(1)},x^{(2)},\cdots,x^{(n)})$。在预测过程，利用学习到的模型来得到测试样本 $\boldsymbol{x}$ 的预测值 $\hat{y}$。

误差和误差平方是回归模型的评价指标，常作为损失函数，在下文结合线性回归进行讨论。

回归常表现为用曲线或曲面（二维或高维）去逼近分布于空间中的各样本点，因此也称为拟合。直线和平面可视为特殊的曲线和曲面。

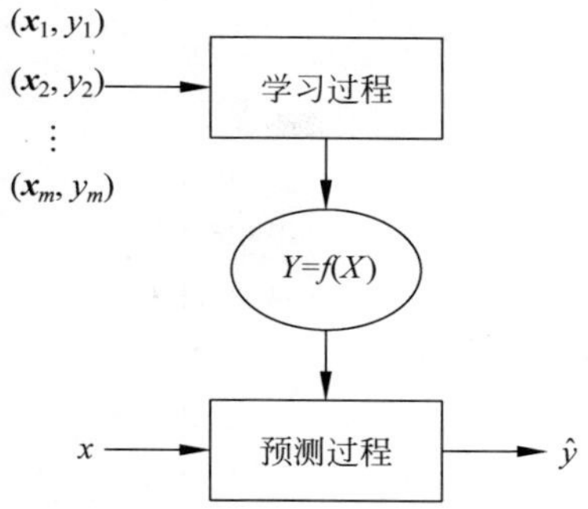

图 3-1　回归任务的模型

3.1.2　线性回归模型与回归评价指标

当用输入样本的特征的线性组合作为预测值时，就是线性回归（Linear Regression）。

记样本为 $\boldsymbol{s}=(\boldsymbol{x},y)$，其中 $\boldsymbol{x}$ 为样本的实例，$\boldsymbol{x}=(x^{(1)},x^{(2)},\cdots,x^{(n)})$，$x^{(j)}$ 为实例 $\boldsymbol{x}$ 的第 j 维特征，也直接称为该样本的第 j 维特征，y 为样本的标签，在回归问题中，y 是一个无限的连续值。

定义一个包含 n 个实数变量的集合 $\{w^{(1)},w^{(2)},\cdots,w^{(n)}\}$ 和一个实数变量 b，将样本的特征进行线性组合：

$$f(\boldsymbol{x})=w^{(1)}\cdot x^{(1)}+w^{(2)}\cdot x^{(2)}+\cdots+w^{(n)}\cdot x^{(n)}+b \tag{3-1}$$

就得到了线性回归模型，用向量表示为

$$f(\boldsymbol{x})=\boldsymbol{W}\cdot\boldsymbol{x}^{\mathrm{T}}+b \tag{3-2}$$

其中，向量 $\boldsymbol{W}=(w^{(1)}\quad w^{(2)}\quad\cdots\quad w^{(n)})$ 称为回归系数，负责调节各特征的权重，标量 b 称为偏置，负责调节总体的偏差。显然，在线性回归模型中，回归系数和偏置就是要学习的知识。

当只有 1 个特征时：

$$f(x)=w^{(1)}\cdot x^{(1)}+b \tag{3-3}$$

式(3-3)中，只有一个自变量，一个因变量，因此它可看作是二维平面上的直线。

下面介绍一个二维平面上的线性回归模型的例子。当温度处于 15～40℃时，某块草地上小花的数量和温度值的数据如表 3-1 所示。现在要来找出这些数据中蕴含的规律，用来预测其他未测温度时的小花的数量。

表 3-1　线性回归示例温度值和小花数量

温度/℃	15	20	25	30	35	40
小花数量/朵	136	140	155	160	157	175

以温度为横坐标，小花数量为纵坐标作出如图 3-2 所示的点和折线图。容易看出可以用一条直线来近似该折线。在二维平面上，用直线来逼近数据点，就是线性回归的思想，类似可以推广到高维空间中，如在三维空间中，用平面来逼近数据点。那么，如何求出线性回归模型中的回归系数 $\boldsymbol{W}$ 和偏置 b 呢？在此例中，也就是如何求出该直线的斜率和截距。要求出回归系数和偏置，首先要解决评价的问题，也就是哪条线才是最逼近所

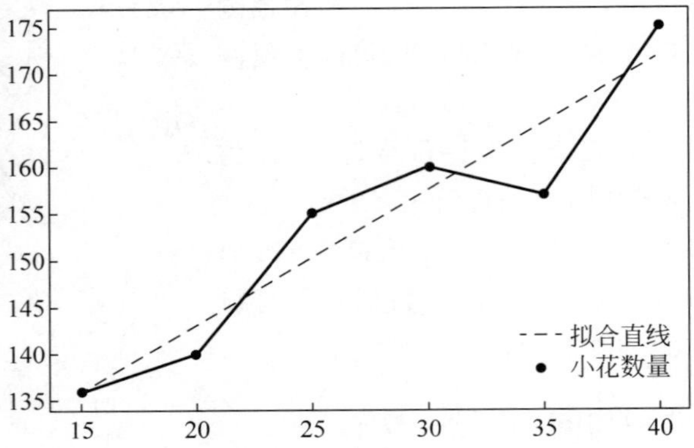

图 3-2 线性回归示例(见彩插)

有数据点的最佳直线。只有确定了标准才能有目的地寻找回归系数和偏置。

对于二维平面上的直线,有两个不重合的点即可确定,仅有一个点无法确定。现在的问题是,点不是少了,而是多了,那怎么解决此问题?一个思路是,让这条直线尽可能地贴近所有点。那怎么来衡量这个"贴近"呢?

在二维平面上,让一条线去尽可能地贴近所有点,直接的想法是使所有点到该直线的距离和最小,使之最小的直线被认为是最"好"的。

距离 l 计算起来比较麻烦,一般采用更容易计算的残差 s:

$$s_i = |y_i - f(x_i)| \tag{3-4}$$

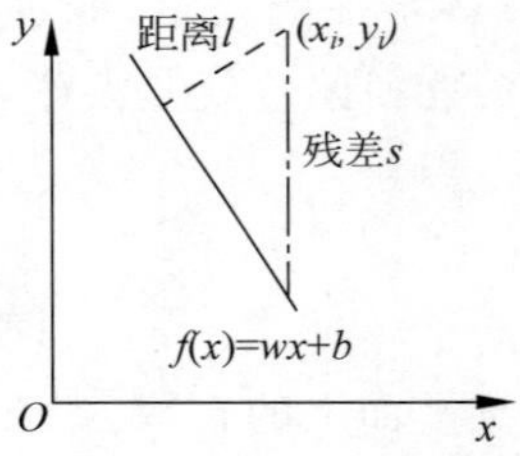

图 3-3 距离和残差

式中,$f(x)$是拟采用的直线,如图 3-3 所示。容易理解,残差 s 与距离 l 之间存在等比例关系。因此,可以用所有点与该直线的残差和 $\sum s_i$ 代替距离和 $\sum l_i$ 作为衡量"贴近"程度的标准。

式(3-4)中,$f(x_i)$即为预测值 $\hat{y}_i$。因为残差需要求绝对值,后续计算时比较麻烦,尤其是在一些需要求导的场合,因此常采用残差的平方作为衡量"贴近"程度的指标:

$$s_i^2 = (y_i - \hat{y}_i)^2 \tag{3-5}$$

以上分析过程是基于线性回归模型的。非线性回归模型也采用式(3-5)所示的评价指标。

如同轮廓系数和 DB 指数等是分簇模型的评价指标,残差和残差平方是回归模型的常用评价指标。

残差称为绝对误差(Absolute Loss),残差平方称为误差平方(Squared Loss)。误差平方对后续计算比较方便,因此常采用所有点的误差平方和(Sum of Squared Error, SSE)作为损失函数来评价回归算法,此种命名方式与聚类的误差平方和损失函数相同。

还经常采用均方误差(Mean of Squared Error, MSE)作为损失函数,它的计算方法是误差平方和除以样本总数。在样本集确定的情况下,样本总数是常数,因此,在求极值时,均方误差和误差平方和作为目标函数并没有区别。但是,均方误差体现单个样本的平均误差,因此可用来比较不同容量样本集上的误差。

3.1.3　最小二乘法求解线性回归模型

最小二乘法是解析法，即用矩阵等数学知识直接求解线性回归模型的方法。

式(3-2)不便于矩阵推导，线性回归的模型常用式(3-6)的表示方法。

$$f(\boldsymbol{x})=\boldsymbol{W}\cdot\boldsymbol{x}=\sum_{i=0}^{n}w^{(i)}\cdot x^{(i)} \tag{3-6}$$

其中，$\boldsymbol{x}=(x^{(0)}\quad x^{(1)}\quad\cdots\quad x^{(n)})^{\mathrm{T}}$ 为特征向量，并指定 $x^{(0)}=1$，$\boldsymbol{W}=(w^{(0)}\quad w^{(1)}\quad\cdots\quad w^{(n)})$为系数向量，并指定 $w^{(0)}=b$。

如果求出 $\boldsymbol{W}$，那么问题就解决了。如前文所述，$\boldsymbol{W}$ 就是使训练集所有样本的误差平方和最小的那组系数。对于第 i 个样本来说，其误差平方 $s_i^2(\boldsymbol{W})$为实际值 y_i 与预测值 $f(\boldsymbol{x}_i)$之差的平方：

$$s_i^2(\boldsymbol{W})=(y_i-f(\boldsymbol{x}_i))^2=(y_i-\boldsymbol{W}\cdot\boldsymbol{x}_i)^2 \tag{3-7}$$

假设有 m 个训练样本时，误差平方和 $L(\boldsymbol{W})$为

$$\begin{aligned}L(\boldsymbol{W})&=s_1^2(\boldsymbol{W})+s_2^2(\boldsymbol{W})+\cdots+s_m^2(\boldsymbol{W})\\&=(y_1-\boldsymbol{W}\cdot\boldsymbol{x}_1)^2+(y_2-\boldsymbol{W}\cdot\boldsymbol{x}_2)^2+\cdots+(y_m-\boldsymbol{W}\cdot\boldsymbol{x}_m)^2\\&=(y_1-\boldsymbol{W}\cdot\boldsymbol{x}_1\quad y_2-\boldsymbol{W}\cdot\boldsymbol{x}_2\quad\cdots\quad y_m-\boldsymbol{W}\cdot\boldsymbol{x}_m)\begin{pmatrix}y_1-\boldsymbol{W}\cdot\boldsymbol{x}_1\\y_2-\boldsymbol{W}\cdot\boldsymbol{x}_2\\\vdots\\y_m-\boldsymbol{W}\cdot\boldsymbol{x}_m\end{pmatrix}\end{aligned} \tag{3-8}$$

令 $\boldsymbol{Y}=(y_1\quad\cdots\quad y_m)$，$\bar{\boldsymbol{X}}=(\boldsymbol{x}_1\quad\cdots\quad\boldsymbol{x}_m)=\begin{pmatrix}x_1^{(0)}&\cdots&x_m^{(0)}\\\vdots&\ddots&\vdots\\x_1^{(n)}&\cdots&x_m^{(n)}\end{pmatrix}$，上式可表示为

$$L(\boldsymbol{W})=(\boldsymbol{Y}-\boldsymbol{W}\bar{\boldsymbol{X}})(\boldsymbol{Y}-\boldsymbol{W}\bar{\boldsymbol{X}})^{\mathrm{T}} \tag{3-9}$$

$L(\boldsymbol{W})$是要优化的目标，当样本 $\bar{\boldsymbol{X}}$ 确定后，它的取值只与 $\boldsymbol{W}$ 有关，要使它达到最小值，即

$$\hat{\boldsymbol{W}}=\arg\min_{\boldsymbol{W}}L(\boldsymbol{W})=\arg\min_{\boldsymbol{W}}(\boldsymbol{Y}-\boldsymbol{W}\bar{\boldsymbol{X}})(\boldsymbol{Y}-\boldsymbol{W}\bar{\boldsymbol{X}})^{\mathrm{T}} \tag{3-10}$$

求 $\boldsymbol{W}$ 使得 $L(\boldsymbol{W})$最小化的过程，称为线性回归模型的最小二乘"参数估计"。对 $\boldsymbol{W}^{\mathrm{T}}$ 求导，即

$$\begin{aligned}\frac{\mathrm{d}}{\mathrm{d}\boldsymbol{W}^{\mathrm{T}}}(\boldsymbol{Y}-\boldsymbol{W}\bar{\boldsymbol{X}})(\boldsymbol{Y}-\boldsymbol{W}\bar{\boldsymbol{X}})^{\mathrm{T}}&=\frac{\mathrm{d}}{\mathrm{d}\boldsymbol{W}^{\mathrm{T}}}[(\boldsymbol{Y}-\boldsymbol{W}\bar{\boldsymbol{X}})(\boldsymbol{Y}^{\mathrm{T}}-\bar{\boldsymbol{X}}^{\mathrm{T}}\boldsymbol{W}^{\mathrm{T}})]\\&=\frac{\mathrm{d}}{\mathrm{d}\boldsymbol{W}^{\mathrm{T}}}[\boldsymbol{Y}\boldsymbol{Y}^{\mathrm{T}}-\boldsymbol{W}\bar{\boldsymbol{X}}\boldsymbol{Y}^{\mathrm{T}}-\boldsymbol{Y}\bar{\boldsymbol{X}}^{\mathrm{T}}\boldsymbol{W}^{\mathrm{T}}+\boldsymbol{W}\bar{\boldsymbol{X}}\bar{\boldsymbol{X}}^{\mathrm{T}}\boldsymbol{W}^{\mathrm{T}}]\\&=\frac{\mathrm{d}}{\mathrm{d}\boldsymbol{W}^{\mathrm{T}}}\boldsymbol{Y}\boldsymbol{Y}^{\mathrm{T}}-\frac{\mathrm{d}}{\mathrm{d}\boldsymbol{W}^{\mathrm{T}}}\boldsymbol{W}\bar{\boldsymbol{X}}\boldsymbol{Y}^{\mathrm{T}}-\frac{\mathrm{d}}{\mathrm{d}\boldsymbol{W}^{\mathrm{T}}}\boldsymbol{Y}\bar{\boldsymbol{X}}^{\mathrm{T}}\boldsymbol{W}^{\mathrm{T}}\\&\quad+\frac{\mathrm{d}}{\mathrm{d}\boldsymbol{W}^{\mathrm{T}}}\boldsymbol{W}\bar{\boldsymbol{X}}\bar{\boldsymbol{X}}^{\mathrm{T}}\boldsymbol{W}^{\mathrm{T}}\end{aligned} \tag{3-11}$$

其中,第一项是常量求导,所以

$$\frac{\mathrm{d}}{\mathrm{d}\boldsymbol{W}^{\mathrm{T}}}\boldsymbol{Y}\boldsymbol{Y}^{\mathrm{T}}=0 \tag{3-12}$$

第二项和第三项互为转置,且是标量,所以相等,由矩阵求导法则[①]可知:

$$\frac{\mathrm{d}}{\mathrm{d}\boldsymbol{W}^{\mathrm{T}}}\boldsymbol{W}\bar{\boldsymbol{X}}\boldsymbol{Y}^{\mathrm{T}}=\frac{\mathrm{d}}{\mathrm{d}\boldsymbol{W}^{\mathrm{T}}}\boldsymbol{Y}\bar{\boldsymbol{X}}^{\mathrm{T}}\boldsymbol{W}^{\mathrm{T}}=\bar{\boldsymbol{X}}\boldsymbol{Y}^{\mathrm{T}} \tag{3-13}$$

第四项也是标量对向量求导,同样由矩阵求导法则:

$$\frac{\mathrm{d}}{\mathrm{d}\boldsymbol{W}^{\mathrm{T}}}\boldsymbol{W}\bar{\boldsymbol{X}}\bar{\boldsymbol{X}}^{\mathrm{T}}\boldsymbol{W}^{\mathrm{T}}=2\bar{\boldsymbol{X}}\bar{\boldsymbol{X}}^{\mathrm{T}}\boldsymbol{W}^{\mathrm{T}} \tag{3-14}$$

所以

$$\frac{\mathrm{d}}{\mathrm{d}\boldsymbol{W}^{\mathrm{T}}}(\boldsymbol{Y}-\boldsymbol{W}\bar{\boldsymbol{X}})(\boldsymbol{Y}-\boldsymbol{W}\bar{\boldsymbol{X}})^{\mathrm{T}}=2\bar{\boldsymbol{X}}\bar{\boldsymbol{X}}^{\mathrm{T}}\boldsymbol{W}^{\mathrm{T}}-2\bar{\boldsymbol{X}}\boldsymbol{Y}^{\mathrm{T}}=2\bar{\boldsymbol{X}}(\bar{\boldsymbol{X}}^{\mathrm{T}}\boldsymbol{W}^{\mathrm{T}}-\boldsymbol{Y}^{\mathrm{T}}) \tag{3-15}$$

令式(3-15)为0,在 $\bar{\boldsymbol{X}}\bar{\boldsymbol{X}}^{\mathrm{T}}$ 可逆时,可得 $\boldsymbol{W}$ 的估计:

$$\hat{\boldsymbol{W}}^{\mathrm{T}}=(\bar{\boldsymbol{X}}\bar{\boldsymbol{X}}^{\mathrm{T}})^{-1}\bar{\boldsymbol{X}}\boldsymbol{Y}^{\mathrm{T}} \tag{3-16}$$

对表3-1所示数据用最小二乘法回归分析的代码见代码3-1。

代码 3-1 最小二乘法求解线性回归(线性回归.ipynb)

```
temperatures = [10, 15, 20, 25, 30,35]
flowers = [136, 140, 155, 160, 157, 175]

import numpy as np
def least_square(X, Y):
    '''
    para X:矩阵,样本特征矩阵
    para Y:矩阵,标签向量
    return:矩阵,回归系数
    '''
    W = (X * X.T).I * X * Y.T
    return W

X = np.mat([[1,1,1,1,1,1], temperatures])
Y = np.mat(flowers)

W = least_square(X, Y)
'''
matrix([[114.39047619],
        [  1.43428571]])
'''
import matplotlib.pyplot as plt
plt.rcParams['font.sans-serif'] = ['SimHei']
plt.rcParams['axes.unicode_minus'] = False
```

① 程云鹏,等.矩阵论.3版.西安:西北工业大学出版社,2006.

```
25. plt.scatter(temperatures, flowers, color = "green", label = "小花数量", linewidth = 2)
26. plt.plot(temperatures,flowers,linewidth = 1)
27. x1 = np.linspace(15, 40, 100)
28. y1  =  W[1,0] * x1  +  W[0,0]
29. plt.plot(x1, y1, color = "red", label = "拟合直线", linewidth = 2,linestyle = ':')
30. plt.legend(loc = 'lower right')
31. plt.show()
32. new_tempera  =  [18, 22, 33]
33. new_tempera  =  (np.mat(new_tempera)).T
34. pro_num  =  W[1,0] * new_tempera  +  W[0,0]
35. print(pro_num)
36. '''
37. [[140.20761905]
38.  [145.9447619 ]
39.  [161.72190476]]
40. '''
```

第 1、2 行是样本数据。第 5～12 行是最小二乘法的函数，它是式(3-16)的实现，numpy 包提供了很简便的方法来完成矩阵运算。第 19、20 行是求解后得到的模型参数。第 31 行输出的图如图 3-2 所示。

第 32 行开始是用训练好的模型来预测 18℃、22℃、33℃时的昆虫数量，结果为 140、146 和 162。

在 scipy 包中提供了最小二乘法算法 scipy.optimize.leastsq，可以直接调用。

除了最小二乘法外，线性回归问题还有一些其他解析求解方法，如正规方程组法等。

sklearn.linear_model 包中提供了线性回归模型：LinearRegression。

3.2 机器学习中的最优化方法

视频

最小二乘法等解析法在面临大数据量时，存在效率低的问题，而且大部分机器学习问题非常复杂，难以用数学模型来表达，因此，更多的机器学习模型要采用最优化方法来求解。在 k-means 算法的进一步讨论中已经提到最优化计算，本节集中讨论机器学习中的最优化方法。最优化计算在机器学习中具有十分重要的作用，大部分机器学习任务最后都可归结为最优化问题。最优化问题在军事、工程、管理等领域有着广泛的应用。

3.2.1 最优化模型

最优化理论是以矩阵论、数值分析和计算机技术为基础发展起来的。基于最优化理论发展而来的常用最优化方法有单纯型法、惩罚函数法等，在机器学习中应用最多的是导数方法，如梯度下降法、牛顿法、拟牛顿法、共轭梯度法等。

最优化方法是研究在多元变量系统中，如何科学配置各元的值，使系统达到最佳的方法。系统最佳用某一指标来衡量，通常是达到最小值(求最大值的问题可通过加负号转化为求最小值问题)。最优化问题的基本数学模型见式(3-17)。

$$\min_{x \in R} f(\boldsymbol{x}) \quad \text{s. t.} \begin{cases} h_i(\boldsymbol{x}) = 0 \\ g_j(\boldsymbol{x}) \leqslant 0 \end{cases} \tag{3-17}$$

其中，$\boldsymbol{x}$ 是一个位于实数域 R 的 n 维向量；s. t. 为英文 subject to 的缩写，表示“受限于”；$f(\boldsymbol{x})$称为目标函数或代价函数；$h(\boldsymbol{x})$为等式约束；$g(\boldsymbol{x})$为不等式约束。在各种约束条件下，使 $f(\boldsymbol{x})$达到最小的 $\boldsymbol{x}$ 被称为问题的解。

无约束的最优化问题简化表述为

$$\arg\min_{x} f(\boldsymbol{x}) \tag{3-18}$$

式(3-10)就是线性回归问题的最优化表述方式。

3.2.2 迭代法

对于大部分最优化问题来说，很难像线性回归问题那样能求得解析解，一般需要利用计算机快速运算的特点，采用迭代法(Iteration)求解。迭代法又称辗转法或逐次逼近法。

迭代法与其说是一种算法，更是一种思想，它不像传统数学方法那样一步到位得到精确解，而是步步为营，逐次推进，逐步接近。迭代法是现代计算机求解问题的一种基本形式。

迭代法的核心是建立迭代关系式。迭代关系式指明了前进的方式，只有正确的迭代关系式才能取得正确解。

下面用解方程的例子来说明它在数值计算领域的应用。在迭代法求解中，每次迭代都得到一个新的 x 值，将每次迭代得到的 x 值依序排列就可得到数列$\{x_k\}$，x_0 为选定的初值。在用迭代法求解方程时有个常用的迭代关系式建立方法，先将方程 $f(x)=0$ 变换为 $x=\varphi(x)$，然后建立起迭代关系式：

$$x_{k+1} = \varphi(x_k) \tag{3-19}$$

如果$\{x_k\}$收敛于 x^*，那么 x^* 就是方程的根，因为：

$$x^* = \lim_{k \to \infty} x_{k+1} = \lim_{k \to \infty} \varphi(x_k) = \varphi(\lim_{k \to \infty} x_k) = \varphi(x^*) \tag{3-20}$$

即，当 $x=x^*$ 时，有 $f(x)=x-\varphi(x)=0$。

用迭代法求下列方程的解：

$$x^3 + \frac{\mathrm{e}^x}{2} + 5x - 6 = 0 \tag{3-21}$$

该方程很难用解析的方法求解。建立迭代关系式为

$$x = \frac{\left(6 - x^3 - \dfrac{\mathrm{e}^x}{2}\right)}{5} \tag{3-22}$$

迭代的结束条件是实际应用时需要考虑的问题。在无法预估时，可采用控制总的迭代次数的办法。也可以根据数列$\{x_k\}$的变化情况来判断，如将$|x_{k+1}-x_k|$的值小于某个阈值作为结束的标准。

用迭代法求解方程的示例代码见代码 3-2。

代码 3-2 迭代法求解方程示例(迭代法.ipynb)

```
import math
x = 0
for i in range(100):
    x = (6 - x**3 - (math.e**x)/2.0)/5.0
    print(str(i) + ":" + str(x))
```

运行结果显示从 28 次迭代开始，收敛于 0.84592。

3.2.3 梯度下降法

梯度下降(Gradient Descent)法是迭代法中利用导数进行优化的算法。在求解机器学习模型参数时，梯度下降法是最常用的方法。

1. 基本思想

如前文所述，迭代关系式是迭代法应用时的关键问题，而梯度下降法正是用梯度来建立迭代关系式的迭代法。

对于无约束优化问题 $\arg\min\limits_{\boldsymbol{x}} f(\boldsymbol{x})$，其梯度下降法求解的迭代关系式为

$$\boldsymbol{x}_{i+1}=\boldsymbol{x}_i+\alpha\cdot\left(-\frac{\mathrm{d}f(\boldsymbol{x})}{\mathrm{d}\boldsymbol{x}}\right)\bigg|_{\boldsymbol{x}=\boldsymbol{x}_i}=\boldsymbol{x}_i-\alpha\cdot\frac{\mathrm{d}f(\boldsymbol{x})}{\mathrm{d}\boldsymbol{x}}\bigg|_{\boldsymbol{x}=\boldsymbol{x}_i} \tag{3-23}$$

式中，$\boldsymbol{x}$ 为多维向量，记为 $\boldsymbol{x}=(x^{(1)},x^{(2)},\cdots,x^{(n)})$；$\alpha$ 为正实数，称为步长，也称为学习率；$\frac{\mathrm{d}f(\boldsymbol{x})}{\mathrm{d}\boldsymbol{x}}=\left(\frac{\partial f(\boldsymbol{x})}{\partial \boldsymbol{x}^{(1)}}\quad\frac{\partial f(\boldsymbol{x})}{\partial \boldsymbol{x}^{(2)}}\quad\cdots\quad\frac{\partial f(\boldsymbol{x})}{\partial \boldsymbol{x}^{(n)}}\right)$是 $f(\boldsymbol{x})$ 的梯度函数。

式(3-23)的含义可用将向量 $\boldsymbol{x}$ 的函数简化为一元变量 x 的函数来示意，如图 3-4 所示。

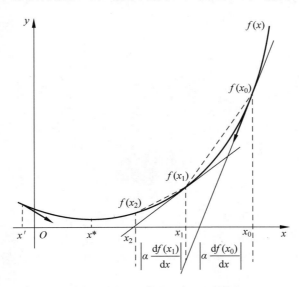

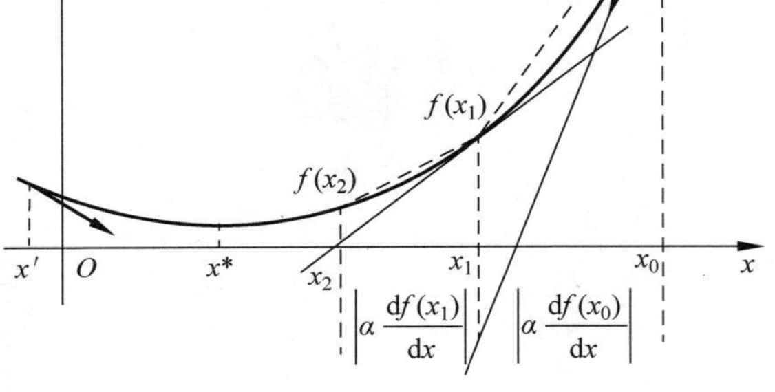

图 3-4 梯度下降法示意(见彩插)

先来看 x 前进的方向。迭代关系式(3-23)是当前的 x 加上步长 α 与负梯度的乘积。负梯度的方向可以确保 x 始终向函数极小值的方向前进。在图中的点 x_0，函数 $f(x)$的负梯度方向指向左，而在点 x'，函数 $f(x)$的负梯度方向指向右，分别如图 3-4 中粗箭头所示。

再来看 x 前进的量。一元函数 $f(x)$在点 x_0 上的导数定义为：$\frac{\mathrm{d}f(x_0)}{\mathrm{d}x}=\lim_{x\to x_0}\frac{f(x)-f(x_0)}{x-x_0}$，它在几何上指的是 $f(x)$在点 x_0 处的切线方向，也就是斜率。切线方向是该点函数值增长最快的方向，切线相反的方向是函数降低最快的方向。可以看到，在“陡峭”的地方，$\left|\frac{\mathrm{d}f(x_i)}{\mathrm{d}x}\right|$值要大，而“平缓”的地方，$\left|\frac{\mathrm{d}f(x_i)}{\mathrm{d}x}\right|$值要小。因此，$x$ 前进的量 $\alpha\left|\frac{\mathrm{d}f(x_i)}{\mathrm{d}x}\right|$会随着“陡峭”程度而变化，越“陡”的地方前进越多。

图 3-4 示意的梯度下降法的迭代过程中，第一次迭代是从点 x_0 开始，沿 $f(x)$在该点的梯度反方向(图中右侧粗箭头所示)前进了 $\alpha\left|\frac{\mathrm{d}f(x_0)}{\mathrm{d}x}\right|$长度到达 x_1 点，函数值则从 $f(x_0)$变为 $f(x_1)$。第二次迭代是从点 x_1 开始，沿该点梯度反方向再一次前进了 $\left|\alpha\frac{\mathrm{d}f(x_1)}{\mathrm{d}x}\right|$长度到达 x_2 点，函数值则从 $f(x_1)$变为 $f(x_2)$。如此多次迭代，逐次逼近使 $f(x)$取得最小值的 x^*。

该过程可以推广到多元变量函数中。多元变量函数的梯度 $\frac{\mathrm{d}f(\boldsymbol{x})}{\mathrm{d}\boldsymbol{x}}=\left(\frac{\partial f(\boldsymbol{x})}{\partial x^{(1)}}\quad\frac{\partial f(\boldsymbol{x})}{\partial x^{(2)}}\quad\cdots\quad\frac{\partial f(\boldsymbol{x})}{\partial x^{(n)}}\right)$是该函数增长最快的方向。二元变量函数沿梯度反方向下降的迭代过程可以在三维空间中形象地显示出来，如图 3-5 所示。从初始点出发，沿下降最快的方向前进，直到到达极低点。

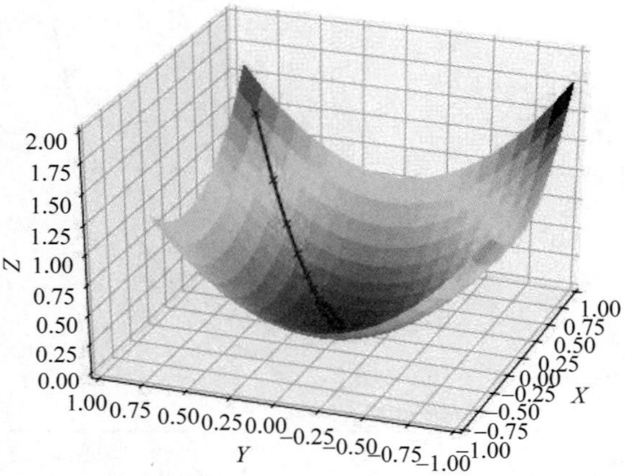

图 3-5 二元变量函数沿梯度下降的迭代过程示意图①(见彩插)

① https://blog.paperspace.com/intro-to-optimization-in-deep-learning-gradient-descent/

下面讨论梯度下降法的几个问题。

(1) 梯度下降法的结束条件,一般采用以下方法:①迭代次数达到了最大设定;②损失函数降低幅度低于设定的阈值。

(2) 关于步长 α,过大时,初期下降的速度很快,但有可能越过最低点,如果"洼地"够大,会再折回并反复振荡(见图 3-6)。如果步长过小,则收敛的速度会很慢。因此,可以采取先大后小的策略调整步长,具体大小的调节可根据 $f(\boldsymbol{x})$降低的幅度或者 $\boldsymbol{x}$ 前进的幅度进行。在神经网络的训练中自动调整步长的方法,将在 7.2.4 节进一步讨论。

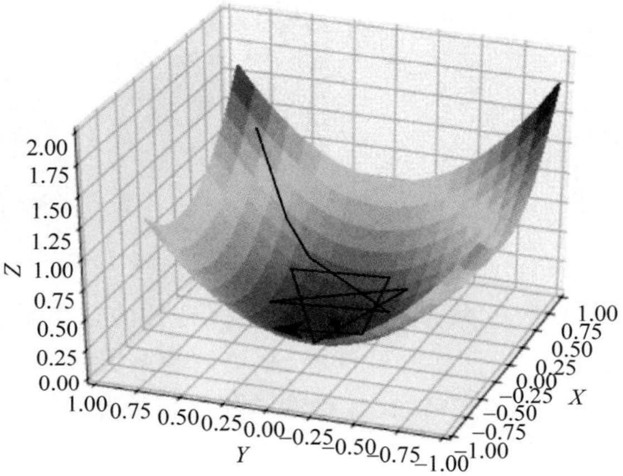

图 3-6 梯度下降法中步长过大时振荡示意图①(见彩插)

(3) 关于特征归一化问题,梯度下降法应用于机器学习模型求解时,对特征的取值范围也是敏感的,当不同的特征值取值范围不一样时,相同的步长会导致尺度小的特征前进比较慢,从而走之字形路线,影响迭代的速度,甚至不收敛。

下面用梯度下降法来求解式(3-21)所示的方程作为简单示例。

令 $f(x)=x^3+\frac{e^x}{2}+5x-6$。求方程的根并不是求函数的极值,因此,并不能直接套用梯度下降法来求解。为了迭代到取值为 0 的点,可采取对原函数取绝对值或者求平方作为损失函数,这样损失函数取得最小值的点,也就是原函数为 0 的点。但是绝对值函数不便于求梯度,因此,一般采用对原函数求平方的方法来得到损失函数。求解的代码见代码 3-3。

代码 3-3 梯度下降法求解方程示例(迭代法.ipynb)

```
import numpy as np
import math

def f(x):
```

① https://blog.paperspace.com/intro-to-optimization-in-deep-learning-gradient-descent/

```
5.      return x ** 3 + (math.e ** x)/2.0 + 5.0 * x - 6
6.
7.  def loss_fun(x):
8.      return (f(x)) ** 2
9.
10. def calcu_grad(x):
11.     delta = 0.0000001
12.     return(loss_fun(x + delta) - loss_fun(x - delta))/(2.0 * delta)
13.
14. alpha = 0.01
15. maxTimes = 100
16. x = 0.0
17.
18. for i in range(maxTimes):
19.     x = x - alpha * calcu_grad(x)
20.     print(str(i) + ":" + str(x))
```

第 10～12 行是计算导数(即梯度),采用了类似导数的定义式的近似计算方法。第 14 行是步长设为 0.01。第 15 行是结束条件,简单设为最大次数 100。运行结果显示从 17 次迭代开始,稳定收敛于 0.84592,比纯粹的迭代法收敛要快。

2. 梯度下降法求解线性回归问题

由前面分析,将线性回归问题中 m 个样本的损失函数表示为

$$L(\boldsymbol{W})=\frac{1}{2}[s_1^2(\boldsymbol{W})+s_2^2(\boldsymbol{W})+\cdots+s_m^2(\boldsymbol{W})]=\frac{1}{2}\sum_{i=1}^{m}s_i^2(\boldsymbol{W}) \tag{3-24}$$

这里乘$\frac{1}{2}$,是为了求导后去掉常数系数,不影响用梯度下降法求解最小值。

由式(3-23)可知回归系数的更新过程如下:

$$w_{l+1}^{(j)}=w_l^{(j)}-\alpha\frac{\partial L(\boldsymbol{W})}{\partial w^{(j)}},\quad \text{对每一个特征 } j \tag{3-25}$$

其中:

$$\begin{aligned}\frac{\partial L(\boldsymbol{W})}{\partial w^{(j)}}&=\frac{1}{2}\sum_{i=1}^{m}\frac{\partial s_i^2(\boldsymbol{W})}{\partial w^{(j)}}=\frac{1}{2}\sum_{i=1}^{m}\frac{\partial}{\partial w^{(j)}}(y_i-f(x_i))^2\\&=-\sum_{i=1}^{m}(y_i-f(x_i))\frac{\partial f(x_i)}{\partial w^{(j)}}=-\sum_{i=1}^{m}(y_i-f(x_i))x_i^{(j)}\\&=-\sum_{i=1}^{m}\left(y_i-\sum_{k=0}^{n}x_i^{(k)}\cdot w^{(k)}\right)x_i^{(j)}\end{aligned} \tag{3-26}$$

用表 3-1 的例子来示例梯度下降法。计算梯度的代码见代码 3-4,第 12 行代码对应式(3-26)中括号内式子 $y_i-\sum_{k=0}^{n}x_i^{(k)}\cdot w_l^{(k)}$ 的计算。

代码 3-4 梯度的计算(迭代法.ipynb)

```
import numpy as np
def gradient(x, y, w):
    '''计算一阶导函数的值
    para x:矩阵, 样本集
    para y:矩阵, 标签
    para w:矩阵, 线性回归模型的参数
    return:矩阵, 一阶导数值
    '''
    m, n = np.shape(x)
    g = np.mat(np.zeros((n, 1)))
    for i in range(m):
        err = y[i, 0] - x[i, ] * w
        for j in range(n):
            g[j, ] -= err * x[i, j]
    return g
```

计算损失函数值的代码见代码 3-5,通过将误差矩阵转置再自乘,以误差平方和作为损失函数。

代码 3-5 损失函数值的计算(迭代法.ipynb)

```
def lossValue(x, y, w):
    '''计算损失函数
    para x:矩阵, 样本集
    para y:矩阵, 标签
    para w:矩阵, 线性回归模型的参数
    return:损失函数值'''
    k = y - x*w
    return k.T * k / 2
```

主程序见代码 3-6。

代码 3-6 梯度下降法求解线性回归问题示例(迭代法.ipynb)

```
temperatures = [15, 20, 25, 30, 35,40]
flowers = [136, 140, 155, 160, 157, 175]
X = (np.mat([[1,1,1,1,1,1], temperatures])).T
y = (np.mat(flowers)).T

W = (np.mat([0.0,0.0])).T
print(W)
# alpha = 0.0005 步长太大,来回振荡,无法收敛
alpha = 0.00025
loss_change = 0.000001
loss = lossValue(X, y, W)
for i in range(30000):
    W = W - alpha * gradient(X, y, W)
```

```
14.     newloss = lossValue(X, y, W)
15.     print(str(i) + ":" + str(W[0]) + ':' + str(W[1]))
16.     print(newloss)
17.     if abs(loss - newloss) < loss_change:
18.         break
19.     loss = newloss
20.
21. new_tempera = [18, 22, 33]
22. new_tempera = (np.mat([[1,1,1], new_tempera])).T
23. pro_num = new_tempera * W
24. print(pro_num)
```

当循环达到最大次数 30 000，或者损失函数值的变化小于 0.000 001 时，程序终止。对 3 个实例预测的结果为：139，145 和 161。

第 8 行中，当把步长设为 0.0005 时，则会因为步长太大而直接越过洼地，无法收敛。

在随书资源中的“迭代法.ipynb”文件中，还给出了特征归一化的例子，供参考。

sklearn 的 linear_model 包中实现了梯度下降回归，类名为：SGDRegressor。

3. 随机梯度下降和批梯度下降

从梯度下降算法的处理过程，可知梯度下降法在每次计算梯度时，都涉及全部样本。在样本数量特别大时，算法的效率会很低。随机梯度下降法（Stochastic Gradient Descent，SGD），试图改正这个问题，它不是通过计算全部样本来得到梯度，而是随机选择一个样本来计算梯度。随机梯度下降法不需要计算大量的数据，所以速度快，但得到的并不是真正的梯度，可能会造成不收敛的问题。

批梯度下降法（Batch Gradient Descent，BGD）是一个折中方法，每次在计算梯度时，选择小批量样本进行计算，既考虑了效率问题，又考虑了收敛问题。

3.2.4 全局最优与凸优化

前文提到过聚类算法中存在局部最优和全局最优问题。该问题在机器学习领域是常见问题。本小节讨论凸函数在解决局部最优问题中的作用。在损失函数为凸函数的优化中，不存在局部最优的问题，因此，如果能将损失函数转化为凸函数，就可以解决此问题。

1. Hessian 矩阵

Hessian 矩阵（Hessian Matrix），常翻译为海森矩阵、黑塞矩阵、海瑟矩阵、海塞矩阵等，是一个多元函数的二阶偏导数构成的方阵，它描述了函数的局部曲率。海森矩阵最早于 19 世纪由德国数学家 Ludwig Otto Hesse 提出，并以其名字命名。利用 Hessian 矩阵可判定多元函数的极值问题，在凸函数判定和牛顿法解优化问题中常用。

若一元函数 $f(x)$ 在 $x=x_0$ 点的某个邻域具有任意阶导数，则可以将 $f(x)$ 在 x_0 处展开成泰勒级数：

$$f(x)=f(x_0)+f'(x_0)\Delta x+\frac{1}{2}f''(x_0)\Delta x^2+\cdots \tag{3-27}$$

其中，$\Delta x=(x-x_0)$，$\Delta x^2=(x-x_0)^2$。

二元函数 $f(x^{(1)},x^{(2)})$ 在 $x_0=(x_0^{(1)},x_0^{(2)})$ 点处的泰勒级数展开式为

$$\begin{aligned}f(x^{(1)},x^{(2)})=&\ f(x_0^{(1)},x_0^{(2)})+\left.\frac{\partial f}{\partial x^{(1)}}\right|_{x_0}\Delta x^{(1)}+\left.\frac{\partial f}{\partial x^{(2)}}\right|_{x_0}\Delta x^{(2)}\\&+\frac{1}{2}\left[\left.\frac{\partial^2 f}{\partial x^{(1)^2}}\right|_{x_0}\Delta x^{(1)^2}+\left.\frac{\partial^2 f}{\partial x^{(1)}\partial x^{(2)}}\right|_{x_0}\Delta x^{(1)}\Delta x^{(2)}\right.\\&\left.+\left.\frac{\partial^2 f}{\partial x^{(2)}\partial x^{(1)}}\right|_{x_0}\Delta x^{(1)}\Delta x^{(2)}+\left.\frac{\partial^2 f}{\partial x^{(2)^2}}\right|_{x_0}\Delta x^{(2)^2}\right]+\cdots\end{aligned} \tag{3-28}$$

其中，$\Delta x^{(1)}=(x^{(1)}-x_0^{(1)})$，$\Delta x^{(2)}=(x^{(2)}-x_0^{(2)})$。

将式(3-28)写成矩阵形式：

$$\begin{aligned}f(\boldsymbol{x})=&\ f(\boldsymbol{x}_0)+\left(\frac{\partial f}{\partial x^{(1)}},\frac{\partial f}{\partial x^{(2)}}\right)_{\boldsymbol{x}_0}\begin{pmatrix}\Delta x^{(1)}\\ \Delta x^{(2)}\end{pmatrix}+\\&\frac{1}{2}(\Delta x^{(1)},\Delta x^{(2)})\begin{bmatrix}\dfrac{\partial^2 f}{\partial x^{(1)^2}} & \dfrac{\partial^2 f}{\partial x^{(1)}\partial x^{(2)}}\\ \dfrac{\partial^2 f}{\partial x^{(2)}\partial x^{(1)}} & \dfrac{\partial^2 f}{\partial x^{(2)^2}}\end{bmatrix}_{x_0}\begin{pmatrix}\Delta x^{(1)}\\ \Delta x^{(2)}\end{pmatrix}+\cdots\end{aligned} \tag{3-29}$$

记：

$$\nabla f(\boldsymbol{x}_0)=\begin{pmatrix}\dfrac{\partial f}{\partial x^{(1)}}\\ \dfrac{\partial f}{\partial x^{(2)}}\end{pmatrix}_{\boldsymbol{x}_0},\quad G(\boldsymbol{x}_0)=\begin{bmatrix}\dfrac{\partial^2 f}{\partial x^{(1)^2}} & \dfrac{\partial^2 f}{\partial x^{(1)}\partial x^{(2)}}\\ \dfrac{\partial^2 f}{\partial x^{(2)}\partial x^{(1)}} & \dfrac{\partial^2 f}{\partial x^{(2)^2}}\end{bmatrix}_{\boldsymbol{x}_0},\quad \Delta\boldsymbol{x}=\begin{pmatrix}\Delta x^{(1)}\\ \Delta x^{(2)}\end{pmatrix} \tag{3-30}$$

得到式(3-31)：

$$f(\boldsymbol{x})=f(\boldsymbol{x}_0)+\nabla f(\boldsymbol{x}_0)^{\mathrm{T}}\Delta\boldsymbol{x}+\frac{1}{2}\Delta\boldsymbol{x}^{\mathrm{T}}G(\boldsymbol{x}_0)\Delta\boldsymbol{x}+\cdots \tag{3-31}$$

其中，$G(\boldsymbol{x}_0)$ 是 $f(\boldsymbol{x})$ 在 $\boldsymbol{x}_0$ 点处的 Hessian 矩阵。它是函数 $f(x^{(1)},x^{(2)})$ 在 $\boldsymbol{x}_0=(x_0^{(1)},x_0^{(2)})$ 点处的二阶偏导数所组成的方阵。

将二元函数的泰勒展开式进一步推广到多元函数，则函数 $f(x^{(1)},x^{(2)},\cdots,x^{(n)})$ 在 $\boldsymbol{x}_0=(x_0^{(1)},x_0^{(2)},\cdots,x_0^{(n)})$ 点处的泰勒展开式的矩阵形式为

$$f(\boldsymbol{x})=f(\boldsymbol{x}_0)+\nabla f(\boldsymbol{x}_0)^{\mathrm{T}}\Delta\boldsymbol{x}+\frac{1}{2}\Delta\boldsymbol{x}^{\mathrm{T}}G(\boldsymbol{x}_0)\Delta\boldsymbol{x}+\cdots \tag{3-32}$$

其中：

$$\nabla f(\boldsymbol{x}_0)=\left[\frac{\partial f}{\partial x^{(1)}},\frac{\partial f}{\partial x^{(2)}},\cdots,\frac{\partial f}{\partial x^{(n)}}\right]_{\boldsymbol{x}_0}^{\mathrm{T}} \tag{3-33}$$

是 $f(\boldsymbol{x})$在 $\boldsymbol{x}_0$ 点处的梯度。

$$G(\boldsymbol{x}_0)=\begin{bmatrix}\dfrac{\partial^2 f}{\partial x^{(1)^2}} & \dfrac{\partial^2 f}{\partial x^{(1)}\partial x^{(2)}} & \cdots & \dfrac{\partial^2 f}{\partial x^{(1)}\partial x^{(n)}}\\ \dfrac{\partial^2 f}{\partial x^{(2)}\partial x^{(1)}} & \dfrac{\partial^2 f}{\partial x^{(2)^2}} & \cdots & \dfrac{\partial^2 f}{\partial x^{(2)}\partial x^{(n)}}\\ \vdots & \vdots & \ddots & \vdots\\ \dfrac{\partial^2 f}{\partial x^{(n)}\partial x^{(1)}} & \dfrac{\partial^2 f}{\partial x^{(n)}\partial x^{(2)}} & \cdots & \dfrac{\partial^2 f}{\partial x^{(n)^2}}\end{bmatrix}_{\boldsymbol{x}_0} \tag{3-34}$$

是 $f(\boldsymbol{x})$在 $\boldsymbol{x}_0$ 点处的 Hessian 矩阵。

如果 $f(\boldsymbol{x})$在 $\boldsymbol{x}_0$ 点处二阶连续可导，那么$\dfrac{\partial^2 f}{\partial x^{(1)}\partial x^{(2)}}=\dfrac{\partial^2 f}{\partial x^{(2)}\partial x^{(1)}}$，Hessian 矩阵为对称矩阵。Hessian 矩阵可用来判断多元函数的极值。

设 $f(\boldsymbol{x})$在 $\boldsymbol{x}_0$ 点处二阶连续可导，且有$\nabla f(\boldsymbol{x}_0)=0$，那么：①当 $G(\boldsymbol{x}_0)$是正定矩阵时，$f(\boldsymbol{x})$在 $\boldsymbol{x}_0$ 点处是极小值；②当 $G(\boldsymbol{x}_0)$是负定矩阵时，$f(\boldsymbol{x})$在 $\boldsymbol{x}_0$ 点处是极大值；③当 $G(\boldsymbol{x}_0)$是不定矩阵时，$\boldsymbol{x}_0$ 不是极值点；④当 $G(\boldsymbol{x}_0)$是半正定矩阵或半负定矩阵时，$\boldsymbol{x}_0$ 点是可疑极值点。

用 Hession 矩阵求极值：求三元函数 $f(x,y,z)=x^2+2xy+2y^2+z^2+6x$ 的极值。

解：令各变量的梯度为 0：

$$\frac{\partial f}{\partial x}=2x+2y+6=0$$

$$\frac{\partial f}{\partial y}=2x+4y=0$$

$$\frac{\partial f}{\partial z}=2z=0$$

可得驻点$(-6,3,0)$。

因此，Hessian 矩阵为$\begin{bmatrix}2 & 2 & 0\\2 & 4 & 0\\0 & 0 & 2\end{bmatrix}$，是正定矩阵，故该驻点是极小值点，极小值为 $f(-6,3,0)=-18$。

在随书资源“迭代法.ipynb”文件中，给出了验证矩阵$\begin{bmatrix}2 & 2 & 0\\2 & 4 & 0\\0 & 0 & 2\end{bmatrix}$为正定矩阵的代码和用梯度下降法迭代求解该函数极值的代码，供读者参考。

2. 凸集与凸函数

凸集的定义：在实数域 R 上的向量空间中，如果集合 $\boldsymbol{S}$ 中任意两点的连线上的点都在 $\boldsymbol{S}$ 内，则称集合 $\boldsymbol{S}$ 为凸集。凸集和非凸集如图 3-7 所示。

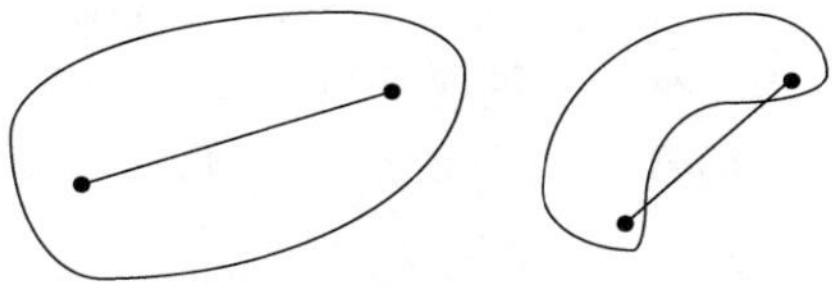

图 3-7　凸集和非凸集示意

设 $\boldsymbol{X}\in R^n$ 是一个凸集，当且仅当：

$$\alpha\boldsymbol{x}_1+(1-\alpha)\boldsymbol{x}_2\in\boldsymbol{X},\quad \forall\boldsymbol{x}_1,\boldsymbol{x}_2\in\boldsymbol{X},\quad \forall\alpha\in[0,1] \tag{3-35}$$

其中，$\boldsymbol{X}$ 是一个向量集合；$\boldsymbol{x}_1,\boldsymbol{x}_2$ 是集合 $\boldsymbol{X}$ 中的两个向量；α 位于[0,1]。如果一个集合 $\boldsymbol{X}$ 是凸集，则该集合中的任意两个点连成的线段上的任意一点也位于集合 $\boldsymbol{X}$ 中。

在欧氏空间中，凸集在直观上就是一个向四周凸起的图形。在一维空间中，凸集是一个点，或者一条连续的非曲线（线段、射线和直线）；在二维空间中，就是上凸的图形，如锥形扇面、圆、椭圆、凸多边形等；在三维空间中，凸集可以是一个实心的球体等。总之，凸集就是由向周边凸起的点构成的集合。

凸函数在凸子集上的定义[①]：凸函数是定义在某个向量空间的凸子集 C 上的实值函数 f，它在定义域 C 上的任意两点 x_1,x_2，以及任意 $\alpha\in[0,1]$，都有

$$f(\alpha x_1+(1-\alpha)x_2)\leqslant\alpha f(x_1)+(1-\alpha)f(x_2) \tag{3-36}$$

与凸函数定义相对的是凹函数，它是同样条件下满足下式的函数：

$$f(\alpha x_1+(1-\alpha)x_2)>\alpha f(x_1)+(1-\alpha)f(x_2) \tag{3-37}$$

直观上，凸函数曲线上任意两点连线上的点都在曲线的上方，即两个点的线性组合的函数值要小于等于两点函数值的线性组合，如图 3-8 所示。

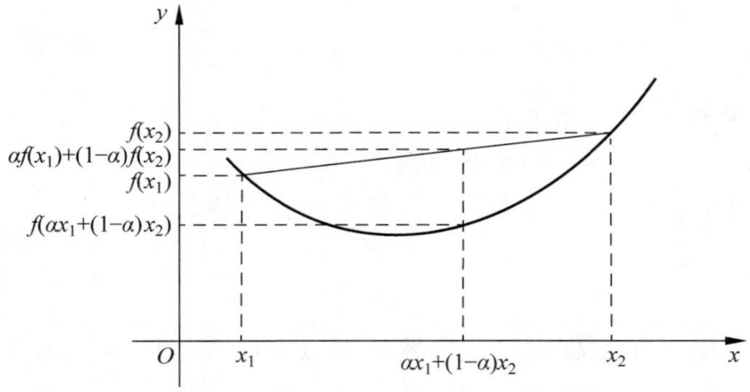

图 3-8　凸函数示意

3. 凸优化

在机器学习领域，凸函数最有价值的性质是它的局部最优点就是全局最优点。

假设凸函数上有一局部最优点 x^* 不是全局最优点，那么一定存在另一点 x'，使得

① 本书采用的定义是国际定义，与国内一些教材给的定义方向正相反，读者在阅读资料时要特别注意。

$f(x')\leqslant f(x^*)$。按式(3-36),令 $x=\alpha x'+(1-\alpha)x^*$,则有 $f(x)\leqslant\alpha f(x')+(1-\alpha)f(x^*)<f(x^*)$。当 $\alpha\to0$ 时,$x\to x^*$,即 x 无限趋近于 x^*,即 x 是 x^* 邻域中的一点,但 $f(x)<f(x^*)$,这与 x^* 是局部最优点矛盾。因此,在凸函数中,局部最优点就是全局最优点。

针对凸函数的优化问题称为凸优化。机器学习中尽量使用凸函数作为损失函数。对于那些无法转换为凸函数的优化问题,要想找到全局最优解,就只能采用穷举法。

凸函数的判定方法:

(1) 设在凸集 $D\subseteq R^n$ 上 $f(x)$ 可微,则 $f(x)$ 在 D 上为凸函数的充要条件是对任意的 $x,y\in D$,都有:$f(y)\geqslant f(x)+f'(x)(y-x)$。该充要条件称为凸函数的一阶微分条件,对照图 3-8,实际上就是要求切线位于凸函数曲线的下方。

(2) 设在开凸集[①] $D\subseteq R^n$ 内,$f(x)$ 二阶可微,则 $f(x)$ 在 D 内为凸函数的充要条件是对任意的 $x\in D$,$f(x)$ 的 Hessian 矩阵半正定。该条件称为凸函数的二阶微分条件。对照图 3-8,实际上就是要求凸函数曲线的二阶导数大于等于 0。

仿射函数(最高次数为 1 的多项式函数)和线性函数(常数项为零的仿射函数)的二阶导数为 0,按判定方法,它们是凸函数。指数函数 e^x 的二阶导数大于 0,因此也为凸函数。在正实数域 R^+ 上的幂函数 x^α,当 $\alpha\geqslant1$ 时为凸函数,$0<\alpha<1$ 时为凹函数。在 R^+ 上的对数函数 $\log_a x$,当 $a>1$ 时为凹函数,$0<a<1$ 时为凸函数。几何平均函数 $f(x)=\left(\prod_{i=1}^{n}x_i\right)^{\frac{1}{n}}$ 是 R^+ 上的凸函数。

对于严格的凹函数来说,只要取负值即可转化为凸函数。对于凸函数的函数,是否为凸函数的判定方法:

(1) 凸函数的非负线性组合是凸函数:$f_1,f_2,\cdots,f_k$ 是凸集 S 上的凸函数,那么 $\phi(x)=\sum_{i=1}^{k}\alpha_i f_i(x),\ \forall\alpha_i\geqslant0(i=1,2,\cdots,k)$ 是凸函数。

(2) 凸函数的最大值函数是凸函数:$f_1,f_2,\cdots,f_k$ 是凸集 S 上的凸函数,那么 $\varphi(x)=\max f_i(x)(i=1,2,\cdots,k)$ 是凸函数。

更复杂的复合函数的凸性,读者可以在需要时查阅相关文献。

3.2.5 牛顿法

牛顿法最初是用来在实数域和复数域上近似求解方程的迭代方法,在机器学习领域,它用来求解使损失函数取得最小值时的参数。

1. 牛顿法的迭代与近似

前面讨论过,梯度下降法是用梯度来建立迭代关系式的迭代法,而牛顿法则是用切线来建立迭代关系的迭代法。

图 3-4 示意了梯度下降法的迭代过程,牛顿法的迭代过程与之相似,只不过是用切线

① 开凸集是指该集合既是开集又是凸集,开集的概念可参考:《高等数学》第六版下册 P54,同济大学数学系,高等教育出版社

与 x 轴的交点来作为下一轮迭代的起点，如图 3-9 所示。第一次迭代是从点 x_0 的值 $f(x_0)$ 开始，沿切线的相反方向一直前进到与 x 轴的交点 x_1 处。第二次迭代从点 x_1 的值 $f(x_1)$ 开始，前进到 $f(x_1)$ 处的切线与 x 轴的交点 x_2 处。如此持续进行，逐步逼近 x^* 点。牛顿法又叫切线法。

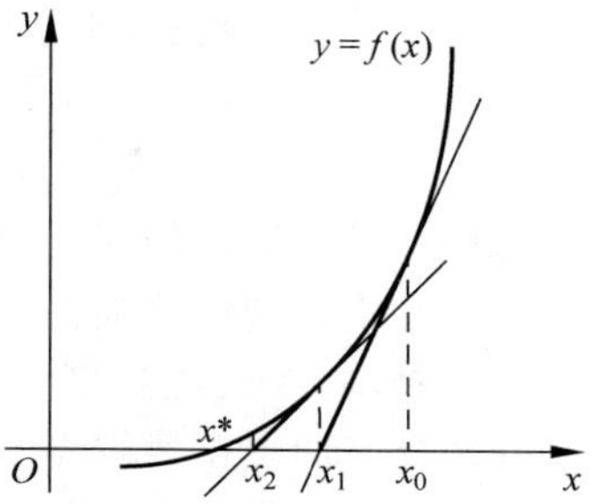

图 3-9　牛顿法示意（见彩插）

需要注意的是，牛顿法是用来求解方程的，因此在图 3-9 中，$f(x)$ 与 x 轴有交点 x^*，即存在使 $f(x)=0$ 的 x^*，这是应用牛顿法的前提。

设非线性函数 $f(x)$ 在 x_0 点的导数为 $f'(x_0)$，则 $f(x)$ 在该点的切线为 $\hat{f}(x)=f(x_0)+(x-x_0)f'(x_0)$，设 $f'(x_0)\neq 0$，令 $\hat{f}(x)=0$，可解得它与 x 轴的交点 $x_1=x_0-f(x_0)/f'(x_0)$。

因此，牛顿法求解方程 $f(x)=0$ 的迭代关系式为

$$x_{i+1}=x_i-f(x_i)/f'(x_i) \tag{3-38}$$

上述求切线交点的过程，也可看作近似的过程。把 $f(x)$ 在 x_0 处展开成泰勒级数 $f(x)=f(x_0)+(x-x_0)f'(x_0)+\cdots$。在 x_0 附近取其线性部分 $\hat{f}(x)=f(x_0)+(x-x_0)f'(x_0)$ 作为 $f(x)$ 的近似，将 $\hat{f}(x)$ 与 x 轴的交点近似为 $f(x)$ 与 x 轴的交点。所以，牛顿法也是通过一次次近似来逼近方程的根的过程。

2. 牛顿法在机器学习中的应用

在机器学习领域，牛顿法常用来求解极值问题。牛顿法最初是为了求方程的根，所以并不能直接用来求极值。但是，函数极值的一阶导数为 0，因此，可以用牛顿法来求函数一阶导数为 0 的方程的根，得到极值点。对一元函数来说，迭代关系式为

$$x_{n+1}=x_n-f'(x_n)/f''(x_n) \tag{3-39}$$

下面来看如何得到上式。

对式(3-27)所示的 $f(x)$ 的泰勒展开式求一阶导数：

$$\begin{aligned}\frac{\mathrm{d}f(x)}{\mathrm{d}x}&=\frac{\mathrm{d}f(x_0)}{\mathrm{d}x}+\frac{\mathrm{d}}{\mathrm{d}x}f'(x_0)\Delta x+\frac{\mathrm{d}}{\mathrm{d}x}\left(\frac{1}{2}f''(x_0)\Delta x^2\right)+\cdots\\&=f'(x_0)+\Delta x f''(x_0)+\cdots\end{aligned} \tag{3-40}$$

对一阶导函数来说，同样取它的线性部分来近似，线性部分为：$\hat{f}(x)=f'(x_0)+\Delta x f''(x_0)$，令其为 0，可得下一个迭代点：

$$x_1=x_0-f'(x_0)/f''(x_0) \tag{3-41}$$

对于二阶连续可导的二元函数 $f(\boldsymbol{x})$，其泰勒级数展开式的矩阵表示式为式(3-31)，对向量 $\boldsymbol{x}=(x^{(1)},x^{(2)})$ 求一阶导数：

$$\begin{aligned}\frac{\mathrm{d}}{\mathrm{d}\boldsymbol{x}}f(\boldsymbol{x})&=\frac{\mathrm{d}}{\mathrm{d}\boldsymbol{x}}f(\boldsymbol{x}_0)+\frac{\mathrm{d}}{\mathrm{d}\boldsymbol{x}}\nabla f(\boldsymbol{x}_0)^{\mathrm{T}}\Delta\boldsymbol{x}+\frac{\mathrm{d}}{\mathrm{d}\boldsymbol{x}}\left(\frac{1}{2}\Delta\boldsymbol{x}^{\mathrm{T}}G(\boldsymbol{x}_0)\Delta\boldsymbol{x}\right)+\cdots\\&=\nabla f(\boldsymbol{x}_0)+\frac{1}{2}(G(\boldsymbol{x}_0)+G(\boldsymbol{x}_0)^{\mathrm{T}})\Delta\boldsymbol{x}+\cdots\\&=\nabla f(\boldsymbol{x}_0)+G(\boldsymbol{x}_0)\Delta\boldsymbol{x}+\cdots\end{aligned} \tag{3-42}$$

取线性部分近似，并令其为 0，可得下一个迭代点：

$$\boldsymbol{x}_1=\boldsymbol{x}_0-\frac{\nabla f(\boldsymbol{x}_0)}{G(\boldsymbol{x}_0)}=\boldsymbol{x}_0-G(\boldsymbol{x}_0)^{-1}\nabla f(\boldsymbol{x}_0) \tag{3-43}$$

对于高维函数，可类似推导。

牛顿法不仅利用了损失函数的一阶偏导数，还利用了损失函数的二阶偏导数，即梯度变化的趋势，因而比梯度下降法更全面地确定合适的搜索方向，具有二阶收敛速度。但牛顿法具有两个主要缺点，一是损失函数必须具有连续的一、二阶偏导数，Hessian 矩阵必须正定；二是计算更为复杂，不仅需要计算一阶偏导数，还需要计算二阶偏导数矩阵和它的逆矩阵，计算复杂度高。

3. 牛顿法求解线性回归问题

线性回归问题的损失函数的梯度如式(3-26)所示，计算代码见代码 3-4。

由式(3-7)和式(3-34)可得线性回归问题的损失函数的 Hessian 矩阵为

$$G(\boldsymbol{x})=\begin{bmatrix}\frac{\partial^2 L(\boldsymbol{W})}{\partial w^{(1)^2}} & \frac{\partial^2 L(\boldsymbol{W})}{\partial w^{(1)}\partial w^{(2)}} & \cdots & \frac{\partial^2 L(\boldsymbol{W})}{\partial w^{(1)}\partial w^{(n)}} \\ \frac{\partial^2 L(\boldsymbol{W})}{\partial w^{(2)}\partial w^{(1)}} & \frac{\partial^2 L(\boldsymbol{W})}{\partial w^{(2)^2}} & \cdots & \frac{\partial^2 L(\boldsymbol{W})}{\partial w^{(2)}\partial w^{(n)}} \\ \vdots & \vdots & \ddots & \vdots \\ \frac{\partial^2 L(\boldsymbol{W})}{\partial w^{(n)}\partial w^{(1)}} & \frac{\partial^2 L(\boldsymbol{W})}{\partial w^{(n)}\partial w^{(2)}} & \cdots & \frac{\partial^2 L(\boldsymbol{W})}{\partial w^{(n)^2}}\end{bmatrix}=\left[\frac{\partial^2 L(\boldsymbol{W})}{\partial w^{(p)}\partial w^{(q)}}\right]_{n\times n}$$

$$=\left[\frac{1}{2}\cdot\frac{\partial^2}{\partial w^{(p)}\partial w^{(q)}}\sum_{i=1}^{m}s_i^2(\boldsymbol{W})\right]_{n\times n}$$

$$=\left[\frac{1}{2}\sum_{i=1}^{m}\frac{\partial^2}{\partial w^{(p)}\partial w^{(q)}}s_i^2(\boldsymbol{W})\right]_{n\times n}=\left[\sum_{i=1}^{m}x_i^{(p)}\cdot x_i^{(q)}\right]_{n\times n} \tag{3-44}$$

可见线性回归损失函数的 Hessian 矩阵与标签值无关。

计算 Hessian 矩阵的代码如代码 3-7 所示。

代码 3-7 线性回归损失函数的 Hessian 矩阵(牛顿法.ipynb)

```
def hessian(x):
    '''计算 Hessian 矩阵
    para x:矩阵, 样本集
    return:矩阵, Hessian 矩阵
    '''
    m, n = np.shape(x)
    a = np.mat(np.zeros((n, n)))
    for i in range(m):
        xi_T = x[i, ].T
        xi = x[i, ]
        a += xi_T * xi
    return a
```

计算损失函数值的代码见代码 3-5。

牛顿法求解如表 3-1 所示的示例及输出如代码 3-8 所示。

代码 3-8　牛顿法主函数及应用示例(牛顿法.ipynb)

```
1. def newton(x, y, iterMax, delta):
2.     '''牛顿法
3.     para x:矩阵, 样本集
4.     para y:矩阵, 标签
5.     para iterMax: int,最大迭代次数
6.     para delta: float,函数值变化阈值,如迭代后函数值小于该值,则退出
7.     return: mat,回归系数'''
8.     n = np.shape(x)[1]
9.     w = np.mat(np.zeros((n,1)))
10.    step = 0
11.    loss = lossValue(x, y, w)
12.    print(str(step) + ":" + str(loss))
13.    while step <= iterMax:
14.        g = gradient(x, y, w)
15.        G = hessian(x)
16.        w = w - G.I * g
17.        newloss = lossValue(x, y, w)
18.        print(str(step + 1) + ":" + str(newloss))
19.        if loss - newloss < delta:
20.            break
21.        else:
22.            loss = newloss
23.        step += 1
24.    return w
25.
26. temperatures = [15, 20, 25, 30, 35,40]
27. flowers = [136, 140, 155, 160, 157, 175]
28. X = (np.mat([[1,1,1,1,1,1], temperatures])).T
29. Y = (np.mat(flowers)).T
30. w = newton(X, Y, 1000, 0.01)
31. print(w)
32. >>> 0:[[71497.5]]
33. >>> 1:[[53.40952381]]
34. >>> 2:[[53.40952381]]
35. >>>[[114.39047619]
36. >>>[   1.43428571]]
```

第 16 行完成迭代关系式(3-43)。

可见只需要 1 次迭代就得到解,这是因为损失函数为二次函数时,其泰勒级数的二次以上项都为 0,取其二次项与原目标函数不是近似,而是完全相同,Hessian 矩阵退化成一个常数矩阵。因此,只需要一步迭代即可达到极小点。

在 Scipy 的 optimize 包中包含了常用的优化计算工具。

视频

3.3 多项式回归

线性回归是用一条直线或者一个平面(超平面)去近似原始样本在空间中的分布。显然这种近似能力是有限的。非线性回归是用一条曲线或者曲面去逼近原始样本在空间中的分布,它"贴近"原始分布的能力一般较线性回归更强。

多项式是代数学中的基础概念,是由称为不定元的变量和称为系数的常数通过有限次加减法、乘法以及自然数幂次的乘方运算得到的代数表达式。

多项式回归(Polynomial Regression)是研究一个因变量与一个或多个自变量间多项式关系的回归分析方法。多项式回归模型是非线性回归模型中的一种。

由泰勒级数可知,在某点附近,如果函数 n 次可导,那么它可以用一个 n 次的多项式来近似。这种近似可以达到很高的精度。

进行多项式回归分析,首先要确定多项式的次数。次数一般是根据经验和实验确定。假设确定了用一个一元 n 次多项式来拟合训练样本集,模型可表示如下:

$$h(x)=\theta_0+\theta_1 x+\theta_2 x^2+\cdots+\theta_n x^n \tag{3-45}$$

那么多项式回归的任务就是估计出各 θ 值。可以采用均方误差作为损失函数,用梯度下降法求解,但难度较大,也难以确保得到全局解。

包括多项式回归问题在内的一些非线性回归问题可以转化为线性回归问题来求解,具体思路是将式中的每一项看作一个独立的特征(或者说生成新的特征),令 $y_1=x$,$y_2=x^2$,…,$y_n=x^n$,那么一个一元 n 次多项式 $\theta_0+\theta_1 x+\theta_2 x^2+\cdots+\theta_n x^n$ 就变成了一个 n 元一次多项式 $\theta_0+\theta_1 y_1+\theta_2 y_2+\cdots+\theta_n y_n$,就可以采用线性回归的方法来求解。

下面给出一个示例,该例子的基本过程是:先拟定一个一元三次多项式作为目标函数,然后再加上一些噪声产生样本集,再用转化的线性回归模型来完成拟合,最后对测试集进行预测。这个例子在随书资源的"多项式回归与欠拟合、过拟合.ipynb"文件中实现,采用 sklearn.linear_model 包中的 LinearRegression 函数来完成。

目标函数代码见代码 3-9。

代码 3-9 多项式回归示例中的目标函数代码(多项式回归与欠拟合、过拟合.ipynb)

```
def myfun(x):
    '''目标函数
    input:x(float):自变量
    output:函数值'''
    return 10 + 5 * x + 4 * x**2 + 6 * x**3
```

产生样本集与测试集,并画出目标函数与样本点,见代码 3-10。

代码 3-10 多项式回归示例产生样本集与测试集(多项式回归与欠拟合、过拟合.ipynb)

```
import numpy as np
x = np.linspace(-3,3, 7)
x
```

```
>>> array([-3., -2., -1.,  0.,  1.,  2.,  3.])
x_p = (np.linspace(-2.5, 2.5, 6)).reshape(-1,1)   #预测点
import random
y = myfun(x) + np.random.random(size=len(x)) * 100 - 50
y
>>> array([-136.49570384,   -8.98763646,  -23.33764477,   50.97656894,
             20.19888523,   35.76052266,  199.48378741])
%matplotlib inline
import matplotlib.pyplot as plt
plt.rcParams['axes.unicode_minus'] = False
plt.rc('font', family='SimHei', size=13)
plt.title(u'目标函数与训练样本点')
plt.scatter(x, y, color="green", linewidth=2)
x1 = np.linspace(-3, 3, 100)
y0 = myfun(x1)
plt.plot(x1, y0, color="red", linewidth=1)
plt.show()
```

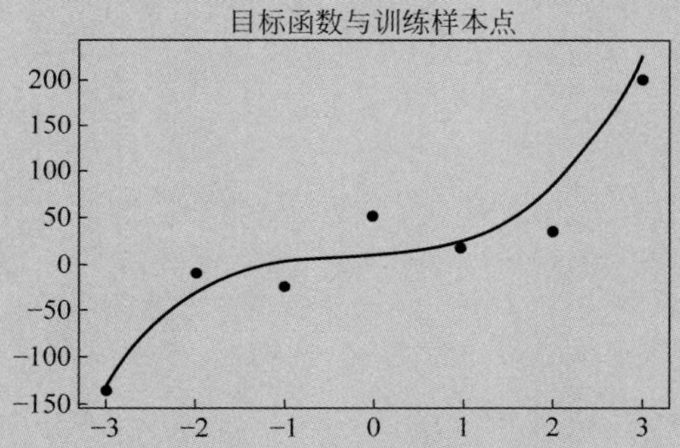

现在用三次多项式来拟合,见代码 3-11。

代码 3-11 三次多项式拟合示例(多项式回归与欠拟合、过拟合.ipynb)

```
from sklearn.preprocessing import PolynomialFeatures
featurizer_3 = PolynomialFeatures(degree=3)
x_3 = featurizer_3.fit_transform(x)
x_3
>>> array([[  1.,  -3.,   9., -27.],
        [  1.,  -2.,   4.,  -8.],
        [  1.,  -1.,   1.,  -1.],
        [  1.,   0.,   0.,   0.],
        [  1.,   1.,   1.,   1.],
        [  1.,   2.,   4.,   8.],
        [  1.,   3.,   9.,  27.]])
x_p_3 = featurizer_3.transform(x_p)
x_p_3
>>> array([[  1.   ,  -2.5  ,   6.25 , -15.625],
        [  1.   ,  -1.5  ,   2.25 ,  -3.375],
```

```
16.         [ 1.   ,  -0.5  ,   0.25 ,  -0.125],
17.         [ 1.   ,   0.5  ,   0.25 ,   0.125],
18.         [ 1.   ,   1.5  ,   2.25 ,   3.375],
19.         [ 1.   ,   2.5  ,   6.25 ,  15.625]])
20. model_3 = LinearRegression()
21. model_3.fit(x_3, y)
22. print('--三次多项式模型--')
23. print('训练集预测值与样本的误差均方值: ' +
    str(np.mean((model_3.predict(x_3) - y) ** 2)))
24. print('测试集预测值与目标函数值的误差均方值: ' +
    str(np.mean((model_3.predict(x_p_3) - myfun(x_p)) ** 2)))
25. print('系数: ' + str(model_3.coef_))
26. >>>--三次多项式模型--
27. >>>训练集预测值与样本的误差均方值: 534.1920527426208
28. >>>测试集预测值与目标函数值的误差均方值: 247.2068856878784
29. >>>系数: [[ 0.          -7.4139024    1.43393358   6.88041117]]
30.
31. plt.title(u'三次多项式模型预测')
32. plt.scatter(x, y, color="green", linewidth=2)
33. plt.plot(x1, y0, color="red", linewidth=1)
34. #y1 = model.predict(x1)
35. #plt.plot(x1, y1, color="black", linewidth=1)
36. y3 = model_3.predict(featurizer_3.fit_transform(x1))
37. plt.plot(x1, y3, "b--", linewidth=1)
38. plt.show()
```

39.

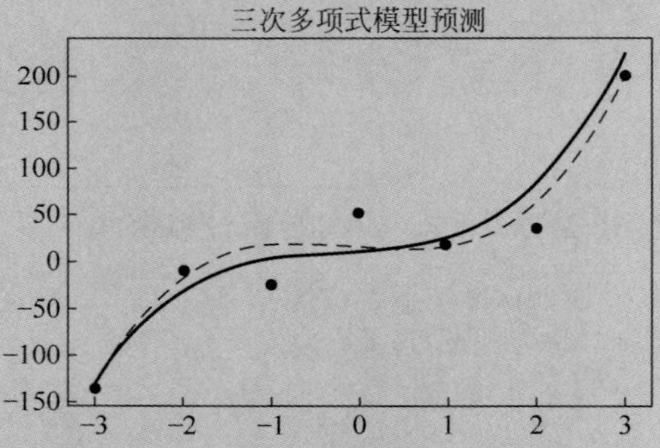

第 2～11 行用来生成样本的新特征,使用 PolynomialFeatures 类按 $y_0=x^0$,$y_1=x^1$,$y_2=x^2$,$y_3=x^3$ 生成新的特征值,第 12～19 行是生成预测点的新特征。第 20、21 行是用 LinearRegression 对新特征集进行线性回归,第 29 行给出了新的一元三次多项式的系数。预测图中,实线为目标函数,虚线表示学习得到的模型在连续各点的预测值。

转化为线性问题来求解,是处理非线性问题的常用方法,如指数函数 $h(t)=\alpha \cdot e^{\beta t}$ 通过两边取自然对数,得到 $\ln h(t)=\beta t+\ln\alpha$,可转化为线性回归问题。

3.4 过拟合与泛化

过拟合与泛化是机器学习中非常重要的概念，也是必须面对的基本问题。本小节先从多项式回归的讨论中引入过拟合、欠拟合和泛化的概念，然后从工程角度和算法角度讨论常用处理方法。

3.4.1 欠拟合、过拟合与泛化能力

在多项式回归的示例中，训练样本集是以一元三次多项式为基础加上噪声产生的，然后以一个待定系数的一元三次多项式去逼近。

能够求解问题的模型往往不止一个，不同模型往往有复杂度上的区别。多项式回归示例中，还可以分别用一元一次线性式、一元五次多项式和一元九次多项式去逼近，它们的复杂度越来越高，效果如图 3-10 所示。实现代码见随书资源的“多项式回归与欠拟合、过拟合.ipynb”文件。

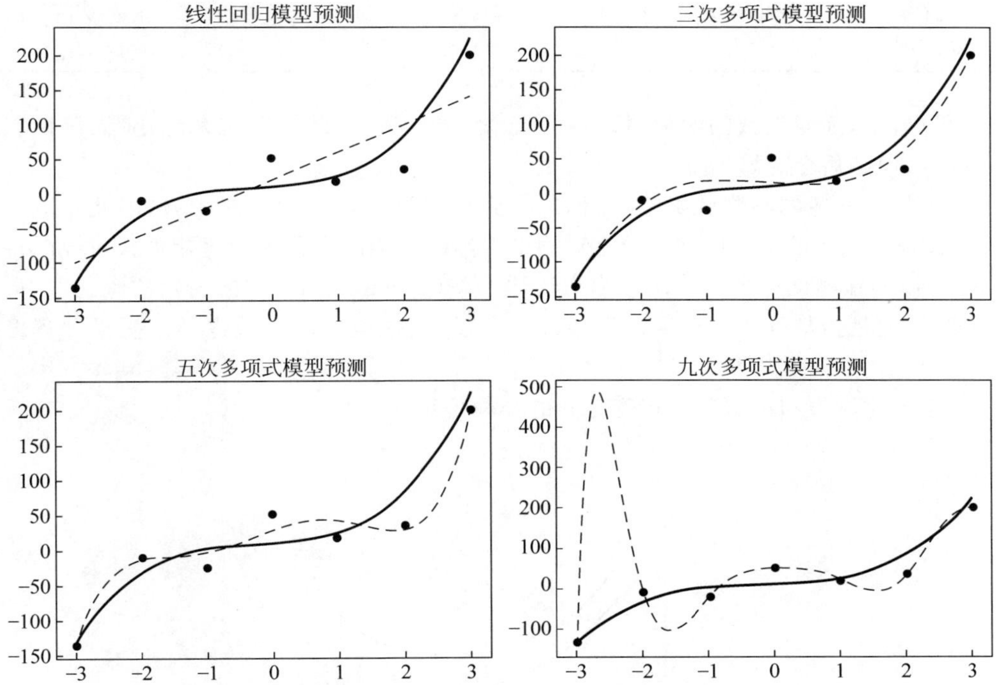

图 3-10　不同次多项式拟合效果示意(见彩插)

结果显示以三次多项式来逼近样本，可以取得最好的效果。

最简单的线性模型，它是用一条直线来逼近各个样本点，显然是力不从心，这种现象称为“欠拟合”(Under-fitting)。欠拟合模型是由于模型复杂度不够、训练样本集容量不够、特征数量不够、抽样分布不均衡等原因引起的不能学习出样本集中蕴含知识的模型。

欠拟合问题较容易处理，如增加模型复杂度、增加训练样本、提取更多特征等。

五次多项式的逼近，它比三次多项式更加接近样本点，但是与实线表示的目标函数已经产生背离。九次多项式能一一穿过所有样本点，可是它已经严重背离目标函数了，虚线与实线的变化趋势显得面目全非。这说明在某些情况下，越复杂的模型越能逼近样本点，但也越背离作为目标的三次多项式函数。这样的模型在训练集上表现很好，而在测试集上表现很差，这种现象称为"过拟合"(Over-fitting)。产生过拟合的原因是模型过于复杂，以至于学习太过了，把噪声的特征也学习进去了。

模型在训练样本上产生的误差叫训练误差(Training Error)，它是模型对训练样本的预测值与样本标签之间的误差。同样，在测试样本上产生的误差叫测试误差(Test Error)。在示例中，采用均方误差作为损失函数，因此，训练误差就是所有训练样本的误差平方的均值。同样，测试误差是所有测试样本的误差平方的均值。表 3-2 展示了例子中各模型的训练误差和测试误差及它们的和。

表 3-2　不同次多项式拟合的训练误差和测试误差

	线性回归模型	三次多项式模型	五次多项式模型	九次多项式模型
训练误差	2019	534	209	4
测试误差	578	247	1232	38 492
和	2597	781	1441	38 496

可以看出，随着次数的增加，拟合模型越来越复杂，训练误差越来越小，而测试误差先是减少，但随后会急剧增加。

衡量模型好坏的是测试误差，它标志了模型对测试样本的预测能力，因此一般追求的是测试误差最小的那个模型。模型对测试样本的预测能力称为泛化能力(Generalization Ability)，模型在测试样本上的误差称为泛化误差(Generalization Error)。"泛化"一词源于心理学，它是指某种刺激产生一定条件反应后，其他类似的刺激也能产生某种程度的同样反应。

关于泛化能力和模型复杂程度之间的经验关系如图 3-11 所示。

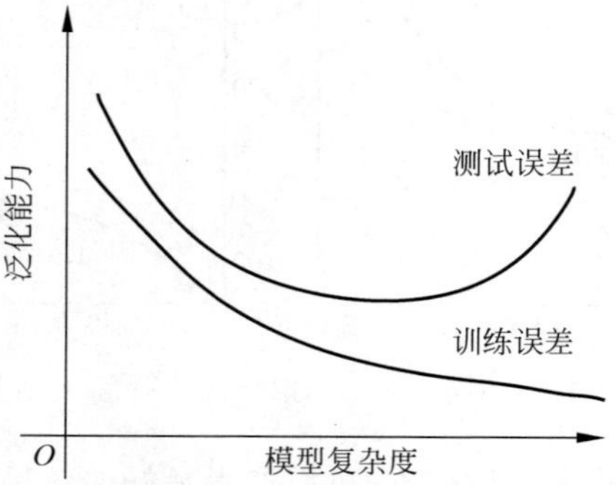

图 3-11　泛化能力与模型复杂度之间的关系示意

一般来说，只有合适复杂程度的模型才能最好地反映出训练集中蕴含的规律，取得最好的泛化能力。

3.4.2　泛化能力评估方法

如何来证明训练好的模型具有好的泛化能力呢？容易想到，可以在实际应用中通过观测模型对测试样本的预测效果来判断，但这种办法无法及时得到反馈结果用于分析改进，不符合实用要求。

在监督学习任务中，工程上经常采用将已有样本集划分为训练集和验证集的方法，用训练集来训练模型，用验证集来检验模型，达到足够好的效果后，再提交实际应用。

这么做的依据是什么呢？

机器学习是基于这样一个假设：已有训练数据和未知测试数据蕴含着相同规律。如果两者的规律不同，那么就不能从前者的数据中找到适合后者的规律，那么机器学习是无能为力的。同样的，将训练数据划分为训练集和验证集，也是基于这样的假设，即训练集蕴含的规律与验证集中蕴含的规律也是一致的，因此，可以用训练集来训练模型，用验证集来验证模型，达到希望的效果后，再用来预测测试集。如果把这个规律简化成二维平面上的分布区域，则可以将该过程形象示意如图 3-12 所示。图中圆点表示正样本，三角形表示负样本，正方形表示噪声。

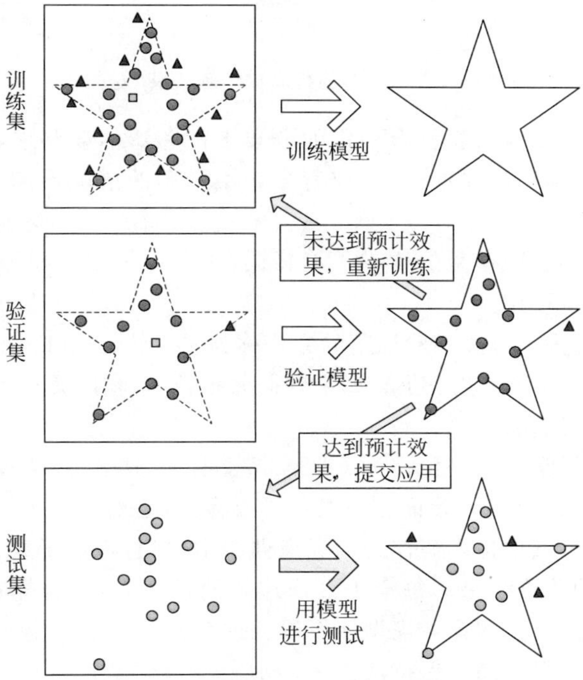

图 3-12　划分数据集的训练过程(见彩插)

好的算法模型能够学习出训练集蕴含的规律，在图 3-12 中表示为五角星的区域分布。验证集中的样本用来验证这个五角星的区域分布是否合理。验证集中的样本的真实分布是已知的，因此，可以用真实分布情况来比对预测分布情况，这样就可以判断出训练出来的模型的效果。达到要求后，才能将该模型投入实际应用。

对训练集和验证集的样本有什么要求呢?

首先,训练集的数据要尽可能充分且分布平衡,并符合一定的清洁度要求(即噪声不能过多)。不充分或者分布不平衡的样本集,训练不出一个完整的模型,如图 3-13 所示。而噪声过多的样本,则可能训练不出反映原来规律的模型,如图 3-14 所示。

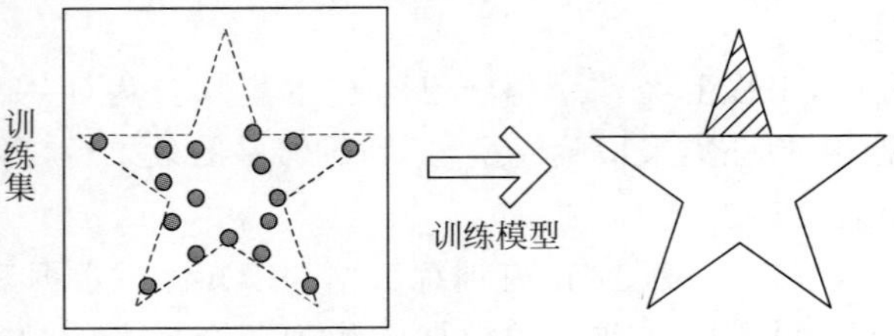

图 3-13　不充分或分布不平衡的样本集训练效果(见彩插)

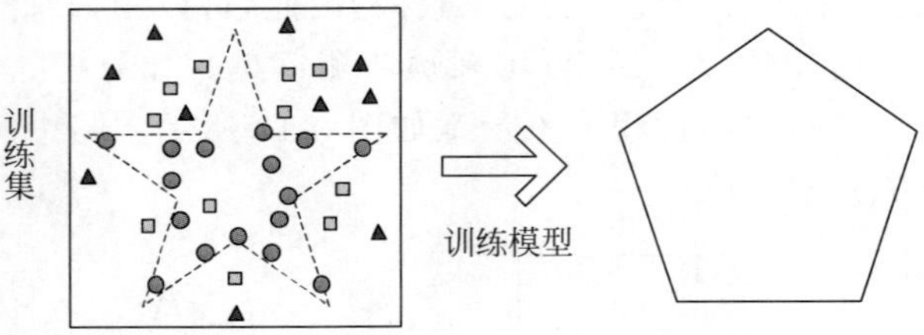

图 3-14　噪声过多的样本集训练效果(见彩插)

其次,验证集的样本也需要符合一定的分布平衡和清洁度要求,否则将无法验证出一个真实的模型。在验证集样本过少,或者分布不平衡的情况下,有可能无法验证出如图 3-13 所示的模型的缺陷。

此外,训练模型和验证模型的样本不能相同,否则训练出的模型的验证结果非常完美,而实际上并不一定可用。

将训练数据划分为训练集和验证集的方法称为保持法(Holdout Method),一般保留已知样本的 20%~30%作为验证集。如果数据分布合理,验证集产生的验证误差通常会接近测试集产生的测试误差。

除了保持法,还经常采用一种称为 k-折交叉验证(k-fold Cross-validation)的评估模型预测效果的方法。k-折交叉验证是将总样本集随机地划分为 k 个互不相交的子集。对于每个子集,将所有其他样本集作为训练集训练出模型,将该子集作为验证集,并记录验证集每一个样本的预测结果。每个子集都这样处理完后,所有样本都有一个预测值。然后与真实值进行比对,从而评估模型的效果。这个方法将每一个样本都用来进行了验证,其评估的准确性一般要高于保持法。

一般来说,划分的子集越多,k-折交叉验证评估的效果就越好,但训练耗费的时间就很长。如果训练耗时不是问题时,可以采用单一保留(Leave-one-out)交叉验证,即每个验证集只有一个样本,其余全是训练集。

对于有时间顺序的样本集,即样本产生有时间先后关系,则不能随机划分验证集和训练集,不能用后产生的样本集来预测先发生的样本。

3.4.3 过拟合抑制

在算法研究中，解决过拟合时，常提到“奥卡姆剃刀（Occam's Razor）定律”，它是由14世纪逻辑学家奥卡姆提出的。这个定律称为“如无必要，勿增实体”，即“简单有效原理”。在模型选择中，就是在所有可以选择的模型中，能够很好地解释已知数据并且简单的模型才是最好的模型。基于这个思路，在算法研究中，人们常采用正则化（Regularization）、早停（Early Stopping）、随机失活（Dropout）等方法来抑制过拟合。

1. 正则化方法

正则化方法是在样本集的损失函数中增加一个正则化项（Regularizer），或者称罚项（Penalty Term），来对冲模型的复杂度。正则化项一般是模型复杂度的单调递增函数，模型越复杂，正则化值就越大。

正则化方法的优化目标为

$$\min_{f\in\mathcal{F}}\frac{1}{m}\sum_{i=1}^{m}L(y_i,f(x_i))+\lambda J(f) \tag{3-46}$$

其中，f 代表某一模型；$\mathcal{F}$是可选模型的集合；L 是损失函数。第一项 $\frac{1}{m}\sum_{i=1}^{m}L(y_i, f(x_i))$ 是训练集上的平均损失，即训练误差，又称为经验风险（Empirical Risk）。第二项 $J(f)$是正则化项，$\lambda\geqslant 0$ 为正则化项的权重系数。正则化项可以取不同的形式的函数，但其值必须满足模型越复杂值越大的要求。

经验风险加上正则化项，称为结构风险（Structural Risk）。显然经验风险只刻画了模型对样本集的适应能力，而结构风险不仅考虑了对样本集的适应能力，还考虑了模型的复杂度，因此，正则化方法追求的是结构风险最小化，而不仅仅是经验风险最小化[12]。

常用的正则化方法有L1、L2正则化方法。L1、L2正则化方法指的是正则化项是模型参数向量 W 的L1和L2范数。

(1) L2正则化方法。

设原始损失函数是 L_0，给它加一个参数向量 W 的L2范数，得到新的损失函数为

$$L=L_0+\frac{\lambda}{2k}\sum_{j}(w^{(j)})^2 \tag{3-47}$$

其中，λ 是正则化项的权重系数。k 是参数总数，它在一个模型中是一个常量，也可以不除，乘1/2是为了求导后消除常数2。

这个L2正则项是怎么来抑制过拟合的呢？来看看在梯度下降法中的作用。对式(3-47)求特征 $w^{(j)}$ 的导数：

$$\frac{\partial L}{\partial w^{(j)}}=\frac{\partial L_0}{\partial w^{(j)}}+\frac{\partial}{\partial w^{(j)}}\left(\frac{\lambda}{2k}\sum_{j}(w^{(j)})^2\right)=\frac{\partial L_0}{\partial w^{(j)}}+\frac{\lambda}{k}w^{(j)} \tag{3-48}$$

迭代公式(3-23)的分量变为

$$w_{i+1}^{(j)}=w_i^{(j)}-\alpha\frac{\partial L}{\partial w_i^{(j)}}=w_i^{(j)}-\alpha\frac{\partial L_0}{\partial w_i^{(j)}}-\alpha\frac{\lambda}{k}w_i^{(j)}$$
$$=\left(1-\frac{\alpha\lambda}{k}\right)w_i^{(j)}-\alpha\frac{\partial L_0}{\partial w_i^{(j)}}\tag{3-49}$$

可见，使用 L2 正则项后，$w_i^{(j)}$ 的系数小于 1 了，因此，将使得 $w_{i+1}^{(j)}$ 较原来的变化要小一些，这个方法也叫权重衰减(Weight Decay)。来看看多项式回归例子中 $w^{(j)}$ 小而拟合好的情况。代码 3-11 中，第 25 行是打印出模型的系数，将线性模型、三次模型、五次模型和九次模型的系数都列出来：

线性模型系数：40.74897579；

三次模型系数：0，−7.4139024，1.43393358，6.88041117；

五次模型系数：0，31.53983182，−9.59767085，−11.33268976，1.15255569，1.56112294；

九次模型系数：−1.55175872e−12，9.86092386e+00，−3.85815674e+01，8.93592424e+00，−2.49195458e+01，5.70545419e+00，1.19222564e+01，−2.99067031e+00，−9.67091926e−01，2.56633014e−01。

可以发现，三次多项式模型的系数最小，九次多项式模型的系数多次出现了很大的值。从二者的拟合图 3-10 中，可以进一步理解这种情况。因为样本点是带噪声的，因此要完美穿过所有点，那么拟合后的曲线必定要有很多急剧变化的弯才行。急剧变化则意味某些斜率很大，也就是导数很大，因此系数也必然变大。

(2) L1 正则化方法。

L1 正则化方法为

$$L=L_0+\frac{\lambda}{k}\sum_j|w^{(j)}|\tag{3-50}$$

上式对 $w^{(j)}$ 求导：

$$\frac{\partial L}{\partial w^{(j)}}=\frac{\partial L_0}{\partial w^{(j)}}+\frac{\lambda}{k}\operatorname{sgn}(w^{(j)})\tag{3-51}$$

sgn(·)是符号函数：

$$\operatorname{sgn}(x)=\begin{cases}+1, & x\geqslant 0\\ -1, & x<0\end{cases}\tag{3-52}$$

于是梯度下降法的迭代式为

$$w_{i+1}^{(j)}=w_i^{(j)}-\frac{\alpha\lambda}{k}\operatorname{sgn}(w_i^{(j)})-\alpha\frac{\partial L_0}{\partial w_i^{(j)}}\tag{3-53}$$

第二项中符号函数的作用是不管 $w_i^{(j)}$ 是正还是负，都使之往 0 靠近，也就相当于减小了模型的复杂度，防止过拟合。在实际应用时，可令 sgn(0)=0 解决不可导的问题。

采用 L2 范数和 L1 范数正则项的线性回归，分别称为岭回归和 lasso 回归。后文将详细讨论岭回归。

2. 早停法

除了模型的复杂程度，过拟合还与模型的训练轮数有关。训练轮数过多，可能会出现过拟合。

早停法是在模型迭代训练中，在模型对训练样本集收敛之前就停止迭代以防止过拟合的方法。

前面讨论过，模型泛化能力评估的思路是将样本集划分为训练集和验证集，用训练集来训练模型，训练完成后，用验证集来验证模型的泛化能力。而早停法提前引入验证集来验证模型的泛化能力，即在每一轮训练（一轮是指遍历所有训练样本一次）完后，就用验证集来验证泛化能力，如果 n 轮训练都没有使泛化能力得到提高，就停止训练。n 是根据经验提前设定的参数，常取 10、20、30 等值。这种策略称为"No-improvement-in-n"。

3. 随机失活

随机失活只应用于人工神经网络的过拟合抑制，它通过随机使一部分神经元临时失效来达到目的。关于随机失活的内容将在后文结合具体神经网络进行讨论。

在工程方面，可以从样本集数据方面采取措施来防止过拟合，包括数据清洗（Data Cleaning）和数据扩增（Data Augmentation）等。数据清洗是指尽量清除掉噪声，以减少对模型的影响。数据扩增是指增加训练样本来抵消噪声的影响，从而抑制过拟合。增加训练样本包括从数据源采集更多的样本和人工制造训练样本两种方法。在人工制造训练样本时，要注意制造的样本要和已有样本是近似独立同分布的。

3.5 向量相关性与岭回归

视频

最小二乘法求解线性回归模型时，其基本公式为 $\hat{\boldsymbol{W}}^{\mathrm{T}}=(\bar{\boldsymbol{X}}\bar{\boldsymbol{X}}^{\mathrm{T}})^{-1}\bar{\boldsymbol{X}}\boldsymbol{Y}^{\mathrm{T}}$。式中有一个矩阵逆运算 $(\bar{\boldsymbol{X}}\bar{\boldsymbol{X}}^{\mathrm{T}})^{-1}$，也就是说 $\bar{\boldsymbol{X}}\bar{\boldsymbol{X}}^{\mathrm{T}}$ 必须可逆，否则将无法求解。本小节讨论用岭回归算法来处理此类情况。岭回归算法还可以处理特征相关的问题。岭回归算法实际上是加了 L2 正则项的线性回归。

岭回归涉及特征向量之间的相关性，所以，先介绍机器学习中非常重要的向量的相关性度量。

3.5.1 向量的相关性

向量的相关性度量在机器学习中有重要的应用，比如，可以用验证集的预测值组成的向量与实际标签值组成的向量之间的相关性来衡量算法的有效性。样本可表示为由特征依序组成的向量，因此可以用向量的相关性比较两个样本的相似程度。如果把所有样本的指定特征依序排列成向量，就能用向量的相关性来比较两个特征的相似程度。

1. 协方差

向量 $\boldsymbol{X}$ 和向量 $\boldsymbol{Y}$ 的协方差为

$$\mathrm{Cov}(\boldsymbol{X},\boldsymbol{Y}) = E\{[\boldsymbol{X} - E(\boldsymbol{X})][\boldsymbol{Y} - E(\boldsymbol{Y})]\} \tag{3-54}$$

协方差反映的是两个向量的变化趋势。当变化趋势相近时,协方差大于 0;如果相反,则小于 0;如果完全无关,即独立时,为 0。在样本集中,如果某特征向量与标签向量协方差为 0,则意味着该特征对预测没有帮助,可以去掉,以减少计算量。

2. 相关系数

向量 $\boldsymbol{X}$ 和向量 $\boldsymbol{Y}$ 的相关系数为

$$\rho_{XY} = \frac{\mathrm{Cov}(\boldsymbol{X},\boldsymbol{Y})}{\sqrt{D(\boldsymbol{X})}\sqrt{D(\boldsymbol{Y})}} = \frac{E\{[\boldsymbol{X} - E(\boldsymbol{X})][\boldsymbol{Y} - E(\boldsymbol{Y})]\}}{\sqrt{D(\boldsymbol{X})}\sqrt{D(\boldsymbol{Y})}} \tag{3-55}$$

相关系数也反映了两个向量的变化趋势。由于它做了标准化处理,消除了两个变量变化幅度的影响,因此更适合实际应用。

3. 相关距离

向量 $\boldsymbol{X}$ 和向量 $\boldsymbol{Y}$ 的相关距离为

$$D_{\boldsymbol{XY}} = 1 - \rho_{\boldsymbol{XY}} \tag{3-56}$$

表 3-1 所示的温度和小花数量所组成的温度向量和小花数量向量的协方差为 125.5,相关系数 0.945,说明两者之间有很强的相关性。如果表 3-1 中再增加湿度值,如表 3-3 所示。

表 3-3 线性回归示例温度、湿度和小花数量

温度/℃	15	20	25	30	35	40
湿度/%	25	35	45	55	65	75
小花数量/朵	136	140	155	160	157	175

计算得到温度向量与湿度向量的相关系数为 1.0,湿度向量与小花数量向量的相关系数为 0.945。可见湿度向量与温度向量是完全相关的,因此,它与小花数量向量的相关系数等于温度向量与小花数量向量的相关系数。以上值的计算如代码 3-12 所示。

代码 3-12 向量相关性示例(向量相关性度量.ipynb)

```
import numpy as np
temperatures = [15, 20, 25, 30, 35,40]
t = np.array(temperatures)
flowers = [136, 140, 155, 160, 157, 175]
f = np.array(flowers)
np.cov(t,f)
>>> array([[  87.5        ,  125.5        ],
       [ 125.5        ,  201.36666667]])'''
np.corrcoef(t,f)
>>> array([[ 1.        ,  0.94546598],
       [ 0.94546598,  1.        ]])
humiditys = [0.25, 0.35, 0.45, 0.55, 0.65, 0.75]
h = np.array(humiditys)
np.cov(t,h)'''
```

```
>>> array([[  8.75000000e+01,    1.75000000e+00],
       [  1.75000000e+00,    3.50000000e-02]])
np.corrcoef(t,h)
>>> array([[ 1.,   1.],
       [ 1.,   1.]])
np.corrcoef(h,f)
>>> array([[ 1.        ,  0.94546598],
       [ 0.94546598,  1.        ]])
```

协方差和相关系数的计算使用了 numpy 包中的 cov 和 corrcoef 函数。

3.5.2 岭回归算法

如前文所述，在线性回归求解中，$\bar{\boldsymbol{X}}\bar{\boldsymbol{X}}^{\mathrm{T}}$ 必须可逆才能应用最小二乘法，即样本矩阵的行列式不能为 0，或者说是列满秩。因此，样本矩阵的各个特征向量之间不能有强烈的线性相关性，即相关系数最好是接近于 0。如果两个特征列有强烈的相关性，那么会出现两列系数不固定的情况，即在稳定标签值的情况下，其中一列的系数的升高可以通过另一列系数的降低来弥补，因此会出现差异较大的模型，也称为模型的方差较大。代码 3-12 计算了表 3-3 中湿度特征向量和温度特征向量的相关系数为 1，是强相关的。应用最小二乘法来计算表 3-3 所代表的线性回归模型：

$$f(\boldsymbol{x}) = w^{(2)} \cdot x^{(2)} + w^{(1)} \cdot x^{(1)} + b \tag{3-57}$$

其中，$x^{(2)}$ 表示湿度值；$x^{(1)}$ 表示温度值。

计算得到 b，$w^{(1)}$ 和 $w^{(2)}$ 分别为 325.21368214，－24.40422285，－232.07635727，对温度和湿度组成的测试样本(18，0.31)，(22，0.39)，(33，0.61)进行预测得到小花数量为：－186，－302，－621。该结果显然是不合理的。计算过程见附属资源中的文件“向量相关性度量.ipynb”。

岭回归算法是在原线性回归的损失函数 $L(\boldsymbol{W})$[式(3-9)]上增加 L2 正则项 $\lambda\boldsymbol{W}\boldsymbol{W}^{\mathrm{T}}$($\lambda$ 称为岭系数，是事先指定的参数)得到新损失函数 L'：

$$L' = L(\boldsymbol{W}) + \lambda\boldsymbol{W}\boldsymbol{W}^{\mathrm{T}} = (\boldsymbol{Y} - \boldsymbol{W}\bar{\boldsymbol{X}})(\boldsymbol{Y} - \boldsymbol{W}\bar{\boldsymbol{X}})^{\mathrm{T}} + \lambda\boldsymbol{W}\boldsymbol{W}^{\mathrm{T}} \tag{3-58}$$

此时，要求出的参数是：

$$\hat{\boldsymbol{W}} = \arg\min_{\boldsymbol{W}} L'(\boldsymbol{W}) = \arg\min_{\boldsymbol{W}} [(\boldsymbol{Y} - \boldsymbol{W}\bar{\boldsymbol{X}})(\boldsymbol{Y} - \boldsymbol{W}\bar{\boldsymbol{X}})^{\mathrm{T}} + \lambda\boldsymbol{W}\boldsymbol{W}^{\mathrm{T}}] \tag{3-59}$$

最小二乘法求解，对 $\boldsymbol{W}^{\mathrm{T}}$ 求导：

$$\begin{aligned}\frac{\mathrm{d}}{\mathrm{d}\boldsymbol{W}^{\mathrm{T}}} L' &= \frac{\mathrm{d}}{\mathrm{d}\boldsymbol{W}^{\mathrm{T}}}[(\boldsymbol{Y} - \boldsymbol{W}\bar{\boldsymbol{X}})(\boldsymbol{Y} - \boldsymbol{W}\bar{\boldsymbol{X}})^{\mathrm{T}} + \lambda\boldsymbol{W}\boldsymbol{W}^{\mathrm{T}}] \\ &= 2\bar{\boldsymbol{X}}(\bar{\boldsymbol{X}}^{\mathrm{T}}\boldsymbol{W}^{\mathrm{T}} - \boldsymbol{Y}^{\mathrm{T}}) + 2\lambda\boldsymbol{W}^{\mathrm{T}}\end{aligned} \tag{3-60}$$

然后令其为 0，可得

$$\hat{\boldsymbol{W}}^{\mathrm{T}} = (\bar{\boldsymbol{X}}\bar{\boldsymbol{X}}^{\mathrm{T}} + \lambda\boldsymbol{I})^{-1}\bar{\boldsymbol{X}}\boldsymbol{Y}^{\mathrm{T}} \tag{3-61}$$

岭回归算法在最小二乘法中，实际上是给 $\bar{\boldsymbol{X}}\bar{\boldsymbol{X}}^{\mathrm{T}}$ 加一个非负因子 $\lambda\boldsymbol{I}$($\boldsymbol{I}$ 为单位矩阵)，使得 $\bar{\boldsymbol{X}}\bar{\boldsymbol{X}}^{\mathrm{T}} + \lambda\boldsymbol{I}$ 列满秩。这样，通过加入一个人为的干扰，虽然使估计成了有偏的了(即

新模型预测值与真实值之间有差异,也称为偏差),但是成了列满秩,可以求得逆矩阵,从而提高了稳定性,即减少了方差。因为单位矩阵的对角线上有一条由 1 组成的“岭”,其他元素为 0,所以把这个方法称为岭回归。

用 Python 的 numpy 包,容易实现式(3-61),并对表 3-3 所示的样本数据进行求解,令 $\lambda=0.5$ 求得 $b,w^{(1)}$ 和 $w^{(2)}$ 分别为:95.97627991,2.13220123,−4.75616997。对温度和湿度组成的测试(18,0.31),(22,0.39),(33,0.61)进行预测得到小花数量为 132,141,163。该结果虽然产生了一定的偏差,但显然要合理得多。

对比式(3-58)和式(3-47),并由式(3-49)和式(3-26),易知岭回归在梯度下降法中的迭代关系式:

$$w_{l+1}^{(j)}=(1-2\alpha\lambda)w_l^{(j)}+\alpha\sum_{i=1}^{m}\left(y_i-\sum_{k=0}^{n}x_i^{(k)}\cdot w_l^{(k)}\right)x_i^{(j)},\quad \text{对每一个特征 } j \tag{3-62}$$

通过权重对系数进行了衰减,抑制了相关特征的系数发生过大变化,迫使它们向 0 趋近,与简单的线性回归相比,能取得更好的预测效果。

关于岭参数 λ 的确定,需要使用试错法,通过验证集的预测误差最小化来得到,即对不同的 λ 进行多次实验,取使验证集预测误差最小的那个 λ 作为最终的参数值。

3.6 局部回归

前述的回归模型,假设所有样本之间都存在相同程度的影响,这类模型称为全局模型。在机器学习中,还有另一种思想:认为相近的样本相互影响更大,离得远的样本相互影响很小,甚至可以不计。这种以“远亲不如近邻”思想为指导得到的模型称为局部模型。局部思想在聚类、回归、分类等机器学习任务中都有应用,聚类算法中的 DBSCAN 算法就是以这种思想为指导的模型。

用于回归的局部模型有局部加权线性回归模型、K 近邻模型和树回归模型等。树模型主要用于分类,因此树回归模型将与树分类模型一并在后面第 4 章中讨论。

3.6.1 局部加权线性回归

局部加权线性回归(Locally Weighted Linear Regression,LWLR)模型根据训练样本点与预测点的远近设立权重,离预测点越近的点的权重就越大。

设 q_i 为给样本 $\boldsymbol{S}_i$ 设立的权值,那么样本 $\boldsymbol{S}_i$ 的误差平方 $\mathrm{e}_i^2(W)$ 为

$$\mathrm{e}_i^2(\boldsymbol{W})=q_i(y_i-\boldsymbol{W}\cdot\boldsymbol{x}_i)^2=(y_i-\boldsymbol{W}\cdot\boldsymbol{x}_i)q_i(y_i-\boldsymbol{W}\cdot\boldsymbol{x}_i)^{\mathrm{T}} \tag{3-63}$$

其中,$\boldsymbol{x}_i$ 是样本 i 的实例;y_i 是样本 i 的标签值。

所有样本的误差平方和,即损失函数为

$$\begin{aligned}L(\boldsymbol{W})&=\mathrm{e}_1^2+\mathrm{e}_2^2+\cdots+\mathrm{e}_m^2\\&=(y_1-\boldsymbol{W}\cdot\boldsymbol{x}_1\quad y_2-\boldsymbol{W}\cdot\boldsymbol{x}_2\quad\cdots\quad y_m-\boldsymbol{W}\cdot\boldsymbol{x}_m)\begin{pmatrix}q_1&\cdots&0\\\vdots&\ddots&\vdots\\0&\cdots&q_m\end{pmatrix}\end{aligned}$$

$$\begin{pmatrix} y_1 - \boldsymbol{W} \cdot \boldsymbol{x}_1 \\ y_2 - \boldsymbol{W} \cdot \boldsymbol{x}_2 \\ \vdots \\ y_m - \boldsymbol{W} \cdot \boldsymbol{x}_m \end{pmatrix} = (\boldsymbol{Y} - \boldsymbol{W}\bar{\boldsymbol{X}})\boldsymbol{Q}(\boldsymbol{Y} - \boldsymbol{W}\bar{\boldsymbol{X}})^{\mathrm{T}} \tag{3-64}$$

其中,$\boldsymbol{Q}=\begin{pmatrix} q_1 & \cdots & 0 \\ \vdots & \ddots & \vdots \\ 0 & \cdots & q_m \end{pmatrix}$。

用最小二乘法求解,可得

$$\hat{\boldsymbol{W}}^{\mathrm{T}} = (\bar{\boldsymbol{X}}\boldsymbol{Q}\bar{\boldsymbol{X}}^{\mathrm{T}})^{-1}\bar{\boldsymbol{X}}\boldsymbol{Q}\boldsymbol{Y}^{\mathrm{T}} \tag{3-65}$$

那么 q_i 是怎么设立的呢? LWLR 采用核函数来设立 q_i 的值,下面介绍一种常用的高斯核函数,其设立权重的公式为

$$q_i = \mathrm{e}^{\left(-\frac{(\boldsymbol{x}_i-\boldsymbol{x})^{\mathrm{T}}(\boldsymbol{x}_i-\boldsymbol{x})}{2\tau^2}\right)} \tag{3-66}$$

其中,$\boldsymbol{x}_i$ 为第 i 个样本的实例; $\boldsymbol{x}$ 为测试样本的实例; τ 为预设的参数。因为指数部分为非正数,所以权值最大为 1.0,只有在点 $\boldsymbol{x}_i$ 与预测点 $\boldsymbol{x}$ 重合时才出现。点 $\boldsymbol{x}_i$ 与点 $\boldsymbol{x}$ 距离越大,权值越小,向 0 趋近。参数 τ 控制了权值变化的速率,取值越大,权值从中心点向两边降低的速率越慢。

实现式(3-65)的最小二乘法解局部加权线性回归的函数如代码 3-13 所示。

代码 3-13　最小二乘法求解局部加权线性回归(局部加权线性回归.ipynb)

```
def lwlr(t,X,Y,k = 1.0):
    '''最小二乘法求解局部加权线性回归
    para t: 矩阵,测试样本
    para X:矩阵,样本特征矩阵
    para Y:矩阵,标签
    para k: 核函数系数
    return: 预测值
    '''
    m = np.shape(X)[1]
    Q = np.mat(np.eye((m)))
    for i in range(m):
        diffX = X[:,i] - t
        Q[i,i] = np.exp( - diffX.T * diffX/(2.0 * k ** 2))
    w = (X * Q * X.T).I * X * Q * Y.T
    return w * t
```

用 LWLR 来拟合多项式回归(3.3 节)中的示例,参数 τ 分别取 5.0,1.0,0.5,0.05,画出预测曲线如图 3-15 所示。可见随着核函数的参数从大到小,模型由欠拟合变为过拟合。

局部加权线性回归方法不形成固定的模型,对每一个新的预测点,都需要计算每个样本点的权值,在样本集非常大的时候,预测效率较低。

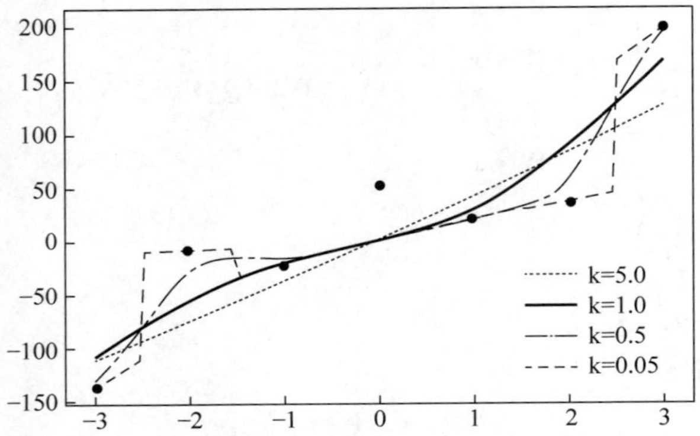

图 3-15 不同核函数参数时的局部加权线性回归预测曲线(见彩插)

3.6.2 *K* 近邻法

K 近邻法(*K*-Nearest Neighbor, KNN)是一种简单而基本的机器学习方法,可用于求解分类和回归问题。*K* 近邻法于 1968 年由 Cover 和 Hart 的提出。

应用 *K* 近邻法求解回归问题,需要先指定三个要素:样本间距离度量方法 $d(\cdot)$、邻居样本个数 k 和根据 k 个邻居样本计算标签值方法 $v(\cdot)$。

设样本集为 $\boldsymbol{S}=\{\boldsymbol{s}_1,\boldsymbol{s}_2,\cdots,\boldsymbol{s}_m\}$包含 m 个样本,每个样本 $\boldsymbol{s}_i=(\boldsymbol{x}_i,y_i)$包括一个实例 $\boldsymbol{x}_i$ 和一个实数标签值 y_i。测试样本记为 $\boldsymbol{x}$。

K 近邻法用于回归分为以下两步:

(1) 根据 $d(\cdot)$,从 $\boldsymbol{S}$ 中找出 k 个距离 $\boldsymbol{x}$ 最近的样本,即得到 $\boldsymbol{x}$ 的邻域 $N_k(\boldsymbol{x})$。

(2) 计算 $v(N_k(\boldsymbol{x}))$得到 $\boldsymbol{x}$ 的标签值。

$d(\cdot)$常用欧氏距离。$v(\cdot)$常用求均值函数、线性回归模型和局部加权线性回归模型。

k 值的大小对算法有重大影响。过小的 k 值,结果对噪声更敏感,容易发生过拟合;过大的 k 值,较远的节点也会影响结果,近似误差(Approximation Error)会增大。

K 近邻法也不形成固定模型,预测时计算量相对较大。

应用 *K* 近邻法求解分类问题,只要将三要素中的计算标签值的方法改为计算分类标签的方法即可。计算分类标签的方法常采用投票法。

sklearn 中实现 *K* 近邻回归的类是 neighbors 包中的 KNeighborsRegressor,实现 *K* 近邻分类的类是 KNeighborsClassifier。

3.7 练习题

1. 用 sklearn.linear_model 包中的 LinearRegression 对表 3-1 所示的示例进行线性回归实验,比较结果。

2. 写出用迭代法求解方程

$$x^5+x^4+e^x-11x+1=0$$

时的迭代关系式。

3. 查阅资料，研究梯度下降法中步长的动态调整方法，试将代码3-6中固定步长改为动态步长，并对比两者运行结果。

4. 试修改代码3-6实现批梯度下降和随机梯度下降算法，并从时间和结果两方面与原算法进行比较。

5. 实现岭回归的最小二乘法求解算法，并进行实验。

6. 实现岭回归的梯度下降法求解算法，进行实验，并与最小二乘法求解结果进行比较。

第 4 章

分　类

分类(Classification),就是将某个事物判定为属于预先设定的有限个集合中的某一个的过程。在日常生活中经常用到,比如从远处观察某人是男的还是女的?分类是机器学习中应用最为广泛的任务。分类问题包括二分类问题和多分类问题。分类任务中样本的类别是预先设定的。分类属于监督学习。

本章先以较容易理解的决策树算法和随机森林算法入手,逐步展开讨论分类的基础知识,以及逻辑回归、Softmax 回归等内容。

本章还讨论了集成学习方法和如何解决类别不平衡问题,它们也可以应用到聚类等其他机器学习任务中。

与概率和神经网络有关的模型将在有关章节统一讨论,因此,本章内容不涉及概率和神经网络相关分类算法。

视频

4.1　决策树、随机森林及其应用

本节先讨论决策树及随机森林算法的原理、实现代码、相关框架和模块,最后介绍它们的一个应用示例。

4.1.1　决策树分类算法

1. 基本思想

决策树(Decision Tree,DT)是常见的分类方法,其基本思想很容易理解。在生活中人们经常应用决策树的思想来做决定,以某相亲决策过程为例,如图 4-1 所示。

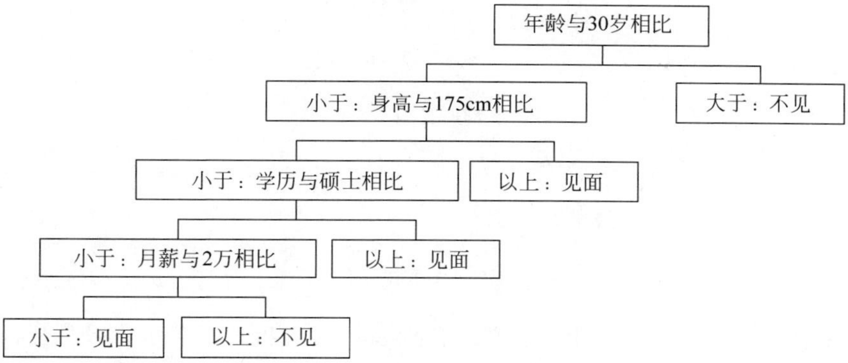

图 4-1 某相亲决策过程

分类的建模过程与上面做决定的过程相反，事先不知道人们的决策思路，需要通过人们已经做出的大量决定来“揣摩”出其决策思路，也就是通过大量数据来归纳道理，如通过如表 4-1 所示的相亲数据来分析某人的相亲决策条件。

表 4-1 某人相亲数据

编号	年龄(岁)	身高(cm)	学历	月薪(元)	是否相亲
1	35	176	本科	20 000	否
2	28	178	硕士	10 000	是
3	26	172	本科	25 000	否
4	29	173	博士	20 000	是
5	28	174	本科	15 000	是

当影响决策的因素较少时，人们可以直观地从表 4-1 所示的数据(即训练样本)中推测出如图 4-1 所示的相亲决策思路，从而了解此人的想法，更有目标地给他推荐相亲对象。

当样本和特征数量较多时，且训练样本可能出现冲突，人就难以胜任建立模型的任务。此时，一般要按一定算法由计算机来自动完成归纳，从而建立起可用来预测的模型，并用该模型来预测测试样本，从而筛选相亲对象。

决策树模型是一种对测试样本进行分类的树形结构，该结构由结点(Node)和有向边(Directed Edge)组成，结点分为内部节点(Internal Node)和叶节点(Leaf Node)两类。内部节点表示对测试样本的一个特征进行测试，内部节点下面的分支表示该特征测试的输出。如果只对特征的 1 个具体值进行测试，那么将只有正(大于或等于)或负(小于)2 个输出，生成的将是二叉树。本书中，二叉树的左子树默认表示测试为负的输出，右子树默认表示测试为正的输出。如果对特征的多个具体值进行测试，那么将产生多个输出，生成的将是多叉树。叶节点表示样本的一个分类，如果样本只有两个分类类别，那么该模型是二分类模型，否则是多分类模型。

用圆点表示内部节点，用方块表示叶节点，可将图 4-1 所示的决策过程表示为决策树模型，如图 4-2 所示。在该决策树模型中，每个内部节点的输出只有两个分支，因此它是

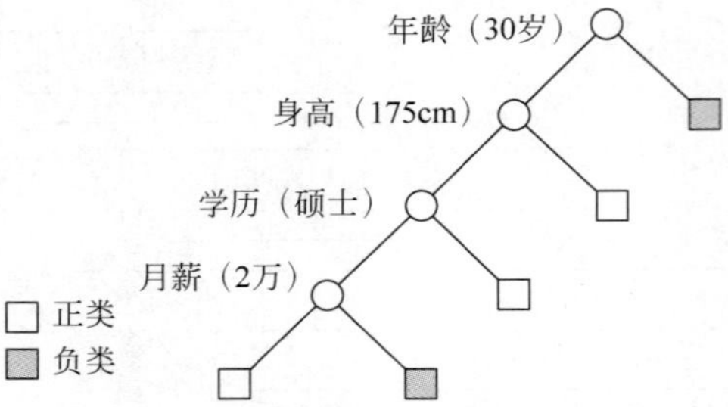

图 4-2　决策树示例 1

二叉树模型，同时，叶节点只有正、负两类，分别表示相亲和不相亲两种情况，因此它是二分类模型。图中分别用空心和实心的方块表示相亲和不相亲两类结果。

最高的内部节点（根节点）表示对年龄特征是否小于 30 岁（或大于或等于 30 岁）进行测试，左子树表示年龄小于 30 岁的输出，右子树表示年龄大于或等于 30 岁的输出。值得注意的是，一个特征可以在树的多个不同分支出现，如果在身高超过 175cm 后，还要考查月薪是否超过 8000 元条件时，则决策过程可以表示为如图 4-3 所示的模型。

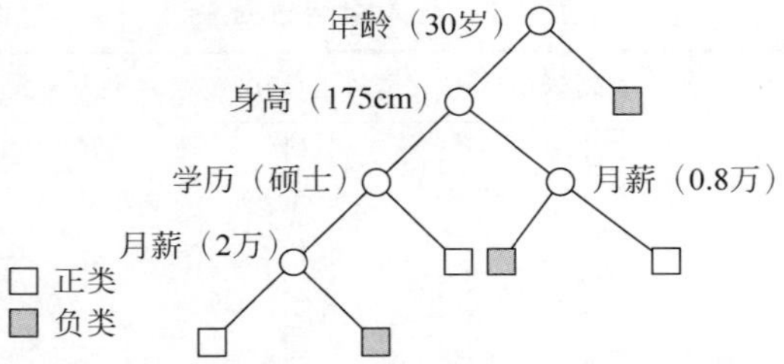

图 4-3　决策树示例 2

对于表 4-1 所示的相亲数据，还可以归纳成图 4-4 所示的二叉决策树。

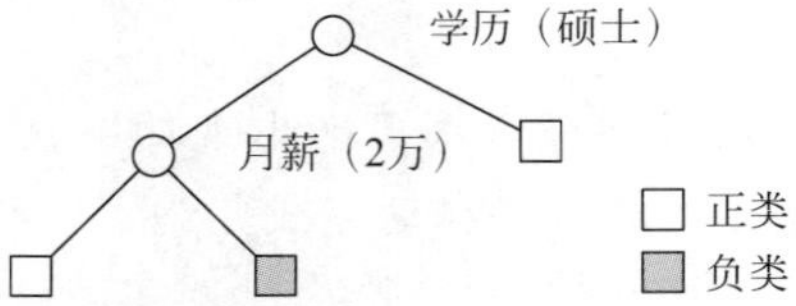

图 4-4　决策树示例 3

就表 4-1 中的训练数据而言，图 4-2 和图 4-4 所示的二叉决策树能起到完全相同的区分效果。但是，图 4-4 所示的二叉决策树只用了两个特征及相应的决策值就达到了相同的效果，在进行预测的时候，显然要简单、高效得多。该例子说明，在生成决策树时，选择合适的特征及其决策值是非常重要的。

使用决策树进行决策的过程是从根节点开始，依次测试样本相应的特征，并按照其值选择输出分支，直到到达叶子节点，然后将叶子节点存放的类别作为决策结果。如对年龄为 27 岁、身高为 176cm、学历为本科、月薪为 25 000 元的对象，依据图 4-2 所示的模型，先测试根节点年龄特征，小于 30 岁，沿左子树继续测试，身高大于 175cm，走右子树，到达叶节点，得出相亲的决策结论。

2. 建立二叉决策树流程

决策树算法一般采用递归的方式，建立二叉决策树的流程如算法 4-1 所示。

算法 4-1 建立二叉决策树流程

步 数	操 作
1	对输入的训练集，如果集合为空，算法结束
2	如果不能选择到一个合适的特征及其决策值，则建立叶子节点，算法结束
3	根据选择到的特征及其决策值，建立内部节点
4	依据选择到的特征及其决策值将输入的训练集划分为左、右两个子集，对每个子集应用本算法

第 2 步中，选择哪一个特征及其决策值来划分训练集对生成的树结构影响很大，对决策树的研究基本上集中于该问题，该问题习惯上称为样本集分裂，依其解决方法可将决策树算法分为 ID3、C4.5、CART 等算法。

第 3 步建立内部测试节点。

第 4 步则根据选定特征及其决策值将训练集划分为若干个子集，对每个子集执行递归算法，子集建立的节点是本级节点的子节点。

3. 样本集分裂

比较图 4-2 和图 4-4 所示的决策树，它们都可以达到表 4-1 所示的训练数据要求，但它们的层次数并不一样，分别是 5 层和 3 层。显然，层次越少，需要的测试次数也就越少，也就是说所做的测试越有效。一般而言，希望选择的特征及其决策值能够起到尽可能好的效果，能够最好地将训练集区分开。那么，如何来衡量怎样的区分是更好的？进而如何来选择当前最好的特征呢？

目前一般是用以信息论为基础的指标来衡量样本集分裂的有效性，并选择合适的特征进行样本集分裂。

1）信息熵

信息熵(Information Entropy)是用来描述信息混乱程度的值，其应用非常广泛。熵(Entropy)是德国物理学家克劳修斯在 1850 年创造的一个术语，用来表示任何一种能量在空间中分布的均匀程度。能量分布越均匀，熵就越大。例如，在一个物理系统中，假如这个系统仅由两个物体构成，关于这个系统的温度，有两种情况：第一种是一个物体温度高一个物体温度低；第二种是两个物体的温度一样。那么认为第二种情况的熵比第一种情况要高，因为第二种情况中能量的分布均匀一些。

1948 年，香农在他的《信息论》中借用了熵的概念，提出了著名的信息熵。在定义信息熵之前，他先提出了信息的概念：信息就是对不确定性的消除。现实中，信息可以理解为系统根据信源(如网络、电话、电视、广播等)发出的“消息”将转换的“状态”(天气的变化、温度的增减)等。如一条天气预报消息“明天气温下降 8℃”可以消除人们对明天天气变化的不确定性，也就是说人们本来对明天的气温变化是完全不确定的，但这条消息使人们对明天的气温变化变得确定起来了，因此该消息具有一定的信息，那这条消息的信息量怎么来衡量呢？

既然信息是对不确定性的消除，那么消除的不确定性越大，那么信息量就应该越大。比如，人们根据以往的生活常识认为气温会逐渐连续变化，出现突然变化的可能性小，所以消息“明天气温下降18℃”就比消息“明天气温下降8℃”消除的不确定性更大。也就是说不确定性的消除是根据人们的先验知识来比较的。再比如，“中国足球队打败巴西足球队”比“中国乒乓球队打败巴西乒乓球队”所消除的不确定性就大得多。因此，预言以往发生小概率的事件的消息所带来的信息量就要大。以往发生的概率叫作先验概率，用 p 表示。香农基于先验概率来定义信息量公式：

$$I(x)=\log_a\left(\frac{1}{p}\right)=-\log_a p \tag{4-1}$$

其中，x 是消息指明的事件；p 是 x 的先验概率。实际计算时，底数一般取 $a=2$，此时单位为比特(bit)。

假设中国足球队和巴西足球队曾经有过8次比赛，其中中国队胜1次。以 U 表示未来的中巴比赛中国队胜的事件，那么 U 的先验概率就是 $\frac{1}{8}$，因此其信息量就是：

$$I(U)=-\log_2\frac{1}{8}=3 \tag{4-2}$$

如果以 $\bar{U}$ 表示巴西队胜，那么 $\bar{U}$ 的先验概率是 $\frac{7}{8}$，其信息量就是：

$$I(\bar{U})=-\log_2\frac{7}{8}=0.19 \tag{4-3}$$

由此可见，中国足球队胜巴西足球队的消息带来的信息量要远大于巴西足球队胜中国足球队的消息所带来的信息量。

信息量描述的是信源发出的单个事件消除的不确定性，还不能刻画信源消除的平均不确定性。如果把信源发出的所有事件的信息量求均值，就可以刻画信源消除的平均不确定性，定义为信息熵：

$$H(X)=E[I(x_i)]=-\sum_{i=1}^{n}p_i\log_2 p_i \tag{4-4}$$

如上述例子中，信源发出的全部消息要么是中国队胜，要么是巴西队胜，可以计算其熵为

$$H(X)=\frac{1}{8}\times 3+\frac{7}{8}\times 0.19=0.54 \tag{4-5}$$

假如有两个队势均力敌，历史交手8次，各胜4次，那么信源发出的消息的熵为

$$H(X)=-\frac{1}{2}\times\log_2\frac{1}{2}-\frac{1}{2}\times\log_2\frac{1}{2}=1 \tag{4-6}$$

因此，相对均衡的事件的信源的信息熵较大，这与其他熵的含义相同。

人们常用信息熵的这个特性来度量样本集合的均衡性。表4-1所示的样本集合 A 中，相亲3次，不相亲2次，其信息熵计算如下：

$$H(A)=-\frac{2}{5}\times\log_2\frac{2}{5}-\frac{3}{5}\times\log_2\frac{3}{5}=0.971 \tag{4-7}$$

样本集合的信息熵越大，说明各样本相对均衡，区别就越小，越不利于分类。

信息熵实现的 Python 代码及详细注释见代码 4-1 第 13～28 行，示例见第 97 行。

2）信息增益

为简单起见，以二叉决策树为例来讨论相关概念，它们可以容易地推广到多分类的情况。

当把样本集 A 按照第 j 个特征 $F^{(j)}$ 的某决策值 f 划分成两个独立的子集 A_1 和 A_2 时，此时 A 的信息熵为两个子集 A_1 和 A_2 的信息熵按样本数量的比例作加权的和①：

$$H(A,F^{(j)}=f)=\frac{|A_1|}{|A|}H(A_1)+\frac{|A_2|}{|A|}H(A_2) \tag{4-8}$$

其中，$|A|$，$|A_1|$，$|A_2|$表示 A，A_1，A_2 三个集合的样本个数。

将表 4-1 所示的样本集合 A 按学历特征是否等于高于硕士划分为两个集合 A_1 和 A_2，A_1 包含编号为 1、3、5 的 3 个样本，A_2 包含编号为 2 和 4 的 2 个样本。对集合 A_1，有 1 个样本相亲，2 个样本不相亲，因此，其信息熵为

$$H(A_1)=-\frac{2}{3}\log_2\frac{2}{3}-\frac{1}{3}\log_2\frac{1}{3} \tag{4-9}$$

对集合 A_2，2 个样本全部相亲，因此，其信息熵为

$$H(A_2)=-\log_2 1 \tag{4-10}$$

对分裂后的样本集合，其信息熵为

$$\begin{aligned}H(A,F^{(2)}=\text{硕士})&=\frac{3}{5}H(A_1)+\frac{2}{5}H(A_2)\\&=-\left[\frac{3}{5}\left(\frac{2}{3}\log_2\frac{2}{3}+\frac{1}{3}\log_2\frac{1}{3}\right)+\frac{2}{5}(\log_2 1)\right]=0.551\end{aligned} \tag{4-11}$$

可见，该划分减小了集合的信息熵，即集合的均衡性减少了，区别大了，有利于分类了。划分前后信息熵的减少量称为信息增益(Information Gain)，即

$$\begin{aligned}\mathrm{Gain}(A,F^{(j)}=f)&=H(A)-H(A,F^{(j)}=f)\\&=H(A)-\left(\frac{|A_1|}{|A|}H(A_1)+\frac{|A_2|}{|A|}H(A_2)\right)\end{aligned} \tag{4-12}$$

ID3 决策树算法[13]采用信息增益作为划分样本集的指标。传统的 ID3 决策树算法生成的是多叉决策树。为了更清晰地展示决策树生成算法，本小节用信息增益来实现二叉决策树，也便于与后面的 CART 二叉决策树进行对比。

在生成二叉决策树时，选择使 $\mathrm{Gain}(A,F^{(j)}=f)$最大的那个特征 $F^{(j)}$ 及其决策值 f 作为分裂点。

将表 4-1 所示的样本集合 A 按身高（高于或等于 175cm）、学历（高于或等于硕士）、月薪（高于或等于 1 万元）三个特征及其决策值切分后的子集的信息增益分别为 0.02、

① 该结论可由条件熵计算得到，此处不进行展开。

0.42、0,所以在三者之中,选择学历(高于或等于硕士)作为分裂点更为合理。

信息增益实现的 Python 代码及详细注释见代码 4-1 第 48~74 行,示例见第 101 行。

3) 增益率

人们在实践中发现使用信息增益来选择特征时,算法会偏向于取值多的特征,也就是说特征取值越多可能会使得信息增益越大,但可能并没有实际意义,C4.5 决策树算法[14]对此做了修正,它采用增益率作为选择特征的依据。增益率(Gain Ratio)定义如下:

$$\text{GainRatio}(A,F^{(j)})=\frac{\text{Gain}(A,F^{(j)})}{\text{SplitInfo}(F^{(j)})} \tag{4-13}$$

其中,划分信息 $\text{SplitInfo}(F^{(j)})$定义如下:

$$\text{SplitInfo}(F^{(j)})=-\sum\frac{|A_i|}{|A|}\log_2\frac{|A_i|}{|A|} \tag{4-14}$$

其中,A_i 是依据特征 $F^{(j)}$的取值划分的样本子集。显然,在样本子集数增加时,$\text{SplitInfo}(F^{(j)})$也有增加的趋势,因此,信息增益增加的趋势得到了一定的修正。

但是,直接采用增益率作为选择特征的依据时,算法又会偏向于取值少的特征值,C4.5 决策树算法先从候选划分特征中找出信息增益高于平均水平的特征,再从中选择增益率最高的。

4) 基尼指数

CART(Classification and Regression Trees)决策树算法[15]采用基尼指数(Gini Index)来选择划分特征。对于样本集 A,假设有 K 个分类,设样本属于第 k 类的概率为 p_k,则此概率分布的基尼指数为

$$\text{Gini}(p)=\sum_{k=1}^{K}p_k(1-p_k)=1-\sum_{k=1}^{K}p_k^2 \tag{4-15}$$

对于样本集 A,其基尼指数为

$$\text{Gini}(A)=1-\sum_{k=1}^{K}\left(\frac{|A_k|}{|A|}\right)^2=1-\frac{\sum_{k=1}^{K}|A_k|^2}{|A|^2} \tag{4-16}$$

表 4-1 所示样本集的 5 个样本中,有 2 个相亲,3 个不相亲,因此其基尼指数为

$$\text{Gini}(A)=1-\left[\left(\frac{2}{5}\right)^2+\left(\frac{3}{5}\right)^2\right]=0.48 \tag{4-17}$$

假如样本集的 5 个样本中,有 1 个相亲,4 个不相亲,可算出其基尼指数为

$$\text{Gini}(A')=1-\left[\left(\frac{1}{5}\right)^2+\left(\frac{4}{5}\right)^2\right]=0.32 \tag{4-18}$$

直观地比较式(4-17)和式(4-18),可以发现分类越不平衡,其基尼指数越小。可以证明在子集完全相同时,基尼指数达到最大值。可见基尼指数也是一种不等性度量的指标,它取值介于 0~1,分类越不平衡,基尼指数就越小。

如果样本集 A 划分成独立的两个子集 A_1 和 A_2,其基尼指数为

$$\text{Gini}(\{A_1,A_2\})=\frac{|A_1|}{|A|}\text{Gini}(A_1)+\frac{|A_2|}{|A|}\text{Gini}(A_2) \tag{4-19}$$

在样本集分裂时，要选择使分开后两个集合基尼指数最小的那个特征及其决策值作为分裂点，即与分裂前基尼指数相比，选择使之减少最多的那个特征及其决策值。利用学历特征的决策值为“硕士”时划分表 4-1 所示样本集为两个子集，硕士以下学历的子集中有 2 个不相亲，1 个相亲，硕士及以上学历子集的 2 个样本都相亲，因此它的基尼指数为

$$\text{Gini}(A, F^{(2)} = \text{硕士}) = \frac{3}{5}\left\{1 - \left[\left(\frac{2}{3}\right)^2 + \left(\frac{1}{3}\right)^2\right]\right\} + \frac{2}{5}\left\{1 - \left(\frac{2}{2}\right)^2\right\} = 0.267 \tag{4-20}$$

而如果用年龄特征的决策值为 30 来划分样本集，此时的基尼指数为

$$\text{Gini}(A, F^{(0)} = 30) = \frac{4}{5}\left\{1 - \left[\left(\frac{3}{4}\right)^2 + \left(\frac{1}{4}\right)^2\right]\right\} + \frac{1}{5}\left\{1 - \left(\frac{1}{1}\right)^2\right\} = 0.3 \tag{4-21}$$

可见图 4-4 所示决策树的根节点要优于图 4-2 所示决策树的根节点。

实现基尼指数的 Python 代码及详细注释见代码 4-1 第 76～85 行，示例见第 108 行。

通过计算信息增益、增益率和基尼指数可以找到样本集最佳的分裂方式。如果特征的值是离散的，在生成二叉决策树时，将每个离散值都看作潜在分裂点，对每个潜在分裂点试分裂样本集，使分裂后的两个集合达到最大信息增益、增益率或减少最多基尼指数的点为最佳分裂点。如果特征的值是连续的，先将特征值排序，然后将每个特征值看作潜在分裂点，从第二个潜在分裂点开始，按大于或等于潜在分裂点的条件试分裂样本集，使分裂后的两个集合达到最大信息增益、增益率或减少最多基尼指数的点为最佳分裂点。

信息熵、信息增益、基尼指数及计算示例的代码及详细注释见代码 4-1。

代码 4-1 信息熵、信息增益、基尼指数计算(splitInfo.py)

```
1. import math
2.
3. def sum_of_each_label(samples):
4.     '''
5.     统计样本集中每一类标签 label 出现的次数
6.     para samples: list,样本的列表,每样本也是一个列表,样本的最后一项为 label
7.     return sum_of_each_label: dictionary,各类样本的数量
8.     '''
9.     labels = [sample[-1] for sample in samples]
10.    sum_of_each_label = dict([(i,labels.count(i)) for i in labels])
11.    return sum_of_each_label
12.
13. def info_entropy(samples):
14.    '''
15.    计算样本集的信息熵
16.    para samples: list,样本的列表,每样本也是一个列表,样本的最后一项为 label
17.    return infoEntropy:float,样本集的信息熵
18.    '''
19.    #统计每类标签的数量
20.    label_counts = sum_of_each_label(samples)
21.
22.    #计算信息熵 infoEntropy = -∑(p * log(p))
```

```
23.        infoEntropy = 0.0
24.        sumOfSamples = len(samples)
25.        for label in label_counts:
26.            p = float(label_counts[label])/sumOfSamples
27.            infoEntropy -= p * math.log(p,2)
28.        return infoEntropy
29.
30. def split_samples(samples, f, fvalue):
31.        '''
32.        切分样本集
33.        para samples: list,样本的列表,每样本也是一个列表,样本的最后一项为label,其他项为特征
34.        para f: int,切分的特征,用样本中的特征次序表示
35.        para fvalue: float or int,切分特征的决策值
36.        output lsamples: list,切分后的左子集
37.        output rsamples: list,切分后的右子集
38.        '''
39.        lsamples = []
40.        rsamples = []
41.        for s in samples:
42.            if s[f] < fvalue:
43.                lsamples.append(s)
44.            else:
45.                rsamples.append(s)
46.        return lsamples, rsamples
47.
48. def info_gain(samples, f, fvalue):
49.        '''
50.        计算切分后的信息增益
51.        para samples: list,样本的列表,每样本也是一个列表,样本的最后一项为label,其他项为特征
52.        para f: int,切分的特征,用样本中的特征次序表示
53.        para fvalue: float or int,切分特征的决策值
54.        output : float,切分后的信息增益
55.        '''
56.        lson, rson = split_samples(samples, f, fvalue)
57.        return info_entropy(samples) - (info_entropy(lson) * len(lson) + info_entropy(rson) * len(rson))/len(samples)
58.
59. def gini_index(samples):
60.        '''
61.        计算样本集的基尼指数
62.        para samples: list,样本的列表,每样本也是一个列表,样本的最后一项为label,其他项为特征
63.        output: float,样本集的基尼指数
64.        '''
65.        sumOfSamples = len(samples)
66.        if sumOfSamples == 0:
```

```
        return 0
    label_counts = sum_of_each_label(samples)

    gini = 0
    for label in label_counts:
        gini = gini + pow(label_counts[label], 2)

    return 1 - float(gini) / pow(sumOfSamples, 2)

def gini_index_splited(samples, f, fvalue):
    '''
    计算切分后的基尼指数
    para samples: list,样本的列表,每样本也是一个列表,样本的最后一项为 label,其他项为特征
    para f: int,切分的特征,用样本中的特征次序表示
    para fvalue: float or int,切分特征的决策值
    output : float,切分后的基尼指数
    '''
    lson, rson = split_samples(samples, f, fvalue)
    return(gini_index(lson) * len(lson) + gini_index(rson) * len(rson))/len(samples)

if __name__ == "__main__":

    #表 3-1 某人相亲数据,依次为年龄、身高、学历、月薪特征和是否相亲标签
    blind_date = [[35, 176, 0, 20000, 0],
                  [28, 178, 1, 10000, 1],
                  [26, 172, 0, 25000, 0],
                  [29, 173, 2, 20000, 1],
                  [28, 174, 0, 15000, 1]]

    #计算集合的信息熵
    print(info_entropy(blind_date))
    # OUTPUT:0.9709505944546686

    #计算集合的信息增益
    print(info_gain(blind_date,1,175))                #按身高 175 切分
    # OUTPUT:0.01997309402197478
    print(info_gain(blind_date,2,1))                  #按学历是否硕士切分
    # OUTPUT:0.4199730940219748
    print(info_gain(blind_date,3,10000))              #按月薪 10000 切分
    # OUTPUT:0.0

    #计算集合的基尼指数
    print(gini_index(blind_date))
    # OUTPUT:0.48

    #计算切分后的基尼指数
```

```
113.    print(gini_index_splited(blind_date,1,175))      #按身高175切分
114.    # OUTPUT:0.4666666666666667
115.    print(gini_index_splited(blind_date,2,1))        #按学历是否硕士切分
116.    # OUTPUT:0.26666666666666666
117.    print(gini_index_splited(blind_date,3,10000))    #按月薪10000切分
118.    # OUTPUT:0.48
119.    print(gini_index_splited(blind_date,0,30))       #按年龄30切分
120.    # OUTPUT:0.3
```

4. 二叉决策树算法实现

算法4-1给出了二叉决策树算法的一般流程,上一小节分析了选择分裂特征及其决策值的三个方法,本小节实现基于信息增益和基尼指数的二叉决策树。基于基尼指数的二叉决策树称为CART树,它不仅可以用来完成分类任务,还可以用来做回归任务,将在后文讨论。

先定义一个类作为二叉树节点,见代码4-2。

代码4-2 二叉树节点类(decision_bitree.py)

```
1.  class biTree_node:
2.      '''
3.      二叉树节点
4.      '''
5.      def __init__(self, f = -1, fvalue = None, leafLabel = None, l = None, r = None, splitInfo = "gini"):
6.          '''
7.          类初始化函数
8.          para f: int,切分的特征,用样本中的特征次序表示
9.          para fvalue: float or int,切分特征的决策值
10.         para leafLable: int,叶节点的标签
11.         para l: biTree_node指针,内部节点的左子树
12.         para r: biTree_node指针,内部节点的右子树
13.         para splitInfo = "gini": string,切分的标准,可取值'infogain'和'gini',分别表示信息增益和基尼指数
14.         '''
15.         self.f = f
16.         self.fvalue = fvalue
17.         self.leafLabel = leafLabel
18.         self.l = l
19.         self.r = r
20.         self.splitInfo = splitInfo
```

递归建树代码及详细注释见代码4-3。

代码4-3 建立基于信息增益或基尼指数的决策二叉树(decision_bitree.py)

```
1.  def build_biTree(samples, splitInfo = "gini"):
2.      '''构建树
```

```
3.      para samples: list,样本的列表,每样本也是一个列表,样本的最后一项为label,其他
        项为特征
4.      para splitInfo = "gini": string,切分的标准,可取值'infogain'和'gini',分别表示信息
        增益和基尼指数
5.      return biTree_node:Class biTree_node,二叉决策树的根节点
6.      '''
7.      if len(samples) == 0:
8.          return biTree_node()
9.      if splitInfo != "gini" and splitInfo != "infogain":
10.         return biTree_node()
11.
12.     bestInfo = 0.0
13.     bestF = None
14.     bestFvalue = None
15.     bestlson = None
16.     bestrson = None
17.
18.     if splitInfo == "gini":
19.         curInfo = gini_index(samples)         #当前集合的基尼指数
20.     else:
21.         curInfo = info_entropy(samples)       #当前集合的信息熵
22.
23.     sumOfFeatures = len(samples[0]) - 1       #样本中特征的个数
24.     for f in range(0, sumOfFeatures):         #遍历每个特征
25.         featureValues = [sample[f] for sample in samples]
26.         for fvalue in featureValues:          #遍历当前特征的每个值
27.             lson, rson = split_samples(samples, f, fvalue)
28.             if splitInfo == "gini":
29.                 #计算分裂后两个集合的基尼指数
30.                 info = (gini_index(lson) * len(lson) + gini_index(rson) *
    len(rson))/len(samples)
31.             else:
32.                 #计算分裂后两个集合的信息熵
33.                 info = (info_entropy(lson) * len(lson) + info_entropy(rson) *
    len(rson))/len(samples)
34.             gain = curInfo - info             #计算基尼指数减少量或信息增益
35.             #能够找到最好的切分特征及其决策值,左、右子树为空说明是叶子节点
36.             if gain > bestInfo and len(lson)> 0 and len(rson)> 0:
37.                 bestInfo = gain
38.                 bestF = f
39.                 bestFvalue = fvalue
40.                 bestlson = lson
41.                 bestrson = rson
42.
43.     if bestInfo > 0.0:                        # 递归建子树
44.         l = build_biTree(bestlson)
45.         r = build_biTree(bestrson)
```

```
46.             return biTree_node(f = bestF, fvalue = bestFvalue, l = l, r = r, splitInfo = splitInfo)
47.         else: # 如果 bestInfo == 0.0,说明没有切分方法使集合的基尼指数或信息熵下降了
48.             label_counts = sum_of_each_label(samples)
49.             # 返回该集合中最多的类别作为叶子节点的标签
50.             return biTree_node(leafLabel = max(label_counts, key = label_counts.get), splitInfo = splitInfo)
51.
52. def predict(sample, tree):
53.     '''
54.     对样本 sample 进行预测
55.     para sample:list,需要预测的样本
56.     para tree:biTree_node,构建好的分类树
57.     return: biTree_node.leafLabel,所属的类别
58.     '''
59.     # 1.只是树根
60.     if tree.leafLabel != None:
61.         return tree.leafLabel
62.     else:
63.     # 2.有左右子树
64.         sampleValue = sample[tree.f]
65.         branch = None
66.         if sampleValue >= tree.fvalue:
67.             branch = tree.r
68.         else:
69.             branch = tree.l
70.         return predict(sample, branch)
71.
72. def print_tree(tree, level = '0'):
73.     '''简单打印一棵树的结构
74.     para tree:biTree_node,树的根节点
75.     para level = '0':str,节点在树中的位置,用一串字符串表示,0 表示根节点,0L 表示根节点的左孩子,0R 表示根节点的右孩子
76.     '''
77.     if tree.leafLabel != None:
78.         print('*' + level + '-' + str(tree.leafLabel))    # 叶子节点用*表示,并打印出标签
79.     else:
80.         print('+' + level + '-' + str(tree.f) + '-' + str(tree.fvalue))    # 中间节点用+表示,并打印出特征编号及其划分值
81.         print_tree(tree.l, level + 'L')
82.         print_tree(tree.r, level + 'R')
```

第 52 行为利用建好的树来进行预测的 predict 函数。第 72 行为对树结构进行简单打印的函数,该函数利用字符串来简单表示树结构。

对以上函数进行测试的代码见代码 4-4。

代码 4-4　二叉决策树测试代码(decision_bitree.py)

```
1.  if __name__ == "__main__":
2.
3.      #表3-1 某人相亲数据
4.      blind_date = [[35, 176, 0, 20000, 0],
5.                    [28, 178, 1, 10000, 1],
6.                    [26, 172, 0, 25000, 0],
7.                    [29, 173, 2, 20000, 1],
8.                    [28, 174, 0, 15000, 1]]
9.      print("信息增益二叉树:")
10.     tree = build_biTree(blind_date, splitInfo = "infogain")
11.     print_tree(tree)
12.     print('信息增益二叉树对样本进行预测的结果:')
13.     test_sample = [[24, 178, 2, 17000],
14.                    [27, 176, 0, 25000],
15.                    [27, 176, 0, 10000]]
16.     for x in test_sample:
17.         print(predict(x, tree))
18.
19.     print("基尼指数二叉树:")
20.     tree = build_biTree(blind_date, splitInfo = "gini")
21.     print_tree(tree)
22.     print('基尼指数二叉树对样本进行预测的结果:')
23.     test_sample = [[24, 178, 2, 17000],
24.                    [27, 176, 0, 25000],
25.                    [27, 176, 0, 10000]]
26.     for x in test_sample:
27.         print(predict(x, tree))
```

用两种二叉决策树分别对相亲数据进行了建树和预测,输出见代码 4-5。

代码 4-5　二叉决策树测试结果

```
1.  信息增益二叉树:
2.  +0-2-1              #中间节点,根节点,第2个特征,划分值为1
3.  +0L-3-20000         #中间节点,根节点的左子节点,第3个特征,划分值为20000
4.  *0LL-1              #叶节点,根节点的左子节点的左子节点,标签为1
5.  *0LR-0
6.  *0R-1
7.  信息增益二叉树对样本进行预测的结果:
8.  1
9.  0
10. 1
11. 基尼指数二叉树:
12. +0-2-1
13. +0L-3-20000
14. *0LL-1
15. *0LR-0
```

```
16. *OR-1
17. 基尼指数二叉树对样本进行预测的结果:
18. 1
19. 0
20. 1
```

可见在相亲实验数据中,建立的两类决策二叉树相同,预测也相同。第 2～6 行描述了树的结构,第 2 行表示根节点,其测试特征是第 2 个特征,即学历特征,决策值是 1,即硕士,第 3 行表示是根节点的左子内部节点,第 4 行表示根节点的左子节点的左子叶节点,以此类推,用图表示出来,如图 4-4 所示。

在其他条件完全一样的情况下,月薪高的反而不见,与常理不符,这说明不充分的训练集不能够完全学习出原本的模型。

另一方面,决策树算法能够立足现有的训练集发现最起作用的特征,即学历和月薪,只需要这两个特征就能够将训练集正确分类。

5. 多叉决策树

前面讨论了二叉决策树的建立。多叉树内部节点将对应特征的每个取值都生成一个分支,因此,在对样本集进行分裂的时候,只选择特征,即对每个特征按所有取值分裂后的子集计算信息增益或增益率,取其中最大者。基于基尼指数的 CART 树一般是二叉的。

建立多叉决策树的算法流程如算法 4-2 所示。

算法 4-2 建立多叉决策树流程

步 数	操 作
1	对输入的样本集,如果集合为空,算法结束
2	如果不能选择到一个合适的特征,则建立叶子节点,算法结束
3	根据选择到的特征,建立内部节点
4	依据选择到的特征将输入的样本集划分为若干个子集,对每个子集应用本算法

sklearn 中的决策树类在 tree 包中,DecisionTreeClassifier 类和方法原型见代码 4-6。

代码 4-6 sklearn 中的决策树算法

```
class sklearn.tree.DecisionTreeClassifier(criterion = 'gini', splitter = 'best', max_depth = None, min_samples_split = 2, min_samples_leaf = 1, min_weight_fraction_leaf = 0.0, max_features = None, random_state = None, max_leaf_nodes = None, min_impurity_decrease = 0.0, min_impurity_split = None, class_weight = None, presort = False)

apply(self, X[, check_input])
decision_path(self, X[, check_input])
fit(self, X, y[, sample_weight, …])
get_depth(self)
```

```
get_n_leaves(self)
get_params(self[, deep])
predict(self, X[, check_input])
predict_log_proba(self, X)
predict_proba(self, X[, check_input])
score(self, X, y[, sample_weight])
set_params(self, \*\*params)
```

其中,criterion 参数指定是采用基尼指数还是信息增益作为样本集分裂的依据,fit 方法用来建树。

4.1.2 随机森林算法

简单来讲,随机森林(Random Forests, RF)算法[16]就是从样本集中构建多棵决策树,一起进行分类预测。

随机森林算法的基本思想是从样本集中有放回地重复随机抽样生成新的样本集合,然后无放回地随机选择若干特征生成一棵决策树,若干棵决策树组成随机森林,在预测分类时,将测试样本交由每个决策树判断,并根据每棵树的结果投票决定最终分类。

一般的随机森林算法需要预先确定两个参数:构建的决策树个数 n 和构建时参考的特征数 k。特征数 k 通常取 $\log_2 K$,其中 K 是所有特征的总数。随机森林算法基本流程如算法 4-3 所示。

算法 4-3 随机森林算法基本流程

步 数	操 作
1	从样本集中随机选择 m 个样本组成样本子集
2	从特征集中随机选择 k 个特征
3	对样本子集和选择的 k 个特征运用决策树算法,生成一棵决策树
4	重复上述过程 n 次

第 1 步中,随机选择采用有放回的抽样,即从原始样本集中有放回地重复随机抽取 m 个样本,生成新的训练样本集合。第 2 步中的随机选择采用不放回的抽样。

随机森林算法具有准确率高、能够处理高维数据和大数据集、能够评估各特征的重要性等优势,在工程实践和各类机器学习竞赛中得到了广泛的应用。

sklearn 中的随机森林分类算法类在 ensemble 包中,类和方法原型见代码 4-7。

代码 4-7 sklearn 中的随机森林算法

```
class sklearn.ensemble.RandomForestClassifier(n_estimators = 'warn', criterion = 'gini',
max_depth = None, min_samples_split = 2, min_samples_leaf = 1, min_weight_fraction_
leaf = 0.0, max_features = 'auto', max_leaf_nodes = None, min_impurity_decrease = 0.0,
min_impurity_split = None, bootstrap = True, oob_score = False, n_jobs = None, random_
state = None, verbose = 0, warm_start = False, class_weight = None)

```

```
 3. apply(self, X)
 4. decision_path(self, X)
 5. fit(self, X, y[, sample_weight])
 6. get_params(self[, deep])
 7. predict(self, X)
 8. predict_log_proba(self, X)
 9. predict_proba(self, X)
10. score(self, X, y[, sample_weight])
11. set_params(self, \*\*params)
```

其中，n_estimators 是森林中树的棵数，max_features 是用来分裂时的最大特征数。

4.1.3 在 O2O 优惠券使用预测示例中的应用

视频

在完成基本知识的学习和训练后，通过实践来加深理解、丰富经验是学习机器学习的有效方法。参加相关竞赛是很重要的机器学习实践活动。本小节简要介绍用随机森林算法来做竞赛题的基本思路，更全面的解决方案可到竞赛网站和相关论坛学习。

1. "O2O 优惠券使用预测"[①] 天池新人实战赛

赛题的比赛背景：随着移动设备的完善和普及，移动互联网＋各行各业进入了高速发展阶段，这其中以 O2O(Online to Offline)消费最为吸引眼球。O2O 行业关联数亿消费者，各类 App 每天记录了超过百亿条用户行为和位置记录，因而成为大数据科研和商业化运营的最佳结合点之一。以优惠券盘活老用户或吸引新客户进店消费是 O2O 的一种重要营销方式。然而随机投放的优惠券对多数用户造成无意义的干扰。对商家而言，滥发的优惠券可能降低品牌声誉，同时难以估算营销成本。个性化投放是提高优惠券核销率的重要技术，它可以让具有一定偏好的消费者得到真正的实惠，同时赋予商家更强的营销能力。

赛题为参赛选手提供了 O2O 场景相关的丰富数据，希望参赛选手通过分析建模，精准预测用户是否会在规定时间内使用相应优惠券。

赛题提供用户在 2016 年 1 月 1 日至 2016 年 6 月 30 日之间真实线上线下消费行为，预测用户在 2016 年 7 月领取优惠券后 15 天以内的使用情况。

赛题目标是预测投放的优惠券是否核销。针对此任务及一些相关背景知识，使用优惠券核销预测的平均 AUC(ROC 曲线下面积)作为评价标准。即对每个优惠券 coupon_id 单独计算核销预测的 AUC 值，再对所有优惠券的 AUC 值求平均作为最终的评价标准。有关 AUC 等分类算法的评价指标将在下一节介绍，本节先只以准确率来评价实验效果。

赛题提供的数据分为四个 XLS 表文件，包括用户线下、线上消费和优惠券领取行为

[①] https://tianchi.aliyun.com/getStart/introduction.htm?spm=5176.100066.333.1.1da2711bs3aexy&raceId=231593

数据，线下优惠券使用预测样本和选手提交文件等。本示例只使用了用户线下消费和优惠券领取行为数据作为训练数据，该数据保存在 ccf_offline_stage1_train. xls 表中，表中各字段含义如表 4-2 所示。

表 4-2 用户线下消费和优惠券领取行为文件字段含义(ccf_offline_stage1_train. xls)

Field	Description
User_id	用户 ID
Merchant_id	商户 ID
Coupon_id	优惠券 ID：null 表示无优惠券消费，此时 Discount_rate 和 Date_received 字段无意义
Discount_rate	优惠率：x \in [0,1]代表折扣率；x：y 表示满 x 减 y。单位是元
Distance	user 经常活动的地点离该 Merchant 的最近门店距离是 x×500 米(如果是连锁店，则取最近的一家门店)，x\in[0,10]；null 表示无此信息，0 表示低于 500 米，10 表示大于 5 千米
Date_received	领取优惠券日期
Date	消费日期：如果 Date=null & Coupon_id !=null，该记录表示领取优惠券但没有使用，即负样本；如果 Date!=null & Coupon_id =null，则表示普通消费日期；如果 Date!=null & Coupon_id != null，则表示用优惠券消费日期，即正样本

用户线下消费和优惠券领取行为部分数据如图 4-5 所示。

	A	B	C	D	E	F	G
1	User_id	Merchant_	Coupon_ic	Discount_rate	Distance	Date_rece	Date
2	1439408	2632	null	null	0	null	20160217
3	1439408	4663	11002	150:20:00	1	20160528	null
4	1439408	2632	8591	20:01	0	20160217	null
5	1439408	2632	1078	20:01	0	20160319	null
6	1439408	2632	8591	20:01	0	20160613	null
7	1439408	2632	null	null	0	null	20160516
8	1439408	2632	8591	20:01	0	20160516	20160613
9	1832624	3381	7610	200:20:00	0	20160429	null
10	2029232	3381	11951	200:20:00	1	20160129	null
11	2029232	450	1532	30:05:00	0	20160530	null
12	2029232	6459	12737	20:01	0	20160519	null
13	2029232	6459	null	null	0	null	20160626
14	2029232	6459	null	null	0	null	20160519
15	2747744	6901	1097	50:10:00	null	20160606	null
16	196342	1579	null	null	1	null	20160606
17	196342	1579	10698	20:01	1	20160606	null

图 4-5 用户线下消费和优惠券领取行为数据示例

2. 基本思路

此问题是一个典型的从已知的训练集中生成一个预测模型，并用模型来预测测试样本的问题，属于监督学习范畴。对此类问题的处理一般包括分析问题并选择算法、从原始的数据中提取特征、训练并评估效果等步骤。一般需要依照上述步骤重复多次调整算法、提取新特征以取得更好的效果。

1) 选择算法

模型预测的结果为是否核销优惠券，属于二分类问题。在工业界和各类竞赛中，随机森林算法以其优良的特性得到了广泛的应用,本实验基于随机森林算法来建模。

2) 提取合适的特征

在确定算法后,问题的关键就在于如何最好地利用已有的样本,这也是此类竞赛的重点。为了简便起见,只利用了用户线下消费和优惠券领取行为数据。

那么,如何利用现有的数据呢?正如前面讨论过的,输入算法的是样本的特征向量。因此,要想办法从样本集中提取出合理的特征。

样本集中的有些字段可以直接作为特征使用,如 Merchant_id(商户 ID)。但更多的字段不能直接使用,需要从中挖掘出算法能够利用的特征。如 Date_received(领取优惠券日期),如果直接作为特征,算法可能无法充分利用其中蕴含的意义,可通过人工提取一些有用的信息作为新特征来训练模型。从常识来看,周末领取的优惠券可能更容易被使用,因此,如果从领取优惠券日期中提取出"是否是周末"的特征,可能有助于算法找出一些规律,从而建立更合理的模型。同样的,还可以从优惠券日期中提取出"周几"和"该月的第几天"等特征。

不同的特征集对最终结果有较大影响。从样本集中提取特征,需要有机器学习的基础知识,也要有问题所涉及的专门领域知识,这个过程有个专有名词,叫"特征工程"。

根据日常经验,可从离线销售数据中提取与商户相关、与优惠券相关和与用户相关的三类特征。

如果某商户以往发放的优惠券使用的比率高,那么以后的使用率应该也会高一些,因此,可以提取一些与某商户相关的特征:

(1) total_sales,该商户总的线下销售笔数。

(2) sales_use_coupon,该商户用了优惠券的销售笔数。

(3) total_coupons,该商户发放的优惠券总数。

(4) use_coupon_rate,该商户的用券消费率,等于 sales_use_coupon/ total_sales。

(5) transfer_rate,该商户的优惠券转化率,等于 sales_use_coupon/ total_coupons。

(6) merchant_max_distance,该商户的用券的消费者中,距离商户的最大距离。

(7) merchant_min_distance,该商户的用券的消费者中,距离商户的最小距离。

(8) merchant_mean_distance,该商户的用券的消费者距离商户的平均距离。

显然,优惠券的优惠力度和计算方式等也是吸引顾客消费的重要因素,提取与某优惠券相关的特征:

(9) discount_man,该优惠券的满减优惠方式中的满。

(10) discount_jian,该优惠券的满减优惠方式中的减。

(11) discount_rate,该优惠券的折扣优惠方式中的折扣率。

(12) day_of_week ,该优惠券的领取日期是周几。

(13) is_weekend,该优惠券的领取日期是否是周末。

(14) day_of_month,该优惠券的领取日期是该月的第几天。

(15) coupon_apply,该优惠券领券后 15 日内是否使用优惠券,也就是标签 label。

还可以提取与某用户相关的特征：

(16) distance，该用户的活动地点距门店距离，由原来的 Distance 处理 null 值得到，即将原来缺失的数据(null)记为－1，这是处理缺失数据的一种方法。

通过提取以上特征和标签，对每一条线下消费数据生成一个可用于训练模型的特征向量。所有特征向量合在一起，组成了训练数据，就可以用来训练模型了。

3) 评估预测效果

采用保持法对预测进行效果评估。赛题提供了 2016 年 1 月 1 日至 6 月 30 日之间的消费数据。由于消费行为是后向发生的，因此，初步将训练数据按时间划分为训练集(2016.1.1—2016.5.1)和验证集(2016.5.16—2016.6.16)，用训练集来训练随机森林模型，用验证集来验证模型的效果，满意之后，才用模型来对测试集的样本进行预测，如图 4-6 所示。

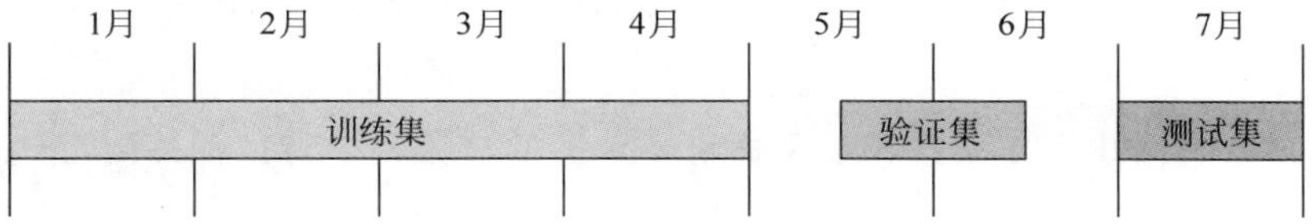

图 4-6　初步划分数据集(见彩插)

3. 从离线数据中提取特征操作

对数据进行处理，有很多种方式，常用的方式是使用数据库技术，即编写 SQL 语句来实现。Python 的 Pandas 库也提供了类似功能，本小节以 Pandas 为工具来实现数据处理，涉及 DataFrame 数据结构及操作、文件自动读取和写入等内容。

实现提取离线数据特征的代码为随书资源的 features_offline_pandas.py 文件。在特征处理中，主要用到的 DataFrame 操作有多条数据的统计、单条数据的提取特征和两个表的合并三类操作，各类操作举例如下。

1) 多条数据的统计

如统计某商户的总共销售笔数，见代码 4-8。

代码 4-8　统计某商户的总共销售笔数(features_offline_pandas.py)

```
import numpy as np
import pandas as pd

df = pd.read_csv('E:\mlDataSets\o2o\ccf_offline_stage1_train.csv')

q1 = df[df.Date!= 'null'][['Merchant_id']]
q1['total_sales'] = 1
q1 = q1.groupby('Merchant_id').agg('sum').reset_index()
```

2) 单条数据提取特征

如计算发放优惠券的日期是否周末的代码见代码 4-9。

代码 4-9　计算发放优惠券的日期（features_offline_pandas.py）

```python
1.  def is_weekend(s):
2.      s = str(s)
3.      d = date(int(s[0:4]),int(s[4:6]),int(s[6:8]))
4.      if d.isoweekday() > 5:
5.          return 1
6.      else:
7.          return 0
8.
9.  df['is_weekend'] = df.Date_received.astype('str').apply(is_weekend)
```

该特征是从优惠券接收日期的数据 Date_received 中计算而来。

3）两个表的合并

如将商户销售总数和使用优惠券消费的总数两个特征合并到每一个商户的代码（见代码 4-10）。

代码 4-10　将商户销售总数和使用优惠券消费的总数两个特征合并到每一个商户（features_offline_pandas.py）

```python
1.  import numpy as np
2.  import pandas as pd
3.
4.  df = pd.read_csv('E:\mlDataSets\o2o\ccf_offline_stage1_train.csv')
5.
6.  q1 = df[df.Date!= 'null'][['Merchant_id']]
7.  q1['total_sales'] = 1
8.  q1 = q1.groupby('Merchant_id').agg('sum').reset_index()
9.
10. q2 = df[(df.Date!= 'null')&(df.Coupon_id!= 'null')][['Merchant_id']]
11. q2['sales_use_coupon'] = 1
12. q2 = q2.groupby('Merchant_id').agg('sum').reset_index()
13.
14. merchant_feature = df[['Merchant_id']]
15. merchant_feature = merchant_feature.drop_duplicates()
16. merchant_feature = pd.merge(merchant_feature,q1,on = 'Merchant_id',how = 'left')
17. merchant_feature = pd.merge(merchant_feature,q2,on = 'Merchant_id',how = 'left')
```

4. 对模型进行训练并评价

抽取离线特征生成训练数据后，就可以用来训练、验证并评价模型。使用 sklearn 库中的随机森林算法 RandomForestClassifier 来训练模型，代码文件为 use_rfc.py，关键代码见代码 4-11。

代码 4-11　训练随机森林模型并评价（use_rfc.py）

```python
1.  import numpy as np
2.  import pandas as pd
3.  import time
```

```
import os
import uuid

### 0.定义函数及公用变量、文件等
file_print_to = open("file_print_to1.txt", 'a')
print('\n\n\n-- **** --本次实验开始时间: ' + time.strftime('%Y-%m-%d %H:%M:%S',time.localtime(time.time())), file=file_print_to)
print('---------实验计算机名: ' + str(os.environ['COMPUTERNAME'] \
          + '    MAC 地址: ' + str(uuid.UUID(int = uuid.getnode()).hex[-12:])), file=file_print_to)
data_file = 'feature_offline_in15days_2018_01_06.csv'
print('---------实验数据文件是: ' + data_file, file=file_print_to)

### 1.读取数据,划分训练集(train)和验证集(verify)
print('1.读取数据,划分训练集(train)和验证集(verify)')
features = pd.read_csv(data_file)

features_train = features[features.Date_received <= 20160501]
features_verify = features[(features.Date_received >= 20160516) & \
                           (features.Date_received <= 20160616)]

### 2.指定训练用的特征,生成训练特征集(X_train)、训练标签集(y_train)、验证特征集(X_verify)、验证标签集(y_verify)
print('2.指定训练用的特征,生成训练特征集(X_train)、训练标签集(y_train)、验证特征集(X_verify)、验证标签集(y_verify)')
fe_parameters = ['User_id', 'Merchant_id', \
                           # ---------用户、优惠券相关特征 ---------
                           'distance', 'discount_man', 'discount_jian', 'discount_rate', \
                           'day_of_week', 'is_weekend', 'day_of_month', \
                           # --------- 商户相关特征 ---------
                           'total_sales', 'sales_use_coupon', 'total_coupons', \
                           'use_coupon_rate', 'transfer_rate', 'merchant_max_distance', \
                           'merchant_min_distance', 'merchant_mean_distance'\
                           ]
print('采用' + str(len(fe_parameters)) + '个特征: ' +  ','.join(fe_parameters))
print('采用' + str(len(fe_parameters)) + '个特征: ' +  ','.join(fe_parameters), file=file_print_to)
X_train = features_train[fe_parameters]
y_train = np.ravel(features_train[['coupon_apply']])
X_verify = features_verify[fe_parameters]
y_verify = np.ravel(features_verify[['coupon_apply']])


### 3.应用随机森林算法(RF 算法不接受输入 np.nan 值,事先必须处理掉)
print('3.应用随机森林算法')
print('\n\n------随机森林预测', file=file_print_to)
time_start = time.time()

```

```
47. from sklearn.ensemble import RandomForestClassifier
48. rfc = RandomForestClassifier(random_state = 2)
49. rfc.fit(X_train, y_train)
50. print('训练用时: ' + str(time.time() - time_start), file = file_print_to)
51.
52. print('采用随机森林预测的准确率: ' + str(rfc.score(X_verify, y_verify)), file = file
    _print_to)
53.
54. print('\n 各特征重要程度: ', file = file_print_to)
55. print(list(zip(fe_parameters, map(lambda x: round(x, 4), rfc.feature_importances_))),
    file = file_print_to)
56.
57. file_print_to.close()
```

第 25～33 行采用了前面分析的 15 个特征，另加用户 ID 和商户 ID，共 17 个输入特征。第 52 行中，通过调用 score 方法来得到预测的准确率。准确率(Accuracy)是对分类进行评价的一个指标，它是指正确分类的样本占总样本的比值。

结果输出到文件 file_print_to1.txt 中，如代码 4-12 所示。

代码 4-12　随机森林模型输出

```
-- **** -- 本次实验开始时间: 2017 - 12 - 22 21:29:10
-------- 实验计算机名: L - PC    MAC 地址: 34e6ad2e0ada
-------- 实验数据文件是: feature_offline_in15days_2018_01_06.csv
采用 17 个特征: User_id, Merchant_id, distance, discount_man, discount_jian, discount_
rate, day_of_week, is_weekend, day_of_month, total_sales, sales_use_coupon, total_
coupons, use_coupon_rate, transfer_rate, merchant_max_distance, merchant_min_distance,
merchant_mean_distance

------ 随机森林预测
训练用时: 51.87896728515625
采用随机森林预测的准确率: 0.8662752488261424

各特征重要程度:
[('User_id', 0.6321), ('Merchant_id', 0.0121), ('distance', 0.0489), ('discount_man',
0.0218), ('discount_jian', 0.0117), ('discount_rate', 0.0024), ('day_of_week',
0.0371), ('is_weekend', 0.0063), ('day_of_month', 0.0732), ('total_sales', 0.0128),
('sales_use_coupon', 0.0121), ('total_coupons', 0.0162), ('use_coupon_rate', 0.0166),
('transfer_rate', 0.0695), ('merchant_max_distance', 0.0045), ('merchant_min_distance',
0.0011), ('merchant_mean_distance', 0.0216)]
```

可见，采用当前的特征，随机森林预测的准确率约为 0.866。对预测最重要的特征为 User_id，其次为 day_of_month，这说明个人对使用优惠券的喜好差别很大，每个月的哪一天领取优惠券也有较大的影响。

可以采用不同的特征集合来训练模型，如不采用商户相关特征，则准确率约为 0.899，如不采用用户、优惠券相关特征，则准确率约为 0.876。因此，就准确率这个指标来说，采用更多的特征，却未必会有更好的效果，因此精心设计并挑选特征是非常重要的。

4.1.4 进一步讨论

本小节分析样本集中的噪声给决策树算法带来的影响及对策,并用示例再次来讨论过拟合问题。

1. 样本集分裂过程

为了更加清楚决策树算法的原理,在二维平面上产生如图 4-7 所示的样本数据(classificationSamples.txt 文件),其中点代表正样本,叉代表负样本。产生代码的文件是 productClassificationData.py,实现过程比较简单,此处不再赘述。

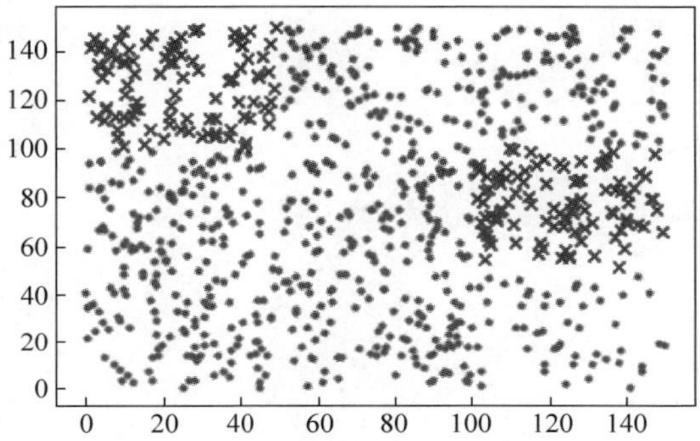

图 4-7 二维平面上的示例样本(见彩插)

用 4.1.1 节中实现的二叉树决策算法对样本数据进行分类实验,示例代码见代码 4-13。

代码 4-13 二叉树决策算法工作过程及噪声的影响示例(showDecision.py)

```
1.  from decision_bitree import build_biTree, print_tree
2.
3.  def load_data(file_name):
4.      '''导入数据
5.      input:file_name(string):训练数据保存的文件名
6.      output:data_train(list):训练数据
7.      '''
8.      data_train = []
9.      f = open(file_name)
10.     for line in f.readlines():
11.         lines = line.strip().split(" ")
12.         data_tmp = []
13.         for x in lines:
14.             data_tmp.append(float(x))
15.         data_train.append(data_tmp)
16.     f.close()
17.     return data_train
18.
19. import matplotlib.pyplot as plt
```

```
20.  if __name__ == "__main__":
21.      data_train = load_data("classificationSamples.txt")
22.      x1 = []
23.      y1 = []
24.      x0 = []
25.      y0 = []
26.      for x in data_train:
27.          if x[-1] > 0.0:
28.              x1.append(x[0])
29.              y1.append(x[1])
30.          else:
31.              x0.append(x[0])
32.              y0.append(x[1])
33.      plt.scatter(x1,y1,c = 'r',marker = '.')
34.      plt.scatter(x0,y0,c = 'b',marker = 'x')
35.      plt.show()
36.      tree = build_biTree(data_train, splitInfo = "infogain")
37.      print_tree(tree)
38.
39.      data_train = load_data("classificationSamples_noise.txt")
40.      x1 = []
41.      y1 = []
42.      x0 = []
43.      y0 = []
44.      for x in data_train:
45.          if x[-1] > 0.0:
46.              x1.append(x[0])
47.              y1.append(x[1])
48.          else:
49.              x0.append(x[0])
50.              y0.append(x[1])
51.      plt.scatter(x1,y1,c = 'r',marker = '.')
52.      plt.scatter(x0,y0,c = 'b',marker = 'x')
53.      plt.show()
54.      tree = build_biTree(data_train, splitInfo = "infogain")
55.      print_tree(tree)
```

当载入 classificationSamples.txt 文件中的样本后,经算法训练,得到二叉树输出结果(第 37 行)见代码 4-14。

代码 4-14　样本训练后得到的二叉树

```
1.  + 0 - 1 - 51.36130090041615
2.  * 0L - 1.0
3.  + 0R - 0 - 51.11558399819634
4.  + 0RL - 1 - 101.05502976544028
5.  * 0RLL - 1.0
6.  * 0RLR - 0.0
```

```
 7. + 0RR - 0 - 101.05526315384371
 8. * 0RRL - 1.0
 9. + 0RRR - 1 - 101.39483071191225
10. * 0RRRL - 0.0
11. * 0RRRR - 1.0
```

形象化表示如图 4-8 所示。

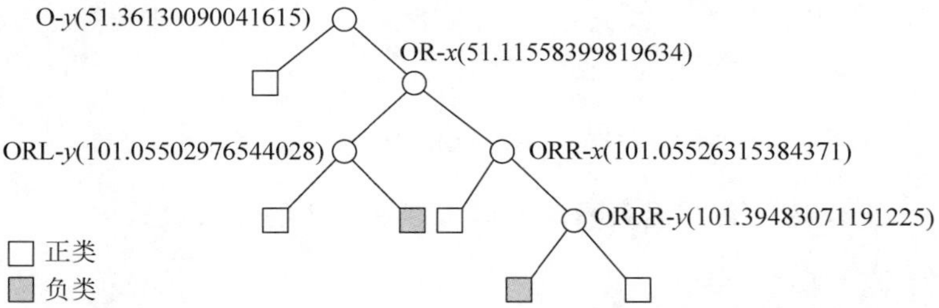

图 4-8 样本训练生成的二叉树

决策树有很好的解释性,该例的样本分裂过程示意如图 4-9 所示。

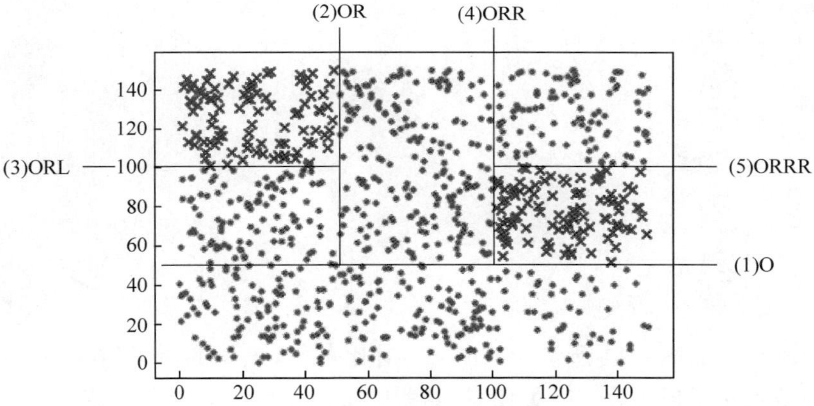

图 4-9 样本分裂过程示意(见彩插)

该过程先是从图中(1)号线(对应根节点)开始,将样本集分裂为两部分,下半部分(根节点的左子树)形成叶子节点。然后,图中(2)号线(对应根节点的右子节点)将上半部分(根节点的右子树)再一次分裂。以此类推,直到把所有不同类别的样本点分隔开来。

2. 噪声与过拟合

如果在样本集中混入了一个噪声,那么会怎么分裂呢?将 classificationSamples.txt 文件中的第一行数据的标签由 1 改为 0,表示该点为噪声,如图 4-10 中圆所圈出的叉点所示。

代码 4-13 中第 39~55 行对混入噪声的样本集进行了训练,产生的二叉决策树如代码 4-15 所示。

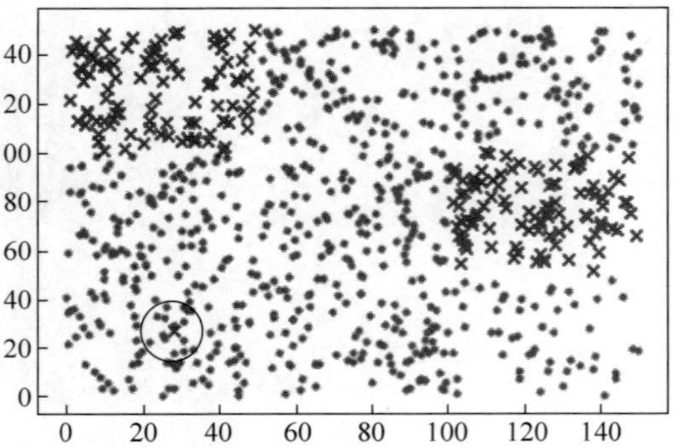

图 4-10　混入噪声的示例样本(见彩插)

代码 4-15　混入噪声的样本训练产生的二叉决策树

```
+ 0 - 1 - 51.36130090041615
+ 0L - 0 - 28.33807974937846
+ 0LL - 0 - 28.096166760155917
* 0LLL - 1.0
* 0LLR - 0.0
* 0LR - 1.0
+ 0R - 0 - 51.11558399819634
+ 0RL - 1 - 101.05502976544028
* 0RLL - 1.0
* 0RLR - 0.0
+ 0RR - 0 - 101.05526315384371
* 0RRL - 1.0
+ 0RRR - 1 - 101.39483071191225
* 0RRRL - 0.0
* 0RRRR - 1.0
```

形象地画出来如图 4-11 所示。与图 4-8 对比可知，该树的右子树保持不变，而对噪声所在的根节点左子树部分进行了伸展，如图中实心节点和虚线连接线。

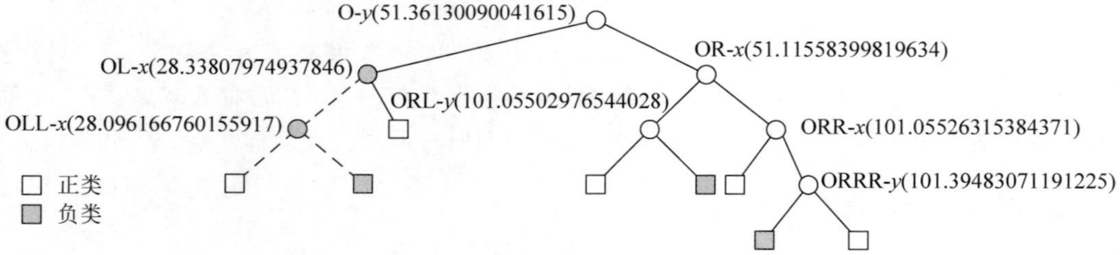

图 4-11　带噪声样本训练生成的二叉树

可见，在混有噪声的样本集上，二叉决策树算法建立了更为复杂的模型，该模型将噪声点详细地划分出来了。样本集分裂过程不再赘述，读者可自行分析。

该模型因受到噪声的干扰，已经不能忠实反映原样本集所蕴含的规律了，它对测试集的表现将可能会弱于原模型，这就是决策树分类中的过拟合现象。

3. 剪枝

剪枝(Pruning)是决策树算法中对付过拟合的常用方法。由上面的例子可知,受噪声干扰的模型分支更多了,将噪声带来的信息也体现在模型中了,因此可以想办法把它剪掉,如图 4-11 中根节点的左子树。

剪枝可分为"预剪枝"(Prepruning)和"后剪枝"(Postpruning)。预剪枝是指在决策树生成过程中,在样本集分裂前评估该分裂是否受到类似噪声的影响?如果是,则不进行分裂而将当前集合划分为叶节点。后剪枝是则是在生成决策树后,自底向上对中间节点进行评估是否受到类似噪声的影响?如果是,则将该中间节点对应的子树替换为叶节点。

如何来评估是否受到了影响呢?决策树剪枝过程中进行评估的思想与过拟合抑制中的早停法相似,即引入验证集对训练结果进行评价,以决定后续动作。决策树剪枝的进一步分析可参考文献[14]。

剪枝法的效果与样本集内的噪声分布和数量有关,无法完全消除过拟合现象。

4. 概率输出

在很多场合中,需要决策树算法对测试样本的预测结果不是简单的 1 或 0,而是要给出一个代表可能性的概率,如"为正样本的概率为 0.8"。在剪枝后的叶节点中可能会有不同种类的样本,因此,可以将不同种类样本的比例作为概率输出。在代码 4-3 中的第 48~50 行,是将样本最多的类别作为叶节点的类别输出,读者可以尝试改为将各类别样本的比例作为概率输出。

在随机森林算法中,可以将每一棵树输出的各类标签的概率取均值,输出最大的那个标签。

4.1.5 回归树

树模型还可以用于回归问题,虽然本章的主题是分类,但结合树模型的介绍,在此简要讨论树模型用于解决回归问题的思路。树模型解决回归问题的基本思想是将样本空间切分为多个子空间,在每个子空间中单独建立回归模型,因此,基于树的回归模型属于局部回归模型。与局部加权线性回归模型和 K 近邻法不同的是,基于树的回归模型事先会生成固定的模型,不需要在每次预测时都计算每个训练样本的权值,因此效率相对较高。

CART 树的全称是 Classification and Regression Trees,即分类和回归树,它最初设计就考虑了回归问题。CART 算法生成的是二叉树,用于处理回归问题包括生成和剪枝两个主要步骤。

1. CART 树生成

在 CART 树中,划分特征集合的指标是基尼指数,通过对基尼指数的计算,将样本划分两个子集合,直到所有样本节点划分完毕。在回归问题中,标签值是连续的,那么如何来切分呢?也就是说,怎么来评价切分后的两个子集比以前更加合理?在解决回归问题时,切分样本集是为了在更小的范围内来拟合,因此,把扎堆的样本分在一起更为合理一些。因此,在CART回归树中,采用方差来作为切分的依据,也就是说,要找到使切分后的两个子集的方差和最小的那个值,称为最小剩余方差(Squared Residuals Minimization)。

设标签集为

$$\boldsymbol{Y}=\{y_1,y_2,\cdots,y_i,\cdots,y_m\} \tag{4-22}$$

其方差为

$$s^2=\frac{1}{m}\sum_{i=1}^{m}(y_i-\bar{y})^2 \tag{4-23}$$

其中,$\bar{y}$ 为标签集均值。

依据某特征的某值,将标签集切分为两个子集,分别是

$$\boldsymbol{Y}_1=\{y_1,y_2,y_k\},\quad \boldsymbol{Y}_2=\{y_{k+1},y_{k+2},\cdots,y_m\} \tag{4-24}$$

它们的剩余方差为

$$k\cdot s_1^2+(m-k)\cdot s_2^2=\sum_{i=1}^{k}(y_i-\bar{y}_1)^2+\sum_{i=k+1}^{m}(y_i-\bar{y}_2)^2 \tag{4-25}$$

其中,$\bar{y}_1$,$\bar{y}_2$ 分别为两个子集的均值。

算法可描述如算法4-4所示。

算法4-4 回归树算法基本流程

步数	操作
1	待切分样本集数量是否少于数量阈值?如果少于数量阈值,将该样本集作为叶子节点输出,其预测值设为集内样本点的均值,算法结束,否则,进入下一步
2	对每一个特征的每一个取值,将样本集试切分为大于和小于两个子集,计算剩余方差,记录下取得最小剩余方差的特征及其值和切分的左右子集
3	如果最小剩余方差的最小值小于指标阈值,则将该样本集作为叶子节点输出,其预测值设为集内样本点的均值,算法结束,否则,分别对最小值的左右子集分别应用本算法

从回归CART树的建立过程可以看出,通过计算最小剩余方差,将样本集合分割为若干叶节点集合,这些叶节点集合要么是数量少,要么是最小剩余方差的值小。然后将叶节点集合中的所有标签值设为它们的均值。如果要更为精细的处理,可以将叶节点集合中的标签值用一个线性模型来拟合,甚至使用一个二次多项式模型来拟合。

2. CART回归树的剪枝

在CART回归树中,如果对数量阈值设置过小,对样本的切分就会一直进行下去,出现每个叶子节点只包含一个样本的极端情况。此时,树模型对所有训练样本拟合得非常好,但对未知样本预测效果会非常差,即出现过拟合的现象。为了防止过拟合,常采用剪枝的方法。

1）预剪枝

在回归树中预剪枝是给出一个预定义的切分阈值，当低于阈值时，不再切分。算法 4-4 采用了两个阈值，分别是样本数量阈值和最小剩余方差阈值。但是确定合适的阈值往往比较困难，过低会导致过拟合，过高又会导致欠拟合，因此需要反复调参，才能取得好的效果。但预剪枝由于事先进行剪枝，不必生成整棵决策树，算法简单、效率高，适合大规模问题的粗略估计。

2）后剪枝

在 CART 算法中，回归树有与分类树类似的剪枝算法，它是将训练数据分为训练集和验证集两部分，用训练集来训练模型，用验证集来对生成的树剪枝。具体来讲，用验证集来测试树模型是否出现了过拟合，如果是，则合并一些叶子节点来剪枝。

sklearn 中的树回归算法在 tree 包中的 DecisionTreeRegressor 类中实现。

4.2　分类算法基础

通过对决策树分类算法和随机森林算法的学习，初步理解了分类算法，本节进一步介绍分类的基础知识。

4.2.1　分类任务

分类任务的目标也是给未标记的测试样本进行标记。与聚类不同的是分类的训练样本已经划分为若干个子集了，每个子集称为"类"，用类别标签来区分。与回归不同的是，标签数量是有限的。

设样本集 $\boldsymbol{S}=\{\boldsymbol{s}_1,\boldsymbol{s}_2,\cdots,\boldsymbol{s}_m\}$ 包含 m 个样本，样本 $\boldsymbol{s}_i=(\boldsymbol{x}_i,y_i)$ 包括一个实例 $\boldsymbol{x}_i$ 和一个标签 y_i，实例由 n 维特征向量表示，即 $\boldsymbol{x}_i=(x_i^{(1)},x_i^{(2)},\cdots,x_i^{(n)})$。分类任务可分为学习过程和判别（预测）过程，用图 4-12 表示。

在学习过程，将样本集中的知识提炼出来，形成模型。模型表示了从实例特征向量到类别标签的映射，可以用一个决策函数 $Y=f(X)$ 来表示，X 是定义域，它是所有实例特征向量的集合，Y 是值域，它是所有类别标签的集合。如果值域只有两个值，则该模型是二分类的，如果多于两个值，则该模型是多分类的。

记测试样本为 $\boldsymbol{x}=(x^{(1)},x^{(2)},\cdots,x^{(n)})$。在判别过程中，利用模型对未标记的测试样本 $\boldsymbol{x}$ 进行类别预测。用 $\hat{y}$ 表示对测试样本的预测标签。

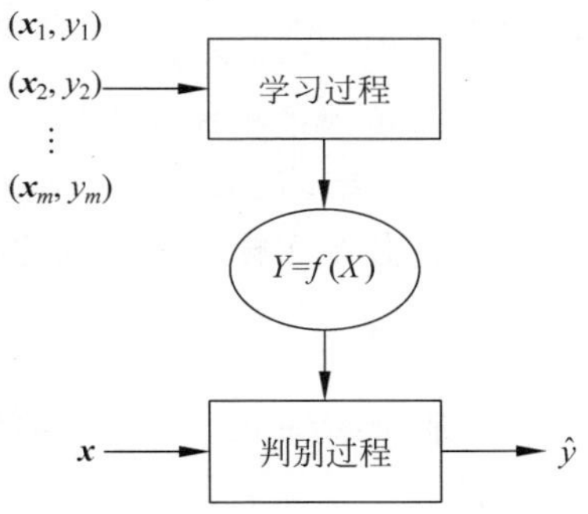

图 4-12　分类任务的模型

4.2.2　分类模型的评价指标

视频

本小节主要讨论二分类模型的评价指标，它们中的大部分可以容易地扩展到多分类任务中。用本小节介绍的指标来评估优惠券使用预测示例，示例的代码见随书资源中的 use_rfc_2.py 文件。

1. 准确率

准确率(Accuracy)是指在分类中,用模型对测试集进行分类,分类正确的样本数占总数的比例:

$$\text{accuracy}=\frac{n_{\text{correct}}}{n_{\text{total}}} \tag{4-26}$$

在上一节的优惠券使用预测示例中,就是用准确率来评价效果的,见代码 4-11 的第 52 行。采用的是 RandomForestClassifier 类自带的方法 score()。

sklearny 库中提供了一个专门对模型进行评估的包 metrics,该包可以满足一般的模型评估需求。其中提供了准确率计算函数,函数原型为:sklearn. metrics. accuracy_score(y_true,y_pred,normalize=True,sample_weight=None)。其中,normalize 默认值为 True,返回正确分类的比例,如果设为 False,则返回正确分类的样本数。

2. 混淆矩阵

混淆矩阵(Confusion Matrix)是对分类的结果进行详细描述的矩阵,对于二分类则是一个 2×2 的矩阵,对于 n 分类则是 $n\times n$ 的矩阵。二分类的混淆矩阵,如表 4-3 所示,第一行之和是真实类别为“正”(Positive)的样本数,第二行之和则是真实类别为“负”(Negative)的样本数,第一列之和是预测值为“正”的样本数,第二列之和则是预测值为“负”的样本数。

表 4-3 二分类的混淆矩阵

	预测为“正”的样本数	预测为“负”的样本数
标签为“正”的样本数	True Positive(TP)	False Negative(FN)
标签为“负”的样本数	False Positive(FP)	True Negative(TN)

表中,TP 表示真正样本数,即分类正确的正样本个数;FN 表示假负样本数,即分类错误的负样本数;FP 表示假正样本数,即分类错误的正样本数;TN 表示真负样本数,即分类正确的负样本数。它们之和为样本总数。

进一步可以推出这些指标:

(1) 真正率(True Positive Rate, TPR),又名灵敏度(Sensitivity),指分类正确的正样本个数占整个正样本个数的比例:

$$\text{TPR}=\frac{\text{TP}}{\text{TP}+\text{FN}} \tag{4-27}$$

(2) 假负率(False Negative Rate, FNR),指分类错误的正样本的个数占正样本的个数的比例:

$$\text{FNR}=\frac{\text{FN}}{\text{TP}+\text{FN}} \tag{4-28}$$

(3) 假正率(False Positive Rate, FPR),指分类错误的负样本个数占整个负样本个数的比例:

$$\text{FPR}=\frac{\text{FP}}{\text{FP}+\text{TN}} \tag{4-29}$$

(4) 真负率(True Negative Rate, TNR)，指分类正确的负样本的个数占负样本的个数的比例：

$$\mathrm{TNR}=\frac{\mathrm{TN}}{\mathrm{FP}+\mathrm{TN}} \tag{4-30}$$

采用 sklearn. metrics 中计算混淆矩阵的函数为 confusion_matrix。优惠券使用预测示例中的验证集分类结果的混淆矩阵如表 4-4 所示。

表 4-4　随机森林算法优惠券使用预测示例中验证集分类的混淆矩阵

	预测为"0"的样本数	预测为"1"的样本数
标签为"0"的样本数	216 066	13 649
标签为"1"的样本数	20 129	2742

可以由混淆矩阵计算出准确率 accuracy：

$$\mathrm{accuracy}=\frac{\mathrm{TP}+\mathrm{TN}}{\mathrm{TP}+\mathrm{FP}+\mathrm{FN}+\mathrm{TN}}=\frac{216\,066+2742}{216\,066+20\,129+13\,649+2742}\approx 0.87 \tag{4-31}$$

3. 平均准确率

准确率指标虽然简单、易懂，但它没有对不同类别进行区分。不同类别下分类错误的代价可能不同，例如在重大病患诊断中，漏诊(False Negative)可能要比误诊(False Positive)给治疗带来更为严重的后果，此时准确率就不足以反映预测的效果。如果样本类别分布不平衡，即有的类别下的样本过多，有的类别下的样本个数过少，准确率也难以反映真实预测效果。如在类别样本数量差别极端不平衡时，只需要将全部实例预测为多的那类就可以取得很高的准确率。

在优惠券使用预测示例中，初步方案的预测准确率约为 0.866。从表 4-4 的混淆矩阵可以看到 0 样本数为 229 715(216 066+13 649)，1 样本数为 22 871(20 129+2742)，可见 0 样本数量远大于 1 样本数量，此时准确率指标就要受到 0 样本更大的影响。如果不建模型，直接把所有样本都预测为 0 标签，那么准确率为 $\frac{229\,715}{229\,715+22\,871}\approx 0.91$，高于随机森林模型给出的准确率。因此，单纯采用准确率指标并不合理。

平均准确率(Average Per-class Accuracy)的全称为按类平均准确率，即计算每个类别的准确率，然后再计算它们的平均值。

平均准确率可以通过混淆矩阵来计算：

$$\mathrm{average\_accuracy}=\frac{\left(\frac{\mathrm{TP}}{\mathrm{TP}+\mathrm{FN}}+\frac{\mathrm{TN}}{\mathrm{FP}+\mathrm{TN}}\right)}{2} \tag{4-32}$$

通过混淆矩阵来计算二分类的平均准确率的代码见代码 4-16。

代码 4-16　通过混淆矩阵计算二分类的平均准确率

```
def cal_average_perclass_accuracy(cm):
'''计算平均准确率 Average Per - class Accuracy
```

```
para cm:矩阵,混淆矩阵
return:float,平均准确率
'''
    a0 = cm[0,0] / (cm[0,0] + cm[0,1])
    a1 = cm[1,1] / (cm[1,0] + cm[1,1])
    return(a0 + a1)/2
```

优惠券核销预测示例中平均准确率的计算结果为：0.530236356498。如果全部预测为0标签,那么对于0样本来说准确率为1,对于1样本来说准确率为0,则平均准确率为0.5,低于随机森林模型预测的平均准确率。

4. 精确率-召回率

精确率-召回率(Precision-Recall)包含两个评价指标,一般同时使用。精确率是指分类器分类正确的正(负)样本的个数占该分类器所有分类为正(负)样本个数的比例。召回率是指分类器分类正确(错误)的正样本个数占所有的正(负)样本个数的比例。

精确率是从预测的角度来看的,即预测为正(负)的样本中,预测成功的比例。召回率是从样本的角度来看的,即实际标签为正(负)的样本中,被成功预测的比例。准确率也是从样本的角度来看的,即所有样本中,正确预测的比例。与召回率不同,准确率是不分类别的。

在混淆矩阵中,预测为正的样本的精确率为

$$\text{precision}_{\text{Positive}} = \frac{\text{TP}}{\text{TP} + \text{FP}} \tag{4-33}$$

预测为负的样本的精确率为

$$\text{precision}_{\text{Negative}} = \frac{\text{TN}}{\text{TN} + \text{FN}} \tag{4-34}$$

真实正样本的召回率为

$$\text{recall}_{\text{Positive}} = \frac{\text{TP}}{\text{TP} + \text{FN}} = \text{TPR} \tag{4-35}$$

真实负样本的召回率为

$$\text{recall}_{\text{Negative}} = \frac{\text{TN}}{\text{TN} + \text{FP}} = \text{TNR} \tag{4-36}$$

其中,真实正样本的召回率即为真正率(灵敏度)TPR[式(4-27)],真实负样本的召回率即为真负率TNR[式(4-30)]。

在优惠券核销的例子中,$\text{precision}_0 = \frac{216\,066}{216\,066 + 20\,129} \approx 0.91$,$\text{recall}_0 = \frac{216\,066}{216\,066 + 13\,649} \approx 0.94$。

5. F_1-score

精确率与召回率实际上是一对矛盾的值,有时候单独采用一个值难以全面衡量算法,F_1-score试图将两者结合起来作为一个指标来衡量算法。F_1-score为精确率与召回

率的调和平均值，即

$$F_1=\frac{2\times \text{precision}\times \text{recall}}{\text{precision}+\text{recall}} \tag{4-37}$$

还可以给精确率和召回率加权重系数来区别两者的重要性，将 F_1-score 扩展为 F_β-score：

$$F_\beta=(1+\beta^2)\frac{\text{precision}\times \text{recall}}{(\beta^2\times \text{precision})+\text{recall}} \tag{4-38}$$

β 表示召回率比精确率的重要程度，除了 1 之外，常取 2 或 0.5，分别表示召回率的重要程度是精确率的 2 倍或一半。

sklearn.metrics 包中提供计算了 F_1-score 和 F_β-score 的函数，可在需要时调用。

6. AUC

读者应该已经注意到，在优惠券核销竞赛中，官方采用的评价指标并不是准确率而是 AUC。

在样本类别分布不平衡带来的评价问题上，AUC 有很好的评价效果。AUC 的全称是 Area Under Curve，即曲线下的面积，这条曲线便是 ROC 曲线，它的全称为 Receiver Operating Characteristic 曲线，直译过来为：受试者工作曲线。在 20 世纪 50 年代的电信号分析中最开始使用。ROC 曲线有一个重要特性：当测试集中正负样本的分布发生变化时，该曲线能够保持不变。

ROC 是以假正率 FPR 为横坐标，以真正率 TPR 为纵坐标的一条曲线，FPR 和 TPR 的取值范围都是[0,1]，ROC 曲线示例如图 4-13 所示。

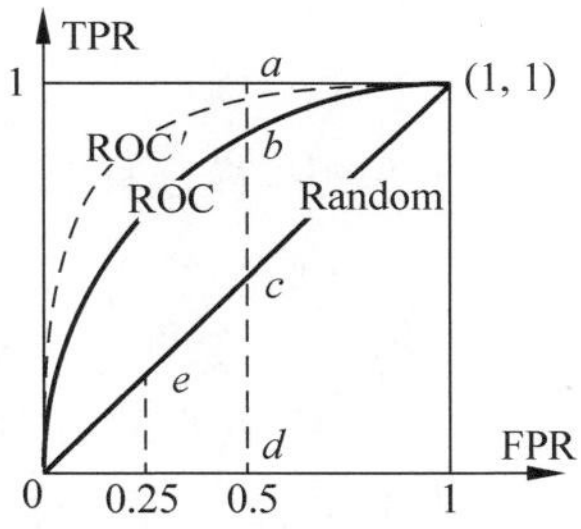

图 4-13 ROC 曲线示例

ROC 曲线的含义是什么呢？

先来看一条特殊的曲线。图 4-13 中，Random 是一条连接原点到点(1,1)的直线，Random 上的点的横坐标与纵坐标相等，也就是说 FPR 与 TPR 相等，不妨以 Random 上的点 c(0.5,0.5)为例来看看该直线的含义。如果点 c 表示某个模型的预测能力，那么，该模型的假正率 FPR 和真正率 TPR 都为 0.5，这意味着该模型对样本的预测类似于抛硬币，不管样本的特征是什么，随机等概打上正负标签即可。再来看 Random 上的点 e(0.25,0.25)，它表示的模型则是对样本的预测类似掷一个四面的骰子，随机掷出指定的一面，则为正类，否则为负类，也就是说，该模型是按 0.25 的概率来随机给样本打正标签。因此，Random 直线表示的模型是以一定概率来进行随机预测，原点表示所有的样本都按概率 0 判断为正类，(1,1)点表示所有的样本都按概率 1 判断为正类。这样的模型并没有什么实际意义。

再看 Random 上方的点，以点 c 正上方的 b 为例。点 b 表示的模型在真正率 TPR 上有了提高，不再是随机打标签了，提高了对正类样本的预测能力。而对于 Random 下方的点，表示预测能力比随机猜测还要差，这并没有讨论的意义。因此，只有位于 Random 上方的点代表的模型才具有实际的分类能力。像点 a 这样 TPR 为 1 的点代表的模型对正类样本的预测能力达到了完美，即能够全部预测出来。而 FPR 为 0 的点代表的模型对负类样本的预测能力达到了完美。它们的交叉点(0,1)代表的模型对正负两类样本都能够全部正确预测出来，是最完美的模型。因此，要尽量使模型靠近(0,1)点，即要同时使 FPR 趋近于 0 和使 TPR 趋近于 1。

但是，对于一个分类模型来说，它的 FPR 和 TPR 是有关联的，并不能在使一个指标改善的同时也使另一个得到改善。分类模型的 FPR 和 TPR 的关联性如图 4-13 中的 ROC 曲线所示，提高一个指标同时会降低另一个指标。

如何得到 ROC 曲线呢?

从概率论的角度来看，模型关于每个样本的预测都存在一个概率值，好的模型就是要将原本为正类的样本判定为正的概率尽量大，而原本为负类的样本判定为正的概率尽量小。不同的模型学到的知识不同(提取的特征、采用的算法等因素影响)，关于每个样本的预测概率也不同。模型对样本进行预测的概率分布如图 4-14 所示。

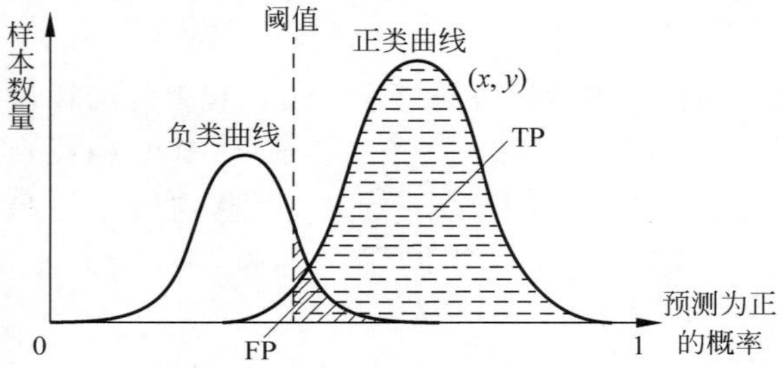

图 4-14 二分类模型对样本进行预测的概率分布示意图(见彩插)

图 4-14 中，横坐标表示某模型将样本预测为正的概率，纵坐标表示样本数量，正类曲线上的点(x,y)表示有 y 个正样本会以 x 大小的概率被预测为正样本，负类曲线上的点(x,y)表示有 y 个负样本会以 x 大小的概率被预测为正样本。如果对概率设定一个阈值，当大于该阈值的样本判定为正(图中阈值右边部分)，那么随着阈值的变化判定为正的样本数量也会变化。对正类曲线来说，阈值右边部分(横线阴影部分)的面积是所有判定为正的正样本的数量，即 TP。对负类曲线来说，阈值右边部分(斜线阴影部分)的面积是所有判定为正的负样本的数量，即 FP。从图中可以看出，随着阈值的变化，TP 和 FP 会同时变大，或者同时变小，这正是 FPR 和 TPR 不能同时得到改善的原因。

当阈值从 1 取到 0 时，可以得到一系列 FP 与 TP 值，并除以所有正类样本数量和负类样本数量，从而得到一系列 FPR 和 TPR 值，作图得到图 4-13 中的 ROC 曲线。对于图 4-13 中的 c 点和(0,1)点代表的分类模型如图 4-15 中(a)、(b)所示。

好的分类模型是尽量使图 4-14 中正类曲线和负类曲线离得远的模型，它的 ROC 曲线也会更接近(0,1)点。图 4-13 中，ROC′曲线代表的模型比 ROC 曲线代表的模型就要更好一点，此时，该曲线下的面积就要更大，即 AUC 更大。因为 ROC 曲线的坐标轴采用的是样本的比例值，因此即使正负样本的类别分布发生变化，ROC 曲线也会保持不变，也就是说，AUC 不会受样本分类不平衡的影响。因此 AUC 常用来评价类别不平衡的模型。

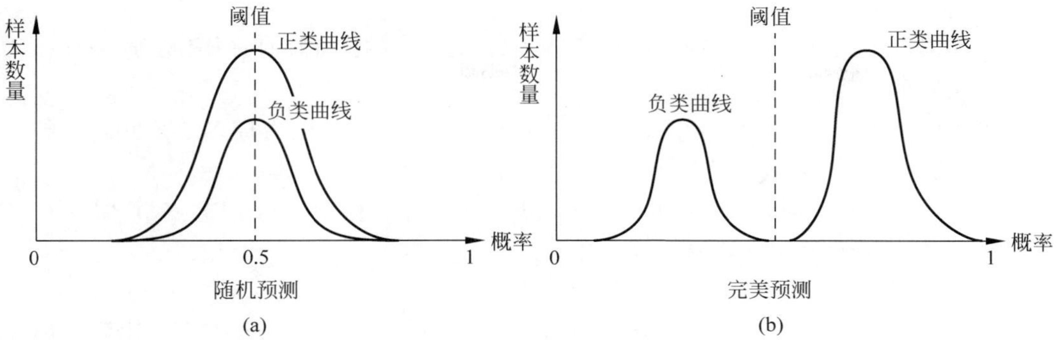

图 4-15 二分类模型对样本预测概率分布的特殊情况

如何来实际计算 AUC 值呢？

首先分类模型要能给出每个样本的预测概率，如决策树算法和随机森林算法不仅可以输出分类类别，还要能输出分类的概率。然后，统计出每个概率值的正类和负类样本数量，得到如图 4-14 所示的样本概率分布（实际应用中，概率值不是连续的，得到的正类曲线和负类曲线也不是连续的）。

根据样本概率分布，将阈值从 1 取到 0，由得到的 FPR 和 TPR 值对作点画出 ROC 曲线。当然，实际应用中的 ROC 曲线不是一条连续的平滑曲线，而是一条锯齿状的 ROC 曲线（如图 4-16(b)所示），计算该曲线下的面积即为 AUC 值。

来看一个示例。假设有 19 个样本，它们的标签和模型的预测概率值如下。

标签：0,0,0,0,0,0,0,0,0,1,1,1,1,1,1,1,1,1,1；

预测概率值：0.1,0.2,0.2,0.3,0.3,0.4,0.5,0.7,0.9,0.15,0.45,0.55,0.75,0.75,0.85,0.95,0.75,0.85,0.95。

画出它们的概率分布图如图 4-16(a)所示，图中细线表示负类样本的数量，粗线表示正类样本的数量。利用 sklearn.metrics 包中的 roc_curve() 函数计算出各点的 fpr 和 tpr 对，将它们代表的点依次连上，画出 ROC 曲线如图 4-16(b)所示。以上过程详见随书程序文件“AUC 示例.ipynb”。

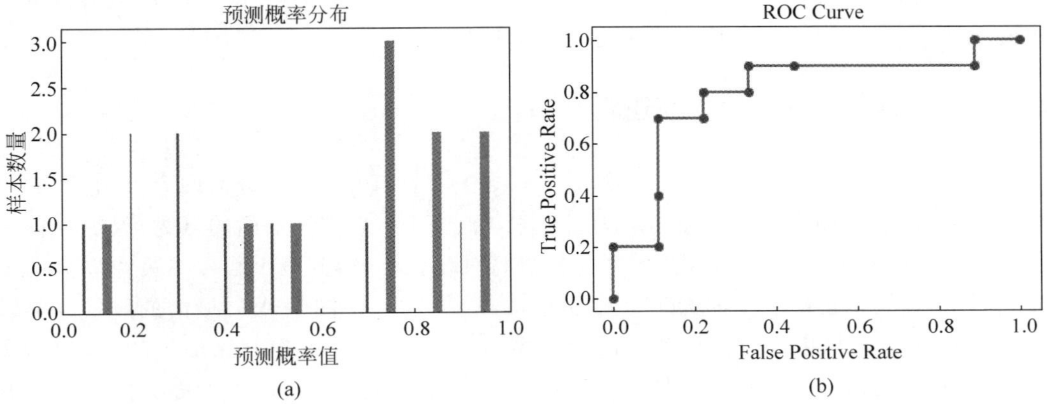

图 4-16 预测概率分布和 ROC 曲线示例（见彩插）

来验证一下 ROC 曲线。

当阈值大于 0.95 时，统计可知 FP 为 0 、TP 为 0，因此 FPR 和 TPR 分别也为 0，对应图中左侧第 1 个点。

当阈值等于 0.95 时，统计可知 FP 为 0 、TP 为 2，再除以负类样本总数和正类样本总数，得到 FPR 和 TPR 分别为 0 和 0.2，对应图中第 2 个点。

当阈值等于 0.9 时，统计可知 FP 为 1、TP 为 2，计算得到得到 FPR 和 TPR 分别为 0.11 和 0.2，对应图中第 3 个点。

如此，可验证全部 ROC 曲线上的点。

sklearn.metrics 包提供了直接计算 AUC 的函数 auc()，它是以梯形法则求出 ROC 曲线下的面积，计算得到示例中的 AUC 值为 0.8。

代码 4-17　优惠券核销示例 AUC 计算(use_rfc_2.py)

```
1.  import sklearn.metrics as metrics
2.  predict_prob_y = rfc.predict_proba(X_verify)
3.  auc = metrics.roc_auc_score(y_verify, predict_prob_y[:, 1])
4.  print('\n 总 AUC:' + str(auc), file = file_print_to)
```

第 2 行是用随机森林模型得到各个验证样本的预测概率。程序计算得到 AUC 值约为 0.632。

细心的读者可能还发现优惠券核销赛题要求计算的是平均 AUC，即对每个优惠券 coupon_id 单独计算核销预测的 AUC 值，再对所有优惠券的 AUC 值求平均作为最终的评价标准。

4.3　逻辑回归

逻辑回归(Logistic Regression)[17]虽然冠以回归的名称，但它是用于分类的模型。它用类似回归中的逼近函数作为边界来完成分类任务。为了便于读者理解，本节先从简单的情形出发示例逻辑回归，再推广到一般情况。需要注意的是，逻辑回归模型也可以用概率知识求解，相关内容将在后续章节中继续讨论。

4.3.1　平面上二分类的线性逻辑回归

视频

如图 4-17 所示的坐标轴为 $x^{(1)}$ 和 $x^{(2)}$ 二维平面上有 m 个点，分为两个类，它们的界线为图中实直线，设实直线上面的点为正样本，标签记为 1，实线下面的点为负样本，标签记为 0。在未知真实标签的情况下，对它们进行分类预测，得到某个线性决策边界如图中虚线所示，虚线上边的点预测为 1，虚线下边的点预测为 0。图中 A 区域内的点是分类错误的正样本，B 区域内的点是分类错误的负样本。显然，A 区域和 B 区域内的点越少，虚线代表的分类就越好，因此，可以把 A 区域和 B 区域内的点的数量作为分类模型优化的目标，即损失函数。

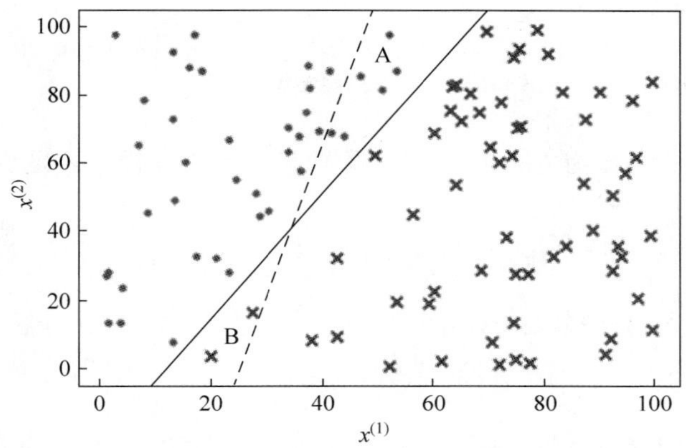

图 4-17　逻辑回归示意(见彩插)

对上面的描述进行形式化表述。

设样本集为 $\boldsymbol{S}=\{\boldsymbol{s}_1,\boldsymbol{s}_2,\cdots,\boldsymbol{s}_m\}$ 包含 m 个样本,样本 $\boldsymbol{s}_i=(\boldsymbol{x}_i,y_i)$ 包括一个实例 $\boldsymbol{x}_i=(x_i^{(1)},x_i^{(2)})$ 和一个标签 $y_i\in\{0,1\}$。图 4-17 中代表划分的虚线可用一个线性方程表示:

$$f_{\boldsymbol{W}}(\boldsymbol{x})=w^{(0)}\cdot x^{(0)}+w^{(1)}\cdot x^{(1)}+w^{(2)}\cdot x^{(2)}=\boldsymbol{W}\cdot\boldsymbol{x}=0 \tag{4-39}$$

式中,$\boldsymbol{W}=(w^{(0)},w^{(1)},w^{(2)})$ 为线性方程的系数,$\boldsymbol{x}=(x^{(0)},x^{(1)},x^{(2)})^{\mathrm{T}}$ 为特征向量,并指定 $x^{(0)}=1$。

对某点 $\boldsymbol{x}_i$,如果 $f_{\boldsymbol{W}}(\boldsymbol{x}_i)\geqslant 0$,说明它处于虚线的上方,标签值预测为 1,否则预测为 0。$f_{\boldsymbol{W}}(\boldsymbol{x})$ 称为预测函数,是逻辑回归要求解的目标。

令 $z_i=f_{\boldsymbol{W}}(\boldsymbol{x}_i)$。平面上样本点 $\boldsymbol{x}_i$ 的分类标签预测值为

$$\hat{y}_i=u(z_i) \tag{4-40}$$

式中,$u(\cdot)$ 是单位阶跃函数,即

$$u(x)=\begin{cases}1, & x\geqslant 0\\ 0, & x<0\end{cases} \tag{4-41}$$

如图 4-18 中实粗线所示。

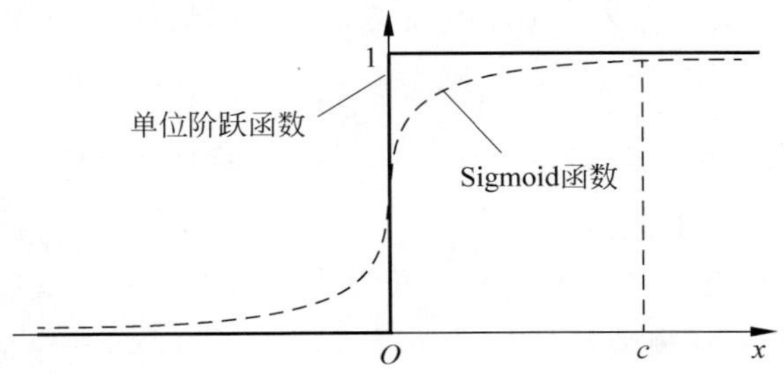

图 4-18　单位阶跃函数和 Sigmoid 函数示意(见彩插)

点 $\boldsymbol{x}_i$ 产生的误差为

$$L'_i(\boldsymbol{W})=|y_i-\hat{y}_i|=|y_i-u(z_i)|=\begin{cases}1-u(z_i), & y_i=1\\ u(z_i), & y_i=0\end{cases} \tag{4-42}$$

显然,如果预测正确,误差为 0;预测错误,误差为 1,无论正样本还是负样本。

总损失函数为

$$L'(\boldsymbol{W})=\sum_i L'_i(\boldsymbol{W})=\sum_i |y_i-\hat{y}_i| \tag{4-43}$$

$L'(W)$即为分类错误的样本点的个数。如果能求得在上式取得最小值时的 $\boldsymbol{W}$,即

$$\hat{\boldsymbol{W}}=\arg\min_{\boldsymbol{W}} L'(\boldsymbol{W}) \tag{4-44}$$

那么就确定了最优的预测函数 $\hat{f}_{\boldsymbol{W}}(x)$,得到了最优的分类,即平面上最合适的虚线。需要注意的是,如果平面上的点是线性不可分的(平面线性不可分的例子见图 4-21),那么上式将不会取得为 0 的最小值。

单位阶跃函数 $u(\cdot)$不连续,在优化计算时难以处理,于是,用近似的阈值函数来代替它,例如图 4-18 中虚线所示的 Sigmoid 函数:

$$g(x)=\frac{1}{1+\mathrm{e}^{-x}} \tag{4-45}$$

Sigmoid 函数的形态接近于单位阶跃函数,取值范围是(0,1)。用 Sigmoid 函数代替单位阶跃函数后的式 4-40,即 $\hat{y}_i$ 为

$$\hat{y}_i=g(z_i)=g(f_{\boldsymbol{W}}(\boldsymbol{x}_i))=\frac{1}{1+\mathrm{e}^{-f_{\boldsymbol{W}}(\boldsymbol{x}_i)}}=\frac{1}{1+\mathrm{e}^{-\boldsymbol{W}\cdot\boldsymbol{x}_i}} \tag{4-46}$$

此时,$\hat{y}_i$ 的取值不再非 0 即 1,而是一条连续的近似阶跃函数的 Sigmoid 曲线。同时,式(4-42)所示的点 $\boldsymbol{x}_i$ 产生的误差变为

$$L'_i(\boldsymbol{W})=|y_i-\hat{y}_i|=|y_i-g(z_i)|=\begin{cases}1-g(z_i), & y_i=1\\ g(z_i), & y_i=0\end{cases} \tag{4-47}$$

$L'_i(\boldsymbol{W})$随 z_i 的变化如图 4-19 中实线所示。当 $\boldsymbol{x}_i$ 为正样本时,随着 z_i 的值(即 $f_{\boldsymbol{W}}(\boldsymbol{x}_i)$的值)增大,$L'_i(\boldsymbol{W})$趋近于 0,而 z_i 的值减少时,$L'_i(\boldsymbol{W})$趋近于 1。在 z_i 等于 0 时,$L'_i(\boldsymbol{W})$为 0.5(即该点恰好在决策边界上)。可同样分析 $\boldsymbol{x}_i$ 为负样本时的情况。

式(4-47)所示的绝对值损失函数不利于迭代法求解最优值,定义一个替代损失函数:

$$L_i(\boldsymbol{W})=\begin{cases}-\log(\hat{y}_i), & y_i=1\\ -\log(1-\hat{y}_i), & y_i=0\end{cases}=\begin{cases}-\log(g(z_i)), & y_i=1\\ -\log(1-g(z_i)), & y_i=0\end{cases}$$

$$=y_i(-\log(g(z_i)))+(1-y_i)(-\log(1-g(z_i))) \tag{4-48}$$

该函数的形态如图 4-19 中虚线所示。可见在预测正确时,它接近于 $L'_i(\boldsymbol{W})$,而在预测错误时,它的值开始大幅增加,即加大了对错误的惩罚。

于是,总的损失函数为

$$L(\boldsymbol{W})=\sum_i L_i(\boldsymbol{W})=\sum_{i=1}^{m}[y_i(-\log(g(z_i)))+(1-y_i)(-\log(1-g(z_i)))]$$

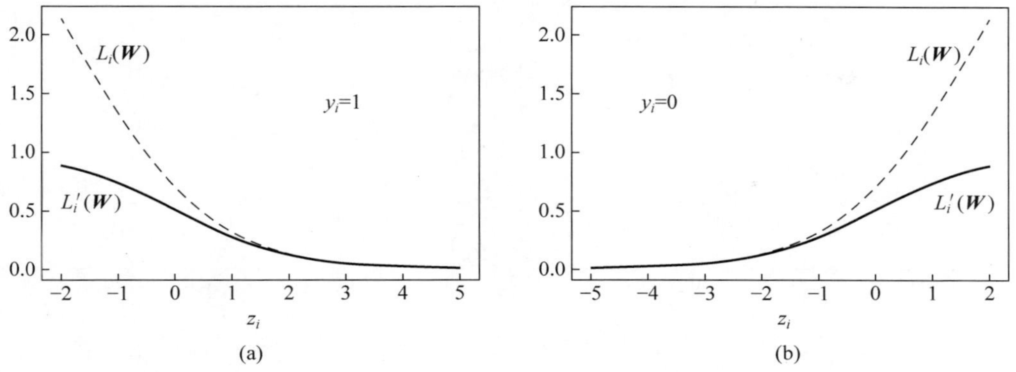

图 4-19 逻辑回归损失函数示意(见彩插)

$$
\begin{aligned}
&= -\sum_{i=1}^{m}[y_i \log g(z_i) + (1-y_i)\log(1-g(z_i))] \\
&= -\sum_{i=1}^{m}\left[y_i \log \frac{g(z_i)}{1-g(z_i)} + \log(1-g(z_i))\right] \\
&= -\sum_{i=1}^{m}[y_i \cdot \boldsymbol{W} \cdot \boldsymbol{x}_i - \log(1+\mathrm{e}^{\boldsymbol{W}\cdot\boldsymbol{x}_i})] \qquad (4\text{-}49)
\end{aligned}
$$

该函数为凸函数，它实际上是交叉熵损失函数[式(7-37)]。可采用梯度下降法求解，在第 l 步对特征 j 的偏导(梯度)为

$$
\begin{aligned}
\frac{\partial L}{\partial W_l^{(j)}} &= -\frac{\partial}{\partial W_l^{(j)}}\sum_{i=1}^{m}[y_i \cdot \boldsymbol{W}_l \cdot \boldsymbol{x}_i - \log(1+\mathrm{e}^{\boldsymbol{W}_l\cdot\boldsymbol{x}_i})] \\
&= -\sum_{i=1}^{m}\left[\frac{\partial}{\partial W_l^{(j)}}(y_i \cdot \boldsymbol{W}_l \cdot \boldsymbol{x}_i) - \frac{\partial}{\partial W_l^{(j)}}(\log(1+\mathrm{e}^{\boldsymbol{W}_l\cdot\boldsymbol{x}_i}))\right] \\
&= -\sum_{i=1}^{m}\left[y_i x_i^{(j)} - \frac{x_i^{(j)}\mathrm{e}^{\boldsymbol{W}_l\cdot\boldsymbol{x}_i}}{1+\mathrm{e}^{\boldsymbol{W}_l\cdot\boldsymbol{x}_i}}\right] = \sum_{i=1}^{m} x_i^{(j)}[g(z_i) - y_i] \qquad (4\text{-}50)
\end{aligned}
$$

梯度下降法的迭代关系式为

$$
W_{l+1}^{(j)} = W_l^{(j)} - \alpha\frac{\partial L}{\partial W_l^{(j)}} = W_l^{(j)} - \alpha\sum_{i=1}^{m} x_i^{(j)}[g(z_i) - y_i] \qquad (4\text{-}51)
$$

下面来看一个平面上二分类线性逻辑回归的例子。示例过程是：①先在平面上随机产生 100 个点，然后用直线 $x^{(2)}=2x^{(1)}-30$ 将点分为两部分，在该直线以上的点为正类，以下的点为负类，分别进行标记后作为训练样本；②用线性函数作为模型去逼近正确的线性划分，通过该线性函数可得损失函数，用梯度下降法求得损失函数最小时的线性函数的系数值；③在平面上画出各点及求得的决策边界，查看实际效果。

示例效果如图 4-20(b)所示。具体代码可见随书资源“平面二分类线性逻辑回归示例.ipynb”文件，下面只给出关键的与式(4-50)对应的求梯度函数，见代码 4-18，其他代码不再赘述。

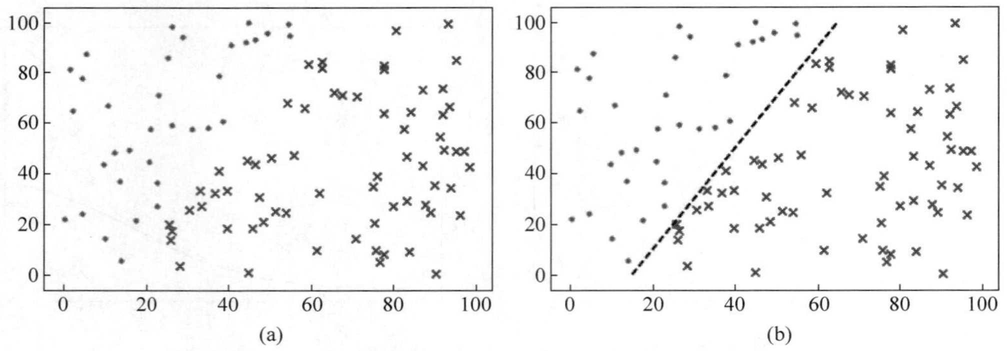

图 4-20　平面上二分类线性逻辑回归示例效果(见彩插)

代码 4-18　平面上二分类线性逻辑回归示例求梯度代码

(平面二分类线性逻辑回归示例.ipynb)

```
#梯度
def gradient(x, y, W):
    n, m = np.shape(x)
    gg = np.mat(np.zeros((n, 1)))
    for j in range(n):
        err = 0.0
        for i in range(m):
            hw = g(fw(W, np.mat(x[:,i]).T))
            err = err + x[j,i] * (hw - y[i])
       gg[j] = err
   print(gg)
   return gg
```

4.3.2　逻辑回归模型

4.3.1 节讨论了平面上二分类线性逻辑回归,下面推广到一般的情况。

对于非线性的分类情况,如图 4-21 所示,用线性函数去逼近难以取得好的效果,容易出现欠拟合的现象,这种情况与回归任务中的难以用线性函数去逼近多项式函数的情形类似。要用合适形式的预测函数,才能取得好的分类效果,通过观察,图 4-21(a)用多项式函数较好,图 4-21(b)用椭圆函数较好。

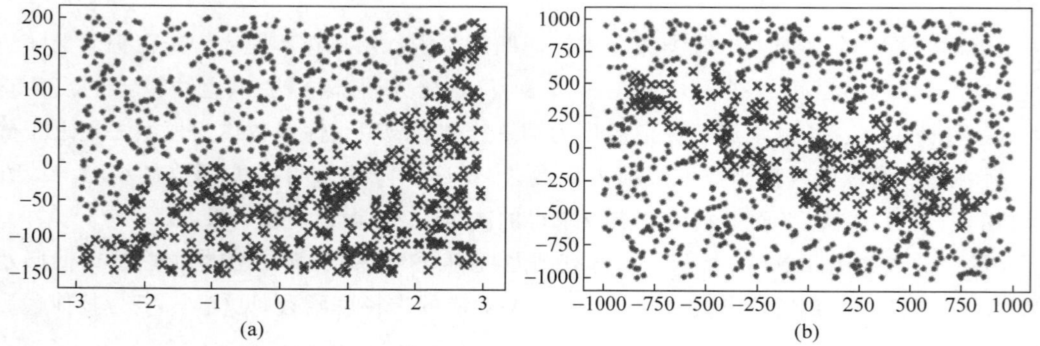

图 4-21　非线性逻辑回归示例(见彩插)

逻辑回归建模的基本流程如算法 4-5 所示。

算法 4-5　逻辑回归建模基本流程

步　数	操　作
1	确定一个未知参数的预测函数(线性函数、多项式函数、椭圆函数等)
2	根据预测函数设计损失函数
3	根据损失函数求出预测函数的未知参数

确定什么样的预测函数，需要设计者对样本有一定的观察分析能力和经验。损失函数要能反映预测类与实际类的偏差。求预测函数的未知参数常采用梯度下降法等优化方法。

对于多维的二分类逻辑回归，一般采用以下过程。

设样本集 $\boldsymbol{S}=\{\boldsymbol{s}_1,\boldsymbol{s}_2,\cdots,\boldsymbol{s}_m\}$ 包含 m 个样本，样本 $\boldsymbol{s}_i=(\boldsymbol{x}_i,y_i)$ 包括一个有 n 个特征的实例 $\boldsymbol{x}_i=(x_i^{(1)},x_i^{(2)},\cdots,x_i^{(n)})$ 和一个标签 $y_i\in\{0,1\}$。假设预测函数为 $f_{\boldsymbol{W}}(\boldsymbol{x})$，$\boldsymbol{W}$ 为预测函数的未知参数。采用式(4-45)所示的 Sigmoid 函数作为分类函数，并采用式(4-48)所示的损失函数，可用最优化方法求解得到 $\hat{\boldsymbol{W}}$。

如果需要概率预测值，可用以下概率模型计算概率值：

$$P(y=1\mid\boldsymbol{x})=\frac{1}{1+\mathrm{e}^{-f_{\hat{\boldsymbol{W}}}(\boldsymbol{x})}}$$

$$P(y=0\mid\boldsymbol{x})=1-P(y=1\mid\boldsymbol{x})=1-\frac{1}{1+\mathrm{e}^{-f_{\hat{\boldsymbol{W}}}(\boldsymbol{x})}}=\frac{\mathrm{e}^{-f_{\hat{\boldsymbol{W}}}(\boldsymbol{x})}}{1+\mathrm{e}^{-f_{\hat{\boldsymbol{W}}}(\boldsymbol{x})}} \tag{4-52}$$

对未知样本的判定：

$$\hat{y}=\begin{cases}1, & \dfrac{1}{1+\mathrm{e}^{-f_{\hat{\boldsymbol{W}}}(\boldsymbol{x})}}\geqslant 0.5\\[2ex] 0, & \dfrac{1}{1+\mathrm{e}^{-f_{\hat{\boldsymbol{W}}}(\boldsymbol{x})}}<0.5\end{cases} \tag{4-53}$$

即采用 0.5 作为正负类的判定阈值。

样本取正类概率和取负类概率的比值称为发生比(odds)，发生比反映了样本 $\boldsymbol{x}$ 取正例的相对可能性：

$$\frac{P(y=1\mid\boldsymbol{x})}{P(y=0\mid\boldsymbol{x})}=\frac{P(y=1\mid\boldsymbol{x})}{1-P(y=1\mid\boldsymbol{x})}=\mathrm{e}^{f_{\hat{\boldsymbol{W}}}(\boldsymbol{x})} \tag{4-54}$$

对发生比取对数则得到对数发生比(log odds，也称 logit)：

$$\log\frac{P(y=1\mid\boldsymbol{x})}{1-P(y=1\mid\boldsymbol{x})}=f_{\hat{\boldsymbol{W}}}(\boldsymbol{x}) \tag{4-55}$$

可见，逻辑回归中的预测函数实际上代表了样本的对数发生比。如果以式(4-53)对样本进行判定，由式(4-52)可得 $f_{\hat{\boldsymbol{W}}}(\boldsymbol{x})=0$，正是决策边界。

在 sklearn.linear_model 包中提供了 LogisticRegression 类用于逻辑回归建模。

4.3.3 多分类逻辑回归

二分类的逻辑回归模型,可以推广到多分类的情况。推广的方式有三类,分别叫一对一(One vs One,OvO)、一对其余(One vs Rest,OvR)和多对多(Many vs Many,MvM)。

一对一是将样本集按类别拆分,并两两配对训练模型,在预测时将实例提交所有模型,最后投票决定其类别。如果有 k 个类别,则要训练出 $C_k^2=\frac{k(k-1)}{2}$个模型。

一对其余是将其中一个类看成正类,将其他所有的类都看成负类,训练得到一个二分类模型。以此类推,可得到 k 个模型。在预测时,用所有模型来判别输入实例的概率,取大的那个。

多对多是每次将若干类作为正类,若干个其他类作为负类,它的实现需要根据问题设计,不再详细讨论,可参考相关文献[18]。

在多分类时,如果需要输出未知样本的每个类的判别概率,则需要将二分类对未知样本的判别概率转化为总和为 1 的概率形式。以一对一方式为例,设标签的取值集合为 $\{1,2,\cdots,K\}$,将样本集按标签取值可分为 K 个子集。任取一个子集,不妨设为第 K 个子集。将第 K 个子集与其他子集放在一起训练二分类模型,可得 $K-1$ 个模型 $f_{\hat{\boldsymbol{W}}_l}(x)$,$l=1,2,\cdots,K-1$,$\hat{\boldsymbol{W}}_l$ 为训练好的模型参数。按式(4-54),可得

$$
\begin{aligned}
P(y=1\mid\boldsymbol{x})&=P(y=K\mid\boldsymbol{x})\mathrm{e}^{f_{\hat{\boldsymbol{W}}_1}(\boldsymbol{x})}\\
P(y=2\mid\boldsymbol{x})&=P(y=K\mid\boldsymbol{x})\mathrm{e}^{f_{\hat{\boldsymbol{W}}_2}(\boldsymbol{x})}\\
&\vdots\\
P(y=K-1\mid\boldsymbol{x})&=P(y=K\mid\boldsymbol{x})\mathrm{e}^{f_{\hat{\boldsymbol{W}}_{K-1}}(\boldsymbol{x})}
\end{aligned}
\tag{4-56}
$$

因为各分类概率总和应为 1:

$$
\begin{aligned}
\sum_{i=1}^{K-1}P(y=i\mid\boldsymbol{x})+P(y=K\mid\boldsymbol{x})&=\sum_{i=1}^{K-1}P(y=K\mid\boldsymbol{x})\mathrm{e}^{f_{\hat{\boldsymbol{W}}_i}(\boldsymbol{x})}+P(y=K\mid\boldsymbol{x})\\
&=\left(\sum_{i=1}^{K-1}\mathrm{e}^{f_{\hat{\boldsymbol{W}}_i}(\boldsymbol{x})}+1\right)P(y=K\mid\boldsymbol{x})=1
\end{aligned}
\tag{4-57}
$$

所以

$$
P(y=K\mid\boldsymbol{x})=\frac{1}{\sum_{i=1}^{K-1}\mathrm{e}^{f_{\hat{\boldsymbol{W}}_i}(\boldsymbol{x})}+1}
\tag{4-58}
$$

代入式(4-56),可得

$$
P(y=1\mid\boldsymbol{x})=\frac{\mathrm{e}^{f_{\hat{\boldsymbol{W}}_1}(\boldsymbol{x})}}{\sum_{i=1}^{K-1}\mathrm{e}^{f_{\hat{\boldsymbol{W}}_i}(\boldsymbol{x})}+1}
$$

$$\vdots$$

$$P(y=K-1 \mid \boldsymbol{x})=\frac{e^{f_{\hat{w}_{K-1}}(\boldsymbol{x})}}{\sum_{i=1}^{K-1} e^{f_{\hat{w}_i}(\boldsymbol{x})}+1} \tag{4-59}$$

4.4　Softmax 回归

Softmax 回归模型是二分类逻辑回归模型在多分类问题上的一种推广。

4.4.1　Softmax 函数

Softmax 函数，又称归一化指数函数，它是 Sigmoid 函数的扩展，可用于多分类任务中。假设多分类的结果为实数 $y_1, y_2, \cdots, y_K$，Softmax 函数将每一个分类结果转化为一个概率值：

$$p_k=\frac{e^{y_k}}{\sum_{i=1}^{K} e^{y_i}}, \quad k=1,2,\cdots,K \tag{4-60}$$

易知 $\sum p_k=1$。

Softmax 函数通过指数运算放大 $y_1, y_2, \cdots, y_K$ 之间的差别，使小的值趋近于 0，而使最大值趋近于 1，因此它的作用类似于取最大值 max 函数，但又不那么生硬，所以叫 Softmax。假如有一组数 1、2、5、3，容易计算出它们的 Softmax 函数值分别约为 0.01、0.04、0.83、0.11，将它们的原数值和 Softmax 函数值、max 函数值等比例画出，如图 4-22 所示。

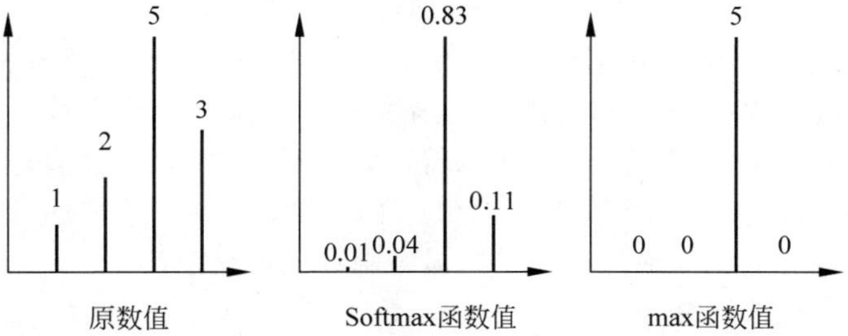

图 4-22　Softmax 函数作用示例

Softmax 函数与 max 函数的关系类似于 Sigmoid 函数与单位阶跃函数的关系。Softmax 函数消除了拐点，且连续可导，因此，经常应用于梯度下降等优化方法中。

Softmax 函数还因其归一化的功能，在神经网络中得到了广泛的应用。

4.4.2　Softmax 回归模型

Softmax 回归模型在做多分类任务时采用了一种非常直接的方式：它对每一个分类建一个单独的模型，然后用 Softmax 函数联合各单独模型统一进行训练得到各单独模型的参数。

设样本集 $\boldsymbol{S}=\{\boldsymbol{s}_1,\boldsymbol{s}_2,\cdots,\boldsymbol{s}_m\}$包含 m 个样本，样本 $\boldsymbol{s}_i=(\boldsymbol{x}_i,y_i)$包括一个有 n 个特征的实例 $\boldsymbol{x}_i=(x_i^{(1)},x_i^{(2)},\cdots,x_i^{(n)})$和一个标签 $y_i\in\{y_1,y_2,\cdots,y_K\}$。对标签的每个分类建立一个预测函数，设值 y_k 对应的预测函数为 $f_{\boldsymbol{W}_k}$，$k=1,2,\cdots,K$。对样本 $\boldsymbol{x}$，每个预测函数给出一个预测值，设 $f_{\boldsymbol{W}_k}$ 给出的预测值为 $f_{\boldsymbol{W}_k}(\boldsymbol{x})$。对 $f_{\boldsymbol{W}_k}(\boldsymbol{x})$按式(4-60)给出 Softmax 函数转化后的概率值：

$$p_k(\boldsymbol{x})=\frac{\mathrm{e}^{f_{\boldsymbol{W}_k}(\boldsymbol{x})}}{\sum_{k=1}^{K}\mathrm{e}^{f_{\boldsymbol{W}_k}(\boldsymbol{x})}} \tag{4-61}$$

式中，p_k 表示将样本 $\boldsymbol{x}$ 预测为 y_k 的概率。当采用线性函数 $f_{\boldsymbol{W}}(\boldsymbol{x})=\boldsymbol{W}\cdot\boldsymbol{x}$ 作为预测函数时，式(4-61)变为

$$p_k(\boldsymbol{x})=\frac{\mathrm{e}^{\boldsymbol{W}_k\cdot\boldsymbol{x}}}{\sum_{k=1}^{K}\mathrm{e}^{\boldsymbol{W}_k\cdot\boldsymbol{x}}} \tag{4-62}$$

引入损失函数：

$$L(\boldsymbol{W})=-\sum_{i=1}^{m}\sum_{k=1}^{K}I(y_i=y_k)\log p_k(\boldsymbol{x}_i)=-\sum_{i=1}^{m}\sum_{k=1}^{K}I(y_i=y_k)\log\frac{\mathrm{e}^{\boldsymbol{W}_k\cdot\boldsymbol{x}_i}}{\sum_{k=1}^{K}\mathrm{e}^{\boldsymbol{W}_k\cdot\boldsymbol{x}_i}} \tag{4-63}$$

其中，$\boldsymbol{W}$ 为各单独模型的参数向量 $\boldsymbol{W}_k$ 排列的矩阵：

$$\boldsymbol{W}=\begin{bmatrix}\boldsymbol{W}_1\\ \boldsymbol{W}_2\\ \vdots\\ \boldsymbol{W}_K\end{bmatrix} \tag{4-64}$$

$I(y_i=y_k)$是指示函数(Indicator Function)，即 $y_i=y_k$ 时为 1，否则为 0。

在不看损失函数式中的-1 时，该损失函数是将与样本标签值对应的那个模型的预测值的 Softmax 对数概率值相加。这意味着，如果不是与样本标签值对应的那个模型取得最大的预测概率，该值将不能取得最大值，因此，尽力使损失函数达到最大，样本的预测正确数量也将尽可能大。乘-1，即要使损失函数尽可能小。

可用梯度下降法求得 $\boldsymbol{W}$。

对 $\boldsymbol{W}$ 的第 j 个分量计算梯度如下：

$$\begin{aligned}\frac{\partial}{\partial\boldsymbol{W}_j}L(\boldsymbol{W})&=-\sum_{i=1}^{m}\left[\frac{\partial}{\partial\boldsymbol{W}_j}\left(\sum_{k=1}^{K}I(y_i=y_k)\log\frac{\mathrm{e}^{\boldsymbol{W}_k\cdot\boldsymbol{x}_i}}{\sum_{k=1}^{K}\mathrm{e}^{\boldsymbol{W}_k\cdot\boldsymbol{x}_i}}\right)\right]\\&=-\sum_{i=1}^{m}\left[\frac{\partial}{\partial\boldsymbol{W}_j}\left(I(y_i=y_j)\log\frac{\mathrm{e}^{\boldsymbol{W}_j\cdot\boldsymbol{x}_i}}{\sum_{k=1}^{K}\mathrm{e}^{\boldsymbol{W}_k\cdot\boldsymbol{x}_i}}+\sum_{k=1,k\neq j}^{K}I(y_i=y_k)\log\frac{\mathrm{e}^{\boldsymbol{W}_k\cdot\boldsymbol{x}_i}}{\sum_{k=1}^{K}\mathrm{e}^{\boldsymbol{W}_k\cdot\boldsymbol{x}_i}}\right)\right]\end{aligned}$$

$$= -\sum_{i=1}^{m}\left[I(y_i = y_j)\left(\boldsymbol{x}_i - \frac{\boldsymbol{x}_i \cdot \mathrm{e}^{\boldsymbol{W}_j \cdot \boldsymbol{x}_i}}{\sum_{k=1}^{K}\mathrm{e}^{\boldsymbol{W}_k \cdot \boldsymbol{x}_i}}\right) + \sum_{k=1,k\neq j}^{K} I(y_i = y_k)\left(-\frac{\boldsymbol{x}_i \cdot \mathrm{e}^{\boldsymbol{W}_j \cdot \boldsymbol{x}_i}}{\sum_{k=1}^{K}\mathrm{e}^{\boldsymbol{W}_k \cdot \boldsymbol{x}_i}}\right)\right]$$

$$= -\sum_{i=1}^{m}\boldsymbol{x}_i\left[I(y_i = y_j)\left(1 - \frac{\mathrm{e}^{\boldsymbol{W}_j \cdot \boldsymbol{x}_i}}{\sum_{k=1}^{K}\mathrm{e}^{\boldsymbol{W}_k \cdot \boldsymbol{x}_i}}\right) + \sum_{k=1,k\neq j}^{K} I(y_i = y_k)\left(-\frac{\mathrm{e}^{\boldsymbol{W}_j \cdot \boldsymbol{x}_i}}{\sum_{k=1}^{K}\mathrm{e}^{\boldsymbol{W}_k \cdot \boldsymbol{x}_i}}\right)\right]$$

$$= -\sum_{i=1}^{m}\boldsymbol{x}_i\left[I(y_i = y_j)(1 - p_j(\boldsymbol{x}_i)) + \sum_{k=1,k\neq j}^{K} I(y_i = y_k)(-p_j(\boldsymbol{x}_i))\right]$$

$$= -\sum_{i=1}^{m}\boldsymbol{x}_i\left[I(y_i = y_j) - I(y_i = y_j)p_j(\boldsymbol{x}_i) - \sum_{k=1,k\neq j}^{K} I(y_i = y_k)p_j(\boldsymbol{x}_i)\right]$$

$$= -\sum_{i=1}^{m}\boldsymbol{x}_i\left[I(y_i = y_j) - \sum_{k=1}^{K} I(y_i = y_k)p_j(\boldsymbol{x}_i)\right]$$

$$= -\sum_{i=1}^{m}\boldsymbol{x}_i[I(y_i = y_j) - p_j(\boldsymbol{x}_i)] \tag{4-65}$$

梯度下降法中的迭代关系式是：

$$\boldsymbol{W}_{j+1} = \boldsymbol{W}_j + \alpha\left(-\frac{\partial}{\partial \boldsymbol{W}_j}L(\boldsymbol{W})\right) = \boldsymbol{W}_j - \alpha \cdot \frac{\partial}{\partial \boldsymbol{W}_j}L(\boldsymbol{W}) \tag{4-66}$$

4.4.3 进一步讨论

假如对式(4-62)中的所有参数减去一个向量 $\boldsymbol{W}'$：

$$p_k(\boldsymbol{x})\Big|_{\boldsymbol{W}_k-\boldsymbol{W}'} = \frac{\mathrm{e}^{(\boldsymbol{W}_k-\boldsymbol{W}')\cdot \boldsymbol{x}}}{\sum_{k=1}^{K}\mathrm{e}^{(\boldsymbol{W}_k-\boldsymbol{W}')\cdot \boldsymbol{x}}} = \frac{\mathrm{e}^{\boldsymbol{W}_k\cdot \boldsymbol{x}}\mathrm{e}^{\boldsymbol{W}'\cdot \boldsymbol{x}}}{\sum_{k=1}^{K}\mathrm{e}^{\boldsymbol{W}_k\cdot \boldsymbol{x}}\mathrm{e}^{\boldsymbol{W}'\cdot \boldsymbol{x}}} = \frac{\mathrm{e}^{\boldsymbol{W}_k\cdot \boldsymbol{x}}}{\sum_{k=1}^{K}\mathrm{e}^{\boldsymbol{W}_k\cdot \boldsymbol{x}}} = p_k(\boldsymbol{x})\Big|_{\boldsymbol{W}_k} \tag{4-67}$$

仍然等于 $p_k(\boldsymbol{x})$，这说明参数值并不唯一，也就是说损失函数 $L(\boldsymbol{W})$ 并非严格的凸函数，有多组最优解。可以给损失函数 $L(\boldsymbol{W})$ 增加一个权重衰减项来使之成为严格的凸函数，从而只有唯一的最优解。

当 $K=2$ 时：

$$\begin{cases} p_1(\boldsymbol{x}) = \dfrac{\mathrm{e}^{\boldsymbol{W}_1\cdot \boldsymbol{x}}}{\sum_{k=1}^{2}\mathrm{e}^{\boldsymbol{W}_k\cdot \boldsymbol{x}}} = \dfrac{\mathrm{e}^{(\boldsymbol{W}_1-\boldsymbol{W}_1)\cdot \boldsymbol{x}}}{\sum_{k=1}^{2}\mathrm{e}^{(\boldsymbol{W}_k-\boldsymbol{W}_1)\cdot \boldsymbol{x}}} = \dfrac{\mathrm{e}^{(\boldsymbol{W}_1-\boldsymbol{W}_1)\cdot \boldsymbol{x}}}{\mathrm{e}^{(\boldsymbol{W}_1-\boldsymbol{W}_1)\cdot \boldsymbol{x}} + \mathrm{e}^{(\boldsymbol{W}_2-\boldsymbol{W}_1)\cdot \boldsymbol{x}}} = \dfrac{1}{1+\mathrm{e}^{\boldsymbol{W}'\cdot \boldsymbol{x}}} \\ p_2(\boldsymbol{x}) = \dfrac{\mathrm{e}^{\boldsymbol{W}_2\cdot \boldsymbol{x}}}{\sum_{k=1}^{2}\mathrm{e}^{\boldsymbol{W}_k\cdot \boldsymbol{x}}} = \dfrac{\mathrm{e}^{(\boldsymbol{W}_2-\boldsymbol{W}_1)\cdot \boldsymbol{x}}}{\sum_{k=1}^{2}\mathrm{e}^{(\boldsymbol{W}_k-\boldsymbol{W}_1)\cdot \boldsymbol{x}}} = \dfrac{\mathrm{e}^{(\boldsymbol{W}_2-\boldsymbol{W}_1)\cdot \boldsymbol{x}}}{\mathrm{e}^{(\boldsymbol{W}_1-\boldsymbol{W}_1)\cdot \boldsymbol{x}} + \mathrm{e}^{(\boldsymbol{W}_2-\boldsymbol{W}_1)\cdot \boldsymbol{x}}} = \dfrac{\mathrm{e}^{\boldsymbol{W}'\cdot \boldsymbol{x}}}{1+\mathrm{e}^{\boldsymbol{W}'\cdot \boldsymbol{x}}} \end{cases} \tag{4-68}$$

其中，$\boldsymbol{W}' = \boldsymbol{W}_2 - \boldsymbol{W}_1$。可见此时的 Softmax 回归与二分类逻辑回归是一致的，因此，

Softmax 回归可看作二分类逻辑回归在多分类问题上的推广。

4.5 集成学习与类别不平衡问题

集成学习(Ensemble Learning)是一种有效的机器学习方法，在工业界得到了广泛的应用，也是各类竞赛中的常用工具。随机森林算法就是一种集成学习方法。类别不平衡(Class-imbalance)问题是指分类任务中不同类别的训练样本数目差别过大带来的问题。

集成学习的基本思想是集体决策，对多个模型的预测结果进行表决来提高准确性。一般来说，集成学习的预测效果比单一模型的预测效果有比较大的提升。集成学习对"弱学习器"的效果提升尤其明显。弱学习器是指预测效果略高于随机猜测的模型，而预测效果明显的学习器，称为"强学习器"。个体模型可以是相同类型的，如果都是同一种决策树，称为同质的；也可以是不同类型的，称为异质的。同质集成的个体学习器又称为基学习器(Base Learner)，在分类模型中也称为基分类器(Base Classifier)。

目前，集成学习有三种主要方法，分别称为装袋方法、提升方法和投票方法。

4.5.1 装袋方法及应用

很自然地，在集成学习模型中，会考虑按个体学习器结果中的最多数给出最终结果。假设每个个体学习器的预测概率相同，对样本正确预测的概率为 R，同时个体学习器之间相对独立。因为随机预测成功的概率为 0.5，所以 R 要大于 0.5。当 R 稍大于 0.5 时，称为弱学习器，当 R 接近于 1.0 时，为强学习器。假如有 n 个个体学习器，对于某样本，认为只要有 $k(1<k<n)$个个体学习器预测为正样本，那么输出最终预测结果为正样本。最终输出为正样本的概率可表示为

$$R_S=\sum_{i=k}^{n}\binom{n}{i}R^i(1-R)^{n-i}=\sum_{i=k}^{n}\frac{n!}{i!\ (n-i)!}R^i(1-R)^{n-i}\quad k\leqslant n \tag{4-69}$$

当用 5 个、13 个、51 个个体学习器来集成，超过半数(即 k 等于 3,7,26 时)个体学习器输出为正类时集成系统输出正类，其概率变化如图 4-23 所示。

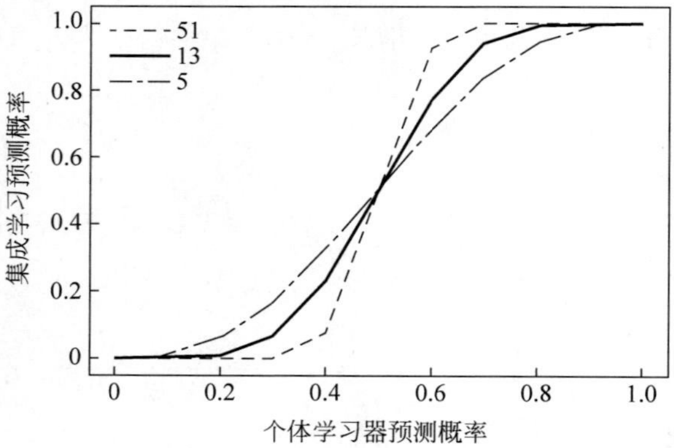

图 4-23 个体学习与集成学习输出的关系(见彩插)

横坐标是 R 的取值，即每个个体学习器的正确预测概率，纵坐标是集成系统的输出正样本的概率。三条折线分别代表在 5 个（点线）、13 个（实线）、51 个（虚线）个体学习器的系统中的表现。图中可以看出，当个体学习器为弱学习器时（R 稍大于 0.5），通过集成，可以显著提高预测概率，变成强学习器，而且个体学习器越多，提高得越快。

集成学习模型中的个体学习器应保持相对独立。也就是说，个体学习器在做判断时要互相不影响。由相同或者大部分相同的特征集训练出来的两个个体学习器在预测同一个样本时，很可能就会做出相同的判断，那么这两个个体学习器就起不到集成的效果。

装袋（Bagging）方法是体现这类思路的典型方法。装袋方法中的关键问题就是如何训练出既相互独立，又有较好效果的个体学习器。对训练成的个体学习器要尽可能做到独立。一个办法是训练子集尽量不一样，但是为了保证训练效果（$R>0.5$），训练子集又不能太小。因此，装袋方法采用了相互有部分重合的采样子集来训练个体学习器。常采用 Bootstrap 采样的方法来产生训练子集。

Bootstrap 是数理统计中非常重要的理论，来自短语“to pull oneself up by one's bootstraps”，通常翻译成“自举”，意思是不靠外界力量，而靠自身提升性能，是一种重采样技术。

标准的 Bootstrap 采样的方法实际上在随机森林算法中已经讨论过，就是对样本集进行有放回的抽样，抽取的样本数量与原样本集数量相同。对有 N 个样本的样本集 $X=\{x_1,x_2,\cdots,x_N\}$ 进行 N 次有放回的抽样，某个样本在 N 次抽样中都不被抽到的概率是 $\left(1-\frac{1}{N}\right)^N$，且

$$\lim_{N\to\infty}\left(1-\frac{1}{N}\right)^N \to \frac{1}{\mathrm{e}} \approx 0.368 \tag{4-70}$$

所以，从统计意义上说，每次抽样后的样本集包含有 63.2% 的原始样本。从理论上可以证明，通过 Bootstrap 采样得到的数据集可以有效地估计原始分布的特征。

装袋方法的做法是：①用 Bootstrap 产生成多个数据集；②用数据集训练出多个基分类器（Base Classifier）；③计算（投票或者平均）所有基分类器的预测值给出最终结果。过程如图 4-24 所示。

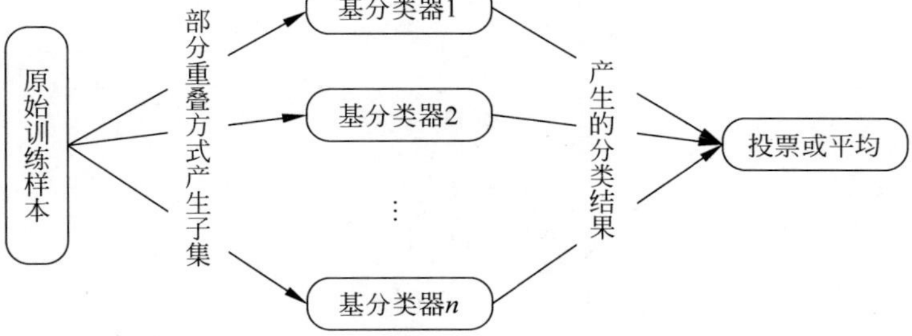

图 4-24　Bagging 方法

随机森林算法就属于装袋方法，常见的装袋方法还有装袋决策树（Bagged Decision Trees）和极端随机树（Extra Trees）等，在 sklearn.ensemble 包中，实现了上述算法，可以

直接调用。

sklearn.ensemble.BaggingClassifier 实现了装袋决策树算法,它的特点是可以指定基分类器的类型和数量,还可以指定训练子集的产生方式,如样本抽样率、特征抽样率、是否有放回抽样,最终结果的计算采用投票或者平均等,详细内容可参见官方文档[①]。

随机森林算法在子集的产生方式上是有放回地抽样(在 RandomForestClassifier 中,可以控制是否放回),子集的样本数量与原样本集一样。特征是不放回地抽样。随机森林算法可以有效防止过拟合。

sklearn.ensemble.ExtraTreesClassifier 实现极端随机树算法,它不对原始样本集抽样,而是直接用原始样本集来训练每一个基分类器,在树分叉时,采用完全随机的方式,详细内容可参见官方文档[②]。

下面给出采用 sklearn.ensemble.BaggingClassifier 实现优惠券预测示例的关键代码,见代码 4-19。

代码 4-19　装袋决策树算法实现优惠券预测示例(use_baggingclassifier.py)

```
1.  from sklearn.ensemble import BaggingClassifier
2.  from sklearn.tree import DecisionTreeClassifier
3.
4.  cart = DecisionTreeClassifier()
5.  bc = BaggingClassifier(base_estimator = cart, random_state = 2)
6.  bc.fit(X_train, y_train)
```

4.5.2　提升方法及应用

提升(Boosting)方法采用了与装袋方法不同的思路,它是在前一个体学习器的基础上,针对薄弱环节进行修改,从而产生一系列新的个体学习器,并将这些分类器进行线性组合以提高分类的性能,如图 4-25 所示。这种方法产生的个体学习器之间有前后的关联关系,只能序列生成,又称为串行方法。

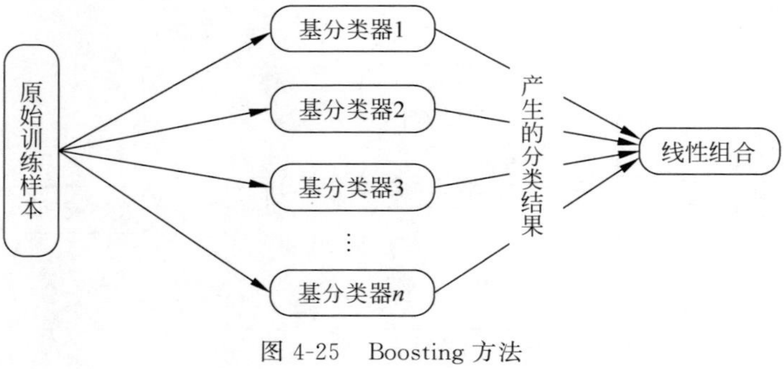

图 4-25　Boosting 方法

[①] http://scikit-learn.org/stable/modules/generated/sklearn.ensemble.BaggingClassifier.html # sklearn.ensemble.BaggingClassifier

[②] http://scikit-learn.org/stable/modules/ensemble.html # extremely-randomized-trees

具体来讲，提升方法的工作机制是：先从初始训练集训练出一个基学习器，再根据基学习器的表现对训练样本分布进行调整，使得先前基学习器做错的训练样本在后续受到更多关注（权值更大），然后基于调整后的样本分布来训练下一个基学习器，如此重复进行，直至基学习器数目达到指定的值 T，最终将 T 个基学习器进行加权组合。

常用的提升算法有梯度提升树（Gradient Boosting Tree，GBT）算法、AdaBoost（Adaptive Boosting）算法、XGBoost（eXtreme Gradient Boosting）算法等。

下面利用 sklearn. ensemble 包中的 GradientBoostingClassifier 和 xgboost（第三方包[1]）算法来实现优惠券示例的预测。

用 GradientBoostingClassifier 实现优惠券预测的代码见代码 4-20。与随机森林算法同属一个包，参数风格相似。

代码 4-20　梯度提升树算法实现优惠券预测示例（use_boosting. py）

```
from sklearn.ensemble import GradientBoostingClassifier
gbc = GradientBoostingClassifier()
gbc.fit(X_train, y_train)
```

用 xgboost 算法来实现的代码见代码 4-21。

代码 4-21　xgboost 算法实现优惠券预测示例（use_boosting. py）

```
import xgboost as xgb
trainSet = xgb.DMatrix(X_train,label = y_train)
params = {'booster':'gbtree',
          'objective': 'binary:logistic', # logistic regression for binary
  classification, returns predicted probability (not class)
          'eval_metric':'error', # Binary classification error rate (0.5 threshold)
          'gamma':0.1,
          'min_child_weight':1.1,
          'max_depth':5,
          'lambda':10,
          'subsample':0.7,
          'colsample_bytree':0.7,
          'colsample_bylevel':0.7,
          'eta': 0.01,
          'tree_method':'exact',
          'seed':0,
          'nthread':12
          }
num_boost_round = 3500
print('xgboost 算法参数设置：', file = file_print_to)
print(params, file = file_print_to)
print('num_boost_round = ' + str(num_boost_round), file = file_print_to)
watchlist = [(trainSet,'train')]
```

① https://xgboost.readthedocs.io/en/latest/get_started.html

```
23. model = xgb.train(params,trainSet,num_boost_round = num_boost_round,evals = watchlist)
24. print('训练用时: ' + str(time.time() - time_start), file = file_print_to)
25.
26. verifySet = xgb.DMatrix(X_verify)
27. predict_prob_y = model.predict(verifySet)
28. y_pred = list(map(lambda x: round(x, 0), predict_prob_y))
```

第 2 行是将训练样本集按 xgboost 算法的要求用 DMatrix 格式封装。第 3～17 行是设置算法参数，其中第 4 行确定算法优化的目标是二分类的逻辑回归。第 18 行是设置循环次数。第 23 行是训练模型。第 27 行是用模型对验证集进行预测。

从实验结果来看，xgboost 算法的平均 AUC 要高于其他算法。

4.5.3 投票方法及应用

装袋和提升方法是训练同质的子学习器，而投票(Voting)方法是将多个异质的子学习器预测结果综合输出。

在综合各个子学习器预测结果时，可根据需要采用少数服从多数的简单投票方法，或采用加权投票方法。加权投票方法的权重区分了子学习器的重要程度，权重之和一般设为 1。如表 4-5 的示例，共有三个子学习器，样本类别共三种。如果权重系数分别设为 0.1、0.4 和 0.5，可算出加权平均的概率如最后一行。最终输出的标签 1。

表 4-5 加权投票输出示例

	权重系数	标签 1	标签 2	标签 3
子学习器 1 输出	0.1	0.3	0.3	0.4
子学习器 2 输出	0.4	0.7	0.2	0.1
子学习器 3 输出	0.5	0.4	0.5	0.1
加权平均输出		0.51	0.36	0.13

投票算法的实现比较简单，直接将各模型的输出加权计算即可。在 sklearn.ensemble 包中提供了一个实现投票方法的类 VotingClassifier。

4.5.4 类别不平衡问题

在优惠券核销示例中，可以看到正负样本的比例相当悬殊，如果直接将新样本预测为负例，就能达到较高的准确度，实际上这种预测是没有意义的。这样的问题称为类别不平衡(Class-imbalance)问题，它是指分类任务中不同类别的训练样本数目差别过大带来的问题。在处理多分类问题时，如果采用二分类算法的一对其余策略来处理，也会出现类别不平衡问题。

对类别不平衡问题的处理，常用以下三类方法。

第一类是"欠采样"(Undersampling)结合投票方法。欠采样直接对训练集里的过多样本去掉一部分，使得正负类样本数量接近。欠采样会丢失信息，因此，常采用将多的那类样本切分为若干个集合，每个集合与少的那类样本组成一个训练样本集，供一个子学习器学习，然后，对各子学习器的预测进行投票得到最终输出。

第二类是“过采样”(Oversampling)的方法。过采样是对过少类别的样本再增加一些。增加样本的方法有简单重复复制和插值等。插值也是拟合的一种方法,实际上并不带来新信息。采用过采样方法时,要防止出现过拟合现象。

第三类是“阈值移动”(Threshold-moving)方法。以逻辑回归模型为例,在式(4-53)中,是以0.5作为正负样本概率值的分界线。但是,在真实的样本空间中,正例和负例出现的概率未必是相等的,因此这个设定未必是合理的。假设训练样本集是真实样本总体的无偏采样,设m^+表示正样本数目,m^-表示负样本数目,那么抽中正样本的概率应该是$\frac{m^+}{m^+ + m^-}$。所以,当模型预测的概率高于该观测概率就应判为正样本,否则为负样本。这实际上是将阈值进行了移动。

4.6 练习题

1. 将表4-1所示的样本集合按年龄(大于等于29)进行切分,试计算切分后的信息增益和基尼指数。

2. 尝试用代码实现增益率的计算函数,并用来实现基于增益率的二叉决策树。

3. 尝试用随书资源 decision_bitree.py 文件中实现的决策树来实现随机森林算法。

4. 在O2O优惠券使用预测例子中,思考从线上消费数据中能提取哪些有用的特征?并实验是否对预测有帮助。

5. 表4-6为某二分类器预测结果的混淆矩阵,试计算准确率、平均准确率、精确率、召回率和F_1—score。

表4-6　某二分类器预测结果

	预测为“0”的样本数	预测为“1”的样本数
标签为“0”的样本数	1026	1101
标签为“1”的样本数	1007	911026

6. 针对随书资源 ellipseSamples.txt 文件中的二分类样本点,设计逻辑回归模型,进行训练,画出决策边界。

7. 查阅资料学习 sklearn.ensemble.ExtraTreesClassifier 的应用方法,并用它来完成优惠券使用示例实验。

第 5 章

特征工程、降维与超参数调优

特征工程、降维与超参数调优是机器学习工程应用中的三个重要问题。在优惠券核销示例中讨论过，输入模型进行训练的一般不是实例的属性，而是从实例的属性数据中提取出的特征。从属性数据中提取出特征的过程叫作“特征工程”。在掌握机器学习的算法之后，特征工程就是最具有挑战性的工作了。

降维技术可以解决因为特征过多而带来的样本稀疏、计算量大等问题。

机器学习模型的参数有两种，一种是从样本中学习得到；另一种无法靠模型自身得到，需要人为设定。需要人为设定的参数称为超参数(Hyperparameters)，如 k-means 算法中的 k 值，分类树模型中树的层次，随机森林算法中树的个数等。超参数一般控制模型的主体框架，超参数的改变会对模型建立和预测产生很大的影响。超参数调优是寻找使模型整体最优的超参数的过程。

5.1 特征工程

特征工程的目标是从实例的原始数据中提取出供模型训练的合适特征。特征的提取与问题的领域知识密切相关。特征工程在机器学习过程中的位置和作用如图 5-1 所示。训练样本通过特征工程提取出合适的样本特征向量，供模型训练、评估使用。测试样本通过相同的特征工程提取出相同样式的特征向量，输入模型后，得到预测结果。

总体来说，特征提取是一种创造性的活动，没有固定的规则可循，本节仅讨论与特征提取相关的辅助环节。一般来说，需要先从总体上理解数据，必要时可通过可

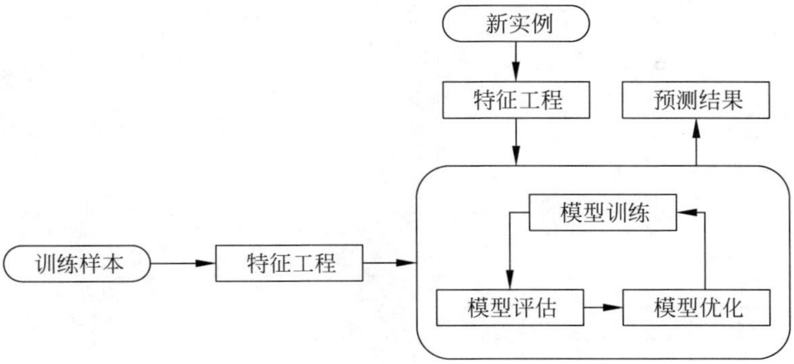

图 5-1 特征工程在机器学习过程中的位置和作用

视化来帮助理解，然后运用领域知识进行分析和联想，然后处理数据提取出特征。并不是所有提取出来的特征都会对模型预测有正面帮助，还需要通过预测结果来对比分析。

在机器学习应用中，特征提取是很重要的环节。对于文本、图像、语音等复杂数据，人工提取特征是非常困难的事情。为了追求好的效果，人们想了很多办法来提取它们的特征，提取出的特征数量甚至达到了上万个。近年来，自然语言处理、图像识别、语音识别等领域的自动提取特征研究取得了的重大突破，发展成为机器学习的一个重要分支：深度学习(Deep Learning)。正因为深度学习的进展，机器学习的应用门槛大为降低，使之得到了广泛应用。有关深度学习的内容，将在第 8 章专门讨论。

5.1.1 数据总体分析

得到样本数据后，先要对数据的总体概况进行初步分析。分析数据的总体概况，一般是根据经验进行，没有严格的步骤和程序，内容主要包括查看数据的维度、属性和类型，对数据进行简要统计，分析数据类别分布(分类任务)。

下面以优惠券使用预测数据为例，对数据的总体分析进行简单示例，主要用到了 Pandas 库中的一些函数。

1. 查看数据

Pandas 库中的 head 函数用来列出表中的前面若干项的数据，可以用来查看数据表的组成和部分样例。示例代码及输出见代码 5-1 中的前 4 行。

代码 5-1 数据总体分析示例(数据理解.ipynb)

```
1. >>> import pandas as pd
2. >>> df = pd.read_csv('E:\mlDataSets\o2o\ccf_offline_stage1_train.csv')
3. >>> df.head(10)
```

4.

	User_id	Merchant_id	Coupon_id	Discount_rate	Distance	Date_received	Date
0	1439408	2632	null	null	0	null	20160217
1	1439408	4663	11002	150:20	1	20160528	null
2	1439408	2632	8591	20:1	0	20160217	null
3	1439408	2632	1078	20:1	0	20160319	null
4	1439408	2632	8591	20:1	0	20160613	null
5	1439408	2632	null	null	0	null	20160516
6	1439408	2632	8591	20:1	0	20160516	20160613
7	1832624	3381	7610	200:20	0	20160429	null
8	2029232	3381	11951	200:20	1	20160129	null
9	2029232	450	1532	30:5	0	20160530	null

```
5. >>> df.shape
6. (1754884, 7)
7. >>> df.describe(include = 'all')
```

8.

	User_id	Merchant_id	Coupon_id	Discount_rate	Distance	Date_received	Date
count	1.754884e+06	1.754884e+06	1754884	1754884	1754884	1754884	1754884
unique	NaN	NaN	9739	46	12	168	183
top	NaN	NaN	null	null	0	null	null
freq	NaN	NaN	701602	701602	826070	701602	977900
mean	3.689255e+06	4.038808e+03	NaN	NaN	NaN	NaN	NaN
std	2.123428e+06	2.435963e+03	NaN	NaN	NaN	NaN	NaN
min	4.000000e+00	1.000000e+00	NaN	NaN	NaN	NaN	NaN
25%	1.845052e+06	1.983000e+03	NaN	NaN	NaN	NaN	NaN
50%	3.694446e+06	3.532000e+03	NaN	NaN	NaN	NaN	NaN
75%	5.528759e+06	6.329000e+03	NaN	NaN	NaN	NaN	NaN
max	7.361032e+06	8.856000e+03	NaN	NaN	NaN	NaN	NaN

```
 9. >>> df.groupby('Merchant_id').size()
10. 1          14
11. 2          11
12. 3          18
13.          ...
14. 8856      250
15. Length: 8415, dtype: int64
```

2. 数据维度

代码 5-1 中的第 5 行,用 Pandas 库的 DataFrame 对象的 shape 属性查看数据维度。可以看到,该数据集有 1 754 884 行数据(实例),每行有 7 列数据(属性)。通过这些观察,可以对数据集的维度有一个大概的了解。

3. 数据统计

代码 5-1 中的第 7 行,用 describe 方法对数据进行了统计。该方法对于数值型的列给出平均值、最小值、最大值、标准差、较小值、中值、较大值等统计指标。在该例中,数值型的列是用户 ID 和商户 ID,其统计指标并没有什么意义,但仍然可以观察一下其最大值、最小值,以及代表偏离均值的标准差的大小等。

对于对象型的列,则给出唯一值个数、众数及其次数三个统计指标。如 Discount_

rate，一共有 46 个不一样的值出现，其中出现次数最多的是 null，一共出现了 701 602 次。

4．查看数据类别分布

代码 5-1 中的第 9 行，用 groupby 方法查看某列数据的分类情况。可以看到，对于 Merchant_id 列，一共有 8415 个商户，每个商户的消费记录条数都列出来了。

5.1.2 数据可视化

数据可视化通过直观的方式增加对数据的理解，帮助提取有用特征。

1．特征取值分布

特征的取值分布情况可以为分析特征提供重要信息。下面以优惠券核销中的折扣率为例来画出数据分布图，从整体上理解折扣率的分布情况，示例代码见代码 5-2。

代码 5-2　特征取值分布可视化示例（数据可视化.ipynb）

```
1.  import pandas as pd
2.  df = pd.read_csv('E:\mlDataSets\o2o\ccf_offline_stage1_train.csv')
3.  dr = df[['Discount_rate']]
4.  drate = dr[dr.Discount_rate != 'null']
5.
6.  def calc_discount_rate(s):
7.      s = str(s)
8.      s = s.split(':')
9.      if len(s) == 1:
10.         return float(s[0])
11.     else:
12.         return 1.0 - float(s[1])/float(s[0])
13. drate = drate.Discount_rate.astype('str').apply(calc_discount_rate)
14.
15. import matplotlib.pyplot as plt
16. plt.hist(drate, 20)
17. plt.show()
18.
19. drate.hist(bins = 40)
20. plt.show()
```

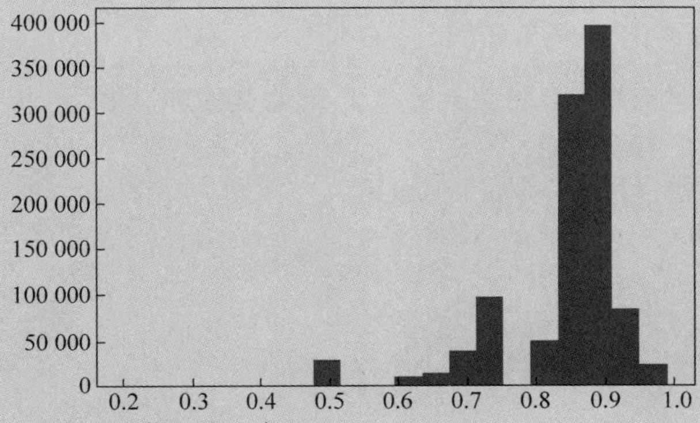

21.

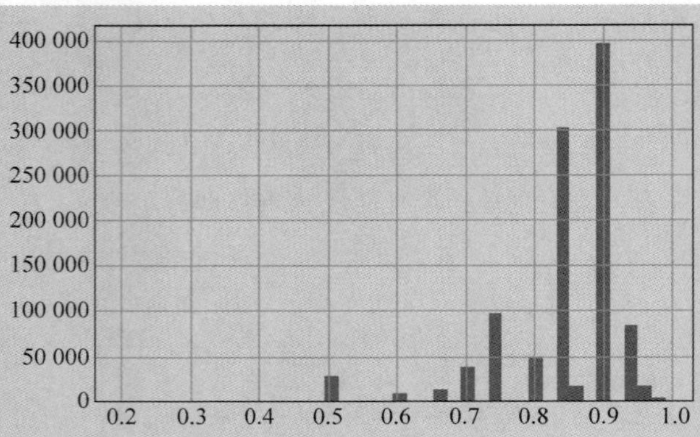

第 4 行去掉折扣率为空的数据。因为有的是用满减的优惠方式，第 6～12 行定义一个函数来计算折扣率。

第 16 行用 pyplot 的 hist 方法，将折扣率的取值范围(0～1)分为 20 等分，对每一等分上的取值个数画直方图。

第 19 行用 DataFrame 的 hist 方法画直方图，等价于上面的方法。这次是分为 40 等分。

可以看出折扣率的分布，近似于正态分布，并以 0.9、0.85、0.95 为主。

查看特征值分布，还可以画饼图，不再赘述，可自行练习。

2. 离散型特征与离散型标签的关系

样本特征的值与该样本的标签的关系，是机器学习最为关心的事情。可视化可以直观地展现标签值随某特征取值的变化而变化的情况。

特征的取值分为离散和连续两类，同样标签也分为离散和连续两类。分类任务中的标签是离散型的，回归任务中的标签是连续型的。在分类任务中，标签可分为二分类和多分类的。可采用马赛克图(Mosaic Plot)① 来可视化离散型特征值与离散型标签的关系。

前面的示例从接收优惠券的日期中提取出了是否为周末的特征。来看看该特征与是否使用优惠券之间关系的可视化，见代码 5-3。

代码 5-3　离散型特征与离散型标签关系可视化示例(数据可视化.ipynb)

```
df = pd.read_csv(r'..\tianchio2o\feature_offline_in15days_2018_01_06.csv')
from statsmodels.graphics.mosaicplot import mosaic
wk = df.is_weekend.astype('str').apply(lambda x: '周末' if x == '1' else '非周末')
label = df.coupon_apply.astype('str').apply(lambda x: '用券' if x == '1' else '不用')
mosaic_data = pd.concat([wk, label], axis = 1)
mosaic(data = mosaic_data, index = ['is_weekend', 'coupon_apply'], gap = 0.01, title = u
'是否周末与使用优惠券的关系')
```

① http://www.statsmodels.org/stable/generated/statsmodels.graphics.mosaicplot.mosaic.html

```
7.
8. plt.rc('font', family = 'SimHei', size = 13)
9. plt.show()
```

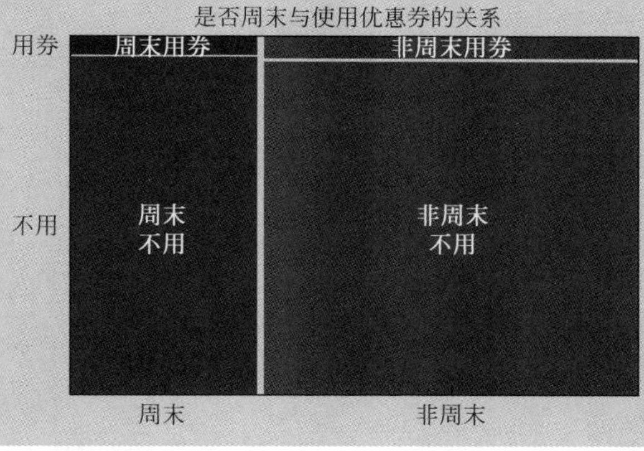


```
10.
```

第 2 行从 statsmodels. graphics. mosaicplot 包中导入 Mosaic 绘图工具。为了便于观察，用中文来显示周末和标签。

可以直观地看出，周末领取的券与非周末领取券的比例情况。可以看出周末领取的券比非周末领取的券核销的比例稍低一点。那么如果分为周一到周日七天，是否能观察出更多的结论呢？读者可自行分析。

3. 连续型特征与离散型标签的关系

观察连续型特征与离散型标签的关系，常用盒图(Box-plot)。对于单个变量，盒图描述的是其分布的四分位图：上边缘、上四分位数、中位数、下四分位数和下边缘，如图 5-2 所示。上边缘是最大数，上四分位数是由大到小排在 1/4 的那个值，中位数是排在中间的那个数，下四分位数是排在 3/4 的那个数，下边缘是最小数。单个变量的盒图便于观察变量值的分布中心、扩展和偏移，另外还可以发现离群的异常值的存在。

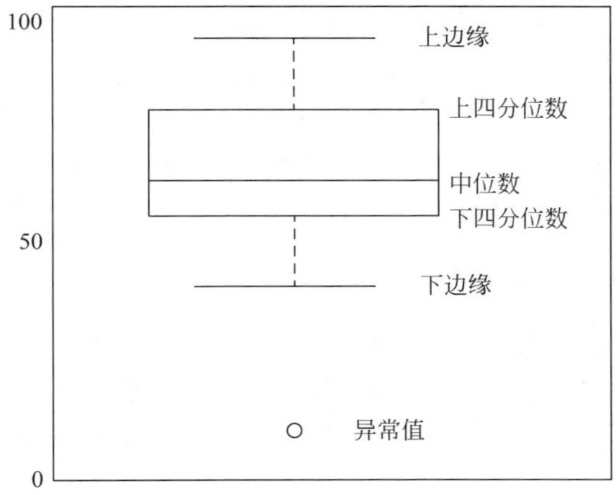

图 5-2　盒图示例

还是以折扣率为例，来看看核销与没有核销优惠券的折扣率的分布，见代码 5-4。

代码 5-4　连续型特征与离散型标签关系可视化示例(数据可视化.ipynb)

```
df = pd.read_csv('E:\mlDataSets\o2o\ccf_offline_stage1_train.csv')
df = df[df.Coupon_id!= 'null']
df['discount_rate'] = df.Discount_rate.apply(calc_discount_rate)
from datetime import date
def get_label(s):
    s = s.split(':')
    if s[0] == 'null':
        return 0
    elif (date(int(s[0][0:4]),int(s[0][4:6]),int(s[0][6:8])) - date(int(s[1][0:4]),int(s[1][4:6]),int(s[1][6:8]))).days <= 15:
        return 1
    else:
        return 0 #15 天以外用券消费时，也返回 0

df['coupon_apply'] = df.Date.astype('str') + ':' +  df.Date_received.astype('str')
df.coupon_apply = df.coupon_apply.apply(get_label)
df = df[['discount_rate','coupon_apply']]

df.boxplot(by = 'coupon_apply')
plt.show()
```

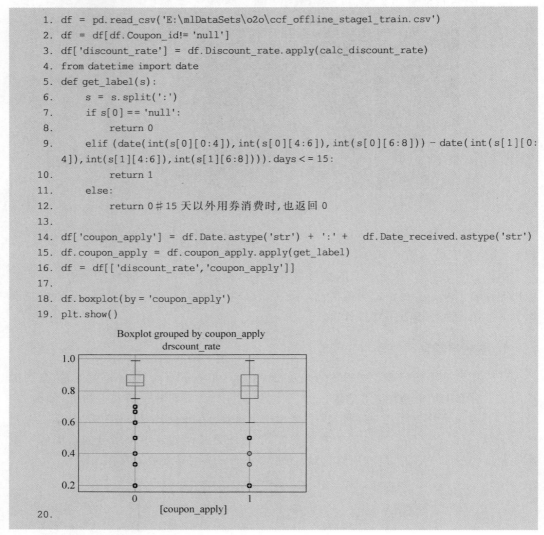

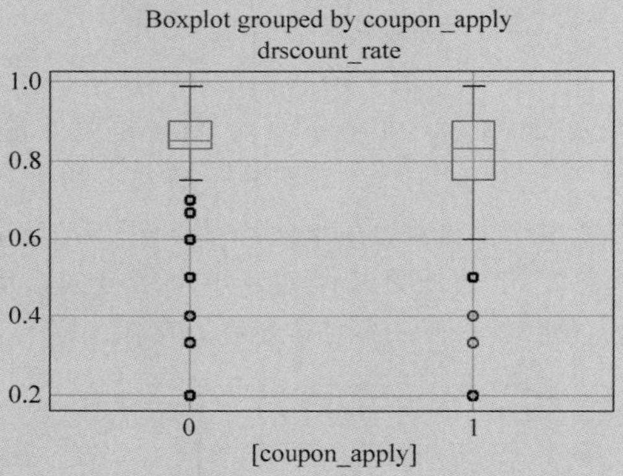

左边为没有核销的优惠券分布，右边为核销的优惠券分布。可以看出，核销的优惠券的分布更加分散一些，整体相对偏下，可见折扣越多对人们吸引力就越大。

4. 离散型特征与连续型标签的关系

盒图也可以用来观察离散型特征与连续型标签的关系，将输出的分类改为输入的分类，对每个输入的分类的输出画成一个盒图，然后将所有输入分类的盒图放在一起观察。

密度图(Density Plot)也可用来可视化类似关系。在密度图中，将每个离散的特征值画一条曲线，多条曲线放在一起进行比较，如图 5-3 所示。每个离散特征值的曲线的横坐标设为连续的标签值，纵坐标设为对应标签值的密度。

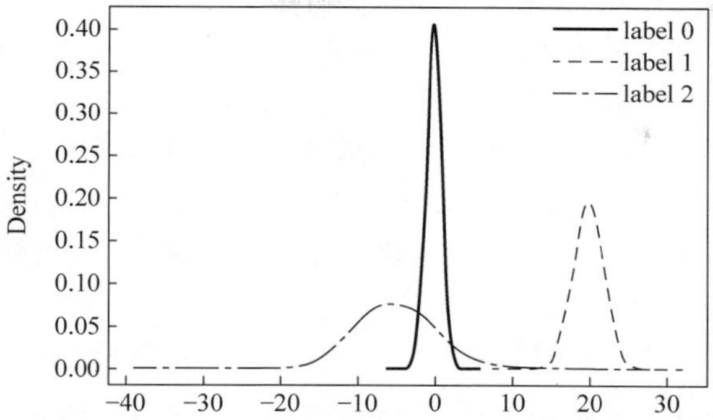

图 5-3 密度图示例(见彩插)

密度图与前面介绍过的直方图类似,描述的也是数据的分布情况,可以看成将直方图区间无限细分后形成的平滑曲线。

5. 连续型特征与连续型标签的关系

连续型特征与连续型标签的关系是常用的画图方式,即将输入、输出值对应在平面上作点,可采用 Matplotlib 和 Pandas 中的 scatter()函数。

5.1.3 数据预处理

数据预处理包括的内容很多,且处理方式依个人思路不同,体现出创新性。下面列出一些常见的预处理。

1. 有效特征与无效特征的取舍

通过观察和分析,如果发现某个特征与标签值有关联关系,则应该纳入模型训练。而与标签值无关的特征,则应该排除,否则会干扰模型学习。

作为唯一取值的样本 ID 往往是无效特征,需要舍弃。优惠券核销预测项目中有两类 ID,分别是用户 ID 和商户 ID。这两类 ID 不是每个样本唯一的,所以未必是无效特征。

对于商户 ID,猜测商户 ID 应该跟核销结果有关,因为各商户的打折促销手段不一样。可以把各商户发放的优惠券核销情况进行统计,计算一下核销率,看一看各商户的核销率的差别。对于用户 ID,同样可以计算某用户领取优惠券后的核销率。可以观察出两类 ID 对预测结果是否有影响,即是否是有效特征。

有的算法可以分析出每个特征的重要程度,如代码 4-12 中的第 10、11 行是随机森林算法分析的各特征的重要程度。

在特征选择和训练时效上,有时候需要做平衡。对于某些不重要的特征,在训练时效要求高的情况下,需要放弃。

2. 独热编码

有些样本的特征是分类特征。分类特征是在一个集合里没有次序的有限个值,如人的性别、班级编号等。对分类特征常见的编码方式是整数，如男女性别分别表示为 1、0，一班、二班、三班等分别表示为 1、2、3 等。但是，整数编码天然存在次序，而原来的分类特征是没有次序的。如果算法不考虑它们的差别，则会带来意想不到的后果。比如，班级分别用 1、2、3、4 等来编码时，如果机器学习算法忽略了次序问题，就会认为一班和二班之间的距离是 1，而一班和三班之间的距离是 2。

为了防止此类错误的出现，常采用独热(One-Hot)编码。假如分类特征有 n 个类别，独热编码则使用 n 位来对它们进行编码。例如，假设有四个班，则一到四班分别编码为 0001、0010、0100、1000，每个编码只有一位有效。如此，任意两个班之间的 Lp 距离都相等，如 L_1 距离都为 2，L_2 距离都为$\sqrt{2}$，L_3 距离都为$\sqrt[3]{2}$，…，L_∞距离都为 1。

对独热码的处理，sklearn 在 preprocessing 包中提供了 OneHotEncoder 类。

3. 特征值变换

为了适合算法需要，有时需要对特征值进行某种变换。常用的变换包括平方、开方、取对数和差分运算等，即

$$
\begin{aligned}
x_{\text{new}} &= x^2 \\
x_{\text{new}} &= \sqrt{x} \\
x_{\text{new}} &= \log x \\
\nabla f(x_k) &= f(x_{k+1}) - f(x_k)
\end{aligned}
\tag{5-1}
$$

举一个说明数据变换的常用例子。如果某次考试后，老师发现百分制的成绩及格率太低，想把及格率提高到一些，但不能改变成绩的次序，那怎么办呢？一个办法就是将原始成绩的平方根值乘 10 作为最终成绩。

4. 特征值分布处理

有些算法对特征的取值分布比较敏感，需要预先对取值的分布进行调整。在讨论 k-means 算法时已经分析过此情况，并介绍了归一化方法(2.1.3 节)。除了归一化方法，对特征值的分布进行处理的常用方法还有标准化和正则化等。

标准化(Z-Score)方法是针对特征值概率分布敏感的算法而进行的调整特征值概率分布的方法。它是对某个特征进行的操作，先计算出该特征的均值和方差，然后对所有样本的该特征值减去均值并除以标准差。如样本的第 j 个特征 $x^{(j)}$ 的均值估计为 $\text{mean}x^{(j)} = \frac{1}{m}\sum_{i=1}^{m} x_i^{(j)}$，方差估计为 $\text{var}x^{(j)} = \frac{1}{m}\sum_{i=1}^{m}(x_i^{(j)} - \text{mean}x^{(j)})^2$，则 $x_i^{(j)}$ 的标准化操作为

$$
\text{Z-Score}(x_i^{(j)}) = \frac{x_i^{(j)} - \text{mean}x^{(j)}}{\sqrt{\text{var}x^{(j)}}}
\tag{5-2}
$$

标准化操作的实质是将取值分布聚集在 0 附近，方差为 1。实现标准化操作的有 sklearn. preprocessing 包的 scale()函数和 StandardScaler 类。

正则化(Normalization)是对样本进行的操作，它先计算每个样本的所有特征值的 p

范数，然后将该样本中的每个特征除以该范数，其结果是使得每个样本的特征值组成的向量的 p 范数等于 1。范数的计算见式(2-11)。实现正则化操作的有 sklearn.preprocessing 包的 normalize()函数和 Normalizer()类。这里所说的正则化是对样本进行的预处理操作，读者应与 3.4.3 节中抑制过拟合的正则化方法加以区别。

5. 缺失数据处理

有的算法能够自己处理缺失值。当使用不能处理缺失值的算法时，或者是想自己处理缺失值时，有以下两种方法：一是删除含有缺失的样本或者特征，这种方法会造成信息损失，可能会训练出不合理的模型；二是补全缺失值，这是常用的方法，即用某些值来代替缺失值。补全缺失值的目的是想最大限度地利用数据，以提高预测成功率。对于补全缺失值，有两种做法：一种做法是将所有的缺失值都分为一类，相当于将缺失值的这些样本作为一个子集来训练；另一种做法是插补(Imputation)，即用最可能的值来代替缺失值。插补的做法，实际上也是预测，也就是说，是采用机器学习的方法来补全机器学习所需要的样本。

常用的插补方法有：①均值、众数插补，对于连续型特征，可采用均值来插补缺失数据，对于离散性的特征，可采用众数来插补缺失数据。②建模预测，利用其他特征值来建模预测缺失的特征值，它的做法与机器学习的方法完全一样，将缺失特征作为待预测的标签，将未缺失的样本划分训练集和验证集并训练模型。③插值，利用本特征的其他值来建模预测缺失值，常用的方法是拉格朗日插值法和牛顿插值法(在 scipy.interpolate.lagrange 包中提供了拉格朗日插值法函数)。

6. 异常数据处理

异常数据是明显偏离其他值的特征值。异常数据也称为离群点。通过统计分析可以发现离群点。统计分析中，常采用 3σ 原则来筛选离群点。3σ 是正态分布中，与均值超过 3 倍标准差的值。在正态分布的假设下，距离平均值 3σ 之外的值出现的概率要小于 0.003，属于极个别的小概率事件。

当发现离群点后，首先要结合领域知识进行分析，确定该值的出现到底是不是合理的。有些异常值的出现可能蕴含着规律的改变，是发现特殊规律的契机。如果是合理的异常值，则不需要处理，可以直接进行训练。如果是不合理的异常值，可删除该值，并按缺失值的处理方法进行处理。

5.2 线性降维

从实例的属性数据中提取特征时，有可能会提取特别多的特征，即出现了高维数据。在高维时，样本在空间中分布会很稀疏，距离计算也要复杂得多。高维数据带来的问题被称为"维数灾难"(Curse of Dimensionality)。此外，还有可能提取出两种线性相关的特征，即出现了特征冗余。降维是解决上述问题的方法，它将高维空间中的点映射到低维空间中。可通过多种方法来达到降维的目的，比如通过随机森林算法分析出特征的重要排序，直接去掉排名靠后的特征，这是一种比较“硬”的方法。降维算法是专门用于降维的算法，可以分为线性和非线性的。线性的降维算法是基于线性变换来降维，主要有奇异值分解、主成分分析等算法。

在数据可视化时，也经常用到降维算法，比如将高维数据降成直观可视的二维平面上或三维立体空间中的数据。

5.2.1 奇异值分解

矩阵的奇异值分解(Singular Value Decomposition)是矩阵论的重要内容，在机器学习算法中有重要应用，此处仅讨论相关结论及其在降维中的应用，有关概念和推导的详细内容可参考矩阵论相关书籍。

$m\times n$ 的矩阵 $\boldsymbol{A}$ 的奇异值分解式为

$$\boldsymbol{A}=\boldsymbol{U}\begin{bmatrix}\boldsymbol{\Sigma} & \boldsymbol{O}\\ \boldsymbol{O} & \boldsymbol{O}\end{bmatrix}\boldsymbol{V}^{\mathrm{T}} \tag{5-3}$$

其中，$\boldsymbol{U}$ 是 $m\times m$ 的酉矩阵；$\boldsymbol{V}$ 是 $n\times n$ 的酉矩阵，即 $\boldsymbol{U}^{\mathrm{T}}\boldsymbol{U}=\boldsymbol{I}$，$\boldsymbol{V}^{\mathrm{T}}\boldsymbol{V}=\boldsymbol{I}$。$\begin{bmatrix}\boldsymbol{\Sigma} & \boldsymbol{O}\\ \boldsymbol{O} & \boldsymbol{O}\end{bmatrix}$ 是 $m\times n$ 的矩阵，$\boldsymbol{\Sigma}=\mathrm{diag}(\sigma_1,\sigma_2,\cdots,\sigma_s)$ 为对角矩阵，$\sigma_1\geqslant\sigma_2\geqslant\cdots\geqslant\sigma_s$ 为矩阵 $\boldsymbol{A}$ 的全部非零奇异值。

一般来说，奇异值序列下降非常快，奇异值分解用于降维就是利用了这一点，它用最大的 r 个奇异值及对应的左右奇异向量来近似原矩阵，即

$$\boldsymbol{A}_{m\times n}=\boldsymbol{U}_{m\times m}\begin{bmatrix}\boldsymbol{\Sigma} & \boldsymbol{O}\\ \boldsymbol{O} & \boldsymbol{O}\end{bmatrix}_{m\times n}\boldsymbol{V}_{n\times n}^{\mathrm{T}}\approx\boldsymbol{U}_{m\times r}\boldsymbol{\Sigma}_{r\times r}\boldsymbol{V}_{r\times n}^{\mathrm{T}} \tag{5-4}$$

如果 $\boldsymbol{A}_{m\times n}$ 是按行排列的样本，即 m 是样本数量，n 是特征数量，对上式右乘 $\boldsymbol{V}_{n\times r}$ 可得到降维后的样本特征矩阵：

$$\boldsymbol{A}'_{m\times r}=\boldsymbol{A}_{m\times n}\boldsymbol{V}_{n\times r}=\boldsymbol{U}_{m\times r}\boldsymbol{\Sigma}_{r\times r}\boldsymbol{V}_{r\times n}^{\mathrm{T}}\boldsymbol{V}_{n\times r}=\boldsymbol{U}_{m\times r}\boldsymbol{\Sigma}_{r\times r} \tag{5-5}$$

可见，样本特征矩阵从 $m\times n$ 维度降到了 $m\times r$。

numpy.linalg 包中提供了奇异值分解函数 svd。来看一个奇异值分解降维的简单例子，示例代码见代码 5-5。

代码 5-5 奇异值分解降维示例(奇异值分解降维.ipynb)

```
>>> import numpy as np
#用一个 3×4 的矩阵简单观察奇异值分解的效果
>>> A = np.mat([[1,2,3,4],[5,6,7,8],[9,10,11,12]])
>>> print(A)
[[ 1  2  3  4]
 [ 5  6  7  8]
 [ 9 10 11 12]]
#U 为左奇异向量,V 为右奇异向量,sigma 为奇异值对角矩阵
>>> U, sigma, VT = np.linalg.svd(A)
>>> print("U", U)
```

```
11. U [[-0.20673589  0.88915331  0.40824829]
12.  [-0.51828874  0.25438183 -0.81649658]
13.  [-0.82984158 -0.38038964  0.40824829]]
14. >>> print("sigma", sigma)
15. sigma [2.54368356e+01  1.72261225e+00  1.73014261e-15]
16. >>> print("VT", VT)
17. VT [[-0.40361757 -0.46474413 -0.52587069 -0.58699725]
18.  [-0.73286619 -0.28984978  0.15316664  0.59618305]
19.  [ 0.5089281  -0.82947951  0.1321747   0.1883767 ]
20.  [ 0.20246527  0.10937892 -0.82615365  0.51430946]]
21. #降为一维,sigma_c,U_c,VT_c 为保存的矩阵
22. >>> sigma_c = np.diag(sigma[0:1])
23.>>> print(sigma_c)
24. [[ 25.43683563]]
25. >>> U_c = U[:,0:1]
26. >>> print(U_c)
27. [[-0.20673589]
28.  [-0.51828874]
29.  [-0.82984158]]
30. >>> VT_c = VT[0:1,:]
31. >>> print(VT_c)
32. [[-0.40361757 -0.46474413 -0.52587069 -0.58699725]]
33. #近似还原
34. >>> print("conv A", U_c * sigma_c * VT_c)
35. conv A [[2.12250651  2.44395316  2.76539981  3.08684646]
36.  [5.32114289  6.12701254  6.93288219  7.73875183]
37.  [8.51977928  9.81007192  11.10036456  12.3906572 ]]
38. #降维
39. >>> print(A * VT_c.T)
40. [[ -5.25870689]
41.  [-13.18362544]
42.  [-21.10854399]]
43. print(U_c * sigma_c)
44. [[ -5.25870689]
45.  [-13.18362544]
46.  [-21.10854399]]
```

第 15 行为输出的奇异值，可见第 1 个奇异值远远大于后面两个，所以可以去掉后面两个来降成一维。对比第 5 行的原始矩阵和第 35 行的还原矩阵，可以发现存在少量误差。从第 22 行到第 32 行示例了保存的矩阵，可见保存的数值数量少于原矩阵数值数量。实际应用中的大矩阵降维会大大减少需要保存的数量。

可以看到，在第 15 行输出的奇异值中，第 3 个奇异值很小，如果将其去掉，对原矩阵影响很小。读者可以自行修改参数，降成二维，看看还原后的矩阵与原矩阵的差别。

上面从实验的角度说明了去掉很小的奇异值及其奇异向量给原矩阵带的影响很小。但奇异值的含义并不好解释，所以称该方法为“黑盒”方法。

奇异值分解降维的基本流程如算法 5-1 所示。

算法 5-1 奇异值分解降维算法的基本流程

步数	操作
1	设定降维的维数 r
2	对样本特征矩阵 A 进行奇异值分解
3	取最大的 r 个奇异值及对应的右奇异向量组成降维矩阵
4	对样本特征矩阵 A 右乘降维矩阵，得到低维样本特征矩阵

视频

5.2.2 主成分分析

主成分分析(Principal Components Analysis，PCA)是最常使用的降维方法之一。顾名思义，主成分分析是找出主要成分来代替原来数据。主成分分析应用非常广泛，本节从容易理解的低维空间开始讨论，然后推广到高维空间中。

主成分分析降维，实际上是丢弃样本点在空间中的某些坐标分量。来看一个从二维降成一维的示例，如图 5-4 所示。在二维平面上有 $\boldsymbol{x}_1$、$\boldsymbol{x}_2$、$\boldsymbol{x}_3$、$\boldsymbol{x}_4$ 四个点，具体坐标如图中所示，它们满足中心化要求，即 $\sum_{i=1}^{4}\boldsymbol{x}_i=0$。

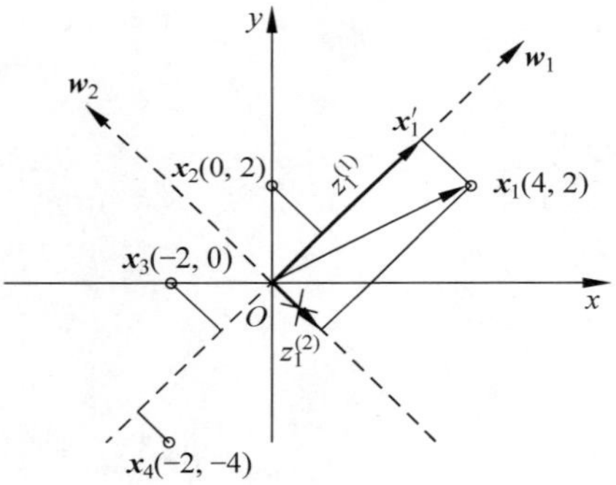

图 5-4 二维平面上的主成分分析示例(见彩插)

$\boldsymbol{x}$ 和 $\boldsymbol{y}$ 是平面常用的标准正交基向量(1,0)和(0,1)。$\boldsymbol{w}_1$ 和 $\boldsymbol{w}_2$ 是平面的另一组标准正交基向量，即满足 $\|\boldsymbol{w}_i\|_2=\boldsymbol{w}_i\boldsymbol{w}_i^{\mathrm{T}}=1,\boldsymbol{w}_i\boldsymbol{w}_j^{\mathrm{T}}=0$，这里的 $\|\cdot\|_2$ 是指向量的 2 范数。

点 $\boldsymbol{x}_1$ 在基 $\boldsymbol{w}_1$ 和 $\boldsymbol{w}_2$ 下的投影(坐标值)如图中粗虚线所示。如果丢弃其中一个坐标，不妨设为 $\boldsymbol{w}_2$ 上的坐标(图中打叉的投影)，那么点 $\boldsymbol{x}_1$ 就变成了新坐标系中 $\boldsymbol{w}_1$ 轴上的点 $\boldsymbol{x}_1'$，它在 $\boldsymbol{w}_1$ 轴上的坐标值记为 $z_1^{(1)}$(下标 1 表示来自对应点 $\boldsymbol{x}_1$，上标(1)表示在基 $\boldsymbol{w}_1$ 上的投影)。$\boldsymbol{x}_1'$用向量表示为 $\boldsymbol{x}_1'=z_1^{(1)}\boldsymbol{w}_1$，即方向由基 $\boldsymbol{w}_1$ 确定，模为 $z_1^{(1)}$。

显然，丢弃一个坐标使得 $\boldsymbol{x}_1$ 只能用 $\boldsymbol{x}_1'$来代表(或者叫恢复)，因此要带来误差，该恢复误差可以用 $\boldsymbol{x}_1$ 和 $\boldsymbol{x}_1'$之差的 2-范数的平方来衡量，即 $\|\boldsymbol{x}_i-\boldsymbol{x}_i'\|_2^2$，在欧氏空间中即为 $\boldsymbol{x}_1$ 和 $\boldsymbol{x}_1'$的欧氏距离平方。

同样可分析其他点在丢弃 $\boldsymbol{w}_2$ 上的坐标时产生的误差。

希望降维带来的恢复误差尽可能小，即要使所有点的误差和最小，称为极小化恢复

误差。因此，优化模型为

$$\min_{w_1,w_2}\sum_{i=1}^{4}\|x_i-x'_i\|_2^2$$
$$\text{s.t.}\quad w_i w_i^{\mathrm{T}}=1,\quad w_i w_j^{\mathrm{T}}=0 \tag{5-6}$$

展开式(5-6)：

$$\begin{aligned}\sum_{i=1}^{4}\|x_i-x'_i\|_2^2&=\sum_{i=1}^{4}\|x_i-z_i^{(1)}w_1\|_2^2=\sum_{i=1}^{4}(x_i-z_i^{(1)}w_1)(x_i-z_i^{(1)}w_1)^{\mathrm{T}}\\&=\sum_{i=1}^{4}x_ix_i^{\mathrm{T}}-\sum_{i=1}^{4}x_i(z_i^{(1)}w_1)^{\mathrm{T}}-\sum_{i=1}^{4}z_i^{(1)}w_1(x_i)^{\mathrm{T}}+\sum_{i=1}^{4}z_i^{(1)}w_1(z_i^{(1)}w_1)^{\mathrm{T}}\\&=\sum_{i=1}^{4}x_ix_i^{\mathrm{T}}-\sum_{i=1}^{4}x_iw_1^{\mathrm{T}}(z_i^{(1)})^{\mathrm{T}}-\sum_{i=1}^{4}z_i^{(1)}(x_iw_1^{\mathrm{T}})^{\mathrm{T}}+\sum_{i=1}^{4}z_i^{(1)}(z_i^{(1)})^{\mathrm{T}}\\&=\sum_{i=1}^{4}x_ix_i^{\mathrm{T}}-\sum_{i=1}^{4}z_i^{(1)}(z_i^{(1)})^{\mathrm{T}}\end{aligned}\tag{5-7}$$

式中，$x_iw_1^{\mathrm{T}}$ 是 x_i 在标准正交基 w_1 上的投影，即 $z_i^{(1)}$。$\sum_{i=1}^{4}x_i(x_i)^{\mathrm{T}}$ 是常数，因此，要使式(5-7)最小，即要使 $\sum_{i=1}^{4}z_i^{(1)}(z_i^{(1)})^{\mathrm{T}}=\sum_{i=1}^{4}(z_i^{(1)})^2$ 最大。直观来看，就是要调整 w_1 的角度使这 4 个点在 w_1 上投影的平方和最大(也称为最大化投影方差)。

如何来计算呢？将投影用向量乘积表示，得到

$$\begin{aligned}\sum_{i=1}^{4}z_i^{(1)}(z_i^{(1)})^{\mathrm{T}}&=\sum_{i=1}^{4}(z_i^{(1)})^{\mathrm{T}}z_i^{(1)}=\sum_{i=1}^{4}w_1x_i^{\mathrm{T}}x_iw_1^{\mathrm{T}}=w_1\left[\sum_{i=1}^{4}(x_i^{\mathrm{T}}x_i)\right]w_1^{\mathrm{T}}\\&=w_1X^{\mathrm{T}}Xw_1^{\mathrm{T}}\end{aligned}\tag{5-8}$$

式中，$X=\begin{pmatrix}x_1\\x_2\\x_3\\x_4\end{pmatrix}$。

在满足中心化要求 $\sum_{i=1}^{4}x_i=0$ 的前提下，$X^{\mathrm{T}}X$ 为协方差矩阵，是实对称矩阵，因此存在正交矩阵 $Q=(q_1,q_2)$，使得 $Q^{\mathrm{T}}X^{\mathrm{T}}XQ=\begin{pmatrix}\lambda_1&0\\0&\lambda_2\end{pmatrix}$，即对 $X^{\mathrm{T}}X$ 进行特征值分解。对 Q 的任一特征向量 q_i，有 $q_i^{\mathrm{T}}X^{\mathrm{T}}Xq_i=\lambda_i$。

利用拉格朗日乘数法可以证明在约束条件 $w_iw_i^{\mathrm{T}}=1$，$w_iw_j^{\mathrm{T}}=0$ 下，式(5-8)取得的最大值为矩阵 $X^{\mathrm{T}}X$ 的最大特征值，此时，w_1 为对应的特征向量。最大的特征向量代表了最主要的投影成分。

来看图 5-4 中 4 个点(x 和 y 基下的坐标如图中所示)的主成分降维的计算过程及结果，其代码见代码 5-6，特征值分解是用 numpy.linalg 包中的 eig 函数。

代码 5-6　主成分分析示例(主成分分析示例.ipynb)

```
1. >>> import numpy as np
2. >>> X = np.mat([[4,2],[0,2],[-2,0],[-2,-4]])
3. >>> print(X)
4. [[ 4  2]
5.  [ 0  2]
6.  [-2  0]
7.  [-2 -4]]
8. >>> tr,W = np.linalg.eig(X.T * X)
9. >>> print(tr)
10. [40.  8.]
11. >>> print(W)
12. [[ 0.70710678 -0.70710678]
13.  [ 0.70710678  0.70710678]]
14. >>> w1 = W[:,0].T
15. >>> X * w1.T
16. matrix([[ 4.24264069],
17.         [ 1.41421356],
18.         [-1.41421356],
19.         [-4.24264069]])
```

第 8 行是对 $\boldsymbol{X}^{\mathrm{T}}\boldsymbol{X}$ 为协方差矩阵求特征值和特征向量。第 14 行取最大特征值 40 对应的特征向量(0.70710678,0.70710678),即 $\boldsymbol{w}_1$,它可以写成分数形式$\left(\frac{1}{\sqrt{2}},\frac{1}{\sqrt{2}}\right)$,可见它的方向是 $\boldsymbol{x}$ 和 $\boldsymbol{y}$ 轴中间 45°。第 15 行是求各点在 $\boldsymbol{w}_1$ 上的投影(坐标),可见 $\boldsymbol{x}_1$ 在 $\boldsymbol{w}_1$ 上的投影为 4.24264069,读者可以用几何知识验证。

在此例中,是从二维降到一维,即用点到线的投影来代替平面上的点。如果在三维立体空间中,可将空间中的点投影到一个平面上或者一条线上。进一步推广,可以将多维空间中的点投影到一个低维的超平面上。

推广到多维空间的求解思路与此例类似,下面给出简略过程及结论。

设样本集为 $\boldsymbol{S}=\{\boldsymbol{x}_1,\boldsymbol{x}_2,\cdots,\boldsymbol{x}_m\}$包含 m 个无标签样本,每个样本 $\boldsymbol{x}_i=\{x_i^{(1)},x_i^{(2)},\cdots,x_i^{(n)}\}$是一个 n 维特征向量,并经过了中心化,即 $\sum_{i=1}^{m}\boldsymbol{x}_i=0$。中心化是对每个样本 $\boldsymbol{x}_i$ 减去均值 $\bar{\boldsymbol{x}}$ 的操作。经过投影变换后的新坐标系为 $\boldsymbol{W}=\begin{pmatrix}\boldsymbol{w}_1\\ \vdots\\ \boldsymbol{w}_n\end{pmatrix}$,其中 $\boldsymbol{w}_i$ 为标准正交基。将样本从 n 维降为 n'维,即丢弃新坐标系中部分坐标,不妨设新坐标系为 $\boldsymbol{W}'=\begin{pmatrix}\boldsymbol{w}_1\\ \vdots\\ \boldsymbol{w}_{n'}\end{pmatrix}$,样本点在新坐标系中的投影为$\boldsymbol{z}_i=\{z_i^{(1)},z_i^{(2)},\cdots,z_i^{(n')}\}$,其中 $z_i^{(j)}=\boldsymbol{x}_i\boldsymbol{w}_j^{\mathrm{T}}$ 是 $\boldsymbol{x}_i$ 在低维坐标系里第 j 维的投影。

用 $\boldsymbol{z}_i$ 来恢复原样本点 $\boldsymbol{x}_i$，得到恢复点为 $\boldsymbol{x}'_i=\sum_{i=1}^{n'} z_i^{(j)}\boldsymbol{w}_i=\boldsymbol{z}_i\boldsymbol{W}'$，则误差为 $\|\boldsymbol{x}_i-\boldsymbol{x}'_i\|_2^2$。基于最小化恢复误差的思想，可知优化模型为

$$\min_{\boldsymbol{W}}\sum_{i=1}^{m}\|\boldsymbol{x}_i-\boldsymbol{x}'_i\|_2^2$$

$$\text{s.t.}\quad \boldsymbol{w}_i\boldsymbol{w}_i^{\mathrm{T}}=1,\quad \boldsymbol{w}_i\boldsymbol{w}_j^{\mathrm{T}}=0 \tag{5-9}$$

整理误差和，利用矩阵的迹的性质，可得

$$\sum_{i=1}^{m}\|\boldsymbol{x}_i-\boldsymbol{x}'_i\|_2^2=\sum_{i=1}^{m}\|\boldsymbol{x}_i-\boldsymbol{z}_i\boldsymbol{W}'\|_2^2=\sum_{i=1}^{m}\boldsymbol{x}_i\boldsymbol{x}_i^{\mathrm{T}}-\mathrm{tr}(\boldsymbol{W}'\boldsymbol{X}^{\mathrm{T}}\boldsymbol{X}\boldsymbol{W}'^{\mathrm{T}}) \tag{5-10}$$

其中 tr(·)为矩阵的迹。即

$$\min_{\boldsymbol{W}}-\mathrm{tr}(\boldsymbol{W}'\boldsymbol{X}^{\mathrm{T}}\boldsymbol{X}\boldsymbol{W}'^{\mathrm{T}})$$

$$\text{s.t.}\quad \boldsymbol{w}_i\boldsymbol{w}_i^{\mathrm{T}}=1,\quad \boldsymbol{w}_i\boldsymbol{w}_j^{\mathrm{T}}=0 \tag{5-11}$$

利用拉格朗日乘数法将条件极值转化为无条件极值，可证明：取协方差矩阵 $\boldsymbol{X}^{\mathrm{T}}\boldsymbol{X}$ 最大的 n' 个特征值对应的特征向量组成 $\boldsymbol{W}'$，可使式(5-11)取得最小值。

如果把恢复误差看成是样本点到超平面的距离平方(如图 5-4 中 $\boldsymbol{x}_1$ 到 $\boldsymbol{w}_1$ 的距离所示)，那么极小化恢复误差就是极小化样本点到超平面距离的平方。

上述分析过程，还有另一种解释，即最大化投影方差。投影方差是指样本点在超平面上的投影距离中心的偏离程度。最大化投影方差使这个偏离程度越大越好，即通过调整该超平面使各投影点最大可能地分开。以图 5-4 所示示例来对该解释进行简要讨论。因为各样本点已经进行了中心化，因此，原点 O 即为各样本点的均值点。对 $\boldsymbol{x}_1$ 来说，它的投影方差是 $(z_1^{(1)})^2$，它的恢复误差是 $(z_1^{(2)})^2$。不管基向量如何调整方向，点 $\boldsymbol{x}_1$ 到原点 O 的距离 $\|\boldsymbol{x}_1\|_2^2$ 不变，而 $\|\boldsymbol{x}_1\|_2^2=(z_1^{(1)})^2+(z_1^{(2)})^2$。因此，最大化投影方差，即为最小化恢复误差。

主成分分析降维算法的基本流程如算法 5-2 所示。

算法 5-2 主成分分析降维算法的基本流程

步 数	操 作
1	设定降维的维数 n'
2	计算所有样本的均值 $\bar{x}$，减各样本 x_i 完成中心化
3	计算样本的协方差矩阵 $\boldsymbol{X}^{\mathrm{T}}\boldsymbol{X}$，并进行特征值分解
4	取最大的 n' 个特征值对应的特征向量组成投影矩阵
5	用样本特征矩阵乘投影矩阵得到低维样本特征矩阵

sklearn 在 decomposition 包中提供了实现主成分分析的 PCA 类。

5.3 超参数调优

超参数调优需要依靠实验的方法，以及人的经验。对算法本身的理解越深入，对实现算法的过程了解越详细，积累了越多的调优经验，就越能够快速准确地找到最合适的超参数。

实验的方法，就是设置了一系列超参数之后，用训练集来训练并用验证集来检验，多次重复以上过程，取效果最好的超参数。训练数据的划分可以采用保持法，也可以采用 k-折交叉验证法。超参数调优的实验方法主要有两种：网格搜索和随机搜索。

5.3.1 网格搜索

网格搜索方法类似于网格聚类的做法，它将各超参数形成的空间划分为若干小空间，在每一个小空间上取一组值作为代表进行实验。取效果最好的那组值作为最终的超参数值。

网格搜索的实现比较容易，下面用优惠券核销的例子来示例，对 sklearn 中随机森林算法 RandomForestClassifier 的 n_estimators 和 max_depth 两个参数进行网格搜索。

n_estimators 是弱学习器的最大迭代次数，或者说最大的弱学习器的个数，默认是10。一般来说 n_estimators 太小，容易欠拟合，n_estimators 太大，又容易过拟合，一般选择一个适中的数值。

max_depth 是决策树最大深度。如果样本数量和特征都很多时，应限制最大深度，具体取值取决于数据的规模和分布。max_depth 常用 10～100 之间。

示例代码见代码 5-7。

代码 5-7　超参数调优网格搜索示例(use_rfc_gridsearch.py)

```
### 3.网格搜索,分类器采用随机森林算法
print('3.网格搜索')
print('\n\n------网格搜索', file=file_print_to)

time_start = time.time()

### - 3.1.设置二维网格,分别是 n_estimators 和 max_depth 两个参数
list_n_estimators = range(10, 71, 10)
list_max_depth = range(3,14,2)

### - 3.2.重复设置参数,并进行训练和预测
from sklearn.ensemble import RandomForestClassifier
for n_estimators in list_n_estimators:
    for max_depth in list_max_depth:
        print('\n n_estimators, max_depth:' + str(n_estimators) + ',' + str(max_depth))
```

```
        print('\n n_estimators, max_depth:' + str(n_estimators) + ',' + str(max_depth), \
              file = file_print_to)
        rfc = RandomForestClassifier(random_state = 2, n_estimators = n_estimators, \
                                     max_depth = max_depth)
        rfc.fit(X_train, y_train)
        print('准确率: ' + str(rfc.score(X_verify, y_verify)), file = file_print_to)
        y_pred = rfc.predict(X_verify)
        from sklearn.metrics import confusion_matrix
        cm = confusion_matrix(y_verify, y_pred)
        print('平均准确率: ' + str(cal_average_perclass_accuracy(cm)), file = file_print_to)
        from sklearn.metrics import roc_auc_score
        predict_prob_y = rfc.predict_proba(X_verify)
        auc = roc_auc_score(y_verify, predict_prob_y[:, 1])
        print('\n 总 AUC:' + str(auc), file = file_print_to)
        rq = pd.DataFrame({'Coupon_id':features_verify['Coupon_id'], \
                           'coupon_apply':y_verify, 'prob_y':predict_prob_y[:, 1]})
        print('\n 平均 AUC is:' + str(meanAuc(rq)), file = file_print_to)

print('训练用时: ' + str(time.time() - time_start), file = file_print_to)
```

主要是利用两个 for 循环，分别对两个参数进行赋值，每次训练后，用验证集来计算准确率、平均准确率、总 AUC 和平均 AUC 四个指标，得到结果见表 5-1。通过阴影标出的数据分别是四个指标的最大值。

表 5-1　超参数调优网格搜索示例结果

n_estimators	max_depth					
	3	5	7	9	11	13
10	0.9094 0.5 0.7840 0.5496	0.9094 0.5 0.7928 0.5429	0.9095 0.5005 0.7775 0.5699	0.9103 0.5082 0.7348 0.5851	0.9093 0.5199 0.7157 0.5943	0.9014 0.5266 0.7133 0.5874
20	0.9094 0.5 0.7833 0.5526	0.9094 0.5 0.7924 0.5400	0.9094 0.5006 0.7811 0.5775	0.9107 0.5113 0.7515 0.5877	0.9114 0.5202 0.7153 0.5995	0.9038 0.5236 0.7058 0.5975
30	0.9094 0.5 0.7848 0.5405	0.9094 0.5 0.7939 0.5598	0.9095 0.5008 0.7813 0.5837	0.9105 0.5097 0.7508 0.5930	0.9113 0.5191 0.7184 0.6039	0.9061 0.5251 0.7044 0.6010

续表

n_estimators	max_depth					
	3	5	7	9	11	13
40	0.9094	0.9094	0.9095	0.9104	0.9112	0.9099
	0.5	0.5	0.5008	0.5092	0.5185	0.5269
	0.7865	0.7959	0.7839	0.7572	0.7267	0.7099
	0.5384	0.5532	0.5841	0.5961	0.6041	0.6050
50	0.9094	0.9094	0.9094	0.9104	0.9114	0.9085
	0.5	0.5	0.5007	0.5094	0.5197	0.5259
	0.7891	0.7955	0.7797	0.7524	0.7255	0.7034
	0.5436	0.5515	0.5788	0.6058	0.6093	0.6030
60	0.9094	0.9094	0.9094	0.9104	0.9114	0.9095
	0.5	0.5	0.5007	0.5086	0.5197	0.5260
	0.7902	0.7955	0.7810	0.7551	0.7279	0.7084
	0.5413	0.5580	0.5817	0.6059	0.6097	0.6047
70	0.9094	0.9094	0.9094	0.9105	0.9114	0.9096
	0.5	0.5	0.5008	0.5099	0.5198	0.5256
	0.7897	0.7952	0.7837	0.7569	0.7305	0.7069
	0.5441	0.5610	0.5885	0.6114	0.6113	0.6061

由表 5-1 可见，当采用不同评价指标时，最优值出现在不同网格。

需要注意的是，这种暴力的方法，只适合于小样本量、少参数的情况，否则效率很低。可以作适当改进：①在影响大的参数上作更细的划分，而在影响小的参数上作粗的划分；②先将网格粗切分，然后再对最好的网格进行细切分；③还有一种改进效率的贪心搜索方法，先在影响最大的参数上进行一维搜索，找到最优参数，然后固定它，再在余下参数中影响最大参数上进行一维搜索，如此下去，直到搜索完所有参数。这种贪心搜索方法的时间复杂度为参数总数的线性函数，而网格搜索方法的时间复杂度为参数总数的指数函数。但贪心搜索方法可能会收敛到局部最优值。

sklearn.model_selection.GridSearchCV 函数提供了网格搜索的功能。它要调用具体的分类器来进行分类，它要求被调用的分类器实现了 fit、predict、score 等方法。

5.3.2 随机搜索

随机搜索的思想和网格搜索比较相似，只是不固定分隔子空间，而是随机分隔。它将每个特征的取值都看成是一个分布，然后依概率从中取值。每轮实验中，每个特征取一个值，进行模型训练。随机搜索一般会比网格搜索要快一些，但是无法保证得到最优超参数值。

在 sklearn.model_selection.RandomizedSearchCV 中实现了随机搜索。

5.4 练习题

1. 用马赛克图分析优惠券核销示例中的周一到周日的领券核销情况。

2. 代码 5-5 所示的奇异值分解例子中，第 3 个奇异值很小，如果将其去掉，对原矩阵影响很小。自行修改代码 5-5 中的参数，将原矩阵降成二维，再还原。比较还原后的矩阵与原矩阵的差别。

3. 探索 sklearn 的 decomposition 包中的 PCA 类的应用。如用它对本章两个降维示例进行降维处理。

第 6 章

概率模型与标注

机器学习的模型可分为概率和非概率两类。前文介绍了一些主要的非概率类模型。从概率的角度建模完成聚类、分类和标注等任务是机器学习非常重要、不可或缺的内容。为了便于理解，将概率模型集中在本章讨论。

解决标注任务的传统模型是概率类的，因此，本章还将讨论隐马尔可夫、条件随机场等常用标注模型。

6.1 概率模型

6.1.1 分类、聚类和标注任务的概率模型

在概率模型中，将实例 $\boldsymbol{x}=(x^{(1)},x^{(2)},\cdots,x^{(n)})$ 与标签 y 看作是随机变量 X 和 Y 的取值。对监督学习来说，模型从实例及其标签组成的样本集中学习，样本集为 $\boldsymbol{S}=\{\boldsymbol{s}_1,\boldsymbol{s}_2,\cdots,\boldsymbol{s}_m\}$，每个样本 $\boldsymbol{s}_i=(\boldsymbol{x}_i,y_i)$ 包括一个实例 $\boldsymbol{x}_i$ 和一个标签 y_i。对无监督学习来说，模型从无标签的样本集中学习，样本集为 $\boldsymbol{S}=\{\boldsymbol{x}_1,\boldsymbol{x}_2,\cdots,\boldsymbol{x}_m\}$。

机器学习算法能够有效的前提是假设同类数据（包括训练数据和测试数据等）具有相同的统计规律性。对监督学习来说，假设输入的随机变量 X 和输出的随机变量 Y 遵循联合概率分布 $P(X,Y)$。$P(X,Y)$ 表示分布函数，或分布概率函数。模型的训练集和测试集被看作是依联合概率分布 $P(X,Y)$ 独立同分布产生的。对无监督学习来说，假设输入的随机变量 X 服从概率分布 $P(X)$，模型的训练集和测试集是依 $P(X)$ 独立同分布产生。

在聚类和分类任务中，输入向量 $\boldsymbol{x}=(x^{(1)},x^{(2)},\cdots,x^{(n)})$ 表示实例的特征取值，即随机变量 X 来自于特征空间，输出标量 y 是与 $\boldsymbol{x}$ 对应的标签值，即随机变量 Y 来自于标签值张成的标签值空间。

在概率模型中，用条件概率分布函数 $\hat{P}(Y|X)$ 来描述分类任务中输入到输出的概率映射关系。在预测时，对测试样本 $\boldsymbol{x}$，使用模型计算所有条件概率 $\hat{P}(y|\boldsymbol{x})$，并取最大的条件概率对应的 y 为测试样本 $\boldsymbol{x}$ 的预测标签值 $\hat{y}$，如图 6-1 中分类任务所示。本章将讨论朴素贝叶斯分类算法，它是适用于分类任务的概率模型。前文介绍的逻辑回归算法也可以从概率模型角度来解释。

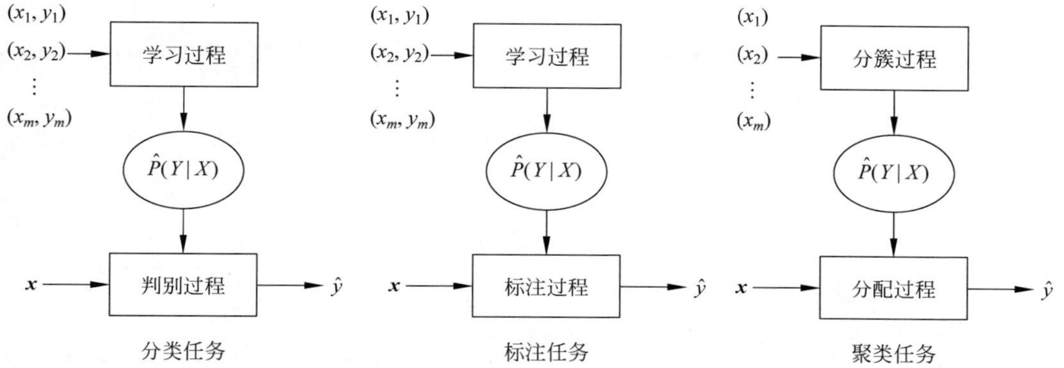

图 6-1 机器学习任务的概率模型

聚类任务的输入是无标签的样本，算法要自行分析样本数据的分布结构形成模型 $\hat{P}(Y|X)$，并对测试样本 $\boldsymbol{x}$ 给出预测簇标签 $\hat{y}$，如图 6-1 中聚类任务中的分簇过程和分配过程所示。有些聚类算法的标签值个数是超参数，要由用户事先指定。有些聚类算法则可以自行确定标签值个数。本章将讨论高斯混合聚类算法，它是适用于聚类任务的概率模型，属于模型聚类算法。

在标注任务中，输入的 $\boldsymbol{x}=(x^{(1)},x^{(2)},\cdots,x^{(n)})$ 表示一个可观测的序列，该序列的元素存在一定的关联关系。如文字句子，句子中的字一般与上文、下文双向语境都有关。像天气温度、股票价格、语音数据等可以看作向后单向关联关系的序列。标注任务的输出是与 $\boldsymbol{x}$ 对应的标签序列 $\boldsymbol{y}=(y^{(1)},y^{(2)},\cdots,y^{(n)})$，标签取值于标签值空间。标签值空间一般远小于观测值空间。也就是说，标注模型输出的也是一个序列，它与输入序列等长。例如，在自然语言处理的词性标注任务中，需要对每一个词标出它的词性，假如输入的序列是（我 爱 自然 语言 处理），输出的正确序列是（代词 动词 名词 名词 动词），如图 6-2 所示。输出序列是对应的输入词的词性标签。

输入序列 ⟶ 我 爱 自然 语言 处理

输出序列 ⟶ 代词 动词 名词 名词 动词

图 6-2 标注序列示例

标注任务分为学习过程和标注过程。在学习过程，模型学习到从序列 $\boldsymbol{x}$ 到序列 $\boldsymbol{y}$ 的条件概率：

$$\hat{P}(y^{(1)},y^{(2)},\cdots,y^{(n)} \mid x^{(1)},x^{(2)},\cdots,x^{(n)}) \tag{6-1}$$

标注过程按照学习得到的条件概率分布模型，同样以概率最大的方式对新的输入序列找到相应的输出标签序列，如图 6-1 中标注任务所示。具体来讲，就是对一个输入序列 $\boldsymbol{x}=(x^{(1)},x^{(2)},\cdots,x^{(n)})$找到使条件概率 $\hat{P}(y^{(1)},y^{(2)},\cdots,y^{(n)}|x^{(1)},x^{(2)},\cdots,x^{(n)})$最大的标记序列$\hat{\boldsymbol{y}}=(\hat{y}^{(1)},\hat{y}^{(2)},\cdots,\hat{y}^{(n)})$。

本章将讨论隐马尔可夫模型和条件随机场模型，它们是适合标注任务的概率模型。

6.1.2 生成模型和判别模型

概率模型可以分为生成模型(Generative Model)和判别模型(Discriminative Model)。

生成模型学习到的是联合概率分布 $P(X,Y)$，然后由联合概率分布求出条件概率分布作为预测模型：

$$P(Y \mid X)=\frac{P(X,Y)}{P(X)} \tag{6-2}$$

式中，$P(X)$一般较为容易估计。

判别模型直接学习到条件概率分布 $P(Y|X)$作为预测模型。

生成模型是所有特征以及标签的全概率模型，它学习到了全面的信息，可以计算出任意给定条件下的概率值，因此可以用到多类概率预测问题上。而判别模型针对性强，直接面对问题，模型的适应性有限。

6.1.3 概率模型的简化假定

当样本量大、特征数多时，如果考虑所有样本特征之间的相互关系以及它们与预测变量的关系，无论是联合概率分布 $P(X,Y)$还是条件概率分布 $P(Y|X)$实际上都很难计算。

设样本的特征数为 m，为方便示例，假设每个特征的可能取值数都为 n，那么样本特征的可能取值数有 n^m 个。在建立概率模型时，如果对联合概率进行估计，需要对所有可能取值的样本数进行统计。这在数据量较大时，效率很低。如果要考虑样本与预测变量的关系，统计的次数将更多。

因此，不得不放弃某些关系来简化计算、提高效率。

在朴素贝叶斯(Naïve Bayes)方法中，它假定所有的特征之间相互独立，不存在任何关系。在做联合概率估计时，单独对每一个特征进行统计，最后将它们相乘即可。在上述假定下，只需统计 mn 个值的样本数。因为这个简化假定，使得朴素贝叶斯法的学习效率非常高，得到了广泛的应用。

但是，朴素贝叶斯的这种特征全部独立的假设条件在实际应用中很难成立，在特征相关性较强时，预测效果不好。半朴素贝叶斯(Semi-naïve Bayes)法稍微放宽了简化假定，它假定每个特征最多依赖一个其他特征。

为了刻画随机变量之间广泛而复杂的概率依赖关系，在概率图模型（Probabilistic Graphical Model）中，人们引入了图这一有力工具。概率图模型是用图来表示变量概率依赖关系的理论，它结合了概率论与图论的知识。

贝叶斯网（Bayesian Network）是一种概率图模型，它利用有向无环图来刻画随机变量的概率单向依赖联系。在贝叶斯网中，节点表示随机变量，边表示依赖关系的概率值。它的简化假定是：图中每一个节点只依赖于它的父母节点（可能有多个父母节点）。这个假定是半朴素贝叶斯假定只依赖一个特征的进一步放宽。

概率关系的简化一般是遵循“去远存近”的原则，如著名的“马尔可夫链”。在马尔可夫链（Markov Chain）中，它假定在有时间先后关系的随机变量序列中，第 $n+1$ 时刻的状态只与 n 时刻的状态有关，而与以前的状态无关，即未来发生的事，只与现在有关，而与过去无关。一般用线性链来描述马尔可夫链模型，它是退化了的有向无环图。

有向图适合为单向依赖的变量建模。无向图适合为互相依赖的变量建模，如马尔可夫网络（Markov Network）。马尔可夫网络中的假定可以简化描述为相隔较远的节点子集之间相互独立。

简化假定会带来信息的丢失，降低预测准确性。

6.2 逻辑回归模型的概率分析

4.3 节讨论的逻辑回归模型中，是通过定义损失函数得到了如式（4-49）所示的算法优化目标。下面从概率的角度来分析下该优化目标，主要用到参数估计中的极大似然估计法。极大似然估计法在机器学习的概率模型中有着广泛的应用。

式（4-46）可以看成是概率。X 是来自服从 0-1 分布的总体的随机变量，$\boldsymbol{x}_i$ 是 X 的样本值，即总体的分布律为 $P(X=\boldsymbol{x}_i)=p(\boldsymbol{x}_i;\boldsymbol{W})=\hat{y}_i(\boldsymbol{x}_i;\boldsymbol{W})$，其中 $\hat{y}_i$ 是模型对 $\boldsymbol{x}_i$ 预测为 1 的概率值，即

$$P(y_i=1 \mid \boldsymbol{x}_i)=\hat{y}_i=\frac{1}{1+\mathrm{e}^{-f_{\boldsymbol{W}}(\boldsymbol{x}_i)}}$$

$$P(y_i=0 \mid \boldsymbol{x}_i)=1-\hat{y}_i=\frac{\mathrm{e}^{-f_{\boldsymbol{W}}(\boldsymbol{x}_i)}}{1+\mathrm{e}^{-f_{\boldsymbol{W}}(\boldsymbol{x}_i)}} \tag{6-3}$$

式中，$y_i\in\{0,1\}$为样本的实际标签值。式（6-3）合起来可写为

$$P(y_i \mid \boldsymbol{x}_i)=[\hat{y}_i]^{y_i}[1-\hat{y}_i]^{1-y_i} \tag{6-4}$$

用极大似然估计法来估计参数 $\boldsymbol{W}$，事件$\{y_1,y_2,\cdots,y_m\}$发生的概率，即似然函数为

$$L(\boldsymbol{W})=\prod_{i=1}^{m}[\hat{y}_i]^{y_i}[1-\hat{y}_i]^{1-y_i} \tag{6-5}$$

为方便计算，对式（6-5）取对数，得到对数似然函数：

$$\begin{aligned}\log L(\boldsymbol{W})&=\sum_{i=1}^{m}[y_i\log\hat{y}_i+(1-y_i)\log(1-\hat{y}_i)]\\&=\sum_{i=1}^{m}\left[y_i\log\frac{\hat{y}_i}{1-\hat{y}_i}+\log(1-\hat{y}_i)\right]\end{aligned}$$

$$
=\sum_{i=1}^{m}\left[y_i\log\frac{\dfrac{1}{1+\mathrm{e}^{-f_{\boldsymbol{W}}(\boldsymbol{x}_i)}}}{1-\dfrac{1}{1+\mathrm{e}^{-f_{\boldsymbol{W}}(\boldsymbol{x}_i)}}}+\log\left(1-\frac{1}{1+\mathrm{e}^{-f_{\boldsymbol{W}}(\boldsymbol{x}_i)}}\right)\right]
$$

$$
=\sum_{i=1}^{m}\left[y_i\log\frac{1}{\mathrm{e}^{-f_{\boldsymbol{W}}(\boldsymbol{x}_i)}}+\log\left(\frac{\mathrm{e}^{-f_{\boldsymbol{W}}(\boldsymbol{x}_i)}}{1+\mathrm{e}^{-f_{\boldsymbol{W}}(\boldsymbol{x}_i)}}\right)\right]
$$

$$
=\sum_{i=1}^{m}\left[y_i f_{\boldsymbol{W}}(\boldsymbol{x}_i)+\log\left(\frac{\mathrm{e}^{-f_{\boldsymbol{W}}(\boldsymbol{x}_i)}}{1+\mathrm{e}^{-f_{\boldsymbol{W}}(\boldsymbol{x}_i)}}\right)\right] \tag{6-6}
$$

如果 $f_{\boldsymbol{W}}(\boldsymbol{x}_i)$采用式(4-39)所示的线性函数,则

$$
\log L(\boldsymbol{W})=\sum_{i=1}^{m}\left[y_i\cdot\boldsymbol{W}\cdot\boldsymbol{x}_i+\log\left(\frac{\mathrm{e}^{-\boldsymbol{W}\cdot\boldsymbol{x}_i}}{1+\mathrm{e}^{-\boldsymbol{W}\cdot\boldsymbol{x}_i}}\right)\right]
$$

$$
=\sum_{i=1}^{m}\left[y_i\cdot\boldsymbol{W}\cdot\boldsymbol{x}_i+\log\left(\frac{1}{1+\mathrm{e}^{\boldsymbol{W}\cdot\boldsymbol{x}_i}}\right)\right]
$$

$$
=\sum_{i=1}^{m}[y_i\cdot\boldsymbol{W}\cdot\boldsymbol{x}_i-\log(1+\mathrm{e}^{\boldsymbol{W}\cdot\boldsymbol{x}_i})] \tag{6-7}
$$

显然,要求式(6-7)在极大值时的 $\boldsymbol{W}$ 与求式(4-49)在极小值时的 $\boldsymbol{W}$ 是完全相同的,因为两式只差一个负号。

6.3 朴素贝叶斯分类

视频

朴素贝叶斯(Naïve Bayes)分类是基于贝叶斯定理与特征条件独立假定的分类方法。

贝叶斯公式可由条件概率的定义直接得到。设实验 E 的样本空间为 S,A 为 E 的事件,$B_1,B_2,\cdots,B_n$ 为 S 的一个划分,且 $P(A)>0,P(B_i)>0(i=1,2,\cdots,n)$,则贝叶斯公式为

$$
P(B_i\mid A)=\frac{P(B_iA)}{P(A)}=\frac{P(A\mid B_i)P(B_i)}{\sum_{j=1}^{n}P(A\mid B_j)P(B_j)},\quad i=1,2,\cdots,n \tag{6-8}
$$

其中 $P(B_i)$称为先验概率,即分类 B_i 发生的概率,它和条件概率 $P(A|B_i)$可从样本集中估计得到。通过贝叶斯公式就可以找到使后验概率 $P(B_i|A)$最大的 B_i。即 A 事件发生时,最有可能的分类 B_i。

朴素贝叶斯法首先基于特征条件独立假定,从由实例和标签组成的样本集中学习到联合概率分布模型,然后基于此概率模型,对给定的测试样本 $\boldsymbol{x}$,利用贝叶斯公式求出使后验概率最大的预测值 y。y 可看作 $\boldsymbol{x}$ 所属分类的编号。

朴素贝叶斯法实现简单,学习与预测的效率都很高,甚至在某些特征相关性较高的情况下都有不错的表现[19],是一种常用的方法。

6.3.1 条件概率估计难题

设样本集为 $\boldsymbol{S}=\{\boldsymbol{s}_1,\boldsymbol{s}_2,\cdots,\boldsymbol{s}_m\}$,每个样本 $\boldsymbol{s}_i=(\boldsymbol{x}_i,y_i)$包括一个实例 $\boldsymbol{x}_i$ 和一个标

签 y_i。标签 y_i 有 k 种取值$\{y_i^{(1)},y_i^{(2)},\cdots,y_i^{(k)}\}$。

对某一标签值 $y^{(l)}$，其先验概率为 $P(Y=y^{(l)})$。在标签取值 $y^{(l)}$ 时随机变量 X 为某一 $\boldsymbol{x}$ 的条件概率为 $P(X=\boldsymbol{x}|Y=y^{(l)})$，这里，$\boldsymbol{x}=(x^{(1)},x^{(2)},\cdots,x^{(n)})$表示 X 的任何一个可能取值，如果 $x^{(j)}$ 有 S_j 个可能取值，那么 $\boldsymbol{x}$ 就有 $\prod_{j=1}^{n}S_j$ 个可能的取值。

由式(6-8)可得后验概率：

$$\begin{aligned}P(Y=y^{(l)}\mid X=\boldsymbol{x})&=\frac{P(X=\boldsymbol{x},Y=y^{(l)})}{P(X=\boldsymbol{x})}\\&=\frac{P(X=\boldsymbol{x}\mid Y=y^{(l)})P(Y=y^{(l)})}{\sum\limits_{j=1}^{k}P(X=\boldsymbol{x}\mid Y=y^{(j)})P(Y=y^{(j)})}\end{aligned}\tag{6-9}$$

对某一输入 $\boldsymbol{x}=(x^{(1)},x^{(2)},\cdots,x^{(n)})$，模型输出预测值 $\hat{y}$ 是使上式最大的 $y^{(l)}$：

$$\hat{y}=\arg\max_{y^{(l)}}\frac{P(X=\boldsymbol{x}\mid Y=y^{(l)})P(Y=y^{(l)})}{\sum\limits_{j=1}^{k}P(X=\boldsymbol{x}\mid Y=y^{(j)})P(Y=y^{(j)})}\tag{6-10}$$

上式分母为先验概率 $P(X=\boldsymbol{x})$，它与 $y^{(l)}$ 无关，因此：

$$\begin{aligned}\hat{y}&=\arg\max_{y^{(l)}}P(X=\boldsymbol{x}\mid Y=y^{(l)})P(Y=y^{(l)})\\&=\arg\max_{y^{(l)}}P(X^{(1)}=x^{(1)},X^{(2)}=x^{(2)},\cdots,X^{(n)}=x^{(n)}\mid Y=y^{(l)})P(Y=y^{(l)})\end{aligned}\tag{6-11}$$

可见，应用贝叶斯公式的关键是要计算得到先验概率 $P(Y=y^{(l)})$和条件概率 $P(X^{(1)}=x^{(1)},X^{(2)}=x^{(2)},\cdots,X^{(n)}=x^{(n)}|Y=y^{(l)})$。

下面用极大似然法来估计它们。

可以认为事件$(Y=y^{(l)})$服从多项式分布。设 M_l 表示 $y^{(l)}$ 在样本集中出现的次数，即 $M_l=\sum_{i=1}^{m}I(y_i=y^{(l)}),1\leqslant l\leqslant k$，其中 m 为样本总数，$I(\cdot)$ 为指示函数。

设事件 $Y=y^{(l)}$ 发生的概率为 $P(Y=y^{(l)})=p_l$，不发生的概率为 $1-p_l$。因此，m 个样本的标签取值 $y^{(l)}$ 的联合概率分布，即似然函数为

$$L(p_l)=\prod_{i=1}^{M_l}p_l\cdot\prod_{i=1}^{m-M_l}(1-p_l)=p_l^{M_l}(1-p_l)^{m-M_l}\tag{6-12}$$

求似然函数取最大值时的 p_l，令上式取对数再求导后的值为0：

$$\frac{\mathrm{d}}{\mathrm{d}p_l}\log L(p_l)=\frac{M_l}{p_l}-\frac{m-M_l}{1-p_l}=0\tag{6-13}$$

解得 p_l 的极大似然估计：

$$\hat{P}(Y=y^{(l)})=\hat{p}_l=\frac{M_l}{m}=\frac{\sum\limits_{i=1}^{m}I(y_i=y^{(l)})}{m}\tag{6-14}$$

即用样本集中出现 $y^{(l)}$ 的频率作为概率 p_l 的估计。

对于条件概率 $P(X^{(1)}=x^{(1)},X^{(2)}=x^{(2)},\cdots,X^{(n)}=x^{(n)}|Y=y^{(l)})$:

$$\begin{aligned}&P(X^{(1)}=x^{(1)},X^{(2)}=x^{(2)},\cdots,X^{(n)}=x^{(n)}\mid Y=y^{(l)})\\=&\frac{P(X^{(1)}=x^{(1)},X^{(2)}=x^{(2)},\cdots,X^{(n)}=x^{(n)},Y=y^{(l)})}{P(Y=y^{(l)})}\end{aligned}\tag{6-15}$$

可见计算条件概率,先要计算上式分子中的输入随机变量 X 和输出随机变量 Y 的联合概率分布 $P(X,Y)$。同样可以认为联合事件($X^{(1)}=x^{(1)},X^{(2)}=x^{(2)},\cdots,X^{(n)}=x^{(n)},Y=y^{(l)}$)服从多项式分布。采用同样的方法,可得它的概率的估计为

$$\begin{aligned}&\hat{P}(X^{(1)}=x^{(1)},X^{(2)}=x^{(2)},\cdots,X^{(n)}=x^{(n)},Y=y^{(l)})\\=&\frac{\sum_{i=1}^{m}I(X_i^{(1)}=x^{(1)},X_i^{(2)}=x^{(2)},\cdots,X_i^{(n)}=x^{(n)},y_i=y^{(l)})}{m}\end{aligned}\tag{6-16}$$

需要注意的是,上式分子的统计量非常大。设第 j 个特征 $X^{(j)}$ 有 S_j 个可能取值,则联合事件($X^{(1)}=x^{(1)},X^{(2)}=x^{(2)},\cdots,X^{(n)}=x^{(n)},Y=y^{(l)}$)有 $k\prod_{j=1}^{n}S_j$ 个不同取值。在估计联合概率分布时,需要统计所有训练样本在这些取值上出现的次数。这在数据量大、特征数多时,实际上是不可行的难题。

为了实际可行,朴素贝叶斯法给出了特征条件独立的假定。

6.3.2 特征条件独立假定

朴素贝叶斯法对条件概率分布作了条件独立性的假定。条件概率在此假定下:

$$\begin{aligned}&P(X^{(1)}=x^{(1)},X^{(2)}=x^{(2)},\cdots,X^{(n)}=x^{(n)}\mid Y=y^{(l)})\\=&P(X^{(1)}=x^{(1)}\mid Y=y^{(l)})P(X^{(2)}=x^{(2)}\mid Y=y^{(l)})\cdots P(X^{(n)}=x^{(n)}\mid Y=y^{(l)})\\=&\prod_{j=1}^{n}P(X^{(j)}=x^{(j)}\mid Y=y^{(l)})\end{aligned}\tag{6-17}$$

式(6-11)变成:

$$\begin{aligned}\hat{y}&=\arg\max_{y^{(l)}}P(X=\boldsymbol{x}\mid Y=y^{(l)})P(Y=y^{(l)})\\&=\arg\max_{y^{(l)}}P(Y=y^{(l)})\prod_{j=1}^{n}P(X^{(j)}=x^{(j)}\mid Y=y^{(l)})\end{aligned}\tag{6-18}$$

对其中的第 j 个特征 $X^{(j)}$ 取值 $x^{(j)}$ 的条件概率的极大似然估计为

$$\hat{P}(X^{(j)}=x^{(j)}\mid Y=y^{(l)})=\frac{\sum_{i=1}^{m}I(X_i^{(j)}=x^{(j)},y_i=y^{(l)})}{\sum_{i=1}^{m}I(y_i=y^{(l)})}\tag{6-19}$$

对第 j 个特征 $X_i^{(j)}$,$I(X_i^{(j)}=x^{(j)},y_i=y^{(l)})$ 需要统计所有训练样本在 kS_j 个不同取值上出现的次数。因此,对所有 n 个特征来说,需要统计的所有训练样本在 $k\sum_{j=1}^{n}S_j$ 个

不同取值上出现的次数，这显然比 $k\prod_{j=1}^{n}S_j$ 个不同取值数大为减少。

将表 4-1 所示的相亲数据简化为离散型后作为朴素贝叶斯法的示例数据，如表 6-1 所示。

表 6-1　简化后的某人相亲数据

编　号	身高(大于 175cm)	学　历	月薪(大于 2 万元)	是否相亲
1	是	本科	是	否
2	否	硕士	否	是
3	否	本科	是	否
4	否	博士	是	是
5	否	本科	否	是

可见身高、学历、月薪三个特征的取值个数分别为 2、3、2，预测值个数为 2。

如果不作特征条件独立的假定，模型在估计条件概率时需要统计样本在 $2\times3\times2\times2=24$ 个可能值上出现的次数。而在特征条件独立的假定下，模型只需要统计 $2(2+3+2)=14$ 个可能值上出现的次数。

6.3.3　朴素贝叶斯法的算法流程及示例

在学习过程，朴素贝叶斯法先从样本集中估计式(6-14)所示的先验概率和式(6-19)所示的条件概率。

在判别过程，对给定的测试样本 $\boldsymbol{x}=(x^{(1)},x^{(2)},\cdots,x^{(n)})$，对标签的每一个取值计算：

$$\hat{P}(Y=y^{(l)})\prod_{j=1}^{n}\hat{P}(X^{(j)}=x^{(j)}\mid Y=y^{(l)}),\quad l=1,2,\cdots,k \tag{6-20}$$

将其中最大值对应的标签值作为 $\boldsymbol{x}$ 的预测值 $\hat{y}$：

$$\hat{y}=\arg\max_{y^{(l)}}\hat{P}(Y=y^{(l)})\prod_{j=1}^{n}\hat{P}(X^{(j)}=x^{(j)}\mid Y=y^{(l)}) \tag{6-21}$$

朴素贝叶斯法的基本流程如算法 6-1 所示。

算法 6-1　朴素贝叶斯算法基本流程

步　数	操　　作
1	从样本集中计算先验概率[式(6-14)]和条件概率[式(6-19)]
2	对待预测样本，计算取每一个标签值时的后验概率[式(6-20)]
3	取最大后验概率对应的标签值作为输出

用表 6-1 所示样本数据来训练一个朴素贝叶斯模型，并预测是否与身高大于 175cm、学历本科、月薪大于 2 万元的人相亲。

用 $X^{(1)}$ 表示身高特征，$X^{(2)}$ 表示学历特征，$X^{(3)}$ 表示月薪特征，Y 表示是否相亲的标签。对各特征，分别用 1 表示高于或等于 175cm，0 表示低于 175cm；用 0 表示本科，1 表示硕士，2 表示博士；用 1 表示大于或等于 2 万元，用 0 表示小于 2 万元。

先验概率：$\hat{P}(Y=0)=\frac{2}{5}$，$\hat{P}(Y=1)=\frac{3}{5}$。

条件概率：$\hat{P}(X^{(1)}=0|Y=0)=\frac{1}{2}$，$\hat{P}(X^{(1)}=1|Y=0)=\frac{1}{2}$，$\hat{P}(X^{(1)}=0|Y=1)=1$，$\hat{P}(X^{(1)}=1|Y=1)=0$，$\hat{P}(X^{(2)}=0|Y=0)=1$，$\hat{P}(X^{(2)}=1|Y=0)=0$，$\hat{P}(X^{(2)}=2|Y=0)=0$，$\hat{P}(X^{(2)}=0|Y=1)=\frac{1}{3}$，$\hat{P}(X^{(2)}=1|Y=1)=\frac{1}{3}$，$\hat{P}(X^{(2)}=2|Y=1)=\frac{1}{3}$，$\hat{P}(X^{(3)}=0|Y=0)=0$，$\hat{P}(X^{(3)}=1|Y=0)=1$，$\hat{P}(X^{(3)}=0|Y=1)=\frac{2}{3}$，$\hat{P}(X^{(3)}=1|Y=1)=\frac{1}{3}$。

待预测实例为(0,0,1)，对两个预测值分别计算式(6-20)：$\hat{P}(Y=0)\hat{P}(X^{(1)}=0|Y=0)\hat{P}(X^{(2)}=0|Y=0)\hat{P}(X^{(3)}=1|Y=0)=\frac{2}{5}\times\frac{1}{2}\times1\times1=\frac{1}{5}$，$\hat{P}(Y=1)\hat{P}(X^{(1)}=0|Y=1)\hat{P}(X^{(2)}=0|Y=1)\hat{P}(X^{(3)}=1|Y=1)=\frac{3}{5}\times1\times\frac{1}{3}\times\frac{1}{3}=\frac{1}{15}$。取最大的概率$\frac{1}{5}$对应的那个标签值 $Y=0$ 作为预测值输出，即不相亲。

6.3.4 朴素贝叶斯分类器

在应用朴素贝叶斯法进行分类时，根据 $P(X^{(j)}=x^{(j)}|Y=y^{(l)})$的不同假定分布，可以分为不同的分类器。

1. 多项式朴素贝叶斯分类器

前文在用极大似然法对后验概率进行估计时，假设先验概率和条件概率服从多项式分布，给出的算法属于多项式朴素贝叶斯(Multinomial Naïve Bayes)分类器。

在 6.3.3 节的示例中，用极大似然估计出现了概率值为 0 的情况，这时会使某些后验概率值都为 0，无法区分分类结果。可采用平滑来解决这一问题。先引入一个大于 0 的平滑值 α，先验概率的估计由式(6-14)变为

$$\hat{P}(Y=y^{(l)})=\frac{\sum_{i=1}^{m}I(y_i=y^{(l)})+\alpha}{m+k\alpha} \tag{6-22}$$

条件概率的估计由式(6-19)变为

$$\hat{P}(X^{(j)}=x^{(j)}\mid Y=y^{(l)})=\frac{\sum_{i=1}^{m}I(X_i^{(j)}=x^{(j)},y_i=y^{(l)})+\alpha}{\sum_{i=1}^{m}I(y_i=y^{(l)})+S_j\alpha} \tag{6-23}$$

当 $\alpha=1$ 时，称为 Laplace 平滑。

在 6.3.3 节的示例中，如果不做平滑，则无法对身高大于 175cm、博士学历和月薪大于 2 万的人(1,2,1)作出是否相亲的预测，因为计算两个标签值对应的后验概率都为 0。可采用 Laplace 平滑来计算先验概率和条件概率。

先验概率：$\hat{P}(Y=0)=\frac{3}{7}$，$\hat{P}(Y=1)=\frac{4}{7}$。

条件概率：$\hat{P}(X^{(1)}=0|Y=0)=\frac{1}{2}$，$\hat{P}(X^{(1)}=1|Y=0)=\frac{1}{2}$，$\hat{P}(X^{(1)}=0|Y=1)=\frac{4}{5}$，$\hat{P}(X^{(1)}=1|Y=1)=\frac{1}{5}$，$\hat{P}(X^{(2)}=0|Y=0)=\frac{3}{5}$，$\hat{P}(X^{(2)}=1|Y=0)=\frac{1}{5}$，$\hat{P}(X^{(2)}=2|Y=0)=\frac{1}{5}$，$\hat{P}(X^{(2)}=0|Y=1)=\frac{1}{3}$，$\hat{P}(X^{(2)}=1|Y=1)=\frac{1}{3}$，$\hat{P}(X^{(2)}=2|Y=1)=\frac{1}{3}$，$\hat{P}(X^{(3)}=0|Y=0)=\frac{1}{4}$，$\hat{P}(X^{(3)}=1|Y=0)=\frac{3}{4}$，$\hat{P}(X^{(3)}=0|Y=1)=\frac{3}{5}$，$\hat{P}(X^{(3)}=1|Y=1)=\frac{2}{5}$。

待预测实例(1,2,1)，对两个预测值分别计算式(6-20)：$\hat{P}(Y=0)\hat{P}(X^{(1)}=1|Y=0)\hat{P}(X^{(2)}=2|Y=0)\hat{P}(X^{(3)}=1|Y=0)=\frac{3}{7}\times\frac{1}{2}\times\frac{1}{5}\times\frac{3}{4}=\frac{9}{280}$，$\hat{P}(Y=1)\hat{P}(X^{(1)}=1|Y=1)\hat{P}(X^{(2)}=2|Y=1)\hat{P}(X^{(3)}=1|Y=1)=\frac{4}{7}\times\frac{1}{5}\times\frac{1}{3}\times\frac{2}{5}=\frac{8}{525}$。取最大的概率$\frac{9}{280}$对应的那个标签值 $Y=0$ 作为预测值输出，即不相亲。

在 sklearn. naive_bayes 中的 MultinomialNB 实现了多项式分类器。

当假定特征取值符合 0-1 分布时，多项式分类器退化为伯努力朴素贝叶斯(Bernoulli Naïve Bayes)分类器。即伯努力朴素分类器中，特征只能取两个值，它在某些场合下比多项式分类器效果要好一些。使用伯努力分类器之前，需要先将非二值的特征转化为二值的特征。

sklearn. naive_bayes 中的 BernoulliNB 实现了伯努力朴素贝叶斯分类器。

2. 高斯朴素贝叶斯分类器

当特征值是连续变量的时候，可采用高斯朴素贝叶斯(Gaussian Naïve Bayes)分类器。高斯朴素贝叶斯分类器假设条件概率 $P(X^{(j)}=x^{(j)}|Y=y^{(l)})$服从参数未知的高斯分布。设满足 $Y=y^{(l)}$ 的样本共有 s 个，它们的第 j 维特征值集合为$\{x_1^{(j)},x_2^{(j)},\cdots,x_s^{(j)}\}$，采用极大似然法或矩估计法来估计未知参数的高斯分布 $N(\mu,\sigma^2)$，可知未知参数的估计量①为

$$\hat{\mu}=\frac{1}{s}\sum_{i=1}^{s}x_i^{(j)}$$

$$\hat{\sigma}^2=\frac{1}{s}\sum_{i=1}^{s}(x_i^{(j)}-\hat{\mu})^2 \tag{6-24}$$

估计出高斯分布的参数后，就可以用高斯分布的概率密度函数计算得到条件概率的相对值：

① 参见《概率论与数理统计(第二版)》第七章，浙江大学盛骤等编，高等教育出版社 1989.8

$$P(X^{(j)} = x^{(j)} \mid Y = y^{(l)}) = \frac{1}{\sqrt{2\pi\hat{\sigma}^2}} e^{-\frac{(x^{(j)} - \hat{\mu})^2}{2\hat{\sigma}^2}} \qquad (6\text{-}25)$$

以如表 4-1 所示的相亲数据中年龄特征值为例来计算确定相亲时,年龄为 27 的条件概率。确定相亲的所有 3 个样本中,年龄值为 28、29、28,按式(6-24)用 Python 编程计算(见代码 6-1)得到 $\hat{\mu} = 28.33$, $\hat{\sigma}^2 = 0.22$,条件概率 P(年龄为 27|相亲)的相对值为 0.0155(见代码 6-1)。

代码 6-1　高斯分布时条件概率计算(高斯朴素贝叶斯分类器示例.ipynb)

```
1. >>> import numpy as np
2. >>> import scipy.stats as ss
3. >>> features = [28, 29, 28]
4. >>> u = np.mean(features)
5. 28.333333333333332
6. >> var = np.var(features)
7. 0.22222222222222224
8. >>> std = np.std(features)
9. >>> prob = ss.norm(u, std).pdf(27)
10. 0.015500239015569153
```

在 sklearn.naive_bayes 中的 GaussianNB 实现了高斯分类器。

6.4　EM 算法与高斯混合聚类

EM 算法是一种迭代算法,可用来求解含有隐变量的概率模型。它在无监督学习中有广泛的应用,如常用于聚类任务中的高斯混合模型参数求解和隐马尔可夫模型中的学习问题。

用多个简单的模型来拟合一个复杂的模型是常用的学习方法,如多项式回归。在概率模型中,高斯混合模型(Gaussian Mixture Models,GMM)采用多个分布的混合来拟合不能用单一分布来描述的样本集。由于高斯混合模型中含有隐变量,因此,一般采用 EM 算法来求解。

视频

6.4.1　EM 算法示例

在前述的概率模型中,对参数的估计是采用构造对数似然函数,再求出使似然函数最大的参数值的方法,即极大似然估计法。在某些情况下,模型中含有无法明确观察到的隐参数,则无法直接用极大似然法来估计模型参数,此时,可以采用 EM 算法来求解模型。

从字面的意思来看,EM(Expectation-Maximization)算法是期望极大化算法,它的基本思想是求期望和求极大化的逐步迭代。它先假定隐参数的值,然后基于已经观察到的样本数据和该假定,用极大似然法来估计其他参数。此时,得到的模型参数一般是不准确的,于是基于当前的参数和样本数据来推测新的隐参数。再基于样本数据和隐参数来极大似然估计其他参数。如此多次迭代,逐步收敛,得到合适的模型参数。该思路与前述的 k-means 算法推测簇中心与分簇的交替迭代过程类似。与 k-means 算法一样,EM 算法也存在初始值问题。

下面先以示例来讨论 EM 算法流程,然后给出形式化表述。

假设一个盒子里装有若干个骰子,骰子分为面数不同的两类,记为 A 类和 B 类。骰子有四面、六面和八面等可选种类,如图 6-3 所示。

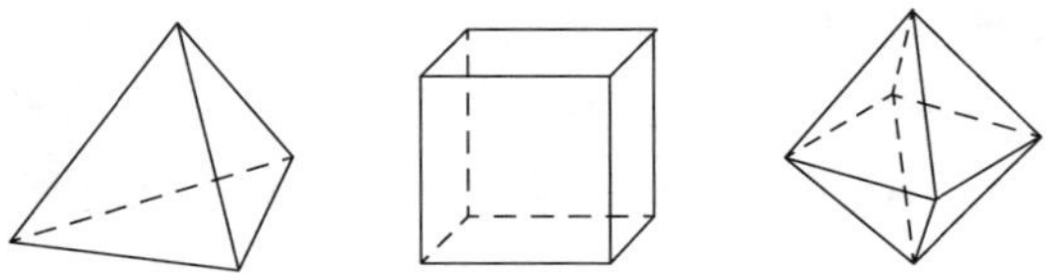

图 6-3 骰子的种类

分析者不知道盒子中两类骰子的具体种类和具体个数。实验者每次从盒子中随意取出一个骰子随意抛掷多次,如果一次抛掷中的点数小于等于某个数,不妨设为 2,称为得到了“小”的结果,记为发生了 X 事件,否则记为发生了 Q 事件。重复多次实验,将每次实验结果告诉分析者,要求分析者估计两种骰子的种类。在完全随机抛掷骰子的前提下,如果知道骰子的种类,就知道发生 X 事件的概率,因此,估计两种骰子的种类也就是估计 A 类和 B 类骰子随机抛掷时发生 X 事件的概率 P_A 和 P_B。如四面骰子发生 X 事件的概率为 $\frac{1}{2}$,六面骰子发生 X 事件的概率为 $\frac{1}{3}$ 等。但对于分析者来说,盒子中两类骰子的具体个数未知,因此每次取出哪类骰子是隐参数。

假设选择了 6 次骰子,每次掷骰子 10 次,得到如表 6-2 所示的实验结果。

表 6-2 EM 算法示例实验数据

序号	骰子种类	实验结果										X 事件发生的次数
1	A	Q	X	X	Q	X	X	Q	Q	X	X	6
2	B	X	X	Q	Q	X	Q	Q	Q	Q	Q	3
3	B	X	Q	Q	Q	Q	Q	Q	Q	Q	X	2
4	A	X	X	Q	X	Q	X	Q	X	X	X	7
5	B	Q	Q	X	Q	X	Q	Q	Q	X	Q	3
6	A	X	Q	X	X	Q	Q	Q	Q	Q	X	4

如果分析者知道每次选择的是哪类骰子,如表 6-2 中第二列所示,则容易用极大似然法估计出概率 P_A 和 P_B。对 A 类骰子来说,记 n_A 为掷的总次数,记 m_A 出现 X 事件的次数,则对数似然函数为

$$L(P_A)=\log\left(\prod_{i=1}^{m_A} P_A \cdot \prod_{i=1}^{n_A-m_A}(1-P_A)\right)=\log\left(P_A{}^{m_A}(1-P_A)^{n_A-m_A}\right)$$
$$=m_A\ln p_A+(n_A-m_A)\ln(1-p_A) \tag{6-26}$$

将上式对 P_A 求导后令其为 0，可求得 P_A 的极大似然估计：

$$\hat{P}_A=\frac{m_A}{n_A}=\frac{17}{30}\approx 0.567 \tag{6-27}$$

类似可求得 P_B 的估计 $\hat{P}_B\approx 0.267$。易知，A 最可能为四面的骰子，B 最可能为六面的骰子。

现在，分析者不知道每次选择的是哪类骰子，无法直接用极大似然法估计概率 P_A 和 P_B。EM 算法的做法是引入一个隐变量 z_i 用来表示第 i 次选择的是哪类骰子，隐变量 $z_i\in\{0,1\}$，0 表示选择的是 B 类骰子，1 表示选择的是 A 类骰子。现选择了 6 次，因此，用向量 $\boldsymbol{Z}=(z_1,z_2,z_3,z_4,z_5,z_6)$ 来表示 6 次的选择骰子情况。记 $\pi=p(z=1)$，即 π 是选择 A 类骰子的概率。在随机选择的假设下，概率 π 取决于盒子中 A 类和 B 类骰子的数量比。

用 $Y=(y_1,y_2,\cdots,y_n)$ 表示 X 事件是否发生的随机变量，y_i 表示第 i 次掷骰子是否发生 X 事件的结果。实际上 y_i 是由 π、P_A 和 P_B 三个概率随机产生的，先由 π 随机决定选择哪类骰子，即隐变量 z_i，然后由对应的 P_A 或 P_B 随机决定概率值。如果知道了 π、P_A 和 P_B 的值，就可以计算出产生各种结果的概率，因此，它们是决定本示例的模型，也称它们是模型待估计的参数。记 $\theta=(\pi,P_A,P_B)$ 表示模型待估计参数组成的向量。记 $p(y_i;\theta)$ 为在模型参数向量 θ 下第 i 次掷骰子是否发生 X 事件的概率。那么 y_1，y_2，$\cdots$，y_n 的对数似然函数为

$$L(\theta)=\log\Big(\prod_i P(y_i;\theta)\Big)=\sum_i \log P(y_i;\theta) \tag{6-28}$$

上式不能直接用极大似然法估计 θ。EM 算法先给概率 P_A 和 P_B 一个假设值。如果 P_A 和 P_B 的假设值为 0.6 和 0.5，可计算出隐变量 $\boldsymbol{Z}$。第一次选择时，事件 X 和事件 Q 各出现了 6 次和 4 次，如果选择的是 A 类骰子，那么以上事件发生的概率为 $0.6^6(1-0.6)^4\approx 0.00119$，如果选择的是 B 类骰子，那么以上事件发生的概率为 $0.5^6(1-0.5)^4\approx 0.000977$。因此，认为第一次选择的是 A，即 $z_1=1$。类似计算，可以得出 $\boldsymbol{Z}=(1,0,0,1,0,0)$，$\pi=p(z=1)=\frac{2}{6}=\frac{1}{3}$。

得到隐变量向量 $\boldsymbol{Z}$ 后，就可以按照式(6-27)的方法更新 P_A 和 P_B，得到 $P_A=\frac{13}{20}=0.65$ 和 $P_B=\frac{12}{40}=0.3$。

按新的 P_A 和 P_B，计算得到新的隐变量向量 $\boldsymbol{Z}=(1,0,0,1,0,0)$。

此时，隐变量不再变化，算法结束。从得到的 P_A 和 P_B 的值可知，A 最可能为四面的骰子，B 最可能为六面的骰子。

EM 算法是迭代的算法，其中估计隐变量的过程称为 E 步，更新概率的过程称为 M 步。因为示例数据量少，只需一轮迭代就完成了。

在上述过程的 E 步，隐变量取值于集合 $\{0,1\}$，它是采用最大可能出现的那类骰子，而完全排除了出现可能性小一点的种类。这样的做法并不完全合理，因为概率小并不意

味着不出现，所以 EM 算法实际上是用数学期望来作为新的隐变量。设连续值变量 $z'_i \in [0,1]$表示每次选择 A 的数学期望，用向量 $\boldsymbol{Z}'=(z'_1,z'_2,z'_3,z'_4,z'_5,z'_6)$来表示 6 次选择 A 类骰子的数学期望。

采用数学期望作为隐变量的 EM 算法的计算过程如下：

① 假设：P_A 和 P_B 的假设值为 0.6 和 0.5。

② E 步：根据 P_A 和 P_B，计算得到隐变量向量 $\boldsymbol{Z}'=(0.55,0.27,0.19,0.65,0.27,0.35)$。

第一次选择时，计算在 X 事件出现 6 次时的概率，如果是 A 类骰子，则为 0.001 19，如果是 B 类骰子，则为 0.000 977。计算它们关于骰子种类的期望，选择 A 类和 B 类的期望分别是$\dfrac{0.001\,19}{0.001\,19+0.000\,977}\approx 0.55$ 和 $1-0.55=0.45$，因此 $z'_1=0.55$。同样方法可计算其他隐变量。

可见，E 步是在当前参数 P_A 和 P_B 条件下，根据该次实验结果来求 X 事件若干次出现的期望。

③ M 步：根据求出的隐变量 $\boldsymbol{Z}'$，采用极大似然法来更新 P_A 和 P_B，得到 0.49 和 0.37。

第一次选择时，出现了 6 次 X 事件 4 次 Q 事件。由 E 步得到选择 A 类骰子的概率期望为 0.55，因此认为 A 类骰子的 X 事件出现了 $6\times 0.55=3.3$ 次，A 类骰子的 Q 事件出现了 $4\times 0.55=2.2$ 次，B 类骰子的 X 事件出现了 $6\times(1-0.55)=2.7$ 次，B 类骰子的 Q 事件出现了 $4\times(1-0.55)=1.8$ 次。同样可以计算其他的 X 和 Q 事件出现的次数，如表 6-3 所示。

表 6-3 EM 算法示例事件出现次数

序号	选择 A 类的概率期望	A 类骰子		B 类骰子	
		X 事件出现的次数	Q 事件出现的次数	X 事件出现的次数	Q 事件出现的次数
1	0.55	3.3	2.2	2.7	1.8
2	0.27	0.80	1.86	2.20	5.14
3	0.19	0.39	1.56	1.61	6.44
4	0.65	4.53	1.94	2.47	1.06
5	0.27	0.80	1.86	2.20	5.14
6	0.35	1.41	2.11	2.59	3.89
合计		11.23	11.53	13.77	23.47

因此，可以计算得到 $P_\mathrm{A}=\dfrac{11.23}{11.23+11.53}\approx 0.49$，$P_\mathrm{B}=\dfrac{13.77}{13.77+23.47}\approx 0.37$。

可见，M 步是求概率的极大化。

④ 重复第②步和第③步，直到 P_A 的变化小于一定阈值(0.001)，得到 $\boldsymbol{Z}'$和 P_A、P_B 分别为(0.83,0.26,0.13,0.92,0.26,0.46)和 0.53、0.32。π 的估计值是向量 $\boldsymbol{Z}'$的平均值 0.48。

由结果可知，A 最可能为四面的骰子，B 最可能为六面的骰子，两类骰子的数量大约相等。

用 EM 算法求解该示例的代码见代码 6-2。

代码 6-2　EM 算法应用示例（EM 算法示例.ipynb）

```
1.  import numpy as np
2.  #实验数据
3.  experiments = np.array([[0,1,1,0,1,1,0,0,1,1],
4.                          [1,1,0,0,1,0,0,0,0,0],
5.                          [1,0,0,0,0,0,0,0,0,1],
6.                          [1,1,0,1,0,1,0,1,1,1],
7.                          [0,0,1,0,1,0,0,0,1,0],
8.                          [1,0,1,1,0,0,0,0,0,1]])
9.
10. #每次选择后,10次实验中,X事件出现的次数
11. Xtimes = experiments.sum(axis = 1)
12. maxiterat = 100              #最大迭代次数
13. minchange = 0.001            #最小变化阈值
14. N = experiments.shape[0]     #选择次数
15. M = experiments.shape[1]     #每次选择后的实验次数
16. Z = np.zeros(N)              #隐变量向量
17. #假设 Pa 和 Pb 的初值
18. Pa = 0.6
19. Pb = 0.5
20. Pa_L = Pa
21. for i in range(maxiterat):
22.     print(i)
23.     # E步,计算隐变量向量
24.     for j in range(N):
25.         ppa = Pa ** Xtimes[j] * (1 - Pa) ** (M - Xtimes[j])  #如果选择了A类骰子,
                                                                 #第j次选择后10次实验
                                                                 #结果发生的概率
26.         ppb = Pb ** Xtimes[j] * (1 - Pb) ** (M - Xtimes[j])  #如果选择了B类骰子,
                                                                 #第j次选择后10次实验
                                                                 #结果发生的概率
27.         Z[j] = ppa / (ppa + ppb)
28.     print(Z)
29.     # M步,计算概率
30.     AX = AQ = BX = BQ = 0.0  # AX是A类骰子发生X事件的次数,余下类似
31.     for j in range(N):
32.         AX += Xtimes[j] * Z[j]
33.         BX += Xtimes[j] * (1 - Z[j])
34.         AQ += (M - Xtimes[j]) * Z[j]
35.         BQ += (M - Xtimes[j]) * (1 - Z[j])
36.     Pa = AX / (AX + AQ)
37.     print(Pa)
38.     Pb = BX / (BX + BQ)
39.     print(Pb)
```

```
    if abs(Pa - Pa_L) < minchange:
        break
    else:
        Pa_L = Pa
```

上面给出了 EM 算法的应用示例。那么这样的做法合理吗？也就是说新估计出的 P_A 和 P_B 一定会比原值更合理吗？一定会收敛到真实的 P_A 和 P_B 吗？可以证明，EM 算法的每一次迭代的结果都要比原值更接近真实值[20]。

与 k-means 算法一样，EM 算法是与初值有关的，也就是说并不能确保收敛到全局最优解。读者可以修改 P_A 和 P_B 的初值，观察收敛结果的变化。

下面给出 EM 算法的形式化描述，并进行简要的讨论。

6.4.2 EM 算法及其流程

6.4.1 节的 EM 算法示例中，表 6-2 所示的数据可以看成是由模型 $\theta=(\pi,P_A,P_B)=(0.48,0.53,0.32)$ 产生的。对分析者来说，表 6-2 所示的实验结果部分数据是模型参数 P_A 和 P_B 产生的可观测数据，而 π 产生的选择骰子种类数据是隐藏的，不可见。

一般地，用 $Y=(y_1,y_2,\cdots,y_n)$ 表示可观测随机变量的数据，用 $Z=(z_1,z_2,\cdots,z_n)$ 表示隐藏随机变量（隐变量）的数据，将观测数据和隐变量的数据合在一起称完整数据，记为 (Y,Z)。

设 Y 总体的概率分布函数为 $p(y|\theta)$，$\theta\in\Theta$，θ 是多个待估计的参数组成的参数向量，Θ 是可能取值的参数空间。可观测数据 $y_1,y_2,\cdots,y_n$ 是来自该总体的样本，其似然函数为 $\prod_i p(y_i\mid\theta)$，对数似然函数为 $L(\theta)=\sum_i \log p(y_i\mid\theta)$。

令 z_i 表示在第 i 次观测中隐变量 Z 的取值，那么完整数据 (Y,Z) 的似然函数为 $\prod_i p(y_i,z_i\mid\theta)$，对数似然函数为 $\sum_i \log p(y_i,z_i\mid\theta)$。

根据边缘分布的定义，观测数据 $y_1,y_2,\cdots,y_n$ 的对数似然函数可表示为

$$L(\theta)=\sum_i \log p(y_i\mid\theta)=\sum_i \log\sum_j p(y_i,z_i^{(j)}\mid\theta) \tag{6-29}$$

其中，$z_i^{(j)}$ 表示第 i 次观测中隐变量 z_i 的第 j 个可能值，$\sum_j p(y_i,z_i^{(j)}\mid\theta)$ 表示第 i 次观测中隐变量 z_i 取所有可能值时的联合概率 $p(y_i,z_i^{(j)}\mid\theta)$ 的和。

设 Q_i 为在隐变量 z_i 的取值 $z_i^{(j)}$ 上的函数，Q_i 满足条件：

$$\sum_j Q_i(z_i^{(j)})=1,\quad Q_i(z_i^{(j)})>0 \tag{6-30}$$

Q_i 可看作是在 z_i 的所有可能取值上的概率分布函数。于是：

$$L(\theta)=\sum_i \log\sum_j p(y_i,z_i^{(j)}\mid\theta)=\sum_i \log\sum_j Q_i(z_i^{(j)})\frac{p(y_i,z_i^{(j)}\mid\theta)}{Q_i(z_i^{(j)})} \tag{6-31}$$

式中，$\sum_j Q_i(z_i^{(j)})\dfrac{p(y_i,z_i^{(j)}\mid\theta)}{Q_i(z_i^{(j)})}$ 可以看作 $z_i^{(j)}$ 的函数 $\dfrac{p(y_i,z_i^{(j)}\mid\theta)}{Q_i(z_i^{(j)})}$ 的数学期望。于

是，$\sum_j Q_i(z_i^{(j)})\dfrac{p(y_i,z_i^{(j)}\mid\theta)}{Q_i(z_i^{(j)})}$ 可写为 $E\left[\dfrac{p(y_i,z_i^{(j)}\mid\theta)}{Q_i(z_i^{(j)})}\right]$，所以

$$L(\theta)=\sum_i\log\sum_j Q_i(z_i^{(j)})\frac{p(y_i,z_i^{(j)}\mid\theta)}{Q_i(z_i^{(j)})}=\sum_i\log E\left[\frac{p(y_i,z_i^{(j)}\mid\theta)}{Q_i(z_i^{(j)})}\right] \tag{6-32}$$

在继续讨论之前，先给出 Jensen 不等式：如果 f 是凸函数，X 是随机变量，那么 $E[f(X)]\geqslant f[E(X)]$，如果 f 是严格的凸函数，当且仅当 $p(X=E[X])=1$，即 X 是常量，才有 $E[f(X)]=f[E(X)]$ 成立，如果 f 是凹函数时，不等号方向相反，即 $E[f(X)]\leqslant f[E(X)]$。

$\log(x)$是凹函数，根据 Jensen 不等式和数学期望的定义，由式(6-32)可得

$$\begin{aligned}L(\theta)&=\sum_i\log E\left[\frac{p(y_i,z_i^{(j)}\mid\theta)}{Q_i(z_i^{(j)})}\right]\\&\geqslant\sum_i E\log\left[\frac{p(y_i,z_i^{(j)}\mid\theta)}{Q_i(z_i^{(j)})}\right]\\&=\sum_i\sum_j Q_i(z_i^{(j)})\log\frac{p(y_i,z_i^{(j)}\mid\theta)}{Q_i(z_i^{(j)})}\end{aligned} \tag{6-33}$$

采用极大似然估计法，求出使 $L(\theta)$最大的 θ^*。

令

$$J(\theta)=\sum_i\sum_j Q_i(z_i^{(j)})\log\frac{p(y_i,z_i^{(j)}\mid\theta)}{Q_i(z_i^{(j)})} \tag{6-34}$$

那么 $L(\theta)\geqslant J(\theta)$。可知，$J(\theta)$是 $L(\theta)$的下界。在 $J(\theta)$中，除了观测到的 y_i 和要估计的 θ 外，还有隐变量 z_i。

在第 t 次迭代中，先固定 $\theta=\theta^{(t)}$。对固定的 $\theta^{(t)}$，通过调整 $Q_i^{(t)}(z_i^{(j)})$使 $J(\theta^{(t)})$尽可能大，从而逼近 $L(\theta^{(t)})$。

根据 Jensen 不等式等号成立的条件，可以求出使 $J(\theta^{(t)})$最大的 $Q_i^{(t)}(z_i^{(j)})$。要使式(6-33)中等号成立，只有$\dfrac{p(y_i,z_i^{(j)}|\theta)}{Q_i^{(t)}(z_i^{(j)})}=\mathrm{C}$，C 为常量。

根据式(6-30)，可得

$$\begin{aligned}\frac{p(y_i,z_i^{(j)}\mid\theta^{(t)})}{Q_i^{(t)}(z_i^{(j)})}=\mathrm{C}&\Rightarrow p(y_i,z_i^{(j)}\mid\theta^{(t)})=\mathrm{C}\times Q_i^{(t)}(z_i^{(j)})\\&\Rightarrow\sum_j p(y_i,z_i^{(j)}\mid\theta^{(t)})=\mathrm{C}\Big(\sum_j Q_i^{(t)}(z_i^{(j)})\Big)\\&\Rightarrow\sum_j p(y_i,z_i^{(j)}\mid\theta^{(t)})=\mathrm{C}\end{aligned} \tag{6-35}$$

由式(6-35)可得

$$\begin{aligned}Q_i^{(t)}(z_i^{(j)})&=\frac{p(y_i,z_i^{(j)}\mid\theta^{(t)})}{\mathrm{C}}=\frac{p(y_i,z_i^{(j)}\mid\theta^{(t)})}{\sum_j p(y_i,z_i^{(j)}\mid\theta^{(t)})}=\frac{p(y_i,z_i^{(j)}\mid\theta^{(t)})}{p(y_i\mid\theta^{(t)})}\\&=p(z_i^{(j)}\mid y_i,\theta^{(t)})\end{aligned} \tag{6-36}$$

式中，y_i 已知，因此可以求出 $Q_i^{(t)}(z_i^{(j)})$，即当 $Q_i^{(t)}(z_i^{(j)})=p(z_i^{(j)}|y_i,\theta^{(t)})$ 时，下界 $J(\theta)$ 达到了 $L(\theta)$ 的高度。这个过程即对应上小节示例中的E步，$z_i^{(j)}$ 取值为A类或B类骰子，在第一次选择时，根据实验结果数据求得在假定 P_A 和 P_B 为0.6和0.5时，选A类骰子的概率是0.55。

那么M步就是在第 t 次迭代中，根据E步算出的 $Q_i^{(t)}(z_i^{(j)})=p(z_i^{(j)}|y_i,\theta^{(t)})$，用极大似然估计新的 $\theta^{(t+1)}$，从而进一步逼近 $L(\theta)$。

在式(6-34)中，$Q_i^{(t)}(z_i^{(j)})$ 已经确定，极大化 $J(\theta)$，并去掉其中对 θ 而言为常数的项：

$$\begin{aligned}\theta^{(t+1)} &= \arg\max_\theta J(\theta) = \arg\max_\theta \sum_i \sum_j Q_i^{(t)}(z_i^{(j)}) \log \frac{p(y_i, z_i^{(j)} \mid \theta)}{Q_i^{(t)}(z_i^{(j)})} \\ &= \arg\max_\theta \sum_i \sum_j Q_i^{(t)}(z_i^{(j)})(\log p(y_i, z_i^{(j)} \mid \theta) - \log Q_i^{(t)}(z_i^{(j)})) \\ &= \arg\max_\theta \sum_i \sum_j Q_i^{(t)}(z_i^{(j)}) \log p(y_i, z_i^{(j)} \mid \theta) \end{aligned} \tag{6-37}$$

对应6.4.1节示例，即为用极大似然法来更新 P_A 和 P_B，在示例中是用频率来估计概率。

图6-4示意了EM算法一次迭代的E步和M步逼近最大值 θ^* 的过程。

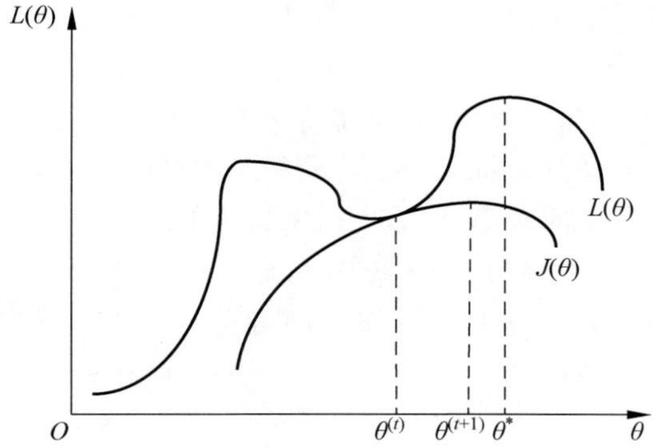

图6-4　EM算法通过E步和M步逼近最大值示意(见彩插)

在 $\theta^{(t)}$ 处，确定 $Q_i^{(t)}(z_i^{(j)})=p(z_i^{(j)}|y_i,\theta^{(t)})$ 使 $J(\theta)$ 与 $L(\theta)$ 相交，即E步。然后再找 $J(\theta)$ 的最大值进一步逼近 $L(\theta)$，得到 $\theta^{(t+1)}$，即M步。通过E步和M步的循环迭代，逐渐逼近 θ^*。停止迭代的条件可以设定为 $\theta^{(t)}$ 或 $Q_i^{(t)}(z_i)$ 的增量小于指定的阈值。

总结EM算法的流程如算法6-2所示。

算法6-2　EM算法基本流程

步　数	操　作
1	选择参数初值 $\theta^{(0)}$
2	E步：根据 $\theta^{(t)}$，依式(6-36)求出 $Q_i^{(t)}(z_i^{(j)})$
3	M步：根据 $Q_i^{(t)}(z_i^{(j)})$，依式(6-37)求出新的 $\theta^{(t+1)}$
4	重复第2、3步，直到 $\theta^{(t)}$ 或 $Q_i^{(t)}(z_i)$ 的增量小于指定的阈值

EM 算法并不能收敛到全局最优点，因此选择初值很重要，选择方法与 k-means 算法选择初值的方法相似。

6.4.3 高斯混合聚类

高斯混合(Gaussian Misture)聚类是高斯混合模型在聚类任务上的应用，高斯混合模型采用 EM 算法求解。

记随机变量 X 的含有未知变量 $\tau=(\mu,\sigma^2)$ 高斯分布概率密度为

$$f(x \mid \tau)=\frac{1}{\sqrt{2\pi}\sigma}\mathrm{e}^{-\frac{(x-\mu)^2}{2\sigma^2}} \tag{6-38}$$

高斯混合模型 $P(x|\boldsymbol{\theta})$ 是多个高斯分布混合的模型：

$$P(x \mid \boldsymbol{\theta})=\sum_{i=1}^{K}\alpha_i f(x \mid \tau_i) \tag{6-39}$$

式中，K 是混合的高斯分布的总数；τ_i 是第 i 个高斯分布的未知变量，记 $\boldsymbol{\tau}=(\tau_1,\tau_2,\cdots,\tau_K)$；$\alpha_i$ 是第 i 个高斯分布的混合系数，$\alpha_i>0$，$\sum\alpha_i=1$，α_i 可看作概率值，记 $\boldsymbol{\alpha}=(\alpha_1,\alpha_2,\cdots,\alpha_K)$，$\boldsymbol{\theta}=(\boldsymbol{\alpha},\boldsymbol{\tau})$。

将高斯混合模型用于聚类任务时，认为样本是由 $P(x|\boldsymbol{\theta})$ 产生的，产生的过程是先按概率 $\boldsymbol{\alpha}$ 选择一个高斯分布 $f(x|\tau_j)$，再由该高斯分布生成样本。由同一高斯分布产生的样本属于同一簇，即高斯混合模型中的高斯分布与聚类的簇一一对应。在分簇过程(见图 6-1)，可通过 EM 算法从训练集中学习到模型参数 $\boldsymbol{\theta}=(\boldsymbol{\alpha},\boldsymbol{\tau})$，在分配过程，计算测试样本由每个高斯分布产生的概率，取最大概率对应的高斯分布的簇作为分配的簇。

应用 EM 算法求解模型参数 $\boldsymbol{\theta}=(\boldsymbol{\alpha},\boldsymbol{\tau})$ 时，显然由高斯分布 $f(x|\tau_j)$ 产生的样本数据是可观测的，而由 $\boldsymbol{\alpha}$ 选择哪一个高斯分布是不可见的，因此可设隐变量 z_i 为选择哪个高斯分布的编号或期望。在每轮迭代的 E 步，按式(6-36)由 $\boldsymbol{\alpha}$ 计算隐变量的值，在 M 步，按式(6-37)求出新的 $\boldsymbol{\tau}$。

Sklearn. mixture. GaussianMixture 类实现了高斯混合模型。

视频

6.5 隐马尔可夫模型

隐马尔可夫模型(Hidden Markov Model, HMM)是关于时序的概率模型，它可用于标注等问题中。为了便于理解，先简要介绍马尔可夫链[①]及其示例，再逐步引入隐马尔可夫模型。

6.5.1 马尔可夫链

马尔可夫过程(Markov Process)是随机过程的一种，它是约束了马尔可夫性或无后

① 更详细的分析可参见《概率论与数理统计(第二版)》第 7 章(盛骤等编，高等教育出版社，1989.8)

效性的随机过程。

设随机过程$\{X(t),t\in T\}$的状态空间为I,T表示时间的集合,是t的变化范围。如果对时间t的任意n个数值$t_1<t_2<\cdots<t_n$,$n\geqslant 3$,$t_i\in T$,在多个条件$X(t_i)=x_i$,$x_i\in I$,$i=1,2,\cdots,n-1$下,$X(t_n)$的条件分布函数等于在单一条件$X(t_{n-1})=x_{n-1}$下$X(t_n)$的条件分布函数,即

$$P\{X(t_n)\leqslant x_n \mid X(t_1)=x_1,X(t_2)=x_2,\cdots,X(t_{n-1})=x_{n-1}\}$$
$$=P\{X(t_n)\leqslant x_n \mid X(t_{n-1})=x_{n-1}\},\quad x_n\in R \tag{6-40}$$

则称此过程$\{X(t),t\in T\}$具有马尔可夫性,此过程称为马尔可夫过程。

时间和状态都是离散的马尔可夫过程称为马尔可夫链,它可以看作在时间集$T_1=\{0,1,2,\cdots\}$上对离散状态的过程相继观察的结果。设马尔可夫链的状态空间$I=\{a_1,a_2,\cdots\}$,$a_i\in R$。通常用条件分布律来表示马尔可夫链的马尔可夫性,即对任意的正整数n,r和$0\leqslant t_1<t_2<\cdots<t_r<m$,且$t_i,m,m+n\in T_1$,有

$$P\{X_{m+n}=a_j \mid X_{t_1}=a_{t_1},X_{t_2}=a_{t_2},\cdots,X_{t_r}=a_{t_r},X_m=a_i\}$$
$$=P\{X_{m+n}=a_j \mid X_m=a_i\} \tag{6-41}$$

其中$a_{t_i}\in I$。

称条件概率

$$P_{ij}\{m,m+n\}\triangleq P\{X_{m+n}=a_j \mid X_m=a_i\} \tag{6-42}$$

为马氏链在时刻m处于状态a_i条件下,在时刻$m+n$转移到状态a_j的转移概率。

当转移概率$P_{ij}\{m,m+n\}$只与i,j及时间间距n有关时,即$P_{ij}\{m,m+n\}\triangleq P_{ij}\{n\}$时,称转移概率具有平稳性。同时也称此链是齐次的。

在马氏链为齐次的情形下,由式(6-42)定义的转移概率

$$p_{ij}\{n\}=P\{X_{m+n}=a_j \mid X_m=a_i\} \tag{6-43}$$

称为马氏链的n步转移概率。一步转移概率记为

$$a_{ij}\triangleq p_{ij}\{1\}=P\{X_{m+1}=a_j \mid X_m=a_i\} \tag{6-44}$$

一步转移概率矩阵$\boldsymbol{A}$定义为

$$\boldsymbol{A}=\begin{bmatrix} a_{11} & a_{12} & \cdots & a_{1j} & \cdots \\ a_{21} & a_{22} & \cdots & a_{2j} & \cdots \\ \vdots & \vdots & \vdots & \vdots & \vdots \\ a_{i1} & a_{i2} & \cdots & a_{ij} & \cdots \\ \vdots & \vdots & \vdots & \vdots & \vdots \end{bmatrix} \tag{6-45}$$

其中纵向i表示X_m的状态,横向j表示X_{m+1}的状态。

来看一个马尔可夫链的例子。假设一个盒子里装两个骰子,骰子的种类为四面和六面两种(见图6-3),每次随机取出一个,然后放入另外种类的一个。若盒子中有k个四面骰子,则称系统处于状态k,显然状态空间为$I=\{0,1,2\}$。由于抓出什么骰子只与当前盒子中的骰子情况有关,易知抓骰子的随机过程是齐次马尔可夫链。

如果盒子中有两个六面的骰子,那么下一步必然补入一个四面的,也就是说从状态0

转移到状态 1 的概率为 1，即 $a_{01}=1$。如果盒子中两个骰子不同种类，那下一步补入骰子的种类的概率各为 0.5，也就是说从状态 1 转移到状态 0 和状态 2 的概率各为 0.5，即 $a_{10}=a_{12}=0.5$。依此分析其他的转移概率，可得一步转移概率矩阵为

$$\boldsymbol{A}=\begin{bmatrix}0 & 1 & 0\\0.5 & 0 & 0.5\\0 & 1 & 0\end{bmatrix} \tag{6-46}$$

齐次马尔可夫链的一个状态序列发生的概率可以通过计算形成该状态序列的所有状态之间的一步转移概率的乘积得到。如盒子中骰子的变化状态序列为 1、2、1、0、1、0、1，则可以计算它发生的概率为

$$\begin{aligned}P(1,2,1,0,1,0,1)&=\pi_1 a_{12} a_{21} a_{10} a_{01} a_{10} a_{01}\\&=0.5\times 0.5\times 1\times 0.5\times 1\times 0.5\times 1=0.0625\end{aligned} \tag{6-47}$$

其中，$\pi_1=P(X_0=1)$表示初始状态为 1 的概率，假设各种骰子出现的概率相等，那初始状态为 0 和 2 的概率为 0.25，即 $\pi_0=\pi_2=0.25$，为 1 的概率为 0.5，即 $\pi_1=0.5$。称 $\pi=(\pi_0,\pi_1,\pi_2)=(0.25,0.5,0.25)$为初始状态概率向量。

马尔可夫链的概率计算，可由初始概率分布 π 和状态转移概率分布 A 确定。

马尔可夫模型可以看作是一个转移弧上有概率的非确定的有限状态自动机。抓骰子例子的有限状态机如图 6-5 所示，圆圈表示状态，状态之间的转移用带箭头的弧表示，弧上的数字为状态转移的概率，初始状态用标记为 start 的输入箭头表示，假设任何状态都可作为终止状态。图中省略了转移概率为 0 的弧，对于每个状态来说，发出弧上的概率和为 1。

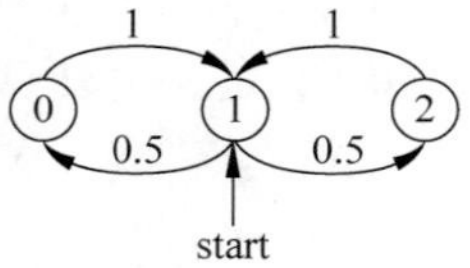

图 6-5 马尔可夫模型的有限状态机表示示例

Python 实现马尔可夫链概率计算及模拟生成状态序列的代码见代码 6-3。

代码 6-3 马尔可夫链概率计算及模拟生成状态序列示例(隐马尔可夫模型.ipynb)

```
import numpy as np

#状态空间 I
states = {0, 1, 2}
#初始状态概率向量 π
pi = np.array([0.25, 0.5, 0.25])
#状态转移矩阵 A
A = np.array([[0,   1, 0],
              [0.5, 0, 0.5],
              [0,   1, 0]])

```

```
12.    # 按随机抓取骰子的过程模拟生成状态序列
13.    import random
14.    def simulate_states1(sumofstates):
15.        start_state = random.randint(0,1) + random.randint(0,1)  # 模拟两次选择骰子
                                                                    # 过程
16.        state_list = [start_state]
17.        pre_state = start_state
18.        for i in range(sumofstates - 1):
19.            if pre_state == 0:  # 如果是两个六面的骰子,必然选择到六面的骰子,下一个状态为1
20.                new_state = 1
21.            elif pre_state == 2:  # 如果是两个四面的骰子,必然选择到四面的骰子,下一个状态为1
22.                new_state = 1
23.            else:
24.                choiced = random.randrange(4,7,2)  # 模拟从四面和六面的骰子随机选择一个
25.                if choiced == 4:  # 取出四面的骰子,放入六面的骰子
26.                    new_state = 0
27.                else:
28.                    new_state = 2
29.            state_list.append(new_state)
30.            pre_state = new_state
31.        return state_list
32.    print(simulate_states1(20))
33.    # [1, 2, 1, 0, 1, 0, 1, 2, 1, 2, 1, 2, 1, 2, 1, 2, 1, 0, 1]
34.
35.    # 马尔可夫链概率计算
36.    def chain_prob(pi, A, state_list):
37.        prob = pi[state_list[0]]
38.        for i in range(len(state_list) - 1):
39.            prob *= A[state_list[i], state_list[i+1]]
40.        return prob
41.    print(chain_prob(pi, A, [1,2,1,0,1,0,1]))
42.    # 0.0625
```

"隐马尔可夫模型.ipynb"文件中还实现了一个按初始状态概率和转移概率模型生成状态序列的函数供读者参考。

6.5.2 隐马尔可夫模型及示例

在6.5.1节的马尔可夫链的例子中,如果系统的状态不对分析者开放,即每一步操作后,盒子的状态隐藏了起来,也就是说马尔可夫链处于隐藏状态。但是将每一步操作后的两个骰子掷一次,并将得到的点数之和告知分析者。如,处于状态1时,掷得两个骰子的点数分别为3和3,那么告诉分析者当前状态的观测值为6。于是分析者将得到一个数字序列。进行一次实验如图6-6所示。

这样的模型是隐马尔可夫模型。隐马尔可夫模型描述了一个可观测的随机序列,该

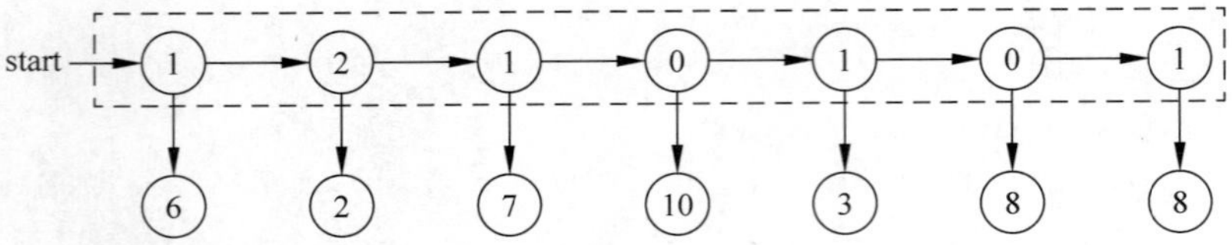

图 6-6 隐马尔可夫模型示例

观测序列由一个不可观测的状态序列生成，该状态序列又是由一个隐藏的马尔可夫链随机生成。

隐藏的马尔可夫链随机生成状态序列(State Sequence)。每个状态依概率生成一个观测，由此产生观测序列(Observation Sequence)，也称为发射序列(Emission Sequence)。状态生成观测的概率称为观测概率或发射概率。

设马尔可夫链的状态空间为 $I=\{a_1,a_2,\cdots,a_N\}$，$a_i\in R$。所有可能的观测结果的集合为 $V=\{v_1,v_2,\cdots,v_M\}$。N 是可能的状态数，M 是可能的观测数。

设 $Q=\{q_1,q_2,\cdots,q_T\}$是长度为 T 的状态序列，$O=\{o_1,o_2,\cdots,o_T\}$是对应的观测序列。

设 $\boldsymbol{A}=[a_{ij}]_{N\times N}$ 是状态转移概率矩阵，其中，a_{ij} 是一步转移概率，$i=1,2,\cdots,N$；$j=1,2,\cdots,N$。隐马尔可夫模型假定满足齐次马尔可夫性。

设 $\boldsymbol{B}=[b_j(k)]_{N\times M}$ 是观测概率矩阵，其中 $k=1,2,\cdots,M$；$j=1,2,\cdots,N$，$b_j(k)$表示在状态 a_j 时生成观测 v_k 的概率：$b_j(k)=P(o_t=v_k\mid q_t=a_j)$。隐马尔可夫模型假设观测结果只与当前时刻的马尔可夫链状态有关，与其他观测和状态无关。

设$\boldsymbol{\pi}=(\pi_i)$是初始状态概率向量，其中，$\pi_i=P(q_1=a_i)$是初始状态为 a_i 的概率。

隐马尔可夫模型由初始概率分布$\boldsymbol{\pi}$、状态转移概率分布 $\boldsymbol{A}$ 以及观测概率分布 $\boldsymbol{B}$ 确定。$\boldsymbol{\pi}$ 和 $\boldsymbol{A}$ 决定状态序列，$\boldsymbol{B}$ 决定观测序列。记隐马尔可夫模型为 λ，λ 可以由三元符号表示，即

$$\lambda=(\boldsymbol{A},\boldsymbol{B},\boldsymbol{\pi}) \tag{6-48}$$

$\boldsymbol{A}$、$\boldsymbol{B}$、$\boldsymbol{\pi}$ 称为隐马尔可夫模型的三要素。

对上文掷骰子的例子，状态空间为 $I=\{0,1,2\}$，$N=3$，观测结果集合为 $V=\{2,3,4,5,6,7,8,9,10,11,12\}$，$M=11$。

计算它的三要素，初始概率分布为

$$\boldsymbol{\pi}=\left(\frac{1}{4},\frac{1}{2},\frac{1}{4}\right) \tag{6-49}$$

状态转移概率分布 $\boldsymbol{A}$ 如式(6-46)所示。

当状态为 2 时，盒子中有两个四面的骰子，此时只有当两个骰子都掷出点数 1 时，才会得到总点数 2，发生的概率为 $b_2(2)=\frac{1}{4}\times\frac{1}{4}=\frac{1}{16}$；而当一个骰子掷出 1，另一个掷出 2 时，会得到总点数 3，发生的概率为 $b_2(3)=\frac{1}{4}\times\frac{1}{4}+\frac{1}{4}\times\frac{1}{4}=\frac{1}{8}$；依此计算，可得到观测概率矩阵：

$$B=\begin{bmatrix}\frac{1}{36} & \frac{1}{18} & \frac{1}{12} & \frac{1}{9} & \frac{5}{36} & \frac{1}{6} & \frac{5}{36} & \frac{1}{9} & \frac{1}{12} & \frac{1}{18} & \frac{1}{36} \\ \frac{1}{24} & \frac{1}{12} & \frac{1}{8} & \frac{1}{6} & \frac{1}{6} & \frac{1}{6} & \frac{1}{8} & \frac{1}{12} & \frac{1}{24} & 0 & 0 \\ \frac{1}{16} & \frac{1}{8} & \frac{3}{16} & \frac{1}{4} & \frac{3}{16} & \frac{1}{8} & \frac{1}{16} & 0 & 0 & 0 & 0\end{bmatrix} \tag{6-50}$$

在“隐马尔可夫模型.ipynb”文件中模拟实现了生成观测序列，按掷骰子过程模拟生成观测序列的代码见代码 6-4。

代码 6-4　隐马尔可夫模型及模拟观测序列示例(隐马尔可夫模型.ipynb)

```
#观测集合 V
observations = {2, 3, 4, 5, 6, 7, 8, 9, 10, 11, 12}
#观测概率矩阵 B
B = np.array([[1/36, 2/36, 3/36, 4/36, 5/36, 6/36, 5/36, 4/36, 3/36, 2/36, 1/36],
              [1/24, 2/24, 3/24, 4/24, 4/24, 4/24, 3/24, 2/24, 1/24, 0,    0   ],
              [1/16, 2/16, 3/16, 4/16, 3/16, 2/16, 1/16, 0,    0,    0,    0   ]])

#按掷骰子过程模拟生成观测序列
def simulate_observ1(state_list):
    observ_list = []
    for i in range(len(state_list)):
        if state_list[i] == 0:
            observ_list.append(random.randint(1,6) + random.randint(1,6)) #模拟两次掷六面骰子
        elif state_list[i] == 2:
            observ_list.append(random.randint(1,4) + random.randint(1,4))
        else:
            observ_list.append(random.randint(1,4) + random.randint(1,6))
    return observ_list
print(simulate_observ1([1,2,1,0,1,0,1]))
# [6, 2, 7, 10, 3, 8, 8]
```

隐马尔可夫模型在实际应用中，一般有三种问题。

1. 概率计算问题

给定模型 $\lambda=(\boldsymbol{A},\boldsymbol{B},\boldsymbol{\pi})$ 和观测序列 $O=\{o_1,o_2,\cdots,o_T\}$，计算在模型 λ 下观测序列 O 出现的概率 $P(O|\lambda)$。这个问题一般用来检测模型的正确性，如果概率大的序列很少出现，或者概率小的序列经常出现，则要怀疑模型三要素是否正确。

因为隐马尔可夫模型假设观测结果只与当前时刻的马尔可夫链状态有关，因此，对指定的 $Q=\{q_1,q_2,\cdots,q_T\}$ 产生指定的观测序列 $O=\{o_1,o_2,\cdots,o_T\}$ 的概率为

$$P(O\mid Q)=\prod_{i=1}^{T} b_{q_i}(o_i) \tag{6-51}$$

因此,要求出指定观测序列的概率,只需对所有可能的状态序列求出其出现的概率[计算方法见式(6-47)],乘以它产生指定观测序列的概率,并对所有的积求和即可。但是,这种直接方法的计算量很大,易知一共有 N^T 个状态序列,因此其时间复杂度是 $O(T^2N^T)$。

一般采用用时较少的前向-后向算法(Forward-Backward Algorithm)来计算观测序列出现的概率,将在后文讨论。

2. 学习问题

估计出隐马尔可夫模型的参数 $\lambda=(\boldsymbol{A},\boldsymbol{B},\boldsymbol{\pi})$ 的问题是学习问题。隐马尔可夫模型的学习分为监督学习和无监督学习。监督学习的训练样本包含有观测序列和状态序列,无监督学习的训练样本只含有观测序列。

监督学习比较容易实现,用极大似然法来估计各参数,可得其估计量为对应的频率,即用频率来作为概率的估计。已知状态序列 $Q=\{q_1,q_2,\cdots,q_T\}$ 和观测序列 $O=\{o_1,o_2,\cdots,o_T\}$,估计模型 $\lambda=(\boldsymbol{A},\boldsymbol{B},\boldsymbol{\pi})$,使 $P(O|\lambda)$ 最大。即用参数估计的方法来估计模型的参数 $\boldsymbol{A},\boldsymbol{B},\boldsymbol{\pi}$。对应前面的例子,就是通过观测序列来估计每个骰子有几个面。

设样本集中某时刻处于状态 i,下一时刻转移到状态 j 的频数为 A_{ij},那么状态转移概率 a_{ij} 的估计是:

$$\hat{a}_{ij}=\frac{A_{ij}}{\sum_{j=1}^{N}A_{ij}},\quad i=1,2,\cdots,N;j=1,2,\cdots,N \tag{6-52}$$

设样本集中状态为 q_j 并观测为 o_k 的频数是 $B_j(k)$,那么观测概率 $b_j(k)$ 的估计是:

$$b_j(k)=\frac{B_j(k)}{\sum_{k=1}^{M}B_j(k)},\quad j=1,2,\cdots,N;k=1,2,\cdots,M \tag{6-53}$$

若样本集容量为 m,统计这 m 个样本的第一个状态为 q_i 的频率 $\hat{\pi}_i$,即为对应初始状态概率 π_i 的估计。

隐马尔可夫链的无监督学习一般采用 EM 算法来学习参数,称为 Baum-Welch 算法。Baum-Welch 算法只从观测序列中学习隐马尔可夫模型 $\lambda=(\boldsymbol{A},\boldsymbol{B},\boldsymbol{\pi})$ 的参数。在隐马尔可夫模型中,可见的是观测序列,而状态序列是不可见的隐变量序列。应用 EM 算法求解隐马尔可夫模型的特点是它的非初始状态值不是由一个固定的概率值来产生,而是由前一个状态值和状态转移概率分布 $\boldsymbol{A}$ 共同决定产生。

3. 预测问题,也称为解码(Decoding)问题

已知观测序列 $O=\{o_1,o_2,\cdots,o_T\}$ 和模型 $\lambda=(\boldsymbol{A},\boldsymbol{B},\boldsymbol{\pi})$,求使条件概率 $P(Q|O)$ 最大的状态序列 $Q=\{q_1,q_2,\cdots,q_T\}$,即给定观测序列,求最有可能的状态序列。对应前面的例子,就是通过总点数序列来估计盒子的骰子状态序列。

预测问题面向实际应用,如解决常说的标注问题。如图 6-2 所示词性标注,在已知模型参数和句子(已分好词)的情况下,要给每个词贴上有“名词”“动词”等标签,这里已分好词的句子是观测序列，标签序列是状态序列。智能拼音输入法也属于标注问题，将输入的字母序列估计成汉字序列的过程，就是给每个切分的字母串对应汉字词的过程，此时，各汉字词是字母串的标签。在自然语言处理领域，学习好的隐马尔可夫模型称为语言模型。

在本节的例子中，盒子中骰子状态可以看成是总点数的标签，因此预测盒子的骰子状态的问题也是标注问题。

自然地，与概率计算问题中的直接计算法一样，容易想到对所有可能的状态序列计算产生指定观测序列的概率，取其中最大值对应的状态序列即可。当然，这种方法也存在计算量太大的问题。

一般采用维特比（Viterbi）算法来求解预测问题，将在后文中讨论。

6.5.3　前向-后向算法

视频

前向-后向算法实际上是两个过程相似的算法，分别是前向算法和后向算法，它们用来求解隐马尔可夫模型的概率计算问题。

从示例来理解该算法，本小节的例子中的某一观测序列为 6、2、7、10、3、8、8，它的前向算法前三个时刻的计算过程见表 6-4。

表 6-4　前向算法计算过程示例

状态	时刻 1 观测值：6	时刻 2 观测值：2	时刻 3 观测值：7
0	$\frac{1}{4}\times\frac{5}{36}=\frac{5}{144}$	$\left(\frac{5}{144}\times 0+\frac{1}{12}\times\frac{1}{2}+\frac{3}{64}\times 0\right)\times\frac{1}{36}=\frac{1}{864}$	$\left(\frac{47}{13\,824}\times\frac{1}{2}\right)\times\frac{1}{6}=\frac{47}{165\,888}$
1	$\frac{1}{2}\times\frac{1}{6}=\frac{1}{12}$	$\left(\frac{5}{144}\times 1+\frac{1}{12}\times 0+\frac{3}{64}\times 1\right)\times\frac{1}{24}=\frac{47}{13\,824}$	$\left(\frac{1}{864}\times 1+\frac{1}{384}\times 1\right)\times\frac{1}{6}=\frac{13}{20\,736}$
2	$\frac{1}{4}\times\frac{3}{16}=\frac{3}{64}$	$\left(\frac{5}{144}\times 0+\frac{1}{12}\times\frac{1}{2}+\frac{3}{64}\times 0\right)\times\frac{1}{16}=\frac{1}{384}$	$\left(\frac{47}{13\,824}\times\frac{1}{2}\right)\times\frac{1}{8}=\frac{47}{221\,184}$
合计	$\frac{5}{144}+\frac{1}{12}+\frac{3}{64}=\frac{95}{576}$	$\frac{1}{864}+\frac{47}{13\,824}+\frac{1}{384}=\frac{11}{1536}$	$\frac{47}{165\,888}+\frac{13}{20\,736}+\frac{47}{221\,184}=\frac{745}{663\,552}$

先看时刻 1 列。该列计算了在时刻 1 取得观测值 6 的概率。由初始概率可知在该时刻状态为 0 的概率为$\frac{1}{4}$，又由观测概率可知在状态 0 观测到 6 的概率为$\frac{5}{36}$，因此可得在时刻 1 状态 0 时观测到 6 的概率为$\frac{5}{144}$。同样可计算时刻 1 其他两个状态观测到 6 的概率，它们之和即为时刻 1 观测到 6 的概率。

在时刻 2，继续观测到 2，此时的概率可以由时刻 1 的状态递推得到。时刻 2 的状态 0 可由时刻 1 的三个状态转换而来（见图 6-5），因此可由状态转移概率计算得到在时刻 2 状态为 0 的概率为$\frac{5}{144}\times 0+\frac{1}{12}\times\frac{1}{2}+\frac{3}{64}\times 0$，而由状态 0 观测到 2 的观测概率为$\frac{1}{36}$，因此,在时刻 1 观测到 6 的前提下,时刻 2 在状态 0 时观测到 2 的概率为$\left(\frac{5}{144}\times 0+\frac{1}{12}\times\frac{1}{2}+\frac{3}{64}\times 0\right)\times\frac{1}{36}=\frac{1}{864}$,这个概率叫作前向概率,它在这里的含义是在时刻 2 时,观测到序列 6、2,且当前状态为 0 的概率。

同样可计算在时刻 1 观测到 6 的前提下,时刻 2 在其他两个状态观测到 2 的概率,即另外两个前向概率,它们求和即得到时刻 2 观测到序列 6、2 的概率。

在时刻 3,同样可通过计算在观测到序列 6、2、7 时各状态的前向概率(为了简便,表中时刻 3 列省略了乘积为 0 的项),并求和得到该观测序列发生的概率。

以此类推,可以得到后续任意时刻的观测概率值。

可见,前向算法通过计算前向概率,用递推的方式避免了没有意义的状态组合,从而减少了计算量。

形式化给出前向概率的定义:前向概率 $\alpha_t(i)$是在给定隐马尔可夫模型 λ 的条件下,到时刻 t 时,观测序列为 $o_1,o_2,\cdots,o_t$,且当前状态为 a_i 的概率:

$$\alpha_t(i)=P(o_1,o_2,\cdots,o_t,q_t=a_i \mid \lambda) \tag{6-54}$$

前向算法是递推算法,它的初始值如下计算:

$$\alpha_1(i)=\pi_i b_i(o_1),\quad i=1,2,\cdots,N \tag{6-55}$$

前向概率递推过程如下:

$$\alpha_{t+1}(i)=\left[\sum_{j=1}^{N}\alpha_t(j)a_{ji}\right]b_i(o_{t+1}),\quad i=1,2,\cdots,N \tag{6-56}$$

如果观测序列长度为 T,则最终概率值为

$$P(O \mid \lambda)=\sum_{j=1}^{N}\alpha_T(j) \tag{6-57}$$

前向算法的基本流程如算法 6-3 所示。

算法 6-3 前向算法基本流程

步　数	操　作
1	依式(6-55)计算递推的初始值
2	按式(6-56)重复递推计算,直到最后一个观测值
3	按式(6-57)求和计算最终概率值

前向算法实现如表 6-4 所示的示例见代码 6-5。

代码 6-5 前向算法实现及示例(隐马尔可夫模型.ipynb)

```
#前向算法
def forward(pi, A, B, observ_list):
    N = A.shape[0]                          #状态总数
    T = len(observ_list)                    #列表长度
    table = np.zeros((N + 1,T))             #前向算法计算过程示例中的空表
    table[0:N, 0] = pi * B[:, observ_list[0] - 2]   #表中时刻 1 列的值,也就是前向
                                                    #算法的初始值
```

```
    for i in range(N):
        table[N, 0] += table[i, 0]
    for t in range(1,T):
        for i in range(N):
            #递推求得表中每一列
            table[i, t] = np.dot(table[0:N, t-1], A[:, i]) * B[i, observ_list[t]-2]
            table[N, t] += table[i, t]
    return table
print(forward(pi, A, B, [6,2,7,10,3,8,8]))
#输出如上表所示概率值
#[[ 3.47222222e-02   1.15740741e-03   2.83323688e-04   … ]
#[  8.33333333e-02   3.39988426e-03   6.26929012e-04   … ]
# [ 4.68750000e-02   2.60416667e-03   2.12492766e-04   … ]
# [ 1.64930556e-01   7.16145833e-03   1.12274547e-03   … ]]
```

与前向概率类似，后向算法定义了一个后向概率：后向概率 $\beta_t(i)$是在给定隐马尔可夫模型 λ 的条件下，当前状态为 a_i，且从后一时刻 $t+1$ 到最终时刻 T 的部分观测序列为 $o_{t+1},o_{t+2},\cdots,o_T$ 的概率：

$$\beta_t(i)=P(o_{t+1},o_{t+2},\cdots,o_T,q_t=a_i \mid \lambda) \tag{6-58}$$

后向算法的初始值计算如下：

$$\beta_T(i)=1,\quad i=1,2,\cdots,N \tag{6-59}$$

递推过程如下：

$$\beta_t(i)=\sum_{j=1}^{N}\beta_{t+1}(j)a_{ij}b_j(o_{t+1}),\quad i=1,2,\cdots,N \tag{6-60}$$

最终概率值为

$$P(O \mid \lambda)=\sum_{j=1}^{N}\pi_j b_j(o_1)\beta_1(j) \tag{6-61}$$

后向算法的详细过程，读者可以自行分析。

6.5.4 维特比算法

维特比算法用来求解隐马尔可夫模型的预测问题。仍然先以前面的示例求解过程来说明，再给出形式化表述。

如前面的示例中，观测序列为 6、2、7、10、3、8、8，要求出在该序列为前提的条件概率最大的状态序列。为简便起见，仅列出前三个观测值的状态序列的计算过程如图 6-7 所示。

由前向算法计算过程可知在时刻 1 的三个状态观测到两骰子点数之和为 6 的概率分别为：$\frac{5}{144}$、$\frac{1}{12}$、$\frac{3}{64}$(表 6-4 中时刻 1 列)，分别标记在图中。因此，如果观测序列只有一个 6 时，使条件概率最大的状态序列是 1，因为概率值$\frac{1}{12}$最大。

接下来，在时刻 2 观测到 2。时刻 2 的三个状态是时刻 1 的三个状态转移而来。具

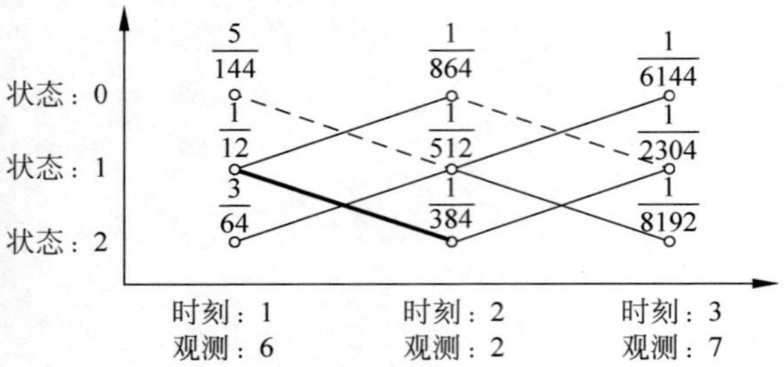

图 6-7　维特比算法计算过程示例

体来讲，时刻 2 的状态 0 由时刻 1 的状态 1 转移而来，转移概率为$\frac{1}{2}$，而状态 0 时观测到 2 的观测概率为$\frac{1}{36}$，因此，状态序列为 1、0 时，观测到 6、2 的概率为$\frac{1}{12}\times\frac{1}{2}\times\frac{1}{36}=\frac{1}{864}$。而对于时刻 2 的状态 1，有两条路径，分别从时刻 1 的状态 0 和状态 2 转移而来，转移概率都为 1，选择概率最大的路径，即从状态 2 转移而来，而从状态 1 到观测值 2 的观测概率为$\frac{1}{24}$，因此，状态序列为 2、1 时，观测到 6、2 的概率为$\frac{3}{64}\times 1\times\frac{1}{24}=\frac{1}{512}$。而从状态 0 转移到状态 1 的路径被放弃了，在图中用虚线表示。同理，可计算出在状态序列为 1、2 时，观测到 6、2 的概率为$\frac{1}{12}\times\frac{1}{2}\times\frac{1}{16}=\frac{1}{384}$。取概率最大值，得到状态序列为 1、2，如图中粗线所示。

接下来，在时刻 3 观测到 7。因为马尔可夫链是假定无后效性的随机过程，它在时刻 $t+1$ 的状态只与 t 时刻有关，而与之前的状态无关。所以，时刻 3 的计算只用考虑时刻 2 的状态即可。计算思路与时刻 2 相同，得到在时刻 2 到时刻 3 这一阶段观测到 2、7 序列时，状态序列为 1、0 的概率值为$\frac{1}{512}\times\frac{1}{2}\times\frac{1}{6}=\frac{1}{6144}$，状态序列为 2、1 的概率值为$\frac{1}{384}\times 1\times\frac{1}{6}=\frac{1}{2304}$，状态序列 0、1 的概率值因小于状态序列 2、1 的概率值而被放弃，状态序列为 1、2 的概率值为$\frac{1}{512}\times\frac{1}{2}\times\frac{1}{8}=\frac{1}{8192}$。因此概率值最大的是时刻 3 为状态 1 的那条路径，此时从该点沿实线路径回溯，可得条件概率最大的路径为 1、2、1。

以此类推，可求得整个观测序列对应的条件概率最大的状态序列。

可见，维特比算法也是递推算法，它以一个时刻到下一个时刻为一个阶段，一段一段地计算每个阶段的各个状态的最大概率值，直到最终时刻 T。最终时刻 T 时的最大概率值即为最终的概率值，对应的状态即为最终状态，从最终状态沿路径回溯即可得到最优状态序列。

隐马尔可夫模型的预测问题是：已知观测序列 $O=\{o_1,o_2,\cdots,o_T\}$ 和模型 $\lambda=(\boldsymbol{A},\boldsymbol{B},\boldsymbol{\pi})$，求使条件概率 $P(Q|O)$ 最大的状态序列 $Q=\{q_1,q_2,\cdots,q_T\}$，即给定观测序列，求最有可能的状态序列。

为了记录中间变量，引入变量 δ 和 ψ。定义在 t 时刻状态为 a_i 的所有路径的最大概率值(即最优路径)：

$$\delta_t(a_i)=\max_{q_1,q_2,\cdots,q_{t-1}} P(q_t=a_i,q_{t-1},\cdots,q_1,o_t,\cdots,o_1\mid\lambda),\quad 1\leqslant i\leqslant N \tag{6-62}$$

显然：

$$\begin{aligned}\delta_{t+1}(a_i)&=\max_{q_1,q_2,\cdots,q_t} P(q_{t+1}=a_i,q_t,\cdots,q_1,o_{t+1},\cdots,o_1\mid\lambda)\\&=\max_{1\leqslant j\leqslant N}[\delta_t(a_j)a_{ji}]b_i(o_{t+1}),\quad 1\leqslant i\leqslant N;t=1,2,\cdots,T-1\end{aligned} \tag{6-63}$$

上式表示在 t 时刻处于状态 a_j，$t+1$ 时刻转移到状态 a_i 且观测到 o_{t+1} 的最大概率。在前面的示例中，从时刻 1 到时刻 2 的路径的概率计算和从时刻 2 到时刻 3 的路径的概率计算就是按上式来计算的。

定义 $\psi_t(a_i)$为时刻 t 状态为 a_i 的概率最大路径的前一个时刻经过的节点：

$$\psi_t(a_i)=\arg\max_{a_j}[\delta_{t-1}(a_j)a_{ji}],\quad 1\leqslant i,j\leqslant N;t=1,2,\cdots,T-1 \tag{6-64}$$

$\psi_t(a_i)$用来保存最优路径所经过的节点。

维特比算法求解隐马尔可夫模型时按以下方式计算。

初始化阶段，计算初始状态观测到 o_1 的 $\delta_1(a_i)$和 $\psi_1(a_i)$：

$$\delta_1(a_i)=\pi_i b_i(o_1),\quad 1\leqslant i\leqslant N \tag{6-65}$$

$$\psi_1(a_i)=0,\quad 1\leqslant i\leqslant N \tag{6-66}$$

递推阶段，对 $t=2,3,\cdots,T$ 时刻计算 $\delta_t(a_i)$[式(6-63)]和 $\psi_t(a_i)$：

$$\delta_t(a_i)=\max_{1\leqslant j\leqslant N}[\delta_{t-1}(a_j)a_{ji}]b_i(o_t),\quad 1\leqslant i\leqslant N \tag{6-67}$$

$$\psi_t(a_i)=\arg\max_{a_j}[\delta_{t-1}(a_j)a_{ji}],\quad 1\leqslant i,j\leqslant N \tag{6-68}$$

到时刻 T 后终止，最大概率为：$P^*=\max_{1\leqslant j\leqslant N}\delta_T(a_j)$，$T$ 时刻的状态为：$q_T^*=\arg\max_{a_j}\delta_T(a_j)$，$1\leqslant j\leqslant N$。

最后，进行最优路径回溯。对 $t=T-1,T-2,\cdots,1$，进行反向取状态操作：

$$q_t^*=\psi_{t+1}(q_{t+1}^*) \tag{6-69}$$

求得最优路径 $Q^*=(q_1^*,q_2^*,\cdots,q_T^*)$。上式中括号表示取前一个状态的操作。

算法 6-4　维特比算法基本流程

步　数	操　　作
1	依式(6-65)和式(6-66)计算递推初始值
2	按式(6-67)和式(6-68)重复递推计算，直到最后一个观测值
3	取最后一个观测值的最大概率对应的状态，按式(6-69)进行最优路径回溯

上面示例的代码实现见代码 6-6。

代码 6-6　维特比算法实现及示例(隐马尔可夫模型.ipynb)

```
#维特比算法
def viterbi(pi, A, B, observ_list):
```

```
    N = A.shape[0]             #状态总数
    T = len(observ_list)       #列表长度
    delta = np.zeros((N, T))  #对应引入的变量 delta,也对应示例图中的计算过程记录
    psi = np.zeros((N, T-1), dtype=int)   #对应引入的变量 psi,用来记录路径
    #初始化
    delta[:, 0] = pi * B[:,observ_list[0]-2] #计算初值
    #递推
    for t in range(1, T):
        for n in range(N):
            delta_t = delta[:, t-1] * A[:, n] * B[n, observ_list[t]-2]
    # t时刻各状态达到观测值的概率值
            delta[n, t] = np.max(delta_t)        #取最大值
            psi[n, t-1] = np.argmax(delta_t)    #取最大值对应的状态值
    #最优路径回溯
    pre_state = np.argmax(delta[:, T-1])    #最后时刻的最大概率值对应的状态
    state_list = [pre_state]
    for t in range(T-2, -1, -1):
        pre_state = psi[pre_state, t]
        state_list.append(pre_state)          #取前一个状态
    return delta, state_list
delta, state_list = viterbi(pi, A, B, [6,2,7])
print(delta)
#[[ 0.03472222  0.00115741  0.00016276]
# [ 0.08333333  0.00195312  0.00043403]
# [ 0.046875    0.00260417  0.00012207]]

print(state_list)
#[1, 2, 1]
```

代码运算输出与图 6-7 手工计算的结果相同。

视频

6.6 条件随机场模型

条件随机场(Conditional Random Field,CRF)[21]是一种判别式无向图模型。本节简要讨论条件随机场的基本思想,更详细的分析可参考有关资料。

以图 6-2 所示的词性标注任务为例来说明条件随机场的应用思路。图中给出汉字序列(我 爱 自然 语言 处理)的正确标注序列为(代词 动词 名词 名词 动词)。假如有另一个标注序列(代词 动词 名词 动词 动词),如何来评价哪个序列更合理呢?条件随机场的做法是给两个序列"打分",得分高的序列被认为是更合理的。既然要打分,那就要有"评价标准",称为特征函数。例如,可以定义相邻两个词的词性的关系为一个特征函数,那么对于"语言 处理"来说,两个序列分别标注为"名词 动词"和"动词 动词"。从语言学的知识可知,"动词"一般不与"动词"相邻,因此,对该特征函数来说,第一个标注序列可以得分,而后一个标注序列则不得分。假如定义了很多这样的特征函数,那么就可以用这些特征函数的评分结果转化的概率值来衡量哪个标注序列更合理。实际上,定义特征函

数的过程就是特征工程中的特征提取过程。

在条件随机场中，特征函数分为刻画变量自身影响和相邻变量相互影响两类。特征函数需要用户自己定义。不同的特征函数刻画的特征有不同的重要性，在条件随机场里是用特征函数的权重系数来刻画它们的重要性，因此，条件随机场学习的目标就是得到每个特征函数的合理权重系数。

用形式化的语言来描述条件随机场。设观测序列为 $\boldsymbol{x}=(x^{(1)},x^{(2)},\cdots,x^{(n)})$，待预测的标签序列为 $\boldsymbol{y}=(y^{(1)},y^{(2)},\cdots,y^{(n)})$，也称为隐变量状态序列。假定 $\boldsymbol{x}$ 和 $\boldsymbol{y}$ 具有相同的结构。学习条件随机场的目标是从训练集中得到条件概率模型 $P(\boldsymbol{y}|\boldsymbol{x})=P(y^{(1)},y^{(2)},\cdots,y^{(n)}|x^{(1)},x^{(2)},\cdots,x^{(n)})$。

在概率图模型中，用节点表示随机变量，用节点之间的边表示变量之间的概率依赖关系。用 $G=\{V,E\}$ 表示无向的概率图模型，$V=\{v\}$ 为节点集合，$E=\{e\}$ 为边集合，用 y_v 表示与节点 v 对应的变量，$n(v)$ 表示节点 v 的邻接节点集合。在给定相同结构的 $\boldsymbol{x}$ 的条件下，若图 G 的每个变量 y_v 都满足马尔可夫性，即

$$P(y_v \mid \boldsymbol{x},\boldsymbol{y}_{V\setminus\{v\}})=P(y_v \mid \boldsymbol{x},\boldsymbol{y}_{n(v)}) \tag{6-70}$$

则称条件概率 $P(\boldsymbol{y}|\boldsymbol{x})$ 为条件随机场。式中 $V\setminus\{v\}$ 表示除 v 以外的节点集合。可见，条件随机场的简化假定是：每个节点只与邻接节点有概率依赖关系。

一般条件随机场的计算仍然很复杂，简化为线性链结构的条件随机场在标注问题中有广泛的应用。线性链条件随机场（Linear Chain Conditional Random Field）中的节点形成一个线性链，每个节点只与前一个节点（如果存在）和后一个节点（如果存在）有概率依赖关系，即它的邻接点最多只有两个，如图 6-8 所示。

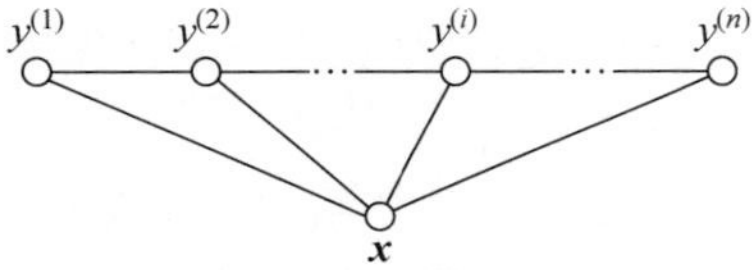

图 6-8 线性链条件随机场

在线性链条件随机场里，式(6-70)简化为

$$P(y^{(i)} \mid \boldsymbol{x},y^{(1)},y^{(2)},\cdots,y^{(n)})=P(y^{(i)} \mid \boldsymbol{x},y^{(i-1)},y^{(i+1)}) \tag{6-71}$$

根据该特性，可以定义在线性链条件随机场中的转移特征函数 t 和状态特征函数 s。转移特征函数（Transition Feature Function），用于刻画相邻标签变量之间的相关关系以及观测序列对它们的影响，对于观测序列 $\boldsymbol{x}$ 的第 i 个位置，转移特征函数 t 标记为

$$t(y^{(i-1)},y^{(i)},\boldsymbol{x},i) \quad i=2,\cdots,n \tag{6-72}$$

状态特征函数（Status Feature Function），用于刻画观测序列对标签变量的影响，对于观测序列 $\boldsymbol{x}$ 的第 i 个位置，状态特征函数 s 标记为

$$s(y^{(i)},\boldsymbol{x},i) \quad i=1,2,\cdots,n \tag{6-73}$$

特征函数一般取值 0 或 1。特征函数需要根据任务由人工设定，例如图 6-2 所示的词性标注例子中，可以定义一个状态特征函数 s：

$$s(y^{(i)},\boldsymbol{x},i)=\begin{cases}1, & y_i=[\text{动词}] \text{ and } x_i=\text{处理}\\ 0, & \text{其他}\end{cases} \tag{6-74}$$

它表示当输入为“处理”时，如果对应的标签变量值为“动词”时，特征函数值为 1，否则为 0。

可以定义一个转移特征函数 t：

$$t(y^{(i-1)}, y^{(i)}, \boldsymbol{x}, i) = \begin{cases} 1, & y^{(i-1)} = [\text{名词}] \quad \text{and} \quad y^{(i)} = [\text{动词}] \quad \text{and} \quad \boldsymbol{x}_i = \text{处理} \\ 0, & \text{其他} \end{cases} \tag{6-75}$$

它表示当输入为"处理"时，如果对应的标签变量值为"动词"且前一个标签变量值为"名词"时，特征函数值为 1，否则为 0。

根据概率图模型和马尔可夫随机场的知识和假定条件，可以将条件概率 $P(\boldsymbol{y}|\boldsymbol{x})$写为

$$P(\boldsymbol{y} \mid \boldsymbol{x}) = \frac{1}{Z(\boldsymbol{x})} \exp\left(\sum_j \sum_{i=2}^{n} \lambda_j t_j (y^{(i-1)}, y^{(i)}, \boldsymbol{x}, i) + \sum_k \sum_{i=1}^{n} \mu_k s_k (y^{(i)}, \boldsymbol{x}, i) \right) \tag{6-76}$$

式中，下标 j 表示转移特征函数的序号；λ_j 表示该转移特征函数的权重系数；下标 k 表示状态特征函数的序号；μ_k 表示该状态特征函数的权重系数；$Z(\boldsymbol{x})$是转化为概率的归一化因子：

$$Z(\boldsymbol{x}) = \sum_y \exp\left(\sum_j \sum_{i=2}^{n} \lambda_j t_j (y^{(i-1)}, y^{(i)}, \boldsymbol{x}, i) + \sum_k \sum_{i=1}^{n} \mu_k s_k (y^{(i)}, \boldsymbol{x}, i) \right) \tag{6-77}$$

与隐马尔可夫模型一样，应用条件随机场有概率计算、学习和预测三个问题。

条件随机场的概率计算问题是给定条件随机场 $P(\boldsymbol{y}|\boldsymbol{x})$，输入序列 $\boldsymbol{x}$ 和输出序列 $\boldsymbol{y}$，计算条件概率 $P(y^{(i)}|\boldsymbol{x})$，$P(y^{(i)}, y^{(i+1)}|\boldsymbol{x})$以及相应的数学期望的问题，可采用前向-后向算法计算。

学习问题是在给定训练集时，估计条件随机场模型的参数，即特征函数的权重系数。可采用梯度下降法以及拟牛顿法等方法。

预测问题是在给定条件随机场和观测序列的条件下，求条件概率最大的标注序列，即对观测序列进行标注，可采用维特比算法。

有很多条件随机场的工具①可供使用，如果理解了条件随机场的基本概念和基本思路，就容易应用它们来解决实际问题了。在实际应用中，特征函数的数量可能会很大，一般不是逐个来定义特征函数，而是通过工具提供的模板来定义。

6.7 练习题

1. 查阅资料分析 sklearn.naive_bayes 中的 MultinomialNB 多项式分类器，将表 6-1 所示数据作为训练集，训练一个朴素贝叶斯模型，并自拟样本数据进行测试。

2. Sklearn.mixture 库中的 GaussianMixture 类是 EM 算法在混合高斯分布的实现，查阅资料，研究其实现原型，尝试做一个 EM 算法的实验。

3. 在某二分类任务中，样本实例共有 5 个特征，它们的可能取值数分别为：2、3、4、5、6。当采用朴素贝叶斯分类模型时，请问在计算条件概率(式(6-11)中的 $P(X^{(1)} = x^{(1)},$

① http://taku910.github.io/crfpp/

$X^{(2)}=x^{(2)},\cdots,X^{(n)}=x^{(n)}|Y=y^{(l)}))$时需要在多少个可能值上进行统计？在没有特征条件独立这一假定时，需要在多少个可能值上进行统计？

4. 在6.5.2节的示例中，用前向算法计算观测序列10、11、7的概率。

5. 在6.5.2节的示例中，用维特比算法计算观测序列为10、11、7时最大可能的状态序列。

6. 设计一个隐马尔可夫模型的例子，并尝试用随书资源提供的程序去计算概率、预测状态序列。

第7章

神经网络

人工神经网络(Artificial Neural Network,ANN)简称神经网络(NN),是一种模仿脑结构及其功能的信息处理系统。神经网络在机器学习的分类、聚类、回归和标注任务中都有重要作用。本章讨论神经网络的基础知识以及它解决分类、聚类、回归问题的典型模型。

近年来,以神经网络为基础的用于自动提取特征的深度学习得到了快速发展,取得了巨大成就。有关深度学习的内容将在第8章专门讨论。

解决标注问题常用的循环神经网络是深度学习的重要内容,也将在第8章讨论。

7.1 神经网络模型

7.1.1 神经元

人工神经元(简称神经元)是神经网络的基本组成单元,它是对生物神经元的模拟、抽象和简化。现代神经生物学的研究表明,生物神经元是由细胞体、树突和轴突组成的,如图7-1所示。通常一个神经元包含一个细胞体和一条轴突,但有一个或多个树突。

生物神经元是人脑处理信息的最小单元。树突负责接收来自其他神经元的信息。细胞体负责处理接收的信息,它通过树突收到来自外界的刺激信息并兴奋起来,当兴奋程度超过某个限度时,会被激发并通过轴突输出神经脉冲信息。发送信息的轴突与别的神经元的树突相连,实现信息的单向传递。轴突末端常有分支,连接多个其他神经元的树突,可以将输出的信息分送给多个其他神经元。

受生物神经元对信息处理过程的启迪,人们提出了很多人工神经元模型,其中影响

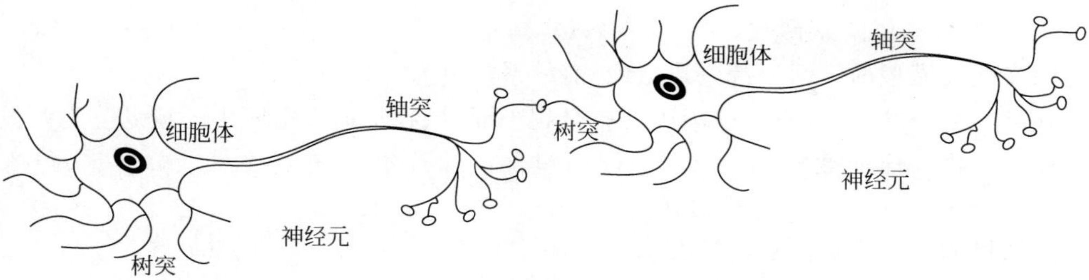

图 7-1　生物神经元组成示意图

力最大的是 1943 年心理学家 McCulloch 和数学家 W. Pitts 提出的 M-P 模型，如图 7-2 所示。

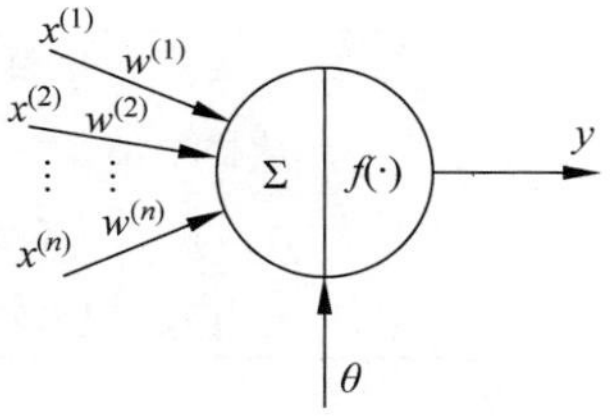

图 7-2　人工神经元 M-P 模型示意图

$x^{(i)}$ 表示来自其他神经元的输入信息，$i=1,2,\cdots,n$。$w^{(i)}$ 表示输入信息对应的连接系数值。Σ 表示对输入信息进行加权求和。θ 是一个阈值，模拟生物神经元的兴奋"限度"。输入信息经过加权求和后，与阈值进行比较，该信息处理过程是一个对输入信息的线性组合过程，可描述如式(7-1)所示：

$$I=\sum_{i=1}^{n} w^{(i)} x^{(i)}-\theta \tag{7-1}$$

对输入信息进行线性组合后，再通过一个映射，得到输出 y，如式(7-2)所示：

$$y=f(I) \tag{7-2}$$

$f(\cdot)$称为激励函数或转移函数，它一般采用非线性函数。正因为通过激励函数引入了非线性，才使得神经元以及神经网络具有了非线性处理能力。

就 M-P 模型而言，神经元只有兴奋和抑制两种状态，因此，它的激励函数 $f(\cdot)$定义为如图 4-18 所示的单位阶跃函数，输出 y 只有 0 和 1 两种信号。

如果把单位阶跃函数看作是分类边界，即令 M-P 模型的线性组合部分等于 0，得到一个线性方程 $\sum_{i=1}^{n} w^{(i)} x^{(i)}-\theta=0$。该线性方程可看作空间中的一个超平面，该超平面将空间划分为两个部分，分别代表两个分类。对比式(4-39)可知 M-P 模型与采用线性函数的二分逻辑回归相似。

在二分类线性逻辑回归的分析(4.3.1 节)中，以分类错误的样本点的个数为目标函数，用 Sigmoid 函数代替不连续的单位阶跃函数，采用梯度下降法可求得系数 $w^{(i)}$。二分类线性逻辑回归可以处理线性可分或不可分两种情况。

如果空间中的点可确定是线性可分的，那么 M-P 模型可采用另一种学习方法求得系数。Rosenblatt 于 1957 年提出感知机(Perceptron)模型。感知机模型是二分类的线性分类模型，它能对空间中线性可分的二分类样本点进行划分。

感知机模型一般表示为

$$y=u\left(\sum_{i=1}^{n} w^{(i)} x^{(i)}+\theta\right)=u(\boldsymbol{W} \cdot \boldsymbol{x}^{\mathrm{T}}+\theta) \tag{7-3}$$

式中，$u(\cdot)$为单位阶跃函数，$\boldsymbol{W}=(w^{(1)},w^{(2)},\cdots,w^{(n)})$，$\boldsymbol{x}=(x^{(1)},x^{(2)},\cdots,x^{(n)})$。为了与前文线性模型的表示保持一致，将$\theta$前的系数改为+。

式$\boldsymbol{W}\cdot\boldsymbol{x}^{\mathrm{T}}+\theta=0$可看作空间中的一个超平面，该超平面将空间中的点划分为两类。

设感知机的样本集$\boldsymbol{S}=\{\boldsymbol{s}_1,\boldsymbol{s}_2,\cdots,\boldsymbol{s}_m\}$包含$m$个样本，每个样本$\boldsymbol{s}_i=(\boldsymbol{x}_i,y_i)$包括一个实例$\boldsymbol{x}_i$和一个标签$y_i$，$y_i\in\{1,0\}$。

感知机的学习算法流程如算法 7-1 所示。

算法 7-1　感知机的学习算法流程

步　数	操　作
1	设定步长η，随机选取$\boldsymbol{W}$和θ初值
2	从样本集$\boldsymbol{S}$中选取一个样本$\boldsymbol{s}_i=(\boldsymbol{x}_i,y_i)$，计算$\hat{y}_i=u(\boldsymbol{W}\cdot\boldsymbol{x}_i^{\mathrm{T}}+\theta)$，调整系数：$\boldsymbol{W}\leftarrow\boldsymbol{W}+\eta(y_i-\hat{y}_i)\boldsymbol{x}_i$，$\theta\leftarrow\theta+\eta(y_i-\hat{y}_i)$
3	重复第 2 步，直到没有误分类点

第 2 步中，如果分类正确，则$y_i-\hat{y}_i=0$，实际上系数不变，如果分类错误，直观上来看，是将超平面向误分类点“靠近”一点，η是靠近的步长。如果空间中的点线性可分，那么通过多次“靠近”，可以将超平面调整到完全分开两类点。理论上已经证明，只要样本集是线性可分的，感知机就能在有限步内正确划分开所有样本点。感知机学习算法简单且容易实现，读者可自行探索。

除了 M-P 模型，还出现了许多其他神经元模型，它们的主要区别在于采用了不同的激励函数$f(\cdot)$，除了阶跃函数、符号函数和近似阈值函数的 Sigmoid 函数外，常用的还有 ReLU 函数、Softplus 函数和 tanh 函数。ReLU 函数的定义为

$$f(x)=\max(0,x) \tag{7-4}$$

Softplus 函数的定义为

$$f(x)=\log_{\mathrm{e}}(1+\mathrm{e}^x) \tag{7-5}$$

ReLU 函数和 Softplus 函数导数简单、收敛快，在神经网络中得到了广泛应用。它们的图像如图 7-3 中实线和虚线所示，Softplus 函数可以看作是“软化”了的 ReLU 函数。

tanh 函数的图像类似于 Sigmoid 函数，作用也类似于 Sigmoid 函数。它的定义为

$$\tanh(x)=\frac{\sinh(x)}{\cosh(x)}=\frac{\mathrm{e}^x-\mathrm{e}^{-x}}{\mathrm{e}^x+\mathrm{e}^{-x}} \tag{7-6}$$

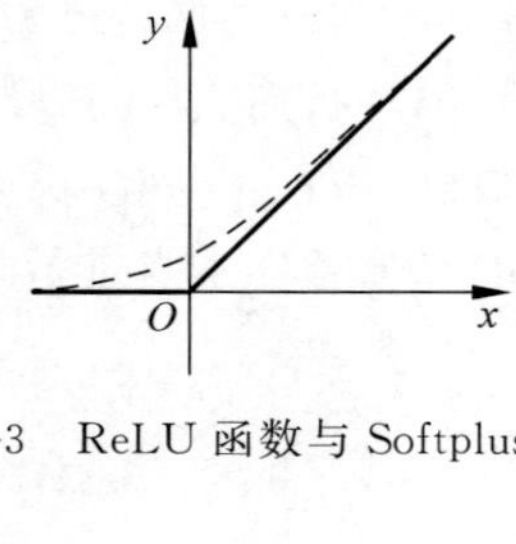

图 7-3　ReLU 函数与 Softplus 函数

实际上：

$$\tanh(x) = 2\text{Sigmoid}(2x) - 1 \tag{7-7}$$

不同的激励函数适用于不同的任务，将在后文结合示例讨论。

7.1.2　神经网络

在神经网络中一般用图 7-4 所示的画法来表示图 7-2 所示的神经元模型。神经元由输入层和输出层组成。输入层负责接收信息，并将信息传给输出层。输出层负责求和、产生激励信息并输出。

如前文所讨论，单个神经元只能划分线性可分的二分类点。如果将神经元连接成神经网络，则处理能力会大为增强，这也是神经网络得到广泛应用的原因。

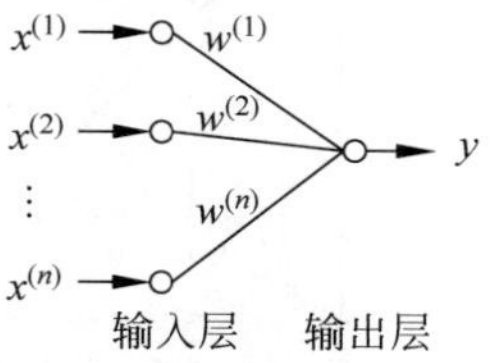

图 7-4　单计算节点神经元示意图

来看一个需要多个神经元连接成神经网络才能处理的经典例子：用神经网络来模拟逻辑代数中的异或运算。用单个感知机能够模拟逻辑代数中的与、或、非逻辑运算，如表 7-1 所示。

表 7-1　感知机模拟与、或、非逻辑运算

	与运算			或运算			非运算	
	$x^{(1)}$	$x^{(2)}$	y	$x^{(1)}$	$x^{(2)}$	y	$x^{(1)}$	y
真值表	0	0	0	0	0	0	0	1
	0	1	0	0	1	1	0	1
	1	0	0	1	0	1	1	0
	1	1	1	1	1	1	1	0
图示	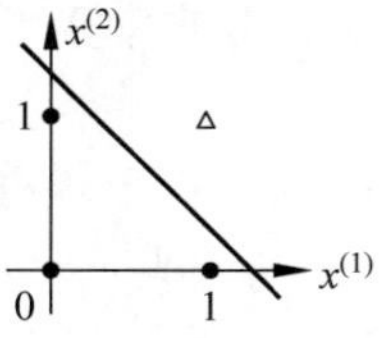			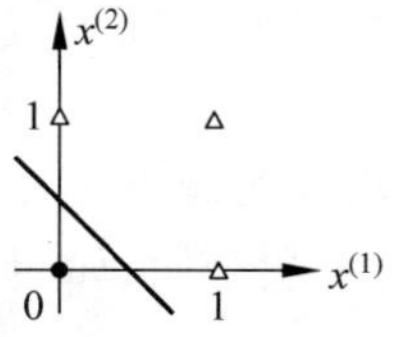			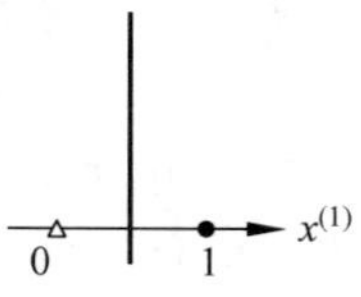	
感知机	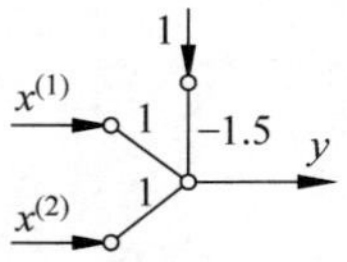			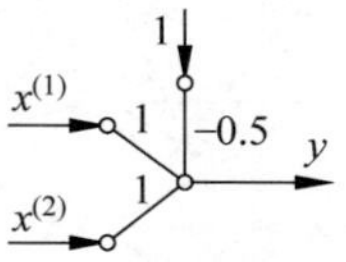			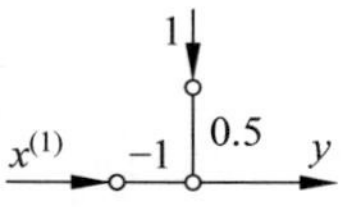	

表中图示一栏中，三角形点表示真值 1，圆形点表示假值 0。由上表可知，与、或、非运算都可以由单个感知机来模拟，如与运算中，可将感知机的两个输入权值系数都设为 1，阈值设为−1.5，此时，感知机的作用可用二维平面上的一条线来表示，其上侧表示取真值，下侧表示取假值。

因为代表异或运算的点是线性不可分的，因此无法用一个感知机来模拟。此时，可以将三个分别模拟与非运算、或运算和与运算的感知机连接在一起，共同完成异或运算，如表 7-2 所示。

表 7-2 神经网络实现异或逻辑运算

	与非运算			或运算			异或运算		
	$x^{(1)}$	$x^{(2)}$	y_1	$x^{(1)}$	$x^{(2)}$	y_2	$x^{(1)}$	$x^{(2)}$	y
真值表	0	0	1	0	0	0	0	0	0
	0	1	1	0	1	1	0	1	1
	1	0	1	1	0	1	1	0	1
	1	1	0	1	1	1	1	1	0
图示	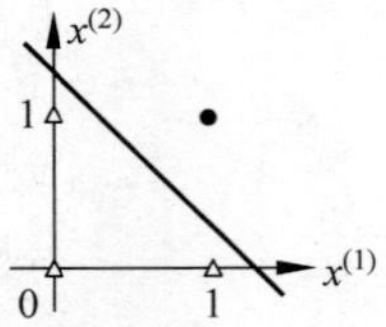			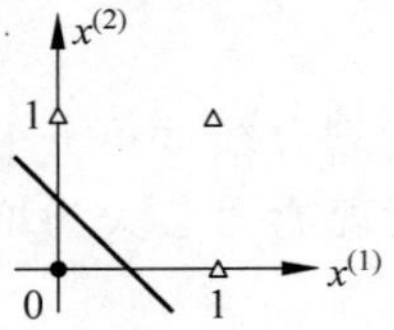			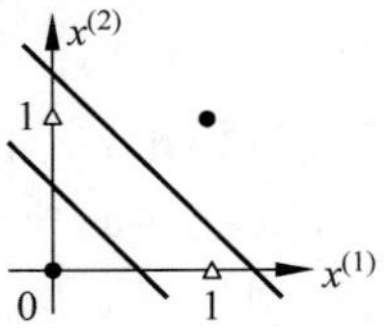		
感知机或神经网络	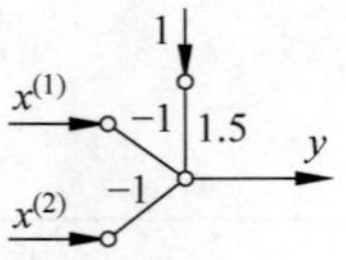			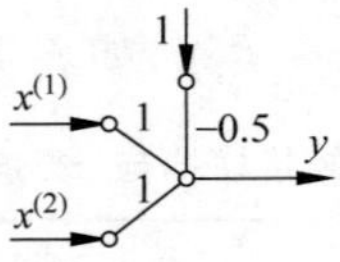			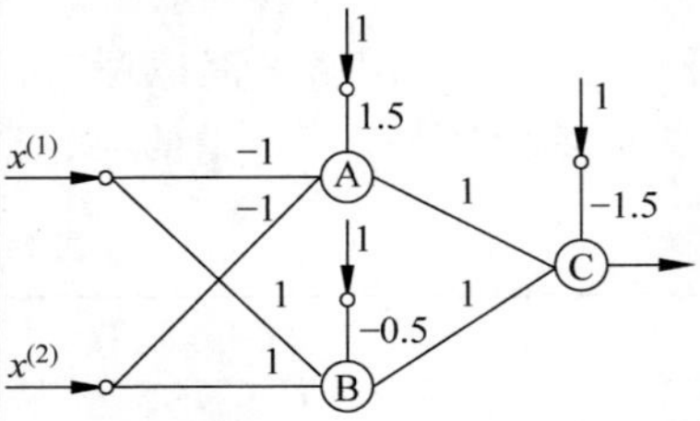		

表 7-2 中异或运算的神经网络结构图中，A 节点表示与非运算的输出，B 节点表示或运算的输出，它们又分别是 C 节点的输入层，C 节点表示与运算，它的输出代表异或运算的结果。

从该例子可见，神经元相互连接而形成神经网络，可以获得非常重要的非线性处理能力。

理论上，可以通过将神经元的输出连接到另外神经元的输入而形成任意结构的神经网络。但目前应用较多的是层状结构，如图 7-5 所示。

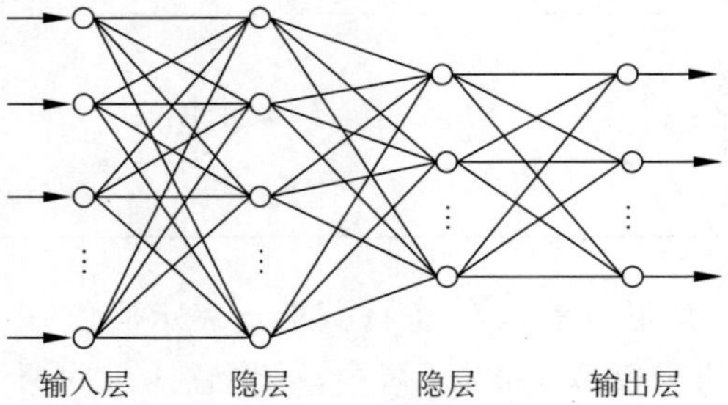

图 7-5 层状神经网络结构示意图

层状结构由输入层、隐层和输出层构成，其中隐层可以有多个。

在本书中，层状结构神经网络的层数按实际层次的数量来计算，如前述模拟异或运算的神经网络为 3 层神经网络。神经网络的第一层为输入层，不具备信息处理能力，最后一层为输出层，其他层为隐层。

从信息处理方向来看，神经网络分为前馈型和反馈型两类。前馈型网络的信息处理方向是从输入层到输出层逐层前向传递。输入层只接收信息，隐层和输出层具有处理信息的能力。相邻层之间的节点是全连接关系，同层节点、跨层节点之间没有连接关系。有些特别设计的前馈神经网络会在个别同层节点之间或者个别跨层节点之间引入连接关系，如深度学习中的残差网络(将在第 8 章讨论)。

反馈型网络中存在信息处理反向传递，即存在从前面层到后面层的反向连接。反向传递会使得信息处理过程变得非常复杂，难以控制。

目前，复杂神经网络的结构设计并没有完备的系统的理论指导，更多的还是靠经验指导和实验摸索。

7.1.3　分类、聚类、回归、标注任务的神经网络模型

经过设计的神经网络可以用来完成机器学习的分类、聚类、回归和标注任务。前面的章节讨论了用决策函数和概率模型来描述机器学习中输入到输出的映射关系，本小节讨论采用神经网络来描述该映射关系。

设样本集 $\boldsymbol{S}=\{\boldsymbol{s}_1,\boldsymbol{s}_2,\cdots,\boldsymbol{s}_m\}$包含 m 个样本。对分类和回归任务来说，每个样本 $\boldsymbol{s}_i=(\boldsymbol{x}_i,y_i)$包括一个实例 $\boldsymbol{x}_i$ 和一个标签 y_i，实例由 n 维特征向量表示，即 $\boldsymbol{x}_i=(x_i^{(1)},x_i^{(2)},\cdots,x_i^{(n)})$。对聚类任务来说，样本即实例，不包括标签，$\boldsymbol{s}_i=\boldsymbol{x}_i=(x_i^{(1)},x_i^{(2)},\cdots,x_i^{(n)})$。对标注任务来说，样本 $\boldsymbol{s}_i=(\boldsymbol{x}_i,\boldsymbol{y}_i)$包括一个观测序列 $\boldsymbol{x}_i=(x_i^{(1)},x_i^{(2)},\cdots,x_i^{(n)})$和一个标签序列 $\boldsymbol{y}_i=(y_i^{(1)},y_i^{(2)},\cdots,y_i^{(n)})$。

神经网络中，每条连接都有一个连接系数，每个隐层节点和输出层节点都有一个阈值。当网络结构设计好后，并通过训练确定了所有参数(包括连接系数和阈值)后，神经网络也就完全确定了。神经网络的网络结构可以看作是有向图，用 S 表示，用 W 表示神经网络的所有参数，用 $N(S,W)$表示神经网络，机器学习任务的神经网络模型如图 7-6 所示。

一般来讲，网络结构 S 是预先设计好的，不存在学习问题。分类任务、回归任务和标注任务的学习过程以及聚类任务的分簇过程只是确定神经网络参数 W。如果通过学习不能达到预想要求，则可能需要重新设计网络结构 S。目前在神经网络方面的研究大多是针对某一具体问题提出一个新的有针对性的网络结构 S，还没有一个通用的能解决不同问题的网络结构。

人们提出了很多神经网络。在分类任务中常用的神经网络有 BP 神经网络。BP 神经网络也可用于回归任务。用于解决回归任务的常用神经网络还有径向基神经网络。在标注任务中常用的神经网络有循环神经网络。在分簇任务中常用的神经网络有自组织特征映射神经网络，自组织特征映射神经网络还可以用于降维。下文将讨论 BP 神经网络及其在分类和回归问题的应用示例，以及自组织特征映射神经网络。常用于标注任务的循环神经网络将在第 8 章讨论。

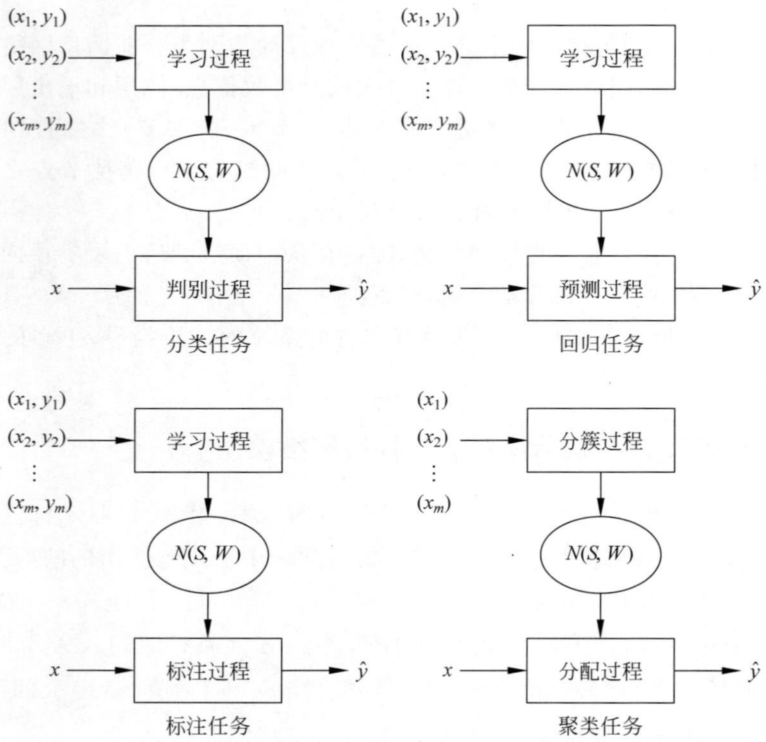

图 7-6　机器学习任务的神经网络模型

7.2　多层神经网络

7.1 节讨论了用三层感知机模型来解决异或运算的模拟问题,还没有讨论该神经网络的学习问题,也就是如何确定各参数值的问题。在研究早期,没有适合多层神经网络的有效学习方法是长期困扰该领域研究者的关键问题,以至于人们对人工神经网络的前途产生了怀疑,导致该领域的研究进入了低谷期。直到 1986 年,以 Rumelhart 和 McCelland 为首的小组发表了误差反向传播(Error Back Propagation,BP)算法[22],该问题才得以解决,多层神经网络从此得到快速发展。

采用 BP 算法来学习的、无反馈的、同层节点无连接的、多层结构的前馈神经网络称为 BP 神经网络。BP 学习算法属于监督学习算法。多层感知机就是 BP 神经网络。BP 神经网络可用于解决分类和回归问题,是应用最多的神经网络之一。

本节讨论多层神经网络的常见问题,包括 BP 算法、损失函数、优化算法以及过拟合的处理等。

7.2.1　三层感知机的误差反向传播学习示例

视频

用模拟异或运算的三层感知机为例来说明 BP 学习过程。设模拟异或运算的训练样本集如表 7-3 所示。它实际上是表 7-2 中异或运算的真值表，为了便于说明 BP 算法的过程而将真值和假值的分类用独热编码（见 5.1.3 节）来表示，用 $l^{(1)}$ 来表示真值类，用 $l^{(2)}$ 来表示假值类。

表 7-3 模拟异或运算的训练样本集

序号	$x^{(1)}$	$x^{(2)}$	$l^{(1)}$	$l^{(2)}$
1	0	0	0	1
2	0	1	1	0
3	1	0	1	0
4	1	1	0	1

因此，表 7-2 中模拟异或运算的三层感知机结构变为如图 7-7 所示的网络结构。

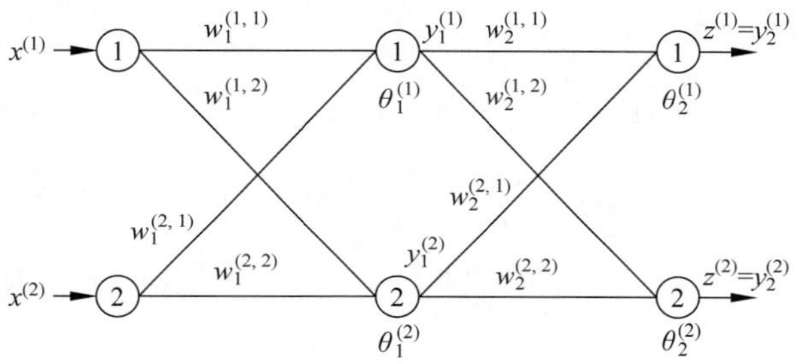

图 7-7 模拟异或运算的三层感知机

最左边为输入层，有两个节点，从上至下编号为节点 1 和节点 2。输入层的输入向量为 $\boldsymbol{x}=(x^{(1)},x^{(2)})$，用带括号的上标表示输入节点序号。

为了统一标识，将输出层也看作隐层，即三层感知机里有两个隐层。第 1 隐层共有 2 个节点，也按从上至下编号，分别用 $y_1^{(1)}$ 和 $y_1^{(2)}$ 表示它们的输出，即用下标来表示隐层序号，用带括号的上标来表示层内节点序号。第 2 隐层，即输出层，也有 2 个节点，它的输出分别用 $z^{(1)}=y_2^{(1)}$ 和 $z^{(2)}=y_2^{(2)}$ 表示。

从输入层第 1 节点到第 1 隐层的第 1 节点的连接系数记为 $w_1^{(1,1)}$，用下标表示是到第 1 隐层节点的连接系数，上标括号内表示是从前一层的 1 号节点到本层的 1 号节点。

用 $\theta_1^{(1)}$ 表示第 1 隐层的第 1 节点的阈值系数。类似可得其他系数的表示方法，如图 7-7 所示。

为方便起见，还可以用矩阵和向量来表示各参数。如从输入层到第 1 隐层的连接系数可以用一个 2×2 的矩阵 $\boldsymbol{W}_1$ 来表示：$\boldsymbol{W}_1=\begin{bmatrix} w_1^{(1,1)} & w_1^{(1,2)} \\ w_1^{(2,1)} & w_1^{(2,2)} \end{bmatrix}$，其中，行表示前一层的节点，列表示本层的节点，如第 1 行第 2 列的元素 $w_1^{(1,2)}$ 表示是从输入层的第 1 个节点到第 1 隐层的第 2 个节点的连接系数。

同样，第 1 隐层的阈值可表示为向量：$\boldsymbol{\theta}_1=[\theta_1^{(1)} \quad \theta_1^{(2)}]$。从第 1 隐层到第 2 隐层（输

出层)的连接系数可表示为向量：$\boldsymbol{W}_2=\begin{bmatrix} w_2^{(1,1)} & w_2^{(1,2)} \\ w_2^{(2,1)} & w_2^{(2,2)} \end{bmatrix}$，第 2 隐层的阈值可表示为向量：$\boldsymbol{\theta}_2=[\theta_2^{(1)} \quad \theta_2^{(2)}]$。

为了方便求导，隐层和输出层的激励函数采用 Sigmoid 函数[见式(4-45)]，它的导数为

$$g'(z)=\frac{-1}{(1+\mathrm{e}^{-z})^2}\mathrm{e}^{-z}(-1)=\frac{1}{1+\mathrm{e}^{-z}}\cdot\frac{\mathrm{e}^{-z}}{1+\mathrm{e}^{-z}}=g(z)(1-g(z)) \tag{7-8}$$

BP 学习算法可分为前向传播预测与反向传播学习两个过程。要学习的各参数值一般先作随机初始化。取训练样本输入网络，逐层前向计算输出，在输出层得到预测值，此为前向传播预测过程。根据预测值与实际值的误差再从输出层开始逐层反向调节各层的参数，此为反向传播学习过程。经过多样本的多次前向传播预测和反向传播学习，最终学习到网络各参数的值。

1. 前向传播预测过程

前向传播预测的过程是一个逐层计算的过程。设网络各参数初值为：$\boldsymbol{W}_1=\begin{bmatrix} 0.1 & 0.2 \\ 0.2 & 0.3 \end{bmatrix}$，$\boldsymbol{\theta}_1=[0.3 \quad 0.3]$，$\boldsymbol{W}_2=\begin{bmatrix} 0.4 & 0.5 \\ 0.4 & 0.5 \end{bmatrix}$，$\boldsymbol{\theta}_2=[0.6 \quad 0.6]$。

取第一个训练样本(0,0)，由式(7-1)和式(7-2)可得第 1 隐层的输出：

$$\begin{aligned} y_1^{(1)} &= g(w_1^{(1,1)}x^{(1)}+w_1^{(2,1)}x^{(2)}+\theta_1^{(1)})=\frac{1}{1+\mathrm{e}^{-\left(w_1^{(1,1)}x^{(1)}+w_1^{(2,1)}x^{(2)}+\theta_1^{(1)}\right)}} \\ &= \frac{1}{1+\mathrm{e}^{-0.3}}=0.574 \\ y_1^{(2)} &= g(w_1^{(1,2)}x^{(1)}+w_1^{(2,2)}x^{(2)}+\theta_1^{(2)})=\frac{1}{1+\mathrm{e}^{-\left(w_1^{(1,2)}x^{(1)}+w_1^{(2,2)}x^{(2)}+\theta_1^{(2)}\right)}} \\ &= 0.574 \end{aligned} \tag{7-9}$$

同样计算第 2 隐层，也就是输出层的输出：

$$\begin{cases} z^{(1)}=y_2^{(1)}=g(w_2^{(1,1)}y_1^{(1)}+w_2^{(2,1)}y_1^{(2)}+\theta_2^{(1)}) \\ \quad =\dfrac{1}{1+\mathrm{e}^{-\left(w_2^{(1,1)}y_1^{(1)}+w_2^{(2,1)}y_1^{(2)}+\theta_2^{(1)}\right)}} \\ \quad =\dfrac{1}{1+\mathrm{e}^{-(0.4\times 0.574+0.4\times 0.574+0.6)}}=0.743 \\ z^{(2)}=y_2^{(2)}=g(w_2^{(1,2)}y_1^{(1)}+w_2^{(2,2)}y_1^{(2)}+\theta_2^{(2)}) \\ \quad =\dfrac{1}{1+\mathrm{e}^{-\left(w_2^{(1,2)}y_1^{(1)}+w_2^{(2,2)}y_1^{(2)}+\theta_2^{(2)}\right)}}=0.764 \end{cases} \tag{7-10}$$

2. 反向传播学习过程

用 $l^{(1)}$ 和 $l^{(2)}$ 表示标签值，采用各标签值的均方误差 MSE 作为总误差，并将总误差

依次展开至输入层：

$$E=\frac{1}{2}\sum_{i=1}^{2}(z^{(i)}-l^{(i)})^2=\frac{1}{2}\sum_{i=1}^{2}(g(w_2^{(1,i)}y_1^{(1)}+w_2^{(2,i)}y_1^{(2)}+\theta_2^{(i)})-l^{(i)})^2$$

$$=\frac{1}{2}\sum_{i=1}^{2}(g(w_2^{(1,i)}g(w_1^{(1,1)}x^{(1)}+w_1^{(2,1)}x^{(2)}+\theta_1^{(1)})+w_2^{(2,i)}g(w_1^{(1,2)}x^{(1)}+$$

$$w_1^{(2,2)}x^{(2)}+\theta_1^{(2)})+\theta_2^{(i)})-l^{(i)})^2 \tag{7-11}$$

可见，总误差 E 是各层参数变量的函数，因此学习的目的就是通过调整各参数变量的值，使 E 最小。可采用梯度下降法来迭代更新所有参数的值：先求出总误差对各参数变量的偏导数，即梯度，再沿梯度负方向前进一定步长。

第一个训练样本的标签值为(0,1)，计算总误差为

$$E=\frac{1}{2}\sum_{i=1}^{2}(z^{(i)}-l^{(i)})^2=0.304 \tag{7-12}$$

输出层节点的参数更新，以节点 1 的 $w_2^{(1,1)}$ 和 $\theta_2^{(1)}$ 为例详细讨论。先求偏导 $\frac{\partial E}{\partial w_2^{(1,1)}}$，根据链式求导法则和式(7-10)、式(7-12)可知：

$$\frac{\partial E}{\partial w_2^{(1,1)}}=\frac{\partial E}{\partial y_2^{(1)}}\cdot\frac{\partial y_2^{(1)}}{\partial w_2^{(1,1)}}=\frac{\partial\left[\frac{1}{2}\sum_{i=1}^{2}(y_2^{(i)}-l^{(i)})^2\right]}{\partial y_2^{(1)}}\cdot\frac{\partial y_2^{(1)}}{\partial w_2^{(1,1)}}$$

$$=(y_2^{(1)}-l^{(1)})\cdot\frac{\partial y_2^{(1)}}{\partial w_2^{(1,1)}} \tag{7-13}$$

式中括号$(y_2^{(1)}-l^{(1)})$是输出层节点 1 的误差，记为 E_2^1，即 $E_2^1=y_2^{(1)}-l^{(1)}=0.743$。因此$\frac{\partial E}{\partial w_2^{(1,1)}}$可视为该节点的误差乘以该节点输出对待更新参数变量的偏导：

$$\frac{\partial E}{\partial w_2^{(1,1)}}=E_2^1\cdot\frac{\partial y_2^{(1)}}{\partial w_2^{(1,1)}} \tag{7-14}$$

在这里，误差 E_2^1 是用来求偏导并更新参数，称为校对误差。

设梯度下降法中的步长 α 为 0.5，由(式 3-23)可知 $w_2^{(1,1)}$ 的更新值为

$$w_2^{(1,1)}\leftarrow w_2^{(1,1)}-\alpha E_2^1\cdot\frac{\partial y_2^{(1)}}{\partial w_2^{(1,1)}} \tag{7-15}$$

式中偏导数$\frac{\partial y_2^{(1)}}{\partial w_2^{(1,1)}}$的计算为

$$\frac{\partial y_2^{(1)}}{\partial w_2^{(1,1)}}=y_2^{(1)}\cdot(1-y_2^{(1)})\cdot\frac{\partial(w_2^{(1,1)}y_1^{(1)}+w_2^{(2,1)}y_1^{(2)}+\theta_2^{(1)})}{\partial w_2^{(1,1)}}$$

$$=y_2^{(1)}\cdot(1-y_2^{(1)})\cdot y_1^{(1)} \tag{7-16}$$

其中，用到了 Sigmoid 函数的导数[式(7-8)]。

因此：

$$w_2^{(1,1)} \leftarrow w_2^{(1,1)} - \alpha E_2^1 \cdot \frac{\partial y_2^{(1)}}{\partial w_2^{(1,1)}} = w_2^{(1,1)} - \alpha E_2^1 \cdot y_2^{(1)} \cdot (1 - y_2^{(1)}) \cdot y_1^{(1)}$$
$$= 0.4 - 0.5 \times 0.743 \times 0.743 \times (1 - 0.743) \times 0.574$$
$$= 0.359 \tag{7-17}$$

$\frac{\partial E}{\partial w_2^{(1,1)}}$的求导路径如图 7-8 中粗实线所示。

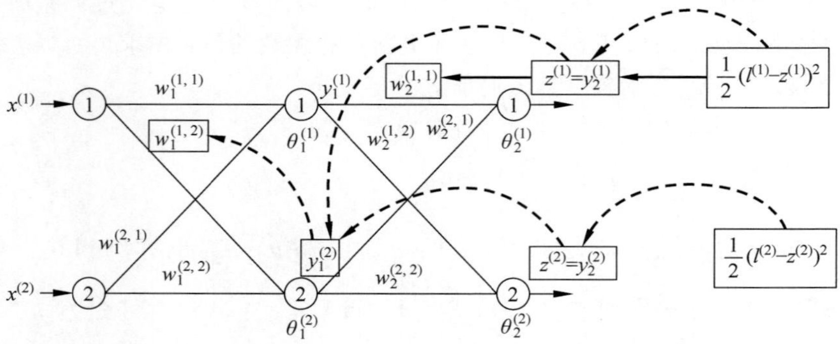

图 7-8 BP 算法中求导路径示例(见彩插)

同样,可得 $w_2^{(1,2)}$、$w_2^{(2,1)}$ 和 $w_2^{(2,2)}$ 的更新值分别为 0.512、0.359 和 0.512。

对于 $\theta_2^{(1)}$ 的更新,先求总误差对它的偏导数:

$$\frac{\partial E}{\partial \theta_2^{(1)}} = \frac{\partial E}{\partial y_2^{(1)}} \cdot \frac{\partial y_2^{(1)}}{\partial \theta_2^{(1)}} = E_2^1 \cdot \frac{\partial y_2^{(1)}}{\partial \theta_2^{(1)}}$$
$$= E_2^1 \cdot y_2^{(1)} \cdot (1 - y_2^{(1)}) \cdot \frac{\partial (w_2^{(1,1)} y_1^{(1)} + w_2^{(2,1)} y_1^{(2)} + \theta_2^{(1)})}{\partial \theta_2^{(1)}}$$
$$= E_2^1 \cdot y_2^{(1)} \cdot (1 - y_2^{(1)}) \tag{7-18}$$

因此$\frac{\partial E}{\partial \theta_2^{(1)}}$可视为该节点的校对误差乘以该节点输出对待更新阈值变量的偏导。$\theta_2^{(1)}$的更新值为

$$\theta_2^{(1)} \leftarrow \theta_2^{(1)} - \alpha \frac{\partial E}{\partial \theta_2^{(1)}} = 0.529 \tag{7-19}$$

同样可得 $\theta_2^{(2)}$ 的更新值为 0.621。

第 1 隐层的参数更新,以节点 2 的 $w_1^{(1,2)}$ 和 $\theta_1^{(2)}$ 为例详细讨论。对 $w_1^{(1,2)}$ 的求导有两条路径,如图 7-8 中虚线所示。

$$\frac{\partial E}{\partial w_1^{(1,2)}} = \frac{\partial E}{\partial y_2^{(1)}} \cdot \frac{\partial y_2^{(1)}}{\partial w_1^{(1,2)}} + \frac{\partial E}{\partial y_2^{(2)}} \cdot \frac{\partial y_2^{(2)}}{\partial w_1^{(1,2)}}$$
$$= \frac{\partial E}{\partial y_2^{(1)}} \cdot \frac{\partial y_2^{(1)}}{\partial y_1^{(2)}} \cdot \frac{\partial y_1^{(2)}}{\partial w_1^{(1,2)}} + \frac{\partial E}{\partial y_2^{(2)}} \cdot \frac{\partial y_2^{(2)}}{\partial y_1^{(2)}} \cdot \frac{\partial y_1^{(2)}}{\partial w_1^{(1,2)}}$$

$$=\left(\frac{\partial E}{\partial y_2^{(1)}}\cdot\frac{\partial y_2^{(1)}}{\partial y_1^{(2)}}+\frac{\partial E}{\partial y_2^{(2)}}\cdot\frac{\partial y_2^{(2)}}{\partial y_1^{(2)}}\right)\cdot\frac{\partial y_1^{(2)}}{\partial w_1^{(1,2)}}$$

$$=\left(E_2^1\cdot\frac{\partial y_2^{(1)}}{\partial y_1^{(2)}}+E_2^2\cdot\frac{\partial y_2^{(2)}}{\partial y_1^{(2)}}\right)\cdot\frac{\partial y_1^{(2)}}{\partial w_1^{(1,2)}} \tag{7-20}$$

式(7-20)中 $E_2^2=(y_2^{(2)}-l^{(2)})$，是输出层节点 2 的校对误差。可将 $E_2^1\cdot\frac{\partial y_2^{(1)}}{\partial y_1^{(2)}}+E_2^2\cdot\frac{\partial y_2^{(2)}}{\partial y_1^{(2)}}$视为校对误差 E_2^1 和 E_2^2 沿求导路径反向传播到第 1 隐层节点 2 的校对误差，如图 7-9 所示，将该校对误差记为 E_1^2：

$$E_1^2=E_2^1\cdot\frac{\partial y_2^{(1)}}{\partial y_1^{(2)}}+E_2^2\cdot\frac{\partial y_2^{(2)}}{\partial y_1^{(2)}} \tag{7-21}$$

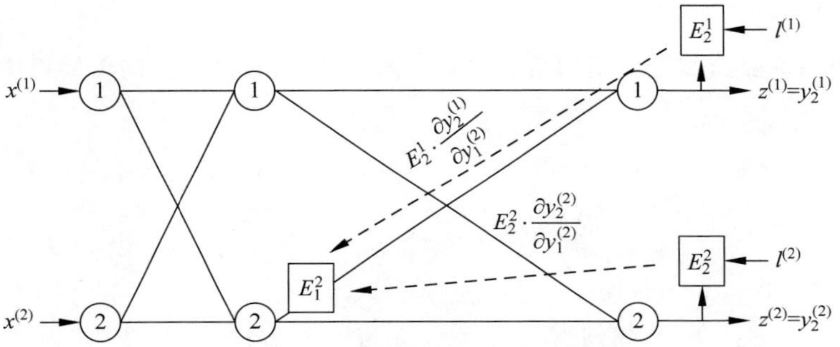

图 7-9　BP 算法中校对误差反向传播示例(见彩插)

式(7-20)可写为

$$\frac{\partial E}{\partial w_1^{(1,2)}}=E_1^2\cdot\frac{\partial y_1^{(2)}}{\partial w_1^{(1,2)}} \tag{7-22}$$

因此，$\frac{\partial E}{\partial w_1^{(1,2)}}$可视为该节点的校对误差乘该节点输出值对待更新参数变量的偏导数。式(7-22)与式(7-14)具有相同的形式。据此，反向传播学习过程中的求梯度可以看成是先计算出每个节点的反向传播校对误差，再乘一个本地偏导数。

式(7-22)的两项因子计算如下：

$$\begin{cases}E_1^2=E_2^1\cdot\frac{\partial y_2^{(1)}}{\partial y_1^{(2)}}+E_2^2\cdot\frac{\partial y_2^{(2)}}{\partial y_1^{(2)}}\\ \quad =E_2^1\cdot y_2^{(1)}(1-y_2^{(1)})w_2^{(2,1)}+E_2^2\cdot y_2^{(2)}(1-y_2^{(2)})w_2^{(2,2)}\\ \frac{\partial y_1^{(2)}}{\partial w_1^{(1,2)}}=y_1^{(2)}(1-y_1^{(2)})\frac{\partial(w_1^{(1,2)}x^{(1)}+w_1^{(2,2)}x^{(2)}+\theta_1^{(2)})}{\partial w_1^{(1,2)}}\\ \quad =y_1^{(2)}(1-y_1^{(2)})x^{(1)}=0\end{cases} \tag{7-23}$$

因此，$\frac{\partial E}{\partial w_1^{(1,2)}}=0$。

$w_1^{(1,2)}$ 的更新值为

$$w_1^{(1,2)} \leftarrow w_1^{(1,2)} - \alpha \frac{\partial E}{\partial w_1^{(1,2)}} = w_1^{(1,2)} = 0.2 \tag{7-24}$$

同样可计算第 1 隐层的其他三个连接系数也保持不变。

可知 $\theta_1^{(2)}$ 的更新值为

$$\theta_1^{(2)} \leftarrow \theta_1^{(2)} - \alpha \frac{\partial E}{\partial \theta_1^{(2)}} = \theta_1^{(2)} - \alpha E_1^2 \cdot y_1^{(2)}(1 - y_1^{(2)}) = 0.296 \tag{7-25}$$

同样可得 $\theta_1^{(1)}$ 的更新值为 0.296。

以上给出了输入第一个训练样本后，网络的前向预测和反向学习过程。可将样本依次输入网络进行训练。一般要进行多轮训练。

示例的代码实现见代码 7-1。共运行了 2000 轮(第 44 行)，每一轮对每一个样本进行一次前向传播预测和一次后向传播学习，并计算输出所有四个样本的平均总误差(第 64 行和第 86 行)。

代码 7-1　模拟异或运算三层感知机的误差反向传播学习(误差反向传播算法示例.ipynb)

```
1. import numpy as np
2.
3. #样本示例
4. XX = np.array([[0.0,0.0],
5.                [0.0,1.0],
6.                [1.0,0.0],
7.                [1.0,1.0]])
8. #样本标签
9. L = np.array([[0.0,1.0],
10.               [1.0,0.0],
11.               [1.0,0.0],
12.               [0.0,1.0]])
13.
14. a = 0.5 #步长
15. W1 = np.array([[0.1, 0.2],               #第 1 隐层的连接系数
16.                [0.2, 0.3]])
17. theta1 = np.array([0.3, 0.3])            #第 1 隐层的阈值
18. W2 = np.array([[0.4, 0.5],               #第 2 隐层的连接系数
19.                [0.4, 0.5]])
20. theta2 = np.array([0.6, 0.6])            #第 2 隐层的阈值
21. Y1 = np.array([0,0, 0.0])                #第 1 隐层的输出
22. Y2 = np.array([0,0, 0.0])                #第 2 隐层的输出
23. E2 = np.array([0,0, 0.0])                #第 2 隐层的误差
24. E1 = np.array([0,0, 0.0])                #第 1 隐层的误差
25.
26. def sigmoid(x):
27.     return 1/(1 + np.exp( - x))
28.
29. #计算第 1 隐层节点 1 的输出
30. def y_1_1(W1, theta1, X):
```

```
31.         return sigmoid(W1[0,0] * X[0] + W1[1,0] * X[1] + theta1[0])
32.
33. #计算第1隐层节点2的输出
34. def y_1_2(W1, theta1, X):
35.         return sigmoid(W1[0,1] * X[0] + W1[1,1] * X[1] + theta1[1])
36.
37. #计算第2隐层节点1的输出
38. def y_2_1(W2, theta2, Y1):
39.         return sigmoid(W2[0,0] * Y1[0] + W2[1,0] * Y1[1] + theta2[0])
40.
41. #计算第2隐层节点2的输出
42. def y_2_2(W2, theta2, Y1):
43.         return sigmoid(W2[0,1] * Y1[0] + W2[1,1] * Y1[1] + theta2[1])
44. for j in range(2000):  # 训练轮数
45.     E = 0.0
46.     for i in range(4):
47.         print(i)
48.         print(XX[i])
49.         print(L[i])
50.         ###前向传播预测
51.         #计算第1隐层的输出
52.         Y1[0] = y_1_1(W1, theta1, XX[i])
53.         Y1[1] = y_1_2(W1, theta1, XX[i])
54.
55.         #计算第2隐层的输出
56.         Y2[0] = y_2_1(W2, theta2, Y1)
57.         Y2[1] = y_2_2(W2, theta2, Y1)
58.         print(Y2)
59.
60.         ###反向传播误差
61.         #计算第2隐层的校对误差
62.         E2[0] = Y2[0] - L[i][0]
63.         E2[1] = Y2[1] - L[i][1]
64.         E += 0.5 * (E2[0] * E2[0] + E2[1] * E2[1])
65.
66.         #计算第1隐层的校对误差
67.         E1[0] = E2[0] * Y2[0] * (1 - Y2[0]) * W2[0,0] + E2[1] * Y2[1] * (1 - Y2[1])
    * W2[0,1]
68.         E1[1] = E2[0] * Y2[0] * (1 - Y2[0]) * W2[1,0] + E2[1] * Y2[1] * (1 - Y2[1])
    * W2[1,1]
69.
70.         ###更新系数
71.         #更新第2隐层的参数
72.         W2[0,0] = W2[0,0] - a * E2[0] * Y2[0] * (1 - Y2[0]) * Y1[0]
73.         W2[1,0] = W2[1,0] - a * E2[0] * Y2[0] * (1 - Y2[0]) * Y1[1]
74.         theta2[0] = theta2[0] - a * E2[0] * Y2[0] * (1 - Y2[0])
75.         W2[0,1] = W2[0,1] - a * E2[1] * Y2[1] * (1 - Y2[1]) * Y1[0]
76.         W2[1,1] = W2[1,1] - a * E2[1] * Y2[1] * (1 - Y2[1]) * Y1[1]
77.         theta2[1] = theta2[1] - a * E2[1] * Y2[1] * (1 - Y2[1])
78.
79.         #更新第1隐层的参数
```

```
            W1[0,0] = W1[0,0] - a*E1[0]*Y1[0]*(1 - Y1[0])*XX[i][0]
            W1[1,0] = W1[1,0] - a*E1[0]*Y1[0]*(1 - Y1[0])*XX[i][1]
            theta1[0] = theta1[0] - a*E1[0]*Y1[0]*(1 - Y1[0])
            W1[0,1] = W1[0,1] - a*E1[1]*Y1[1]*(1 - Y1[1])*XX[i][0]
            W1[1,1] = W1[1,1] - a*E1[1]*Y1[1]*(1 - Y1[1])*XX[i][1]
            theta1[1] = theta1[1] - a*E1[1]*Y1[1]*(1 - Y1[1])
        print("平均总误差" + str(E/4.0))
```

经过2000轮训练,每轮平均总误差由0.32降为0.008,能够准确地模拟异或运算,最后一轮的四个输出与相应标签值对比为:[0.07158904 0.92822515]→[0. 1.],[0.9138734 0.08633152]→[1. 0.],[0.91375259 0.08644981]→[1. 0.],[0.11774177 0.88200493]→[0. 1.]。可见,预测输出很接近实际标签值。关于这些输出与标签值的比较,将在后面损失函数的内容中详细讨论。

7.2.2 误差反向传播学习算法

将7.2.1节的示例推导过程推广到一般情况。

设BP神经网络共有$M+1$层,包括输入层和M个隐层(第M个隐层为输出层)。网络输入分量个数为U,输出分量个数为V。其节点编号方法与图7-7所示的示例相同。

设神经元采用的激励函数为$f(x)$。

设训练样本为$(\boldsymbol{x},\boldsymbol{l})$,实例向量$\boldsymbol{x}=(x^{(1)},x^{(2)},\cdots,x^{(U)})$,标签向量$\boldsymbol{l}=(l^{(1)},l^{(2)},\cdots,l^{(V)})$。

1. 前向传播预测

设第1隐层共有n_1个节点,它们的输出记为$\boldsymbol{y}_1=[y_1^{(1)},y_1^{(2)},\cdots,y_1^{(n_1)}]$,它们的阈值系数记为$\boldsymbol{\theta}_1=[\theta_1^{(1)},\theta_1^{(2)},\cdots,\theta_1^{(n_1)}]$,从输入层到该隐层的连接系数记为$\boldsymbol{W}_1=\begin{bmatrix} w_1^{(1,1)} & \cdots & w_1^{(1,n_1)} \\ \vdots & \ddots & \vdots \\ w_1^{(U,1)} & \cdots & w_1^{(U,n_1)} \end{bmatrix}$。可得

$$\boldsymbol{y}_1=f(\boldsymbol{x}\boldsymbol{W}_1+\boldsymbol{\theta}_1) \tag{7-26}$$

设第2隐层共有n_2个节点,它们的输出记为$\boldsymbol{y}_2=[y_2^{(1)},y_2^{(2)},\cdots,y_2^{(n_2)}]$,它们的阈值系数记为$\boldsymbol{\theta}_2=[\theta_2^{(1)},\theta_2^{(2)},\cdots,\theta_2^{(n_2)}]$,从第1隐层到该隐层的连接系数记为$\boldsymbol{W}_2=\begin{bmatrix} w_1^{(1,1)} & \cdots & w_1^{(1,n_2)} \\ \vdots & \ddots & \vdots \\ w_1^{(n_1,1)} & \cdots & w_1^{(n_1,n_2)} \end{bmatrix}$。可得

$$\boldsymbol{y}_2=f(\boldsymbol{y}_1\boldsymbol{W}_2+\boldsymbol{\theta}_2) \tag{7-27}$$

依次可前向计算各层输出，直到输出层。输出为 $\boldsymbol{z}=(z^{(1)},z^{(2)},\cdots,z^{(V)})$。

需要注意的是，所有连接系数和阈值系数在算法运行前都需要指定一个初始值，可采用赋予随机数的方式。

2. 反向传播学习

设损失函数采用均方误差。输出层的校对误差记为 $\boldsymbol{E}_M$：

$$\boldsymbol{E}_M=(E_M^1,E_M^2,\cdots,E_M^V)=\boldsymbol{z}-\boldsymbol{l} \tag{7-28}$$

第 $M-1$ 层的校对误差记为$\boldsymbol{E}_{M-1}$：

$$\boldsymbol{E}_{M-1}=\boldsymbol{E}_M\times\begin{bmatrix}\dfrac{\partial y_M^{(1)}}{\partial y_{M-1}^{(1)}} & \cdots & \dfrac{\partial y_M^{(1)}}{\partial y_{M-1}^{(n_{M-1})}}\\ \vdots & \ddots & \vdots\\ \dfrac{\partial y_M^{(V)}}{\partial y_{M-1}^{(1)}} & \cdots & \dfrac{\partial y_M^{(V)}}{\partial y_{M-1}^{(n_{M-1})}}\end{bmatrix} \tag{7-29}$$

式中右侧的矩阵是第 M 层输出对第 $M-1$ 层输出的偏导数排列的矩阵（即第 M 层输出对第 $M-1$ 层输出的雅可比矩阵），其中的 n_{M-1} 是第 $M-1$ 层的节点数。

依次可反向计算各层的校对误差，直到第 1 隐层。

接下来，根据校对误差更新连接系数和阈值系数。对第 i 隐层的第 j 节点的第 k 个连接系数 $w_i^{(k,j)}$：

$$w_i^{(k,j)}\leftarrow w_i^{(k,j)}-\alpha\cdot E_i^j\cdot\frac{\partial y_i^{(j)}}{\partial w_i^{(k,j)}} \tag{7-30}$$

其中$\dfrac{\partial y_i^{(j)}}{\partial w_i^{(k,j)}}$的计算为

$$\begin{aligned}\frac{\partial y_i^{(j)}}{\partial w_i^{(k,j)}}&=\frac{\partial y_i^{(j)}}{\partial(\boldsymbol{y}_{i-1}\times\boldsymbol{W}_i\mid_j+\theta_i^{(j)})}\cdot\frac{\partial(\boldsymbol{y}_{i-1}\times\boldsymbol{W}_i\mid_j+\theta_i^{(j)})}{\partial w_i^{(k,j)}}\\&=f'(x)\Big|_{x=\boldsymbol{y}_{i-1}\times\boldsymbol{W}_i\mid_j+\theta_i^{(j)}}\cdot y_{i-1}^{(k)}\end{aligned} \tag{7-31}$$

其中 $\boldsymbol{y}_{i-1}\times\boldsymbol{W}_i\mid_j+\theta_i^{(j)}$ 为该节点输入的线性组合部分；$\boldsymbol{W}_i\mid_j$ 表示$\boldsymbol{W}_i$ 的第 j 列。式(7-31)中，如果出现 $y_0^{(k)}$，则它表示 $x^{(k)}$，即原始输入。

对该节点的阈值系数 $\theta_i^{(j)}$：

$$\theta_i^{(j)}\leftarrow\theta_i^{(j)}-\alpha\cdot E_i^j\cdot\frac{\partial y_i^{(j)}}{\partial\theta_i^{(j)}}=\theta_i^{(j)}-\alpha\cdot E_i^j\cdot f'(x)\Big|_{x=\boldsymbol{y}_{i-1}\times\boldsymbol{W}_i\mid_j+\theta_i^{(j)}} \tag{7-32}$$

以上给出了单个训练样本的 BP 算法计算过程。当采用批梯度下降法时，对一批训练样本计算出导数后，取平均数作为下降的梯度。

下面给出一个经典的分类任务示例：手写体数字识别。该示例采用 TensorFlow 2.0 框架来实现。

MNIST 数据集[①]是一个手写体的数字图片集,它包含有训练集和测试集,由 250 个人手写的数字构成。训练集包含 60 000 个样本,测试集包含 10 000 个样本。每个样本包括一张图片和一个标签。每张图片由 28×28 个像素点构成,每个像素点用 1 个灰度值表示。标签是与图片对应的 0~9 的数字。训练集的前 10 张图片如图 7-10 所示。

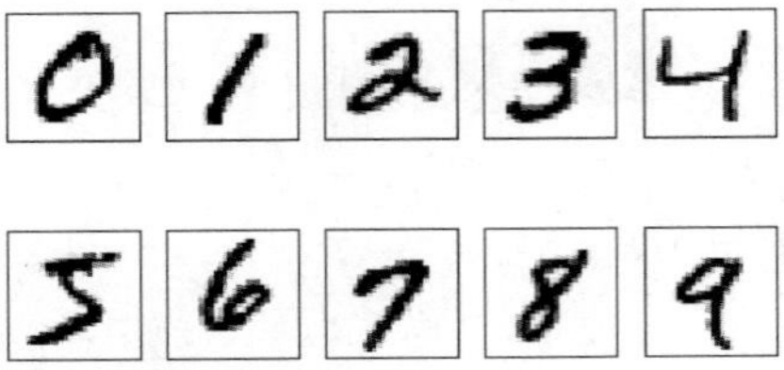

图 7-10　MNIST 图片示例(见彩插)

MNIST 数据集相对简单,适合用来做学习神经网络的入门示例。手写体数字识别的任务是构建神经网络,并用训练集让神经网络进行有监督地学习,用测试集来测试它的分类效果。

构建多层全连接神经网络来进行分类任务,示例代码见代码 7-2。

代码 7-2　手写体数字识别多层全连接神经网络示例(mnist_mlp.py)

```
1.  import numpy as np
2.  import tensorflow.keras as ka
3.  import datetime
4.
5.  np.random.seed(0)
6.
7.  (X_train, y_train), (X_test, y_test) = ka.datasets.mnist.load_data()
8.
9.  num_pixels = X_train.shape[1] * X_train.shape[2]  # 784
10.
11. #将二维的数组拉成一维的向量
12. X_train = X_train.reshape(X_train.shape[0], num_pixels).astype('float32')
13. X_test = X_test.reshape(X_test.shape[0], num_pixels).astype('float32')
14.
15. X_train = X_train / 255
16. X_test = X_test / 255
17.
18. y_train = ka.utils.to_categorical(y_train)  #转化为独热编码
19. y_test = ka.utils.to_categorical(y_test)
20. num_classes = y_test.shape[1]  # 10
21.
22. #多层全连接神经网络模型
23. model = ka.Sequential([
24.     ka.layers.Dense(num_pixels, input_shape=(num_pixels,)),
```

---

① http://yann.lecun.com/exdb/mnist/

```
25.                          kernel_initializer = 'normal', activation = 'relu'),
26.         ka.layers.Dense(784, kernel_initializer = 'normal', activation = 'relu'),
27.         ka.layers.Dense(num_classes, kernel_initializer = 'normal',
28.                          activation = 'softmax')
29. ])
30. model.summary()
31.
32. model.compile(loss = 'mean_squared_error', optimizer = 'sgd', metrics = ['accuracy'])
33.
34. startdate = datetime.datetime.now() # 获取当前时间
35. model.fit(X_train, y_train, validation_data = (X_test, y_test), epochs = 20, batch_
    size = 200, verbose = 2)
36. enddate = datetime.datetime.now()
37.
38. print("训练用时: " + str(enddate - startdate))
```

第 11 行将二维的图像数据拉成一维的,适合多层神经网络的输入要求。第 15、16 行是将样本特征进行归一化,灰度的取值是 0～255。

第 23～29 行构建了一个四层神经网络,它有三个隐层(全连接层)。keras.layers.Dense()用来构建全连接层。前两层的激活函数采用 ReLU 函数,最后一层采用 Softmax 激活函数。

在分类任务中,最后一层常采用 Softmax 激活函数。Softmax 激活函数的定义见式(4-60),它的作用是将输入的一组数转化为一组处于(0,1)之间的数值,其和为 1,一般理解为概率值。它通过指数运算放大了输入数之间的差别,使小的值趋近于 0,而使最大值趋近于 1,因此它的作用类似于取最大值 max 函数,但又不那么生硬。需要注意的是,神经网络中的 Softmax 激活函数仅仅是指函数本身,而非 Softmax 回归算法。

损失函数采用均方误差 MSE,优化算法采用梯度下降法,评测指标采用准确率。训练 200 轮,能达到 0.8563 的识别率。

下面再给出一个应用于回归任务的示例。在讨论多项式回归(3.3 节)时,采用的实例是以一个三次多项式作为目标函数,加上噪声,产生了样本集,然后以样本集来训练模型。现在用神经网络模型来拟合该三次多项式。

示例代码见代码 7-3。从 34～41 行定义了一个有三个隐层(层内节点数分别为 5、5、1)全连接前馈网络,默认输入层为 1 个节点。隐层都采用 Sigmoid 激活函数。连接系数采用随机初始化,阈值系数置为 0。第 43 行采用随机梯度下降优化方法,并采用均方误差 MSE 作为损失函数。第 48 行指出一个批次训练 20 个样本,共训练 5000 轮。

为了方便利用激活函数,从 18～25 行,对训练数据进行了[0,1]区间的归一化。

代码 7-3 神经网络拟合多项式示例(NN_regress.py)

```
1. import numpy as np
2. def myfun(x):
3.     '''目标函数
```

```
    input:x(float):自变量
    output:函数值'''
    return 10 + 5 * x + 4 * x**2 + 6 * x**3

x = [-3.        , -2.68421053, -2.36842105, -2.05263158, -1.73684211, -1.42105263,
   -1.10526316, -0.78947368, -0.47368421, -0.15789474,  0.15789474,  0.47368421,
    0.78947368,  1.10526316,  1.42105263,  1.73684211,  2.05263158,  2.36842105,
    2.68421053,  3.        ]
y = [-83.60437309, -109.02680368,  -99.45599857,  -72.85246379,   24.27643468,
     22.32819066,   13.0134867 ,  -37.47252415,  -16.24274272,   21.5705342,
    -12.63210639,   35.16554616,   42.58380499,   21.97718399,   19.50677405,
    107.2591151,    67.41705564,   95.78691168,  130.32069909,  253.31473912]
yy = y.copy()

miny = min(y)
maxy = max(y)
def standard(y, miny, maxy):
    step = maxy - miny
    for i in range(len(y)):
        y[i] = (y[i] - miny)/step

standard(y, miny, maxy)

def invstandard(y, miny, maxy):
    step = maxy - miny
    for i in range(len(y)):
        y[i] = miny + y[i]*step

import tensorflow as tf

model = tf.keras.Sequential([
    tf.keras.layers.Dense(5, activation='sigmoid', input_shape=(1,),
                  kernel_initializer='random_uniform', bias_initializer='zeros'),
    tf.keras.layers.Dense(5, activation='sigmoid',
                  kernel_initializer='random_uniform', bias_initializer='zeros'),
    tf.keras.layers.Dense(1, activation='sigmoid',
                  kernel_initializer='random_uniform', bias_initializer='zeros')
])

model.compile(optimiaer='sgd',
              loss='mean_squared_error')

model.summary()

model.fit(x, y, batch_size=20, epochs=5000, verbose=1)

import matplotlib.pyplot as plt
plt.rcParams['axes.unicode_minus'] = False
```

```python
plt.rc('font', family = 'SimHei', size = 13)
plt.scatter(x, yy, color = "black", linewidth = 2)
x1 = np.linspace( - 3, 3, 100)
y0 = myfun(x1)
plt.plot(x1, y0, color = "red", linewidth = 1)
y1 = model.predict(x1)
invstandard(y1, miny, maxy)
plt.plot(x1, y1, "b -- ", linewidth = 1)
plt.show()
```

拟合结果如图 7-11(c)所示。图中点为训练样本,实线为目标函数,即拟合目标。虚线为神经网络的拟合结果。

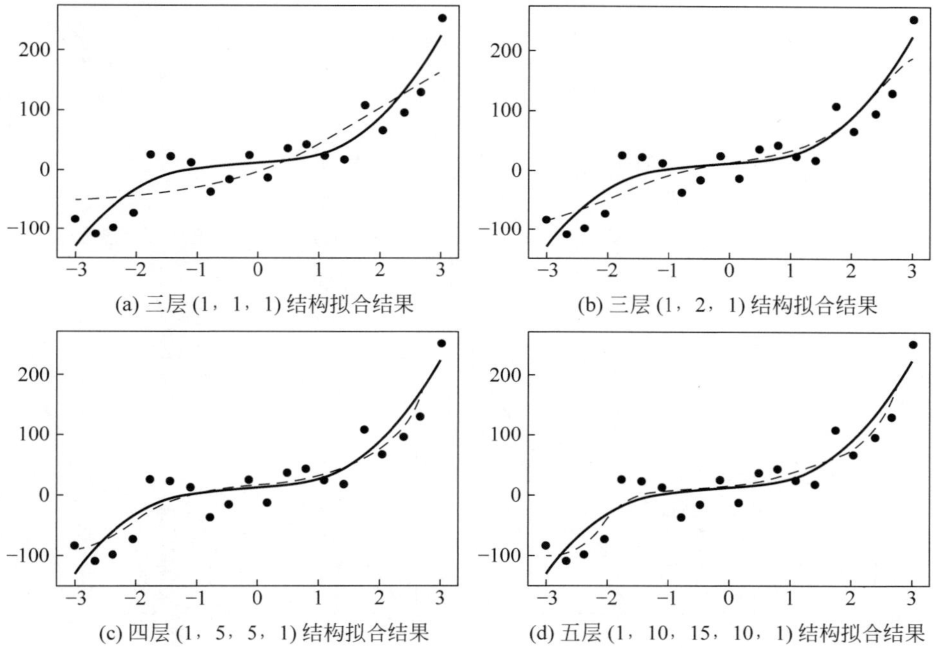

(a) 三层 (1，1，1) 结构拟合结果　(b) 三层 (1，2，1) 结构拟合结果

(c) 四层 (1，5，5，1) 结构拟合结果　(d) 五层 (1，10，15，10，1) 结构拟合结果

图 7-11　不同网络结构拟合结果(见彩插)

不同的网络结构、激活函数和训练轮数会产生不同的拟合结果。下面结合该回归示例来举例分析下它们的影响。

保持以上激活函数和训练轮数不变,图 7-11 中(a)、(b)、(d)幅图片分别是三层网络(节点数分别为 1、1、1)、三层网络(节点数分别为 1、2、1)、五层网络(节点数分别为 1、10、15、10、1)时的拟合结果。可见,如果网络结构过于简单,会欠拟合;反之,如果网络结构过于复杂,则会过拟合。

训练轮数的影响如图 7-12 所示。采用 Sigmoid 激活函数和四层(1,5,5,1)结构时,随着训练轮数从 1000、3000、5000 到 10 000,拟合结果也从欠拟合变成明显的过拟合。

不同的激活函数和是否归一化处理对拟合结果有很大的影响,如图 7-13 所示为采用 softplus 激活函数时,并分别对样本特征进行归一化处理和不归一化处理时的拟合结果,

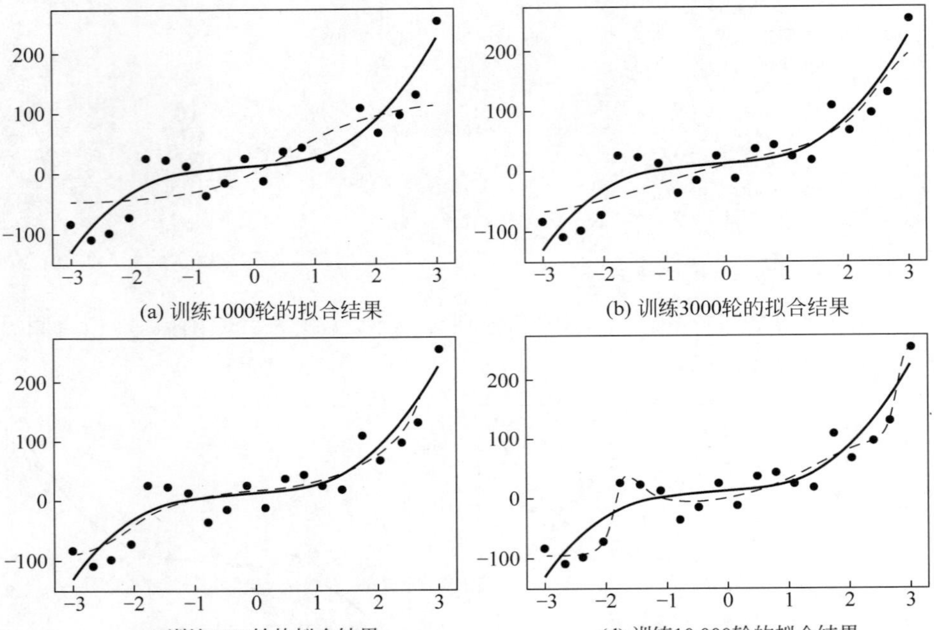

(a) 训练1000轮的拟合结果
(b) 训练3000轮的拟合结果
(c) 训练5000轮的拟合结果
(d) 训练10 000轮的拟合结果

图 7-12　不同训练轮数拟合结果(见彩插)

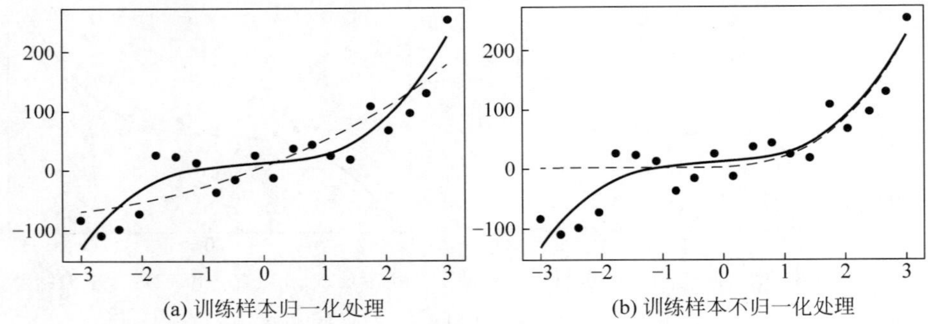

(a) 训练样本归一化处理
(b) 训练样本不归一化处理

图 7-13　采用 softplus 激活函数的拟合结果(见彩插)

训练轮数为 5000,网络结构仍然是四层(1,5,5,1)结构。softplus 函数将负数趋近于 0(见图 7-3),因此在不归一化处理时,网络对目标函数的负数部分处理能力很低。

7.2.3　多层神经网络常用损失函数

7.2.2 节采用的平方和形式的损失函数 MSE 是基于欧氏距离的损失函数。多层神经网络中常用的损失函数还有 KL(Kullback-Leibler Divergence)散度损失函数、交叉熵(Crossentropy)损失函数、余弦相似度损失函数、双曲余弦对数(Logarithm of the Hyperbolic Cosine)损失函数等。

1. 相对熵损失函数和交叉熵损失函数

交叉熵可以用来衡量两个分布之间的差距，下面以示例进行讨论。

代码 7-1 模拟了异或运算三层感知机的误差反向传播学习过程，最后给出了预测输出与标签值的对比（7.2.1 节），重新列出如下：

(a) [0.07158904　0.92822515]—>[0.　1.]

(b) [0.9138734　0.08633152]—>[1.　0.]

(c) [0.91375259　0.08644981]—>[1.　0.]

(d) [0.11774177　0.88200493]—>[0.　1.]

对于(a)和(d)两项输出，标签值都是[0.　1.]，直观来看(a)的预测应该更准一些。如何形式化地度量它们与标签值的差距呢？

式(4-4)给出了信息熵的定义：$H(X)=-\sum_{i=1}^{n} p_i \log p_i$。用 p_i 表示第 i 个输出的标签值，即真实值，用 q_i 表示第 i 个输出值，即预测值。将 p_i 与 q_i 之间的对数差在 p_i 上的期望值称为相对熵：

$$\begin{aligned} D_{\mathrm{KL}}(p \parallel q) &= E_{p_i}(\log p_i - \log q_i) = \sum_{i=1}^{n} p_i(\log p_i - \log q_i) \\ &= \sum_{i=1}^{n} p_i \log \frac{p_i}{q_i} \end{aligned} \tag{7-33}$$

将上式与熵的定义式进行对比，可见是用 $\log q_i - \log p_i$ 代替了 $\log p_i$，用来度量两个分布之间的差异。计算(a)和(d)两项输出的相对熵：

$$\begin{aligned} D_a &= 0 \times \log \frac{0}{0.07158904} + 1 \times \log \frac{1}{0.92822515} = 0.07447962 \\ D_d &= 0 \times \log \frac{0}{0.11774177} + 1 \times \log \frac{1}{0.88200493} = 0.12555622 \end{aligned} \tag{7-34}$$

式中，$0 \times \log 0$ 计为 0。

可见，与直接观察的结论相同。相对熵越大的输出与标签值差距越大。如果 p_i 与 q_i 相同，那么 $D_{\mathrm{KL}}(p \parallel q)=0$。

值得注意的是，相对熵不具有对称性。相对熵又称为 KL 散度。

将相对熵的定义式(7-33)进一步展开：

$$\begin{aligned} D_{\mathrm{KL}}(p \parallel q) &= \sum_{i=1}^{n} p_i(\log p_i - \log q_i) \\ &= \sum_{i=1}^{n} p_i \log p_i + \left[-\sum_{i=1}^{n} p_i \log q_i\right] \\ &= -H(p_i) + \left[-\sum_{i=1}^{n} p_i \log q_i\right] \end{aligned} \tag{7-35}$$

前一项正好是标签分布熵的负值，保持不变，因此一般用后一项作为两个分布之间差异的度量，称为交叉熵：

$$H(p,q) = -\sum_{i=1}^{n} p_i \log q_i \tag{7-36}$$

如果只有正负两个分类(标签记为 1 和 0),记第 i 个输出的标签值为 y_i,记它被预测为正类的概率为 p_i,那么上式为

$$H(y,p) = \frac{1}{n}\sum_{i=1}^{n} y_i \log p_i + (1-y)\log(1-p_i) \tag{7-37}$$

在讨论逻辑回归算法时,实际上已经应用了二分类的交叉熵损失函数[对比式(4-49),函数示意见图 4-19]。

交叉熵损失函数在梯度下降法中可以改善 MSE 学习速率降低的问题,得到了广泛的应用。

代码 7-2 所示的示例,如果采用交叉熵损失函数,还是训练 20 轮,能够达到 0.9516 的识别率。读者可自行实验。

2. 余弦相似度损失函数

将标签和预测看作值向量,可用式(2-16)计算得到余弦相似度作为损失函数。

3. 双曲余弦对数损失函数

双曲余弦对数的计算方法为

$$\mathrm{logcosh}(p,q) = \sum_{i=1}^{n} \log \frac{\mathrm{e}^{q_i - p_i} + \mathrm{e}^{-(q_i - p_i)}}{2} \tag{7-38}$$

双曲余弦对数损失函数相似于 MSE,但比 MSE 相对稳定。

交叉熵损失函数、KL 散度损失函数、余弦相似度损失函数和双曲余弦对数损失函数在 TensorFlow 中均提供了相应实现。

7.2.4 多层神经网络常用优化算法

在 3.2 节讨论了机器学习中的基本优化方法,本小节讨论常用于多层神经网络中的优化算法,它们都是梯度下降法的改进方法,主要是从增加动量和调整优化步长两方面着手。

1. 动量优化算法

在经典力学中,动量(Momentum)表示为物体的质量和速度的乘积,体现为物体运动的惯性。在梯度下降法(3.2.3 节)中,如果使梯度下降的过程具有一定的"动量",保持原方向运动的一定的"惯性",则有可能在下降的过程中"冲过"小的"洼地",避免陷入极小值点,如图 7-14 所示。其中,在第 3 个点处,其梯度负方向为虚线实箭头所示,而在动量的影响下,仍然保持向左的惯性,从而"冲出"了局部极小点。

加入动量优化,梯度下降法还可以克服前进路线振荡的问题,从而加快收敛速度。

对照式(3-23),加入动量的梯度下降法迭代关系式为

$$\begin{cases} \theta_{i+1} = \beta\theta_i - \alpha \cdot \left.\dfrac{\mathrm{d}f(\boldsymbol{x})}{\mathrm{d}\boldsymbol{x}}\right|_{\boldsymbol{x}=\boldsymbol{x}_i} \\ \boldsymbol{x}_{i+1} = \boldsymbol{x}_i + \theta_{i+1} \end{cases} \tag{7-39}$$

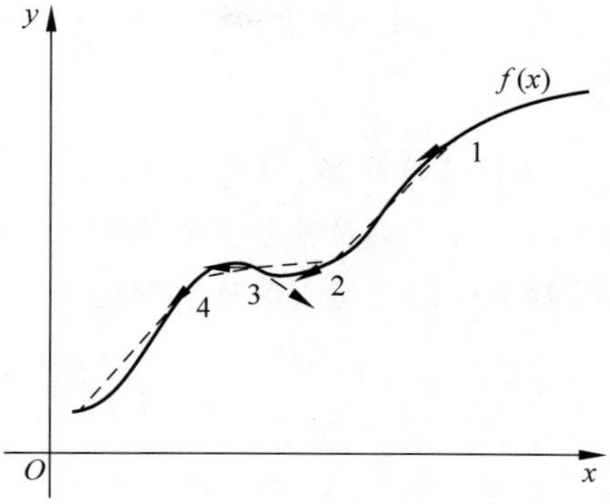

图 7-14 加入动量的梯度下降过程示意图(见彩插)

可见,加入动量之后的前进量 θ_{i+1} 是由上一步的前进量 θ_i 和新梯度值 $\left.\frac{\mathrm{d}f(\boldsymbol{x})}{\mathrm{d}\boldsymbol{x}}\right|_{\boldsymbol{x}=\boldsymbol{x}_i}$ 的加权和,其中 β 决定了保留上一步前进量的大小,称为动量系数。初始 $\theta_0=0$。

加入动量的梯度下降的迭代关系式还有一种改进方法,称为 NAG(Nesterov Accelerated Gradient)[23]:

$$\begin{cases}\theta_{i+1}=\beta\theta_i-\alpha\cdot\left.\dfrac{\mathrm{d}f(\boldsymbol{x})}{\mathrm{d}\boldsymbol{x}}\right|_{\boldsymbol{x}=\boldsymbol{x}_i+\beta\theta_i}\\ \boldsymbol{x}_{i+1}=\boldsymbol{x}_i+\theta_{i+1}\end{cases} \tag{7-40}$$

该方法计算梯度的点发生了变化,即在 $\boldsymbol{x}_i+\beta\theta_i$ 处计算梯度,而不是原 $\boldsymbol{x}_i$ 点处。它可以理解为先按"惯性"前进一小步 $\beta\theta_i$,再计算梯度。这种方法在每一步都往前多走了一小步,有时可以加快收敛速度。

在 TensorFlow 中提供了梯度下降算法类 SGD,通过设置它的相关参数可以应用动量优化和 NAG 方法。

2. 步长优化算法

在 3.2.3 节简要讨论过步长对梯度下降的影响及调整大小的策略。针对步长,人们研究了不少的优化算法。

AdaGrad(Adaptive Gradient)[24]算法的梯度迭代关系式为

$$\begin{cases}r_i=r_{i-1}+\left(\left.\dfrac{\mathrm{d}f(\boldsymbol{x})}{\mathrm{d}\boldsymbol{x}}\right|_{\boldsymbol{x}=\boldsymbol{x}_i}\right)^2\\ \boldsymbol{x}_i=\boldsymbol{x}_{i-1}-\dfrac{lr}{\sqrt{r_i+\varepsilon}}\cdot\left.\dfrac{\mathrm{d}f(\boldsymbol{x})}{\mathrm{d}\boldsymbol{x}}\right|_{\boldsymbol{x}=\boldsymbol{x}_i}\end{cases} \tag{7-41}$$

其中,r_i 称为累积平方梯度,它是到当前为止所有梯度的平方和,初值为 0。这里的 $\left(\left.\frac{\mathrm{d}f(\boldsymbol{x})}{\mathrm{d}\boldsymbol{x}}\right|_{\boldsymbol{x}=\boldsymbol{x}_i}\right)^2$ 表示向量元素的平方向量:$\left.\frac{\mathrm{d}f(\boldsymbol{x})}{\mathrm{d}\boldsymbol{x}}\right|_{\boldsymbol{x}=\boldsymbol{x}_i}\odot\left.\frac{\mathrm{d}f(\boldsymbol{x})}{\mathrm{d}\boldsymbol{x}}\right|_{\boldsymbol{x}=\boldsymbol{x}_i}$,下同。超参数 lr 为事先设置的步长,ε 为很小的常数。初始 $r_0=0$。

可见,随着迭代次数的增加,r_i 越来越大,实际步长$\frac{lr}{\sqrt{r_{i+1}}+\varepsilon}$越来越小,可以防止在极小值附近来回振荡。

TensorFlow 中提供了 AdaGrad 算法类,可直接使用。

RMSProp(Root Mean Square Prop)算法的原始形式对 AdaGrad 算法进行了简单改进,增加了一个系数 rho 来控制历史信息与当前梯度的比例:

$$\begin{cases} r_i = \text{rho} \cdot r_{i-1} + (1-\text{rho})\left(\left.\dfrac{\mathrm{d}f(\boldsymbol{x})}{\mathrm{d}\boldsymbol{x}}\right|_{\boldsymbol{x}=\boldsymbol{x}_i}\right)^2 \\ \boldsymbol{x}_i = \boldsymbol{x}_{i-1} - \dfrac{lr}{\sqrt{r_i}+\varepsilon} \cdot \left.\dfrac{\mathrm{d}f(\boldsymbol{x})}{\mathrm{d}\boldsymbol{x}}\right|_{\boldsymbol{x}=\boldsymbol{x}_i} \end{cases} \tag{7-42}$$

对 RMSProp 的原始形式增加动量因子如下:

$$\begin{cases} r_i = \text{rho} \cdot r_{i-1} + (1-\text{rho})\left(\left.\dfrac{\mathrm{d}f(\boldsymbol{x})}{\mathrm{d}\boldsymbol{x}}\right|_{\boldsymbol{x}=\boldsymbol{x}_i}\right)^2 \\ \theta_i = \beta\theta_{i-1} + \dfrac{lr}{\sqrt{r_i+\varepsilon}} \cdot \left.\dfrac{\mathrm{d}f(\boldsymbol{x})}{\mathrm{d}\boldsymbol{x}}\right|_{\boldsymbol{x}=\boldsymbol{x}_i} \\ \boldsymbol{x}_i = \boldsymbol{x}_{i-1} - \theta_i \end{cases} \tag{7-43}$$

其中,β 为动量系数。

式(7-44)为 RMSProp 的中心化版本:

$$\begin{cases} s_i = \text{rho} \cdot s_{i-1} + (1-\text{rho}) \left.\dfrac{\mathrm{d}f(\boldsymbol{x})}{\mathrm{d}\boldsymbol{x}}\right|_{\boldsymbol{x}=\boldsymbol{x}_i} \\ r_i = \text{rho} \cdot r_{i-1} + (1-\text{rho})\left(\left.\dfrac{\mathrm{d}f(\boldsymbol{x})}{\mathrm{d}\boldsymbol{x}}\right|_{\boldsymbol{x}=\boldsymbol{x}_i}\right)^2 \\ \theta_i = \beta\theta_{i-1} + \dfrac{lr}{\sqrt{r_i - s_i^2 + \varepsilon}} \cdot \left.\dfrac{\mathrm{d}f(\boldsymbol{x})}{\mathrm{d}\boldsymbol{x}}\right|_{\boldsymbol{x}=\boldsymbol{x}_i} \\ \boldsymbol{x}_i = \boldsymbol{x}_{i-1} - \theta_i \end{cases} \tag{7-44}$$

它增加了一个累积梯度 s_i,在求动量因子 θ_i 时,通过 s_i 对 r_i 进行了一个中心化过程:$r_i - s_i^2$。初始 $s_0=0$,$r_0=0$。

RMSProp 在实践中效果较好,得到了较多的应用,在 TensorFlow 中提供了实现类,可以通过设置相关参数来实现以上三个版本的 RMSProp 算法。

3. 结合动量和步长优化的算法

Adam(Adaptive Moment Estimation)[25]算法结合了 AdaGrad 算法和 RMSProp 算法的优势,它的迭代关系式为

$$\begin{cases} s_i = \beta_1 \cdot s_{i-1} + (1-\beta_1) \left.\dfrac{\mathrm{d}f(\boldsymbol{x})}{\mathrm{d}\boldsymbol{x}}\right|_{\boldsymbol{x}=\boldsymbol{x}_i} \\ r_i = \beta_2 \cdot r_{i-1} + (1-\beta_2) \left(\left.\dfrac{\mathrm{d}f(\boldsymbol{x})}{\mathrm{d}\boldsymbol{x}}\right|_{\boldsymbol{x}=\boldsymbol{x}_i}\right)^2 \\ \hat{s}_i = \dfrac{s_i}{1-\beta_1^i} \\ \hat{r}_i = \dfrac{r_i}{1-\beta_2^i} \\ \boldsymbol{x}_i = \boldsymbol{x}_{i-1} - \dfrac{lr \cdot \hat{s}_i}{\sqrt{\hat{r}_i}+\varepsilon} \end{cases} \tag{7-45}$$

式中，$\beta_1,\beta_2 \in [0,1]$分别为累积梯度的动量系数和累积平方梯度的动量系数。初始 $s_0=0$，$r_0=0$。

对比式(7-45)和式(7-44)，可知 Adam 算法是 RMSProp 中心化版本的进一步改进。

对累积平方梯度 r_i 可以取历史最大值用来更新[26]，称为 AMSGrad，此时 Adam 算法为

$$\begin{cases} s_i = \beta_1 \cdot s_{i-1} + (1-\beta_1) \left.\dfrac{\mathrm{d}f(\boldsymbol{x})}{\mathrm{d}\boldsymbol{x}}\right|_{\boldsymbol{x}=\boldsymbol{x}_i} \\ r_i = \beta_2 \cdot r_{i-1} + (1-\beta_2) \left(\left.\dfrac{\mathrm{d}f(\boldsymbol{x})}{\mathrm{d}\boldsymbol{x}}\right|_{\boldsymbol{x}=\boldsymbol{x}_i}\right)^2 \\ r'_i = \max(r'_{i-1}, r_i) \\ \hat{s}_i = \dfrac{s_i}{1-\beta_1^i} \\ \hat{r}_i = \dfrac{r'_i}{1-\beta_2^i} \\ \boldsymbol{x}_i = \boldsymbol{x}_{i-1} - \dfrac{lr \cdot \hat{s}_i}{\sqrt{\hat{r}_i}+\varepsilon} \end{cases} \tag{7-46}$$

初始 $r'_0=0$。

Adam 算法综合效果较好，在 TensorFlow 中有相应的实现类，通过设置参数可以实现上述两个算法。代码 7-2 所示的示例，如果采用 Adam 算法，还是训练 20 轮，能够达到 0.9812 的识别率。读者可自行验证。

不同的优化算法有不同的特点，读者可通过更多的练习来摸索它们的应用方法和特点。

7.2.5 多层神经网络中过拟合的抑制

过拟合是机器学习中的重要问题，前文多次进行了讨论。过拟合表现为训练误差很低，而测试误差很高。在代码 7-3 所示的例子中，采用 Sigmoid 激活函数、四层(1,5,5,1)结构、训练轮数为 10 000，以训练轮数为横坐标、误差值为纵坐标，画出训练误差和测试误差的走向如图 7-15 所示。图中实线为训练误差，虚线为测试误差，可见在接近 5000 轮时，测试误差达到最低，随后开始上升，说明开始过拟合。具体详情见随书资源 NN_regress_earlystop.py 文件。

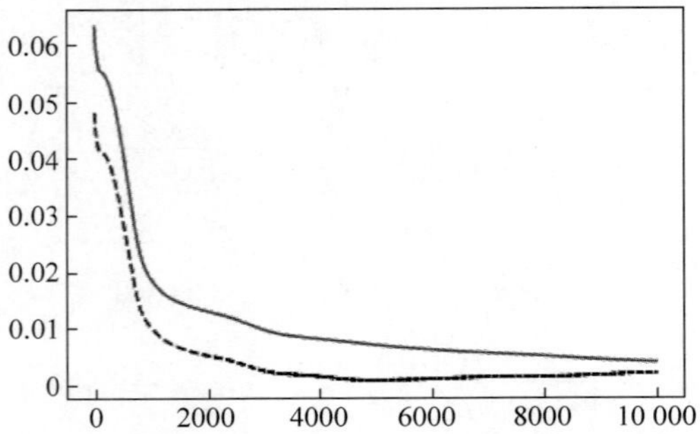

图 7-15　训练误差与测试误差随训练轮数的变化(见彩插)

减少模型规模(减少多层神经网络的层数和节点数)和增加训练样本数量是防止过拟合的重要方法。

3.4.3 节讨论了抑制过拟合的正则化、早停和 Dropout 等方法,本小节讨论它们在多层神经网络中的应用。

1. 正则化方法的应用

在代码 7-3 所示的例子中,采用 Sigmoid 激活函数、四层(1,5,5,1)结构、训练轮数为 10 000,给第三层节点的连接系数增加 L2 正则化,如代码 7-4 中第 4 行所示,拟合结果如图 7-16(a)所示。对比图 7-12(d),可知比较成功地抑制了过拟合。

代码 7-4　神经网络拟合多项式过拟合正则化抑制示例(NN_regress_overfit.py)

```
1. model = tf.keras.Sequential([
2.     tf.keras.layers.Dense(5, activation = 'sigmoid', input_shape = (1,),
3.                           kernel_initializer = 'random_uniform', bias_initializer = 'zeros'),
4.     tf.keras.layers.Dense(5, activation = 'sigmoid', kernel_regularizer = regularizers
       .l2(0.001),
5.                           kernel_initializer = 'random_uniform', bias_initializer = 'zeros'),
6.     tf.keras.layers.Dense(1, activation = 'sigmoid',
7.                           kernel_initializer = 'random_uniform', bias_initializer = 'zeros')
8. ])
```

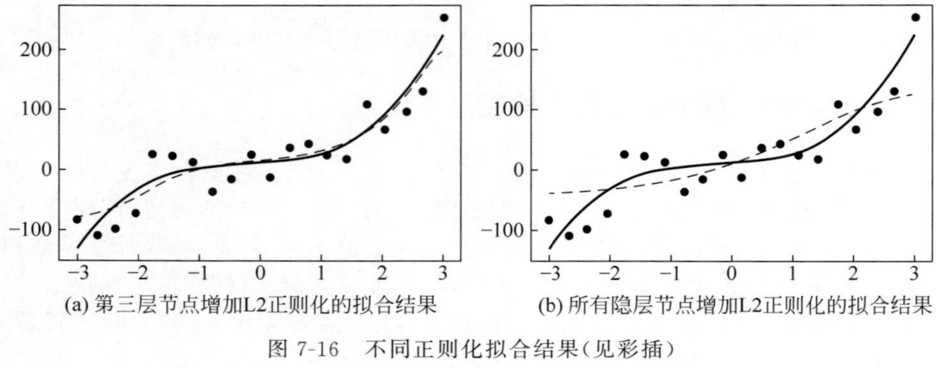

(a) 第三层节点增加L2正则化的拟合结果　　(b) 所有隐层节点增加L2正则化的拟合结果

图 7-16　不同正则化拟合结果(见彩插)

如果给所有隐层(包括输出层)都增加 L2 正则化,则拟合结果如图 7-16(b)所示,可见又成了欠拟合。

TensorFlow 提供了对神经元的连接系数、阈值系数和激活函数进行正则化的方法。

2. 早停法的应用

过拟合是训练误差低而测试误差高的问题,所以,如果在测试误差升高或不再降低时停止训练,则可以防止模型过度训练。TensorFlow 提供了 callback 机制,可以在每轮训练结束时进行某种操作。可以利用该机制在每轮训练结束时检查测试误差是否停止减少,如果停止减少则结束训练。

在代码 7-3 所示的例子中,采用 Sigmoid 激活函数、四层(1,5,5,1)结构、训练轮数为 10 000 时,采用早停法,主要代码见代码 7-5,验证误差的最小变化为 0.000 001,如果 5 个轮次没有变化,则认为测试误差不再降低。训练在第 4720 轮终止,拟合结果如图 7-17 所示。

代码 7-5 神经网络拟合多项式过拟合早停法示例(NN_regress_earlystop.py)

```
#验证集
x1 = np.linspace( - 3, 3, 100)
y0 = myfun(x1)
y00 = y0.copy()
standard(y0, - 131.0, 223.0)

earlyStopping = tf.keras.callbacks.EarlyStopping(monitor = 'val_loss', min_delta =
0.000001, patience = 5, verbose = 1, mode = 'min')

model.fit(x, y, batch_size = 20, epochs = 10000, verbose = 1,
callbacks = [earlyStopping],
    validation_data = (x1, y0))
```

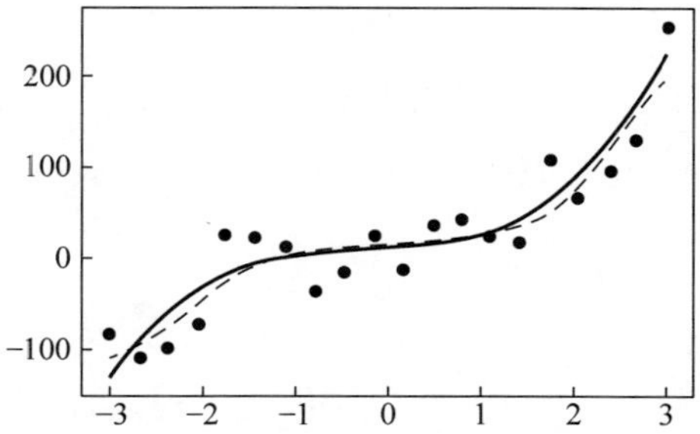

图 7-17 采用早停法后的拟合结果(见彩插)

3. Dropout 法的应用

Dropout 法是将神经元随机失活,即按预先设定的概率随机选择某些神经元进行失效,不参与本次训练。该方法可以一定程度上抑制过拟合问题。

在代码 7-3 所示的例子中，采用 Sigmoid 激活函数、四层(1,5,5,1)结构、训练轮数为 10 000，在第二层后增加失活率为 0.1 的 Dropout 层，如代码 7-6 中第 4 行所示，拟合结果如图 7-18(a)所示，可知一定程度上抑制了过拟合。

代码 7-6 神经网络拟合多项式过拟合 Dropout 抑制示例(NN_regress_overfit.py)

```
1. model = tf.keras.Sequential([
2.     tf.keras.layers.Dense(5, activation = 'sigmoid', input_shape = (1,),
3.                  kernel_initializer = 'random_uniform', bias_initializer = 'zeros'),
4.     tf.keras.layers.Dropout(0.1),
5.     tf.keras.layers.Dense(5, activation = 'sigmoid',
6.                  kernel_initializer = 'random_uniform', bias_initializer = 'zeros'),
7.     tf.keras.layers.Dense(1, activation = 'sigmoid',
8.                  kernel_initializer = 'random_uniform', bias_initializer = 'zeros')
9. ])
```

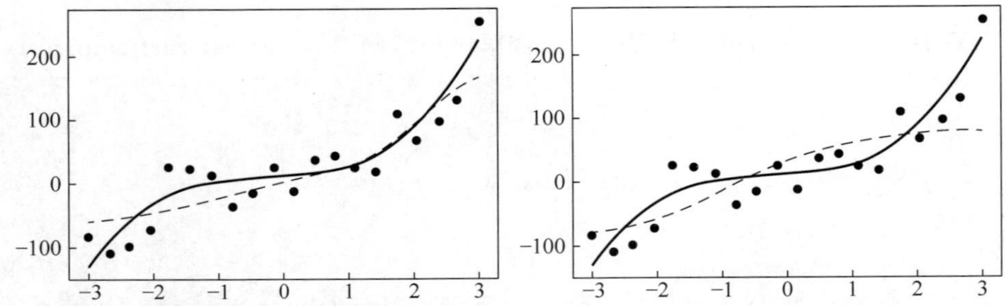

(a) 第二层后增加Dropout(0.1)层的拟合结果　　(b) 第三层后增加Dropout(0.5)层的拟合结果

图 7-18 增加 Dropout 层后的拟合结果(见彩插)

当然，Dropout 层的应用也要适度，如果在第三层后增加失活率为 0.5 的 Dropout 层，则会欠拟合，如图 7-18(b)所示。

7.2.6 进一步讨论

BP 算法解决了多层前馈型神经网络的学习问题，使之得到了广泛的应用。为了使读者对多层神经网络有一个全面的认识，本小节简要讨论多层神经网络的两个问题。

1. 局部收敛

BP 神经网络不一定收敛，也就是说，网络的训练不一定成功。误差的平方是非凸函数，BP 神经网络是否收敛或者能否收敛到全局最优，与初始值有关。读者可以将代码 7-1 中的参数全部置初值为 0.1，再运行下看能否收敛。

全局优化与凸函数的问题，以及机器学习算法尽量避免局部最优的方法，前文已经进行了讨论。

2. 梯度消散和梯度爆炸

在校对误差反向传播的过程[见式(7-29)]中，如果偏导数较小(见图 4-18 中大于 c

的区域，称为处于非线性激活函数的饱和区），在多次连乘之后，校对误差会趋近于 0，导致梯度也趋近于 0，前面层的参数无法得到有效更新，称为梯度消散。梯度消散会使得增加再多的层也无法提高效果，甚至反而会降低。

相反，如果偏导数较大，则会在反向传播的过程中呈指数级增长，导致溢出，无法计算，网络不稳定，称为梯度爆炸。

梯度消散和梯度爆炸只在层次较多的网络中出现，常用的解决方法包括尽量使用合适的激活函数（如 ReLU 函数，它在正数部分导数为 1）、预训练、合适的网络模型（有些网络模型具有防消散和爆炸能力）、梯度截断等。

7.3　竞争学习和自组织特征映射网络

竞争学习是自组织网络中常用的一种学习策略，它模拟了生物神经细胞的侧抑制现象。自组织特征映射（Self-Organizing Feature Map，SOM）[27]网络可用于聚类和降维等任务。SOM 算法属于无监督学习算法，它与 k-means 算法类似，但不需要预先指定聚类数量。

7.3.1　竞争学习

自组织特征映射网络的基本思想是竞争学习。竞争学习并不复杂，以示例来说明，不进行详细形式化分析。

从 k-means 算法示例（2.1.1 节）的样本集中取出四个样本（kmeansSamples.txt 中第 16～20 个样本）来进行竞争学习举例，它们分别是［－2.92514764，11.0884457］，［4.99694961，1.98673206］，［3.8665841，－1.75282591］，［2.62642744，22.08897582］，在平面上的分布如图 7-19 所示。可见四个点大致分成两个簇。

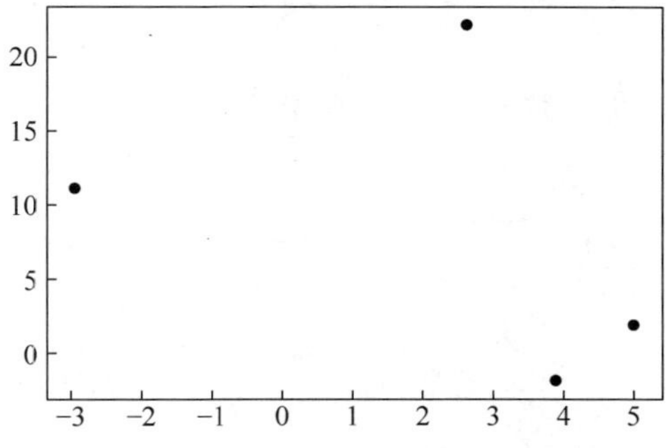

图 7-19　竞争学习示例样本分布（见彩插）

先对样本进行 L_2 正则化（5.1.3 节）。设样本向量表示为 $\boldsymbol{x}=(x^{(1)},x^{(2)},\cdots,x^{(n)})$，它的 L_2 正则化是对向量的每一个特征除向量的模：

$$\hat{\boldsymbol{x}}=\frac{\boldsymbol{x}}{\|\boldsymbol{x}\|}=\left(\frac{x^{(1)}}{\sqrt{\sum_{i=1}^{n}(x^{(i)})^2}},\frac{x^{(2)}}{\sqrt{\sum_{i=1}^{n}(x^{(i)})^2}},\cdots,\frac{x^{(n)}}{\sqrt{\sum_{i=1}^{n}(x^{(i)})^2}}\right) \tag{7-47}$$

上面四个样本正则化后为[−0.255,0.967],[0.929,0.369],[0.911,−0.413],[0.118,0.993],编号分别为 0 到 3。正则化后的空间分布如图 7-20 中圆点所示,图中虚线表示半径为 1 的圆,可见正则化后的样本都位于该圆上。

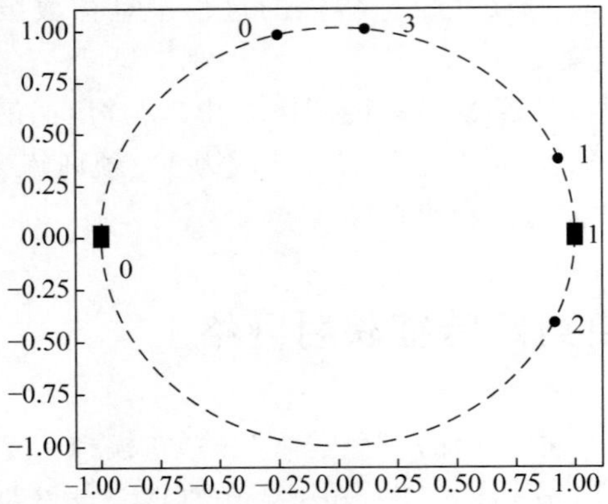

图 7-20　竞争学习示例样本归一化后的分布(见彩插)

在圆上取两个点[−1,0]和[1,0]作为两个簇的代表,如图 7-20 中方形点所示,编号为 0、1。通过学习,这两个点可以代表两个不同的簇。学习过程是对各样本逐一进行学习。对样本 0 进行学习的过程如图 7-21 所示,具体过程如下:

(1) 分别计算样本点 0 与两个簇点的欧氏距离,为 1.22 和 1.58。称距离最近的簇点为"胜者",此次学习的胜者为簇点 0。

(2) 调整胜者的位置,使它接近该样本。记平面上代表样本点 0 的向量为 $\boldsymbol{S}_0$,代表簇点 0 的向量为 $\boldsymbol{C}_0$。定义胜者接近样本的"步长"为它们之间欧氏距离的比例值,本例设为$\frac{1}{2}$。调整胜者的方法是先计算得到新的向量 $\boldsymbol{C}_0'=\boldsymbol{C}_0+\frac{\boldsymbol{S}_0-\boldsymbol{C}_0}{2}$,该新向量是向量 $\boldsymbol{C}_0$ 和向量$\frac{\boldsymbol{S}_0-\boldsymbol{C}_0}{2}$的向量和,然后将该向量正则化得到胜者新的位置,如图 7-21 中 0′点所示。

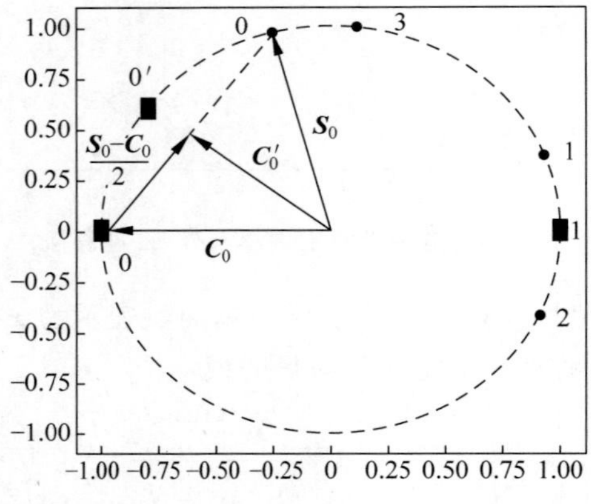

图 7-21　竞争学习示例样本点 0 的学习示意(见彩插)

依次对每个样本点都进行学习，可以进行多轮学习。接下来的学习效果如图 7-22 所示。经过两轮学习，族点 0 被逐步调整到样本 0 和样本 3 之间，而簇点 1 原本位于样本 1 和样本 2 之间，因此它的位置没有大的变化。可见，两个簇点被逐步调整到样本点密集区中，可以分别作为两个密集区的族代表。完整的代码见随书资源的 competitionLearning. py 程序文件。

通过竞争学习，可以得到代表簇的点，就学习到了样本点的分布结构。在预测时，只需要计算实例与各簇点的距离，取最近的簇点代表的簇即可。

竞争学习模拟了生物神经细胞的侧抑制现象。侧抑制使生物神经细胞之间表现出竞争关系，活跃的神经细胞会对周围的神经细胞进行抑制。这种策略也称为“胜者为王”(Winner Take All)。在竞争学习的人工神经网络中，只有胜者才能调整参数，或者由胜者决定周围神经元的参数调整方式。

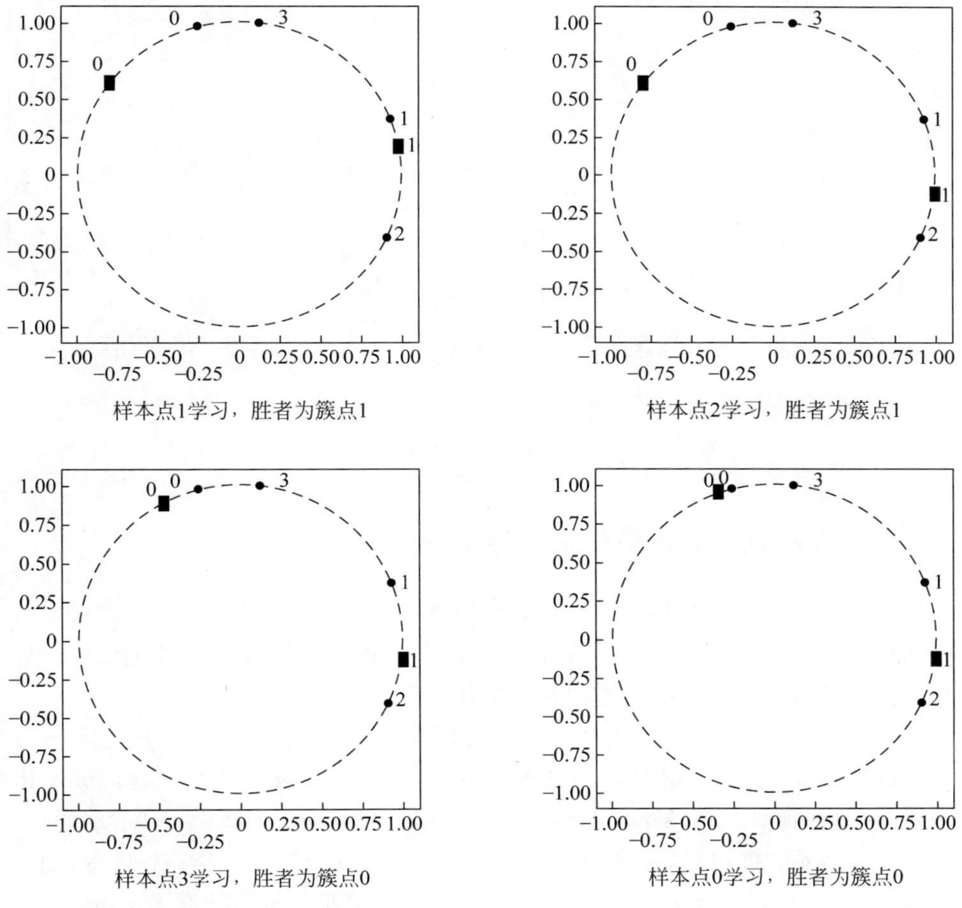

图 7-22　竞争学习示例对各样本点进行学习的过程(见彩插)

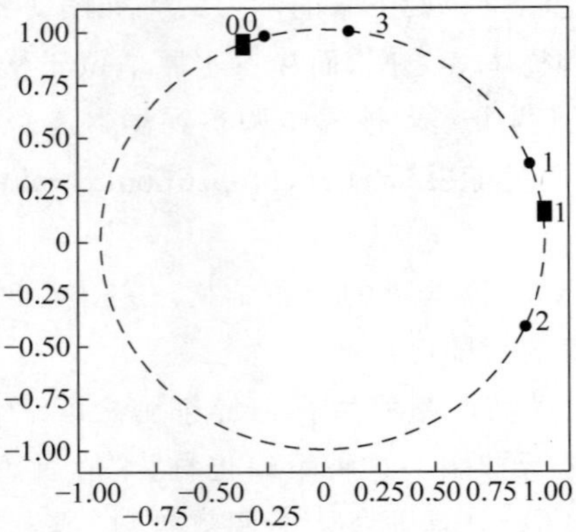

样本点1学习，胜者为簇点1

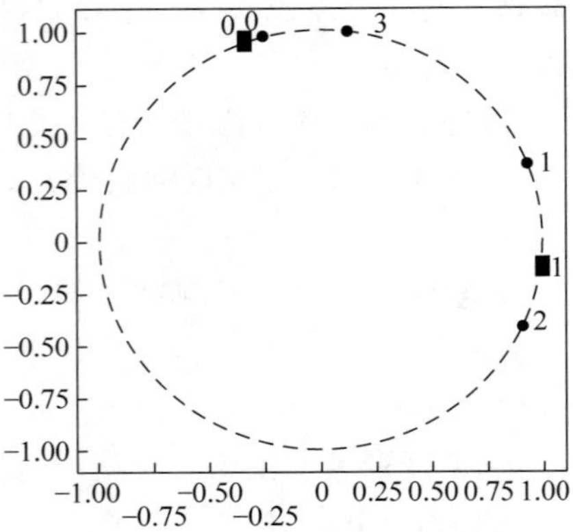

样本点2学习，胜者为簇点1

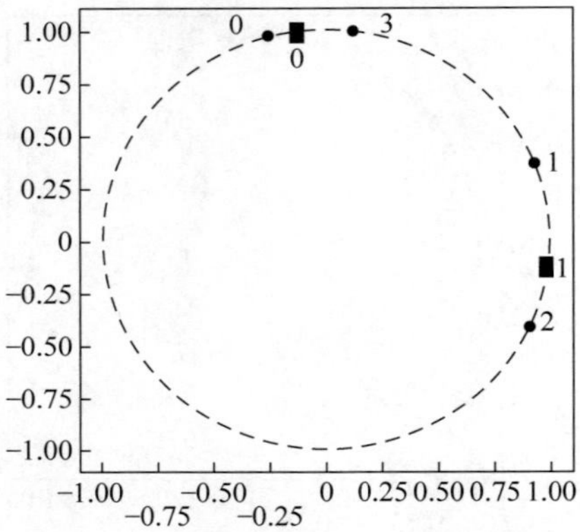

样本点3学习，胜者为簇点0

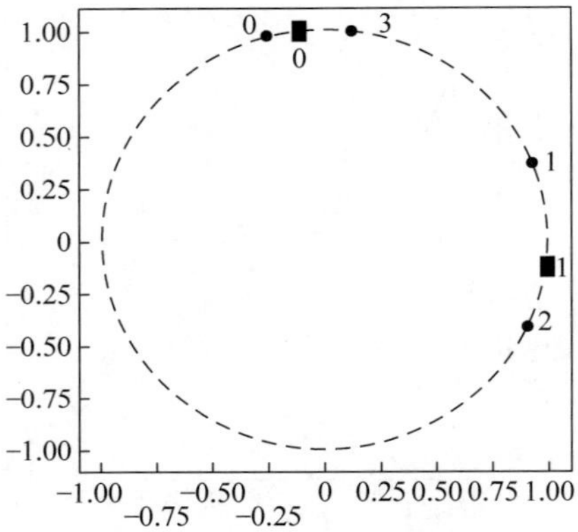

样本点0学习，胜者为簇点0

图 7-22 （续）

7.3.2 自组织特征映射网络的结构与学习

SOM 网络的结构很简单，只有输入和输出两层。

输入层只负责接收训练样本的特征向量数据，它的节点数要与向量特征数一样。输入层接收的训练样本需要事先经过向量正则化。

输出层也称为竞争层，竞争层的神经元之间存在竞争关系，它们通过竞争学习来实现聚类和降维等功能。与 BP 神经网络不同的是，SOM 网络的输出层的神经元输出的是一个向量，称为权值。权值的维度与输入向量相同。权值向量事先要正则化。

竞争层神经元的排列有多种形式，如一维线阵、二维平面阵和三维栅格阵等，如图 7-23 所示，图中虚线表示侧抑制关系。具体采用哪种形式，要根据具体问题来分析。

输入层与输出层是全连接关系，如图 7-23 中的实线所示。与 BP 神经网络不同的是，这些连接只负责将数据传递到上层，而没有所谓的连接系数，或者说所有的连接系数都为 1，且不可调整。

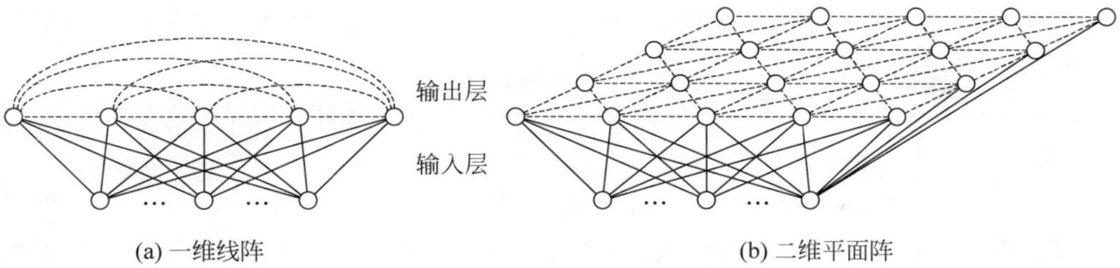

图 7-23 SOM 网络的典型结构(见彩插)

SOM 网络的训练过程是基于竞争学习的，只不过比 7.3.1 节的示例来得更复杂一些，主要体现在胜者如何调整自身和邻近节点的权值上。下面简要叙述 SOM 网络的训练过程，对某一输入样本向量：

(1) 决定胜者。该过程与 7.3.1 节的示例一样，将样本向量从输入层输入，计算它与输出层每一个节点代表的权值的距离，距离最小的输出节点为胜者。值得注意的是，距离计算可以根据需要采用其他非欧氏距离，如余弦相似度等。

(2) 调整权值。在 7.3.1 节的示例中，只有胜者才可以调整，而在 SOM 网络中，不仅调整胜者，还要调整邻近的节点，因此，要定义一个胜者邻域。该邻域以胜者为中心设定一个半径，对覆盖范围内的输出节点的权值进行调整。一般来说都是使它们向输入的样本向量靠近，调整的幅度根据与胜者的距离远近有关。邻域半径一般会设计成随着训练轮数的增加而减少。对调整过的权值要重新进行正则化。

将所有样本依次输入网络对权值进行上述调整，可进行多轮。结束的条件一般为达到最大轮数，或者权值的调整幅度小于指定的阈值。

从训练过程可以看出，SOM 网络对初始权值是敏感的，因此应尽量将初始权值均匀分布到向量空间中。可以随机地从训练集中抽取样本作为输出初始权值。

7.4 练习题

1. 编写程序实现感知机学习算法。可用随书资源“平面二分类线性逻辑回归示例.ipynb”程序文件中的方法产生 100 个实验点，用来训练感知机学习算法。

2. 在 7.2.1 节的三层感知机的误差反向传播学习示例中，计算第 2 个训练样本(0,1)的前向传播过程。网络参数的初值与示例初值相同：$\boldsymbol{W}_1=\begin{bmatrix}0.1 & 0.2\\0.2 & 0.3\end{bmatrix}$，$\boldsymbol{\theta}_1=[0.3 \quad 0.3]$，$\boldsymbol{W}_2=\begin{bmatrix}0.4 & 0.5\\0.4 & 0.5\end{bmatrix}$，$\boldsymbol{\theta}_2=[0.6 \quad 0.6]$。

3. 在第 2 题条件下，计算反向传播学习过程中 $w_1^{(1,2)}$ 的更新。

4. 试计算代码 7-2 所示例的多层全连接层神经网络需要学习的参数数量。

5. 基于随书提供的源程序 NN_regress.py，修改网络结构和参数，重现图 7-11～图 7-13 的拟合结果。

6. 式(7-34)计算了两项相对熵，试着计算它们的交叉熵。

7. 对代码 7-3 所示的示例，分别应用交叉熵、相对熵、余弦相似度和双曲余弦对数等损失函数，比较它们的效果和训练时长。

8. 对代码 7-3 所示的示例，分别应用本章讨论的多个优化算法，比较它们的效果和训练时长。

9. 将代码 7-1 中的神经网络参数全部置初值为 0.1，运行看能否收敛。参考前文讨论的机器学习算法选取超参数初始值的方法，设计一个通过选择初始值来尽量避免局部收敛的算法并实验。

第 8 章

深度学习

与前文所讨论的机器学习算法不同，深度学习被认为是一个“实践优先于理论”的领域。深度学习模型被认为是一个“黑盒子”，即使在工程上取得成功的模型，在理论上却难以完全解释清楚。虽然有很多学者尝试破解它们，但至今没有取得突破性进展。在初学深度学习时，建议在掌握模型基本结构的基础上，多进行实践，通过实践来积累认识，然后研究相关论文、把握最新研究进展，再用于指导实践。与前几章相比，本章的内容更侧重于实践。

8.1 概述

用本章之前讨论的各种机器学习方法（包括传统神经网络）来解决分类、回归、标注和聚类等问题，都是“人工提取特征＋模型”的套路，也就是说，需要在训练模型之前通过特征工程提取特征。而提取出合适的特征并不是一件容易的事，尤其是在图像、文本、语音等领域。即使是成功的模型，也难以推广应用。

正是在以神经网络为基础的深度学习为特征提取问题提供了有效的解决方法之后，机器学习才得以异军突起，得到广泛应用。深度学习带来的革命性变化是弥合了从底层具体数据到高层抽象概念之间的鸿沟，使得学习过程可以自动从大量训练数据中学习特征，不再需要过多人工干预，实现了端到端(End to End)学习。

人们认识到神经网络层数越多，处理复杂问题能力就越强。尽管 BP 算法开创了多层神经网络的学习之路，但随之而来的梯度消散问题又成了“拦路虎”，使得神经网络的层数不能任意增加。2006 年，Geoffery Hinto 在 *Science* 杂志上发表论文[28]，提出了“深度信念网络”，它通过预训练(Pre-training)使得神经网络的参数找到一个接近最优值，然后再通过微调(Fine-tuning)进行参数优化,有效缓解了 BP 算法导致的梯度消散问题,使得神经网络层数可以大大增加。此后,其他缓解梯度消散问题的优化技术和学习方法,如合理的激活函数、正则化、批标准化(Batch Normalization)、深度残差网络(Deep Residual Network)等,开始不断出现,使得神经网络的层次越来越多,处理问题的能力也越来越强。

在 2012 年的 ImageNet 竞赛上,Hinton 和他的学生用多层卷积神经网络在图像分类竞赛中取得了显著的成绩。此后,深度学习无论在学术上还是工业上都进入了爆发式的发展时期。到了 2017 年的 ImageNet 竞赛,深度学习在图像分类竞赛中的错误率已经低于人类 5%的错误率。

深度学习在机器视觉、语音识别、自然语言处理、推荐系统和数据挖掘等领域都取得了突破性的进展,成为解决这些领域问题的有力工具。

深度学习的兴起与大数据和高性能计算平台的发展有直接关系。训练深度神经网络需要大量的样本数据,训练耗时也大大增加。大数据技术的发展为深度神经网络的训练提供了大量的“燃料”,而以 GPU 技术为代表的高性能计算平台的发展,为深度神经网络的训练提供了高速的“引擎”。

深度学习并不特指某个算法,而是一类神经网络学习的统称。深度学习的具体算法一般是与某类具体应用紧密相关的,如图像识别问题与卷积神经网络、序列标注问题与循环神经网络等,还没有一个通用的模型或结构。

面向应用实践,是学习深度学习的有效方法。卷积神经网络和循环神经网络是深度学习的两个主要应用模型,本章将重点讨论它们的基本组成结构。读者如果能深入理解并熟练应用它们,相信可以较容易地分析前沿论文、搭建深度神经网络模型。

8.2 卷积神经网络

卷积神经网络(Convolutional Neural Network, CNN)在提出之初被成功应用于手写字符图像识别[29],2012 年的 AlexNet 网络[30]在图像分类任务中取得成功,此后,卷积神经网络发展迅速,现在已经被广泛应用于图形、图像、语音识别等领域。

图片的像素数量往往非常大,如果用第 7 章所讨论的多层全连接网络来处理,则参数数量将大到难以有效训练的地步。受猫脑研究的启发,卷积神经网络在多层全连接网络的基础上进行了改进,它在不减少层数的要求下有效提升了训练速度。卷积神经网络在多个研究领域都取得了成功,特别是在与图形有关的分类任务中。

8.2.1 卷积神经网络示例

本小节用一个示例来展示卷积神经网络在图像识别方面的优势。

代码 7-2 所示的是用多层全连接神经网络来完成手写体数字识别示例。通过采用交叉熵损失函数和 Adam 优化算法,以及修改网络结构、增加训练轮数等措施,发现最高能达到 0.983 左右的识别率。

而较简单的卷积神经网络只需 2 轮训练就可以轻松达到 0.9899 的识别率，实验代码见代码 8-1。

代码 8-1　手写体数字识别卷积神经网络模型示例(mnist_CNN.py)

```
1. import numpy as np
2. import tensorflow.keras as ka
3. import datetime
4. np.random.seed(0)
5.
6. (X_train, y_train), (X_test, y_test) = ka.datasets.mnist.load_data()
7.
8. #将数组转换成卷积层需要的格式
9. X_train = X_train.reshape(X_train.shape[0],28, 28, 1).astype('float32')
10. X_test = X_test.reshape(X_test.shape[0], 28, 28, 1).astype('float32')
11.
12. X_train = X_train / 255
13. X_test = X_test / 255
14.
15. y_train = ka.utils.to_categorical(y_train) #转化为独热编码
16. y_test = ka.utils.to_categorical(y_test)
17. num_classes = y_test.shape[1] # 10
18.
19. # CNN 模型
20. model = ka.Sequential([
21.     ka.layers.Conv2D(filters = 32, kernel_size = (5, 5), input_shape = (28, 28, 1),
      activation = 'relu'),
22.     ka.layers.MaxPooling2D(pool_size = (2, 2)),
23.     ka.layers.Dropout(0.2),
24.     ka.layers.Flatten(),
25.     ka.layers.BatchNormalization(),
26.     ka.layers.Dense(128, activation = 'relu'),
27.     ka.layers.Dense(num_classes, activation = 'softmax')
28. ])
29. model.summary()
30.
31. model.compile(loss = 'categorical_crossentropy', optimizer = 'adam',
    metrics = ['accuracy'])
32.
33. startdate = datetime.datetime.now() #获取当前时间
34. model.fit(X_train, y_train, validation_data = (X_test, y_test),
    epochs = 2, batch_size = 200, verbose = 2)
35. enddate = datetime.datetime.now()
36.
37. print("训练用时：" + str(enddate - startdate))
```

第 20～27 行是构建卷积神经网络的代码，第 23 行添加的是卷积层，第 24 行添加的是池化层。

卷积层和池化层是卷积神经网络的核心组成，它们和全连接层一起可以组合成很多层次的网络。卷积神经网络还可以按需添加用来抑制过拟合的 Dropout 层、拉平多维数据的 Flatten 层、加快收敛和抑制梯度消散的批标准化 BatchNormalization 层等。下文将对它们分别进行讨论。

8.2.2 卷积层

代码 8-1 中第 21 行的二维卷积层的输入是：input_shape=(28,28,1)。这与前文讨论的所有机器学习模型的输入都不同，前文模型的输入是一维向量，该一维向量要么是经特征工程提取出来的特征，要么是被拉成一维的图像数据(见第 7 章的多层全连接神经网络实现手写体数字识别示例)。而这里卷积层的输入是图片数据组成的多维数据，称为张量(Tensor)。

一张图片除了有表示像素位置的数据外，还要有表示色彩的数据，称为通道(Channel)。常用 RGB 三色模式来表示彩色图片，这样的图片数据有红、绿、蓝 3 个通道，意思是每个像素点的颜色分别用代表红、绿、蓝 3 种原色的亮度数据来合成表示。MNIST 图片中，只有一种颜色，通常称灰色亮度。MNIST 图片的维度是(28,28,1)，前面二维存储 28×28 个像素点的坐标位置，后面一维表示像素点的灰色亮度值，因此它是 28×28 的单通道数据。用 RGB 三色模式来表示的彩色图片，则是 3 通道数据。

从数学上来讲，卷积是一种积分变换。卷积在很多领域都得到了广泛的应用，如在统计学中它可用来作为统计数据的加权滑动平均，在电子信号处理中通过将线性系统的输入与系统函数进行卷积得到系统输出，等等。在深度学习中，它用来进行数据的卷积运算，在图像处理领域取得了非常好的效果。

在单通道数据上的卷积运算示例如图 8-1 所示。单通道数据上的卷积运算包括待处理张量 $\boldsymbol{I}$、卷积核 $\boldsymbol{K}$ 和输出张量 $\boldsymbol{S}$ 三个组成部分，它们的大小分别为 4×4、3×3 和 2×2。

共进行了 4 次运算。

第 1 次运算先用卷积核的左上角去对准待处理张量的左上角，位置为 $\boldsymbol{I}(0,0)$，如图 8-1 中深色部分。然后，将卷积核与对准部分的相应位置的值相乘再求和(可看作矩阵的点积运算)：$1\times1+1\times1+2\times2+1\times1+0\times0+0\times1+0\times1+1\times1+1\times1=9$。所以，第 1 次运算的输出为 9，记为 $\boldsymbol{S}(0,0)=9$。

第 2 次运算，将卷积核向右移动一步，卷积核的左上角对准待处理张量的位置为 $\boldsymbol{I}(0,1)$，再进行相应位置值的相乘求和，得到输出为 $\boldsymbol{S}(0,1)=9$。

第 3 次运算，因为卷积核已经到达最右边，因此下移一行，从最左边 $\boldsymbol{I}(1,0)$ 开始对准，然后再进行相应位置值的相乘求和，得到输出为 $\boldsymbol{S}(1,0)=7$。

第 4 次运算，将卷积核向右移动一步，到达 $\boldsymbol{I}(1,1)$，再与对准部分的相应位置的值相乘求和，得到输出为 $\boldsymbol{S}(1,1)=7$。

卷积核已经到达待处理张量的最右侧和最下侧，卷积运算结束。每次输出的结果也按移动位置排列，得到输出张量 $\boldsymbol{S}=\begin{bmatrix}9 & 9\\7 & 7\end{bmatrix}$。

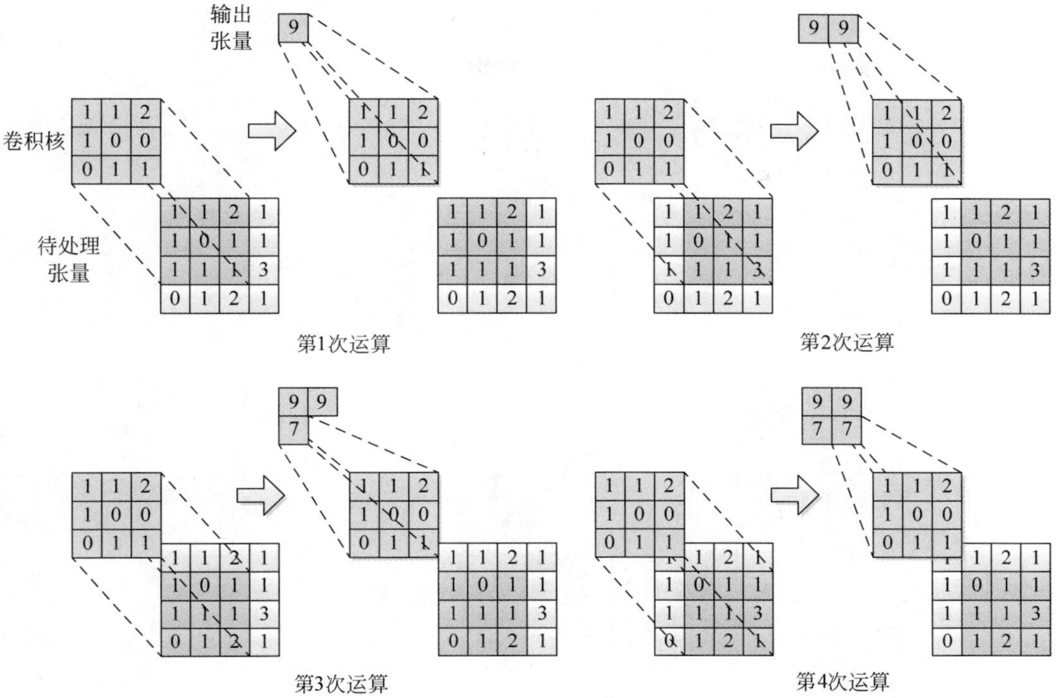

图 8-1 卷积运算示例(见彩插)

记待处理的张量为 $\boldsymbol{I}$,卷积核为 $\boldsymbol{K}$,每一次卷积运算可表述为

$$\boldsymbol{S}(i,j)=(\boldsymbol{I}*\boldsymbol{K})(i,j)=\sum_{m=1}^{M}\sum_{n=1}^{N}\boldsymbol{I}(i+m-1,j+n-1)\boldsymbol{K}(m,n) \tag{8-1}$$

式中,$\boldsymbol{I}*\boldsymbol{K}$ 表示卷积运算;M 和 N 分别表示卷积核的长度和宽度;i,j 是待处理张量 $\boldsymbol{I}$ 的坐标位置,也是卷积核左上角对齐的位置。

按式(8-1)从上到下,从左到右依次卷积运算,可得输出张量 $\boldsymbol{S}$。记待处理张量 $\boldsymbol{I}$ 的长度和宽度为 P 和 Q,则输出张量 $\boldsymbol{S}$ 的长度和宽度分别为 $P-M+1$ 和 $Q-N+1$。代码 8-1 所示的示例,输入为 28×28,卷积核为 5×5,因此输出为 24×24。

实际应用中,与神经元模型一样,卷积运算往往还要加 1 个阈值 θ,即

$$\boldsymbol{S}(i,j)=(\boldsymbol{I}*\boldsymbol{K})(i,j)=\sum_{m=1}^{M}\sum_{n=1}^{N}\boldsymbol{I}(i+m,j+n)\boldsymbol{K}(m,n)+\theta \tag{8-2}$$

卷积核 $\boldsymbol{K}$ 和阈值 θ 是要学习的参数。

如果数据是多通道的,则卷积核也分为多层,每一层对应一个通道,各层参数不同。每层卷积核的操作与单通道上的卷积操作相同,最终输出是每层输出的和再加上阈值,如图 8-2 所示。因此,无论输入的张量有多少个通道,经过一个卷积核后的输出都是单层的。

从卷积运算的过程可见,卷积层的输出只与部分输入有关。虽然要扫描整个输入层,但卷积核的参数是一样的,这称为参数共享(Parameter Sharing)。参数共享大大减

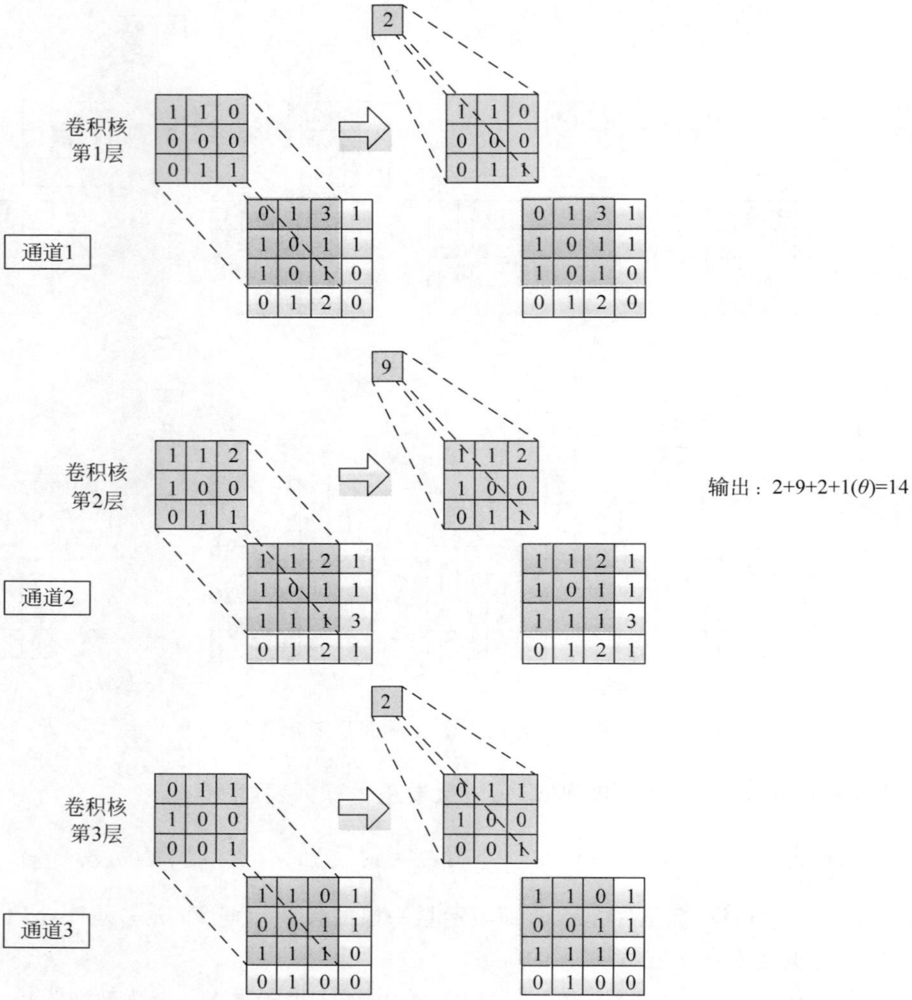

图 8-2　多通道卷积运算示例(见彩插)

少了需要学习的参数的数量。

在卷积运算中,一般会设置多个卷积核。代码 8-1 所示的示例中设置了 32 个卷积核(TensorFlow 中称为过滤器 filters),每个卷积核输出一层,因此该卷积层的输出是 32 层的,也就是说将 28×28×1 的数据变成了 24×24×32 的。在画神经网络结构图时,一般用图 8-3 中的长方体来表示上述卷积运算,水平方向长度示意卷积核的数量。

再来算一下代码 8-1 示例中该卷积层的训练参数量。因为输入是单通道的,因此每卷积核只有一层,它的参数为 5×5+1=26,共 32 个卷积核,因此训练参数为 26×32=832 个。

如果待处理张量规模很大,可以将卷积核由依次移动改为跳跃移动,即一次移动两个或多个数据单元,称为加大步长(Strides)。加大步长可以减少计算量、加快训练速度。

为了提取到边缘的特征，可以在待处理张量的边缘填充 0 再进行卷积运算，称为零填充（Zero-padding），如图 8-4 所示。填充也可以根据就近的值进行填充。

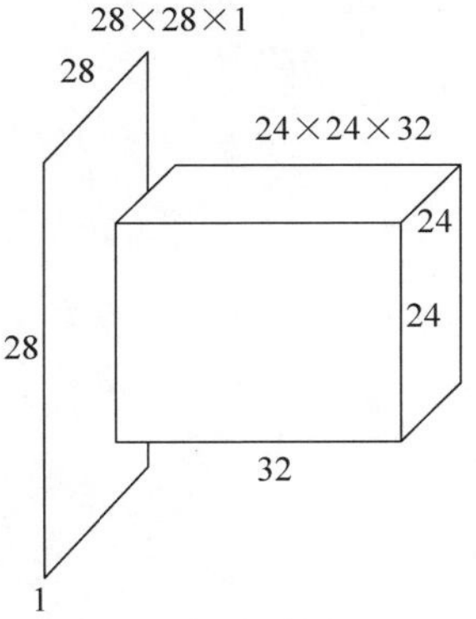

图 8-3 卷积层图示（见彩插）

0	0	0	0	0	0
0	1	1	2	1	0
0	1	0	1	1	0
0	1	1	1	3	0
0	0	1	2	1	0
0	0	0	0	0	0

图 8-4 边缘填充示例（见彩插）

边缘填充的另一个用途是在张量与卷积核不匹配时，通过填充使之匹配，从而卷积核能扫描到所有数据。

如采用图 8-4 所示的填充，在步长为 1 时，输出张量的长度和宽度都要加 2。

8.2.3 池化层和 Flatten 层

池化（Pooling）层一般跟在卷积层之后，用于压缩数据和参数的数量。

池化操作也叫下采样（Sub-sampling），具体过程与卷积层基本相同，只不过池化层的卷积核只取对应位置的最大值或平均值，分别称为最大池化或平均池化。最大池化操作如图 8-5 所示，将对应位置中的最大值输出，结果为 2。如果是平均池化，则将对应位置中的所有值求平均值，得到输出 1。池化层没有需要训练的参数。

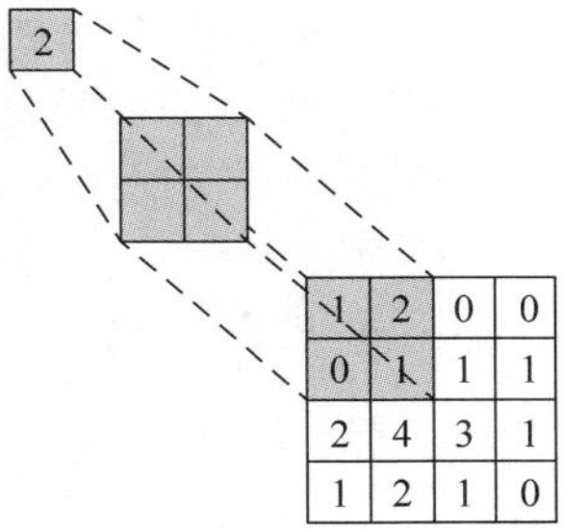

图 8-5 最大池化操作示例（见彩插）

池化层的移动方式与卷积层不同，它是不重叠地移动，图 8-5 所示的池化操作，输出的张量的规模为 2×2。代码 8-1 第 22 行池化层输出的张量为 12×12×32。

代码 8-1 中第 24 行添加的是 Flatten 层。Flatten 层很简单，只是将输入的多维数据拉成一维的，直观上可理解为将数据“压平”。代码 8-1 第 24 行 Flatten 层的输出维度为 4608＝12×12×32。

8.2.4 批标准化层

批标准化（Batch Normalization）[31] 可以抑制梯度消散，加速神经网络训练。批标准化的提出者认为深度神经网络的训练之所以复杂，是因为在训练时每层的输入都随着前一层的参数的变化而变化。因此，在训练时，需要仔细调整步长和初始化参数来取得好的效果。

针对上述问题,在训练阶段,批标准化对每一层的批量输入数据 $\boldsymbol{x}$ 进行标准化(见 5.1.3 节),使之尽量避免落入非线性激活函数的饱和区。具体来讲就是使之均值为 0,方差为 1。记每一批输入数据为 $\boldsymbol{B}=\{\boldsymbol{x}_1,\boldsymbol{x}_2,\cdots,\boldsymbol{x}_m\}$,对其中任一 $\boldsymbol{x}_i$ 进行如下操作:

$$\begin{cases}\mu_B=\dfrac{1}{m}\sum\limits_{i=1}^{m}\boldsymbol{x}_i\\ \sigma_B^2=\dfrac{1}{m}\sum\limits_{i=1}^{m}(\boldsymbol{x}_i-\mu_B)^2\\ \hat{\boldsymbol{x}}_i=\dfrac{\boldsymbol{x}_i-\mu_B}{\sqrt{\sigma_B^2+\varepsilon}}\\ \boldsymbol{y}_i=\gamma_i\hat{\boldsymbol{x}}_i+\beta_i\end{cases}\tag{8-3}$$

其中,ε 为防止除 0 的很小的常数。前三步分别为计算均值、计算方差、标准化,最后一步是对归一化后的结果进行缩放和平移,其中的 γ_i 和 β_i 是要学习的参数。μ_B 和 σ_B^2 是从输入数据中计算得到,是不需要学习的参数。

代码 8-1 所示的示例中,在 Flatten 层和全连接层之间加入了批标准化层。对比是否加入该层的运行结果,可以发现在加入该层后,网络将更快收敛,在第 10 轮的训练中,可以达到 0.9902 的准确率,而不加入该层时,只能达到 0.9892 的准确率。

8.2.5 典型卷积神经网络

在深度学习的发展过程中,出现了很多经典的卷积神经网络,它们对深度学习的学术研究和工业生产都起到了巨大的促进作用,如 VGG、ResNet、Inception 和 DenseNet 等,很多投入实用的卷积神经都是在它们的基础上进行改进的。初学者应从实验开始,通过阅读论文和实现代码(tensorflow.keras.applications 包中实现了很多有影响力的神经网络模型的源代码)来全面了解它们。下文简要讨论两个有代表性的卷积神经网络,它们都是卷积层、池化层、全连接层等的不同组合。

1. VGG-16,VGG-19

VGG-16[32]是牛津大学的 Visual Geometry Group 在 2015 年发布的共 16 层的卷积神经网络,有约 1.38 亿个网络参数。该网络常被初学者用来学习和体验卷积神经网络。

VGG-16 模型是针对 ImageNet 挑战赛设计的,该挑战赛的数据集为 ILSVRC-2012 图像分类数据集。ILSVRC-2012 图像分类数据集的训练集总共有 1 281 167 张图片,分为 1000 个类别,它的验证集有 50 000 张图片样本,每个类别 50 个样本。

ILSVRC-2012 图像分类数据集是 2009 年开始创建的 ImageNet 图像数据集的一部分。基于该图像数据集举办了具有很大影响力的 ImageNet 挑战赛,很多新模型就是在该挑战赛上发布的。

VGG-16 模型的网络结构如图 8-6 所示,从左侧输入大小为 224×224×3 的彩色图片,在右侧输出该图片的分类。

输入层之后,先是 2 个大小为 3×3、卷积核数为 64、步长为 1、零填充的卷积层,此时

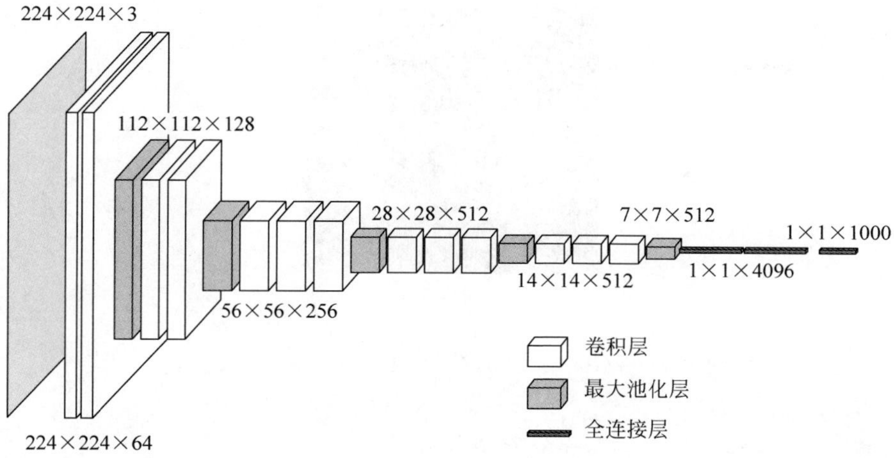

图 8-6 VGG-16 模型的网络结构(见彩插)

的数据维度大小为 224×224×64,在水平方向被拉长了。

然后是 1 个大小为 2×2 的最大池化层,将数据的维度降为 112×112×64,再经过 2 个大小为 3×3、卷积核数为 128、步长为 1、零填充的卷积层,再一次在水平方向上被拉长,变为 112×112×128。

然后是 1 个大小为 2×2 的最大池化层,和 3 个大小为 3×3、卷积核数为 256、步长为 1、零填充的卷积层,数据维度变为 56×56×256。

然后是 1 个大小为 2×2 的最大池化层,和 3 个大小为 3×3、卷积核数为 512、步长为 1、零填充的卷积层,数据维度变为 28×28×512。

然后是 1 个大小为 2×2 的最大池化层,和 3 个大小为 3×3、卷积核数为 512、步长为 1、零填充的卷积层,数据维度变为 14×14×512。

然后是 1 个大小为 2×2 的最大池化层,数据维度变为 7×7×512。

然后是 1 个 Flatten 层将数据拉平。

最后是 3 个全连接层,节点数分别为 4096、4096 和 1000。

除最后一层全连接层采用 Softmax 激活函数外,所有卷积层和全连接层都采用 ReLU 激活函数。

从上面网络结构可见,经过卷积层,通道数量不断增加,而经过池化层,数据的高度和宽度不断减少。

Visual Geometry Group 后又发布了 19 层的 VGG-19 模型。

TensorFlow 实现了 VGG-16 模型和 VGG-19 模型①,建议读者仔细阅读并分析。TensorFlow 还提供了用 ILSVRC-2012-CLS 图像分类数据集预先训练好的 VGG-16 模型和 VGG-19 模型,下面给出一个用预先训练好的模型来识别一幅图片(见图 8-7)的例子。

例子代码见代码 8-2。

---

① https://github.com/tensorflow/tensorflow/blob/master/tensorflow/python/keras/applications/vgg16.py

图 8-7 实验用的小狗图片(见彩插)

代码 8-2 VGG-19 预训练模型应用(vgg19_app.py)

```
import tensorflow.keras.applications.vgg19 as vgg19
import tensorflow.keras.preprocessing.image as imagepre

#加载预训练模型
model = vgg19.VGG19(weights = 'E:\\MLDatas\\vgg19_weights_tf_dim_ordering_tf_kernels.h5', include_top = True) # 加载预先下载的模型
#加载图片并转换为合适的数据形式
image = imagepre.load_img('116.jpg', target_size = (224, 224))
imagedata = imagepre.img_to_array(image)
imagedata = imagedata.reshape((1,) + imagedata.shape)

imagedata = vgg19.preprocess_input(imagedata)
prediction = model.predict(imagedata) #分类预测
results = vgg19.decode_predictions(prediction, top = 3)
print(results)
#[[('n02113624', 'toy_poodle', 0.6034094), ('n02113712', 'miniature_poodle', 0.34426507), ('n02113799', 'standard_poodle', 0.0124355545)]]
```

可见,图片为 toy poodle 的概率最大,为 0.6。

2. 残差网络

随着网络层次的加深,训练集的损失函数可能会呈现出先下降再上升的现象,称为网络退化(Degradation)现象。残差网络(ResNet)[33]提出了抑制梯度消散、网络退化来加速训练收敛的方法,克服了层数多导致的收敛慢、甚至无法收敛的问题,使网络的层数得以增加。

残差单元是残差网络的基本组成部分,它的特点是有一条跨层的短接。图 8-8 示例了一个残差单元。该单元有两条传递路径,除了常规的卷积、批标准化、激活处理路径外,还有一条跨层的直接传递路径。

残差网络一般要由很多残差单元首尾连接而成。残差网络的思想是通过跨层的短接,在误差反向传播时,去掉不变的主体部分,从而突出微小的变化,使得网络对误差更加敏感。通过短接还使得误差消散问题得到了较好的解决。实验结果证明残差网络具有良好的学习效果。

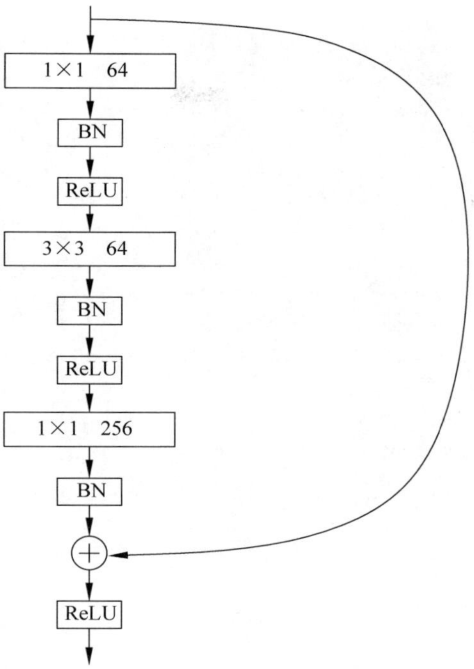

图 8-8 残差单元示例(见彩插)

图 8-8 所示残差单元在 TensorFlow 框架下的实现见代码 8-3,其中第 28 行是将两条处理路径传来的数据相加。该代码来自 tensorflow.keras.applications 包,该包包含了许多经典模型的实现代码,值得读者仔细分析。图 8-8 是以代码 8-3 的第 1 行的 filters 参数为 64、conv_shortcut 参数为 False 时的示例图。

代码 8-3 残差单元①

```
1. def block1(x, filters, kernel_size = 3, stride = 1, conv_shortcut = True, name = None):
2.     bn_axis = 3 if backend.image_data_format() == 'channels_last' else 1
3.   if conv_shortcut:
4.     shortcut = layers.Conv2D(
5.         4 * filters, 1, strides = stride, name = name + '_0_conv')(
6.             x)
7.     shortcut = layers.BatchNormalization(
8.         axis = bn_axis, epsilon = 1.001e-5, name = name + '_0_bn')(
9.             shortcut)
10.   else:
11.     shortcut = x
12.   x = layers.Conv2D(filters, 1, strides = stride, name = name + '_1_conv')(x)
13.   x = layers.BatchNormalization(
14.       axis = bn_axis, epsilon = 1.001e-5, name = name + '_1_bn')(
15.           x)
```

① https://github.com/tensorflow/tensorflow/blob/master/tensorflow/python/keras/applications/resnet.py

```
x = layers.Activation('relu', name = name + '_1_relu')(x)
x = layers.Conv2D(
    filters, kernel_size, padding = 'SAME', name = name + '_2_conv')(
        x)
x = layers.BatchNormalization(
    axis = bn_axis, epsilon = 1.001e - 5, name = name + '_2_bn')(
        x)
x = layers.Activation('relu', name = name + '_2_relu')(x)
x = layers.Conv2D(4 * filters, 1, name = name + '_3_conv')(x)
x = layers.BatchNormalization(
    axis = bn_axis, epsilon = 1.001e - 5, name = name + '_3_bn')(
        x)
x = layers.Add(name = name + '_add')([shortcut, x])
x = layers.Activation('relu', name = name + '_out')(x)
return x
```

8.3 循环神经网络

循环神经网络(Recurrent Neural Network,RNN)是用于对序列的非线性特征进行学习的深度神经网络。循环神经网络的输入是有前后关联关系的序列。

循环神经网络可以用来解决与序列有关的问题,如序列回归、序列分类和序列标注等任务。序列的回归问题,如气温、股票价格的预测问题,它的输入是前几个气温、股票价格的值,输出的是连续的预测值。序列的分类问题,如影评的正负面分类、垃圾邮件的检测,它的输入是影评和邮件的文本,输出的是预定的有限的离散的标签值。序列的标注问题,如自然语言处理中的中文分词和词性标注。循环神经网络可处理传统机器学习中的隐马尔可夫模型、条件随机场等模型胜任的标注任务。

8.3.1 基本单元

循环神经网络的基本单元如图 8-9(a)所示。类似隐马尔可夫链,把循环神经网络基本结构的中间部分称为隐层,向量 $\boldsymbol{s}$ 标记了隐层的状态。隐层的输出有两个,一个是 $\boldsymbol{y}$,另一个反馈到自身。到自身的反馈将与下一步的输入共同改变隐层的状态向量 $\boldsymbol{s}$。因此,隐层的输入也有两个,分别是当前输入 $\boldsymbol{x}$ 和来自自身的反馈(首步没有来自自身的反馈)。

循环神经网络的反馈机制使得它有了记忆功能,具备了处理序列的能力。将基本单元按每步输入展开,如图 8-9(b)所示。$x^{(1)},x^{(2)},\cdots,x^{(n)}$ 是每步的输入,$\boldsymbol{s}_1,\boldsymbol{s}_2,\cdots,\boldsymbol{s}_n$ 是每步的状态,$y^{(1)},y^{(2)},\cdots,y^{(n)}$ 是每步的输出。图中的 $\boldsymbol{U},\boldsymbol{V},\boldsymbol{W}$ 是矩阵,分别是从输入到隐层状态、隐层状态到输出、当前状态到后一步状态的变换参数,它们是要学习的内容。需要注意的是,图 8-9(b)只是图 8-9(a)所示基本单元的展开,并不是有多个基本单元,也就是说,图 8-9(b)中的 $\boldsymbol{U},\boldsymbol{V},\boldsymbol{W}$ 矩阵分别只有一个,并不是每一步都有一个不同的 $\boldsymbol{U},\boldsymbol{V}$,$\boldsymbol{W}$ 矩阵。

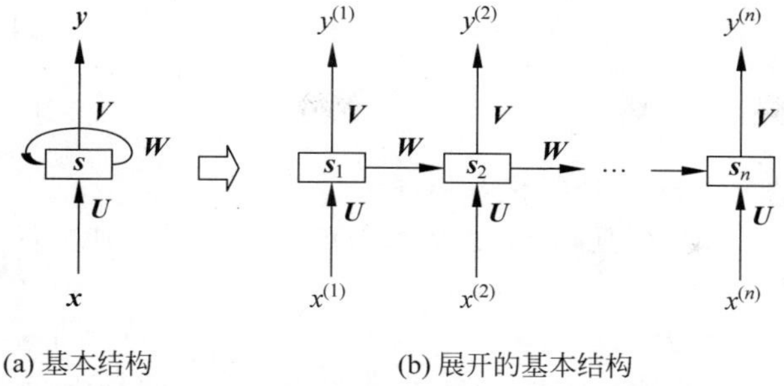

图 8-9 循环神经网络基本单元示意(见彩插)

下面用一个简单的前向传播示例来解释 $\boldsymbol{U},\boldsymbol{V},\boldsymbol{W}$ 矩阵。

设输入为长度仅为 2 的序列 $\boldsymbol{x}=(\boldsymbol{x}^{(1)},\boldsymbol{x}^{(2)})$,其中,$\boldsymbol{x}^{(1)}$ 和 $\boldsymbol{x}^{(2)}$ 是一个 3 维的向量(向量常用来数字化表示一个基本的输入单元,如自然语言处理中用来表示词的词编码向量)。设输出的标签序列为 $\boldsymbol{y}=(y^{(1)},y^{(2)})$。那么适应该输入和输出要求的由基本单元组成的循环网络结构如图 8-10 所示。

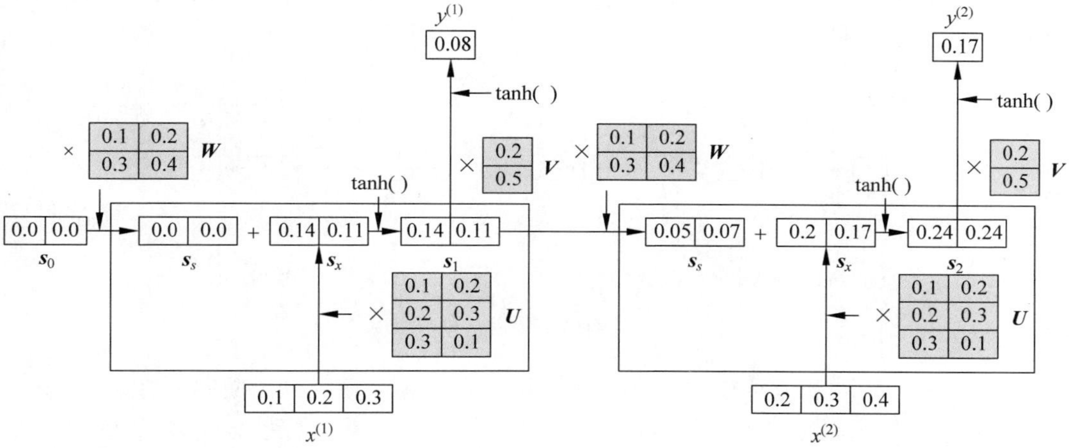

图 8-10 循环神经网络前向传播示意(见彩插)

图 8-10 中的循环神经网络的输入样本的观测序列有两个分量 $x^{(1)}$ 和 $x^{(2)}$,即每次输入的步长数为 2。观测序列的分量是三维的向量。隐状态是一个二维的向量 $\boldsymbol{s}$,输出是一维的标量,分别是 $y^{(1)}$ 和 $y^{(2)}$。$\boldsymbol{U},\boldsymbol{V},\boldsymbol{W}$ 的值如图 8-10 所示。

记由上一步状态转换而来的状态分量为 $\boldsymbol{s}_s$,由输入转换而来的状态分量为 $\boldsymbol{s}_x$,则状态向量 $\boldsymbol{s}=\tanh(\boldsymbol{s}_s+\boldsymbol{s}_x)$,其中,$\tanh(\cdot)$是激活函数[见式(7-6)]。设初始隐状态为 $\boldsymbol{s}_0=[0.0\quad 0.0]$。

对第 1 步来说:

$$\boldsymbol{s}_s=\boldsymbol{s}_0\times\boldsymbol{W}=[0.0\quad 0.0]\times\begin{bmatrix}0.1 & 0.2\\0.3 & 0.4\end{bmatrix}=[0.0\quad 0.0]$$

$$\boldsymbol{s}_x=\boldsymbol{x}^{(1)}\times\boldsymbol{U}=[0.1\quad 0.2\quad 0.3]\times\begin{bmatrix}0.1 & 0.2\\0.2 & 0.3\\0.3 & 0.1\end{bmatrix}=[0.14\quad 0.11]$$

$$\boldsymbol{s}=\tanh(\boldsymbol{s}_s+\boldsymbol{s}_x)=[\tanh(0.14)\quad \tanh(0.11)]=[0.14\quad 0.11]$$

$$y^{(1)}=\tanh(\boldsymbol{s}\times\boldsymbol{V})=\tanh\left([0.14\quad 0.11]\times\begin{bmatrix}0.2\\0.5\end{bmatrix}\right)=0.08 \tag{8-4}$$

读者可以对照图计算第 2 步的状态和输出。

在本示例中，为了简化起见，每个激活函数的输入都没有加阈值参数 θ，在实际应用时，该参数可根据需要添加。

因为循环神经网络中基本单元的状态不仅与输入有关，还与上一状态有关，因此，传统的反向传播算法不适用于 $\boldsymbol{U}$,$\boldsymbol{V}$,$\boldsymbol{W}$ 的更新。在循环神经网络中，参数更新的算法是所谓的通过时间反向传播(Back Propagation Trough Time，BPTT)算法，该算法多了一个在时间上反向传递的梯度，此处不再赘述。

8.3.2 网络结构

图 8-9(b)所示结构的特点是每一个输入都有一个对应的输出，称为 many to many 结构，它适合完成标注类任务。除了 many to many 结构外，循环神经网络还有其他几类常用结构，如图 8-11 所示。

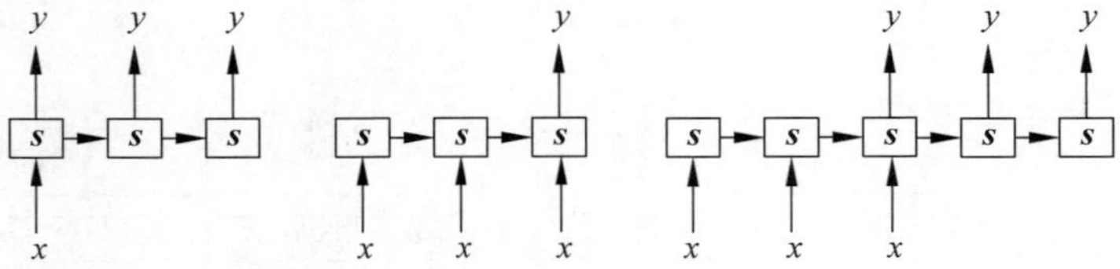

图 8-11 循环神经网络常用结构示意(见彩插)

one to many 结构是单输入多输出的结构，可用于输入图片给出文字说明。many to one 结构是多输入单输出的结构，可用于文本分类任务，如影评情感分类、垃圾邮件分类等。many to many delay 结构也是多输入多输出的结构，但它是有延迟的输出，该结构常用于机器翻译、机器问答等。

下面给出一个采用 many to one 结构的序列回归问题示例。该示例是等间隔对三角函数采样，得到指定长度的序列，用这个序列来预测序列后某点的值。示例代码见代码 8-4。

第 15～22 行是生成训练数据。它是对 sin 三角函数依次采集 10 个点作为观测序列，并将紧接着的一个点值作为该观测序列的标签值。重复多次，得到训练集。

第 26～33 行是建立循环神经网络模型。基本结构采用了 TensorFlow 中 Keras 的 SimpleRNN，它实现了如图 8-10 所示的 RNN 基本单元。它的输入有两个重要的参数：units 和 input_shape。units 是设定该单元的状态向量 $\boldsymbol{s}$ 的维数，它的大小决定了 $\boldsymbol{W}$ 矩阵的维度。input_shape 设定了输入序列的长度和每个序列分量的维数，示例中分别是 10 和 1。序列分量的维数和 units 共同决定了 $\boldsymbol{U}$ 矩阵的维度。输入序列的长度决定了 SimpleRNN 的循环步数，在最后一步，将状态向量 $\boldsymbol{s}$ 输出到一个全连接层，该连接层输出为一维的预测值，因此 $\boldsymbol{V}$ 矩阵的维度是 units×1。

代码 8-4 循环神经网络序列回归问题示例(SimpleRNN_regress.py)

```
import numpy as np
np.random.seed(0)

def myfun(x):
    '''目标函数
    input:x(float):自变量
    output:函数值'''
    return np.sin(x)
#对函数值采点
x = np.linspace(0,15, 150)
y = myfun(x) + 1 + np.random.random(size = len(x)) * 0.3 - 0.15
#设定的序列长度
input_len = 10

train_x = []
train_y = []
for i in range(len(y) - input_len - 1):
    train_data = []
    for j in range(input_len):
        train_data.append([y[i + j]])
    train_x.append(train_data)                  # 添加训练序列
    train_y.append((y[i + input_len + 1]))      # 添加训练序列后的一个值,即目标值

import tensorflow as tf

model = tf.keras.Sequential()
model.add(tf.keras.layers.SimpleRNN(100,        # 隐状态向量维数,也称隐状态单元数
                    return_sequences = False,   # 只返回最后一个状态
                    activation = 'relu',
                    input_shape = (input_len, 1))) # 一次输入一个序列,序列是一维的
model.add(tf.keras.layers.Dense(1))     # 全连接层,输入是最后一个状态,输出是预测值
model.add(tf.keras.layers.Activation("relu"))
model.compile(loss = 'mean_squared_error', optimizer = 'adam')
model.summary()
model.fit(train_x, train_y, epochs = 10, batch_size = 10, verbose = 1)

import matplotlib.pyplot as plt
plt.rcParams['axes.unicode_minus'] = False
plt.rc('font', family = 'SimHei', size = 13)
y0 = myfun(x) + 1
plt.plot(x, y0, color = "red", linewidth = 1)
y1 = model.predict(train_x)
plt.plot(x[input_len + 1:], y1, "b--", linewidth = 1)
plt.show()
```

该示例的网络结构如图 8-11(b)所示,序列的长度为 10,因此,SimpleRNN 结构要循环 10 步,在最后一步,将状态输出到全连接层得到最终输出。

预测效果如图 8-12(a)所示,其中虚线为预测值。

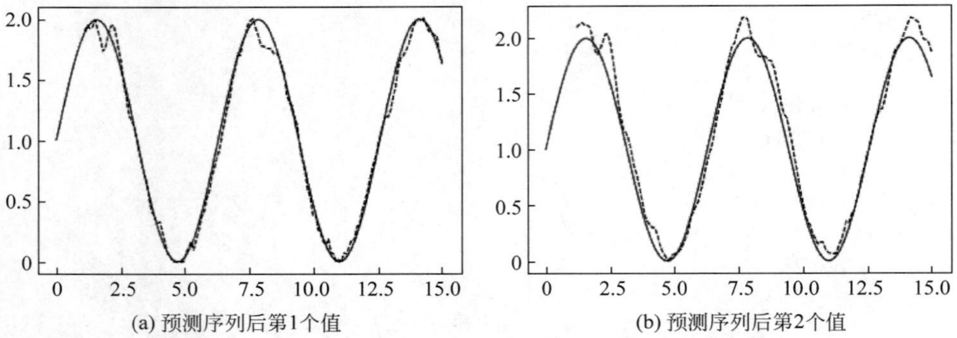

图 8-12 循环神经网络序列回归预测效果(见彩插)

在示例中,输出的是一维标量,实际上也可以是多维的向量。如,不仅要预测序列后的第 1 个值,还要预测序列后的第 2 个值,那么输出的就是一个二维的向量。此时,将代码 8-4 中第 31 行的全连接层的输出改为 2 即可。当然,训练样本的标签值也要从一维改为二维,即增加序列后第 2 个值。对序列后第 2 个值的预测效果如图 8-12(b)所示,具体代码可见随书资源 SimpleRNN_regress2. py 文件。

8.3.3 长短时记忆网络

长短时记忆网络(Long Short Term Memory,LSTM)[34]是循环神经网络中最常用的一种,在实践中表现出了良好效果。

以基本单元为基础构建的循环神经网络虽然能够处理有关联的序列,但是因为梯度消散和梯度爆炸等问题,不能有效利用间距过长的信息,称为长期依赖(Long-Term Dependencies)问题。

长短时记忆网络是在各步间传递数据时,通过几个可控门(遗忘门、输入门、候选门、输出门)控制先前信息和当前信息的记忆和遗忘程度,从而使循环神经网络具备了长期记忆功能,能够利用间距很长的信息来解决当前问题。

图 8-10 所示的基本单元可以用图 8-13(a)简化表示(输入序列分量和输出序列分量的序号由上标表示改为下标表示),状态 $\boldsymbol{s}_i$ 和输出 $\boldsymbol{y}_i$ 可表示为

$$\begin{aligned}\boldsymbol{s}_i &= \tanh(\boldsymbol{s}_{i-1}\times\boldsymbol{W}+\boldsymbol{x}_i\times\boldsymbol{U})=\tanh\left([\boldsymbol{s}_{i-1}\quad \boldsymbol{x}_i]\times\begin{bmatrix}\boldsymbol{W}\\ \boldsymbol{U}\end{bmatrix}\right)\\ \boldsymbol{y}_i &= \tanh(\boldsymbol{s}_i\times\boldsymbol{V})\end{aligned}\tag{8-5}$$

长短时记忆网络的基本单元如图 8-13(b)所示,从单元外部看,它与基本单元最大的区别在于每步的输出 $\boldsymbol{y}_i$ 也要馈入下一步运算。

图 8-13(b)中标记为①、②、③、④的分别称为遗忘门、输入门、候选门、输出门,σ 表示 Sigmoid 激活函数,tanh 表示 tanh 激活函数。

遗忘门用来控制上一步的状态 $\boldsymbol{s}_{i-1}$ 输入到本步的量,也就是遗忘上一步的状态的程度,它的输入是上一步的输出和本步的输入$[\boldsymbol{y}_{i-1}\quad \boldsymbol{x}_i]$,它的输出为

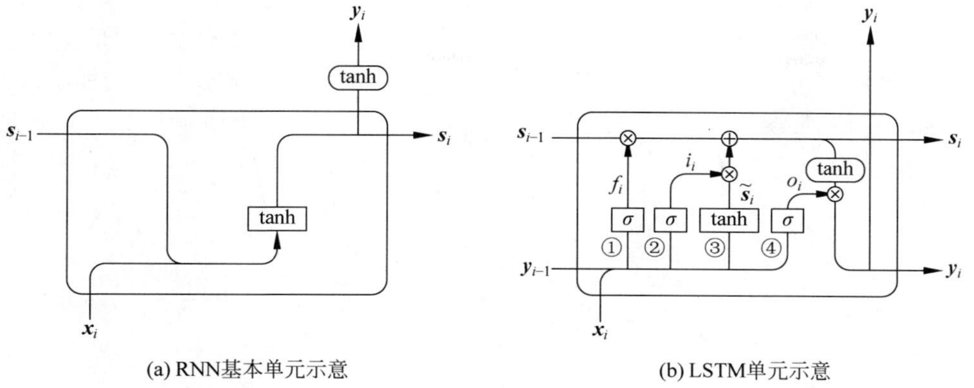

图 8-13　循环神经网络基本与单元长短时记忆网络单元对比(见彩插)

$$f_i=\sigma([\boldsymbol{y}_{i-1}\quad \boldsymbol{x}_i]\cdot \boldsymbol{W}_f+\boldsymbol{b}_f) \tag{8-6}$$

式中,$\boldsymbol{W}_f$、$\boldsymbol{b}_f$ 是要学习的参数,下同。

遗忘门的输出 f_i 通过乘操作作用于上一步的状态 $\boldsymbol{s}_{i-1}$。

输入门和候选门用来将新信息输入本步的状态。候选门通过 tanh 函数提供候选输入信息:

$$\tilde{\boldsymbol{s}}_i=\tanh([\boldsymbol{y}_{i-1}\quad \boldsymbol{x}_i]\cdot \boldsymbol{W}_s+\boldsymbol{b}_s) \tag{8-7}$$

输入门通过 Sigmoid 函数来控制输入量:

$$\mathrm{in}_i=\sigma([\boldsymbol{y}_{i-1}\quad \boldsymbol{x}_i]\cdot \boldsymbol{W}_{\mathrm{in}}+\boldsymbol{b}_{\mathrm{in}}) \tag{8-8}$$

输入门的输出 in_i 通过乘操作作用于候选输入信息 $\tilde{\boldsymbol{s}}_i$。

经过遗忘门和输入信息后得到本步的状态 $\boldsymbol{s}_i$:

$$\boldsymbol{s}_i=\boldsymbol{s}_{i-1}\times f_i+\tilde{\boldsymbol{s}}_i\times \mathrm{in}_i \tag{8-9}$$

同样地,输出门用来控制本步状态 $\boldsymbol{s}_i$ 的输出 $\boldsymbol{y}_i$:

$$o_i=\sigma([\boldsymbol{y}_{i-1}\quad \boldsymbol{x}_i]\cdot \boldsymbol{W}_o+\boldsymbol{b}_o)$$

$$\boldsymbol{y}_i=\tanh(\boldsymbol{s}_i)\times o_i \tag{8-10}$$

本步产生的新状态 $\boldsymbol{s}_i$ 和输出 $\boldsymbol{y}_i$ 将馈入下一步的运算中。

代码 8-4 所示的示例中,读者可将 SimpleRNN 换为 LSTM 作为循环神经网络单元实验一下。为了进一步理解长短时记忆网络的单元结构,来计算一下它的参数个数。以代码 8-4 所示的示例为例,输入的 $\boldsymbol{x}_i$ 是一维的,输出 $\boldsymbol{y}_i$ 是 100 维的,单元状态 $\boldsymbol{s}_i$ 为 100 维,$\boldsymbol{W}_f$、$\boldsymbol{W}_s$、$\boldsymbol{W}_{\mathrm{in}}$ 和 $\boldsymbol{W}_o$ 是 101×100 的矩阵,$\boldsymbol{b}_f$、$\boldsymbol{b}_s$、$\boldsymbol{b}_{\mathrm{in}}$ 和 $\boldsymbol{b}_o$ 是 100 维的向量,因此,单元的参数个数为 40 800。

长短时记忆网络比基本循环神经网络具备更长期的记忆功能,但结构比较复杂,对效率有一定的影响。2014 年,更加简化实用的结构形式 GRU(Gate Recurrent Unit)[35] 提高了效率。

8.3.4　双向循环神经网络和深度循环神经网络

在某些非实时问题中,不仅要利用目标前面的信息,还需要利用目标后面的信息,如

图 6-2 所示词性标注问题中,"'处理'为动词"的信息会有助于判断前面的"语言"一词的词性。双向循环神经网络(Bidirectional RNN)[36]可用来解决需要利用双向信息的问题。

双向循环神经网络是将两个循环神经网络上下叠加在一起,输出由它们的状态共同决定,如图 8-14 所示。

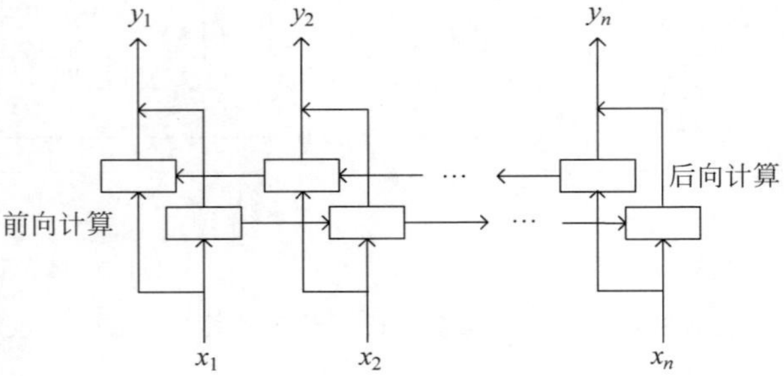

图 8-14　双向循环神经网络(见彩插)

下面的循环神经网络先从左到右前向计算一遍,得到每步的状态值。然后,上面的循环神经网络再从右到左后向计算一遍,此时的输入次序正好是反过来的,得到每步的状态值。最后将两个循环神经网络对应步的输出相加后经过激活函数得到该步的输出。

TensorFlow 中提供了 Bidirectional 层来支持双向循环神经网络。

深度循环神经网络(Deep RNN)也是将多个循环神经网络上下叠加起来。与双向循环神经网络不同的是,它不是双向计算,而是所有层同时前向计算,下层的输出是上层的输入,如图 8-15 所示。深度循环神经网络一般会比单层的循环神经网络取得更好的效果。

当然,也可以将深度循环神经网络和双向循环神经网络结合起来,构成深度双向循环神经网络。

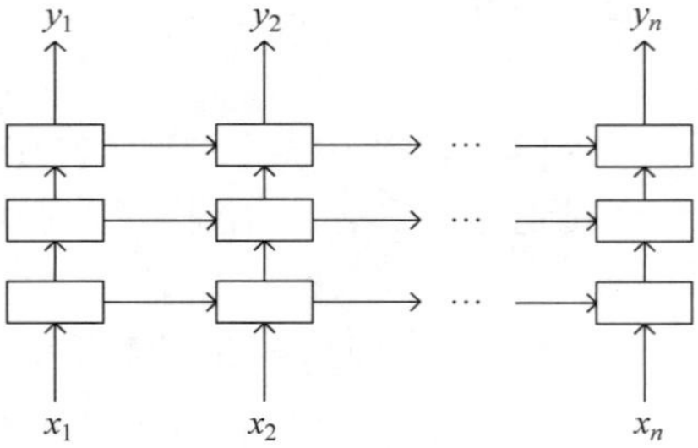

图 8-15　深度循环神经网络(见彩插)

将代码 8-4 所示的示例用两层循环神经网络来实现,关键代码见代码 8-5。第 2 行和第 5 行分别是两层 SimpleRNN 单元。

代码 8-5　深度循环神经网络序列回归问题示例模型代码(SimpleRNN_regress.py)

```
1. model = tf.keras.Sequential()
2. model.add(tf.keras.layers.SimpleRNN(100, activation = 'relu',
3.                                     return_sequences = True,
4.                                     input_shape = (input_len, 1)))
5. model.add(tf.keras.layers.SimpleRNN(100, return_sequences = False,
6.                                     activation = 'relu'))
7. model.add(tf.keras.layers.Dense(1))
8. model.add(tf.keras.layers.Activation("relu"))
9. model.compile(loss = 'mean_squared_error', optimizer = 'adam')
```

8.3.5　序列标注示例

本小节用自然语言处理领域的中文分词示例来说明循环神经网络在标注问题方面的应用。为了突出循环神经网络本身，示例尽量弱化自然语言处理方面的知识，如有需要，读者可参考该领域的专门资料。自然语言处理领域的很多问题都是序列标注问题。

中文分词是将中文句子分解成有独立含义的字或词，如“我爱自然语言处理”可分解成“我 爱 自然 语言 处理”或“我 爱 自然语言 处理”。中文分词是中文自动处理最基础的步骤，它是后续词性标注(见图 6-2)和语义分析的前导任务。英文自动处理的任务中不存在分词问题。

当前，标注方法是比较成功的分词方法。标注分词方法给句子中的每个字标记一个能区分词的标签，如 SBME 四标注法中，“S”表示是该字是单字，“B”表示该字是一个词的首字，“M”表示该字是一个词的中间字，“E”表示该字是一个词的结尾字。“我爱自然语言处理”一句两种分词的标注如图 8-16 所示。

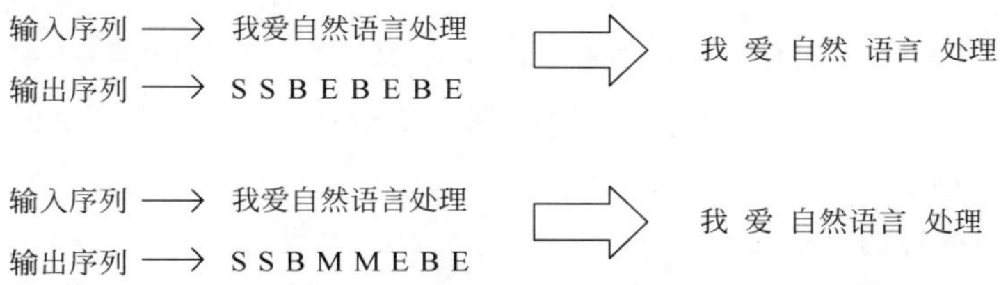

图 8-16　标注法中文分词示例(见彩插)

像隐马尔可夫模型和条件随机场模型等概率模型一样，循环神经网络模型也需要大量样本来训练模型。很多机构提供了供学习的语料，读者可以从网络上获得。这些语料由人工完成了分词，适当处理后可以作为示例的训练样本。语料的格式一般如“我/r 爱/v 自然/n 语言/n 处理/v”，用空格表示词之间的界限，每词后面的斜杠和字母表示该词的词性。可以将这样的语料处理成如图 8-16 所示格式的训练样本。

本小节的示例主要可分为以下四步。

(1) 提取训练语料中的所有字，形成字典。

该步的主要目的是给训练语料中用到的字进行编号。过程可参考随书资源 blsm_seg.py 文件，下同。

(2) 将语料中的句子转化为训练样本。

模型对每个输入训练样本的长度要求一致，因此，可以指定一个固定长度，过长的句子应截断后面过长的部分。过短的句子在后面填充 0，并指定一个新的标签“X”与之对应。通过字典将句子的汉字序列转换为数字序列。标签用独热编码表示。

(3) 搭建模型进行训练。

采用深度双向循环神经网络模型，结构见代码 8-6。

代码 8-6　中文分词示例的深度双向循环神经网络搭建代码(blsm_seg.py)

```
1. X = Input(shape = (maxlen,), dtype = 'int32')
2. embedding = Embedding(input_dim = len(vocab) + 1, output_dim = embedding_size, input_length = maxlen, mask_zero = True)(X)
3. blstm = Bidirectional(LSTM(hidden_size, return_sequences = True), merge_mode = 'concat')(embedding)
4. blstm = Dropout(0.4)(blstm)
5. blstm = Bidirectional(LSTM(hidden_size, return_sequences = True), merge_mode = 'concat')(blstm)
6. blstm = Dropout(0.4)(blstm)
7. output = TimeDistributed(Dense(5, activation = 'softmax'))(blstm)
8. model = Model(X, output)
```

第 2 行是词向量层。所谓词向量可以简单地理解为用指定维度的向量来对汉字进行编码。在本示例中，用一个 64 维向量来表示一个汉字。词向量各维度的值是要学习的参数，假设有 4684 个汉字，每个汉字用 64 维的向量来表示，则词向量层需要学习的参数共 4684×64＝299 776 个。词向量在自然语言处理领域是很重要的技术，得到了广泛应用。

第 3 行是双向 LSTM 层，第 4 行是 Dropout 层。第 5 行和第 6 行再增加一层双向 LSTM 和 Dropout。第 7 行是对每步都输出到一个全连接层，全连接层的输出是独热码表示的预测标签值。

(4) 利用训练好的模型进行分词。

先要将待分词的句子转换成适合模型输入的形式，再用模型进行分词。

对“央视快评：在防控第一线考察识别评价使用干部”一句的分词结果为：“央视 快评 ：在 防控 第一线 考察 识别 评价 使用 干部”。

8.4 练习题

1. 与 MNIST 手写体数字集一样，CIFAR-10 包含了 60 000 张图片，共 10 类。训练集 50 000 张，测试集 10 000 张。但与 MNIST 不同的是，CIFAR-10 数据集中的图片是彩色的，每张图片的大小是 32×32×3，3 代表 R/G/B 三个通道，每个像素点的颜色由 R/G/B 三个值决定，R/G/B 的取值范围为 0～255。仿照 MNIST 手写体数字识别，用 TensorFlow 2.0 框架实现卷积神经网络对 CIFAR-10 进行分类实验。

2. 试计算代码 8-1 所示例的卷积神经网络中各层需要学习的参数数量。

3. 在如图 8-13(b)所示的长短时记忆网络中，当输入的 x_i 是 10 维、单元状态 s_i 为 100 维时，请计算 LSTM 单元的参数数量。

4. 尝试用长短时记忆网络、双向循环神经网络和深度循环神经网络，以及它们的不同组合来实现代码 8-4 所示的示例，比较并分析它们的效果。

参考文献

[1] Macqueen J. Some Methods for Classification and Analysis of MultiVariate Observations[C]. Proc. 5th Berkeley Symp. on Mathematical Statistics and Probability，1967. Cam，L. M. L. and Neyman：University of California Press，1967：281-297.

[2] Elkan C. Using the Triangle Inequality to Accelerate K-Means[C]. Twentieth International Conference on International Conference on Machine Learning，2003.

[3] Li Y，Chung S M. Parallel Bisecting *k*-means with Prediction Clustering Algorithm[J]. J SUPERCOMPUT，2007：19-37.

[4] Arthur D，Vassilvitskii S. *k*-means++：The Advantages of Careful Seeding[C]. Eighteenth Acm-siam Symposium on Discrete Algorithms，2007.

[5] Bahmani B，Moseley B，Vattani A，Kumar R，Vassilvitskii S. Scalable *k*-means++[J]. Proceedings of the Vldb Endowment，2012：622-633.

[6] Kaufman L，Rousseeuw P J. Finding Groups in Data：An Introduction to Cluster Analysis[M]. [S. l.]，1990.

[7] Sculley D. Web-scale *k*-means clustering. International Conference on World Wide Web[C]. [S. l.]，2010.

[8] Rousseeuw P J. Silhouettes：A Graphical Aid to the Interpretation and Validation of Cluster Analysis[J]. Journal of Computational & Applied Mathematics，1999：53-65.

[9] Ester M，Kriegel H P，Sander J，Xu X. A Density-Based Algorithm for Discovering Clusters in Large Spatial Databases with Noise[J]. 2nd Int. Conf. Knowledge Discovery and Data Mining，1996：226-231.

[10] Ankerst M，Breunig M M，Kriegel H，Sander J. OPTICS：Ordering Points to Identify the Clustering Structure[M]. New York，1999：49-60.

[11] Zhang T，Ramakrishnan R，Livny M. BIRCH：An Efficient Data Clustering Method for Very Large Databases[J]. SIGMOD Record（ACM Special Interest Group on Management of Data），1999：103-114.

[12] 李航. 统计学习方法[M]. 北京：清华大学出版社，2012.

[13] Quinlan J R. Induction of Decision Trees[J]. MACH LEARN，1986：81-106.

[14] Quinlan J R. C4. 5：Programs for Machine Learning[M]. Morgan Kaufmann，1993.

[15] Breiman L，Friedman J H，Olshen R A，Stone CJ. Classification and Regression Trees[J]. BIOMETRICS，1984：874.

[16] Breiman L. Random Forests，Machine Learning[J]. J CLIN MICROBIOL，2001：199-228.

[17] Hosmer D W，Lemeshow S. Applied Logistic Regression，2nd ed[M]. New York：Wiley-Blackwell，2000.

[18] Dietterich T G，Bakiri G. Solving Multiclass Learning Problems via Error[J]. J ARTIF INTELL RES，1995：263-286.

[19] Zhang H. The Optimality of Naïve Bayes[J]. The Florida Ai Research Society，2004：562-567.

[20] Wu C. On the Convergence Properties of the EM Algorithm[J]. The Annals of Statistics，1982.

[21] Lafferty J，Mccallum A，Pereira F. Conditional Random Fields：Probabilistic Models for Segmenting and Labeling Sequence Data[J]. Proc ICML，2002.

[22] RUMELHART D E. Learning Representations by Back-Propagating Errors[J]. NATURE，1986.

[23] Sutskever I,Martens J,Dahl G,Hinton G. On the Importance of Initialization and Momentum in Deep Learning[J]. 30th International Conference on Machine Learning,ICML,2013: 1139-1147.

[24] Duchi J,Hazan E,Singer Y. Adaptive Subgradient Methods for Online Learning and Stochastic Optimization[M]. J MACH LEARN RES,2011: 2121-2159.

[25] Kingma D,Ba J. Adam: A Method for Stochastic Optimization[J]. Computer Science,2014.

[26] J. Reddi S,Kale S,Kumar S. On the Convergence of Adam and Beyond[M]. [S. l.],2019.

[27] Kohonen T. Self-organized Formation of Topologically Correct Feature Maps[M]. [S. l.],1988.

[28] Hinton G,Osindero S,Teh Y. A Fast Learning Algorithm for Deep Belief Nets[J]. NEURAL COMPUT,2006: 1527-1554.

[29] Lecun Y, Boser B, Denker J S, Henderson D, Howard RE, Hubbard W, Jackel LD. Backpropagation Applied to Handwritten Zip Code Recognition[J]. NEURAL COMPUT,1989: 541-551.

[30] Krizhevsky A,Sutskever I,Hinton G. ImageNet Classification with Deep Convolutional Neural Networks[J]. Advances in Neural Information Processing Systems,2012.

[31] Ioffe S,Szegedy C. Batch Normalization: Accelerating Deep Network Training by Reducing Internal Covariate Shift[C]. [S. l.],2015.

[32] Simonyan K,Zisserman A. Very Deep Convolutional Networks for Large-Scale Image Recognition [J]. arXiv,1409: 1556-2014.

[33] He K,Zhang X,Ren S,Sun J. Deep Residual Learning for Image Recognition[J]. Computer Science,2015.

[34] Hochreiter S,Schmidhuber J. Long Short-term Memory[J]. NEURAL COMPUT,1997: 1735-1780.

[35] Cho K,van Merriënboer B,Gulcehre C,Bougares F,Schwenk H,Bengio Y. Learning Phrase Representations using RNN Encoder-Decoder for Statistical Machine Translation [J]. [S. l.],2014.

[36] Schuster M,Paliwal K. Bidirectional Recurrent Neural Networks[J]. Signal Processing,IEEE Transactions,1997: 2673-2681.

图书资源支持

感谢您一直以来对清华版图书的支持和爱护。为了配合本书的使用，本书提供配套的资源，有需求的读者请扫描下方的"书圈"微信公众号二维码，在图书专区下载，也可以拨打电话或发送电子邮件咨询。

如果您在使用本书的过程中遇到了什么问题，或者有相关图书出版计划，也请您发邮件告诉我们，以便我们更好地为您服务。

我们的联系方式：

地　　址：北京市海淀区双清路学研大厦 A 座 701

邮　　编：100084

电　　话：010-83470236　010-83470237

资源下载：http://www.tup.com.cn

客服邮箱：2301891038@qq.com

QQ：2301891038（请写明您的单位和姓名）

资源下载、样书申请

书圈

扫一扫，获取最新目录

课　程　直　播

用微信扫一扫右边的二维码，即可关注清华大学出版社公众号"书圈"。